冶金工业出版社

普通高等教育“十四五”规划教材

线性代数教程

吴 江　廖福成　樊登贵　编

北 京
冶 金 工 业 出 版 社
2025

内 容 提 要

本书共分7章，系统介绍了高等代数的基本概念和方法，从基础的行列式理论开始，逐步深入讲解矩阵理论、向量空间、线性方程组、二次型、线性变换等内容。本书强调理论与实践相结合，并包含大量精选的例题和习题，帮助读者建立坚实的代数基础。

本书可作为高等代数、线性代数等相关课程的本科教材，也可供数学领域决策、管理、生产技术人员、科研设计单位工程技术人员参考。

图书在版编目（CIP）数据

线性代数教程 / 吴江，廖福成，樊登贵编 . -- 北京 :
冶金工业出版社，2025. 4. --（普通高等教育“十四五”
规划教材）. -- ISBN 978-7-5240-0095-2

Ⅰ. O151. 2

中国国家版本馆 CIP 数据核字第 2025UM9456 号

线性代数教程

出版发行	冶金工业出版社	**电　　话**	(010)64027926
地　　址	北京市东城区嵩祝院北巷 39 号	**邮　　编**	100009
网　　址	www. mip1953. com	**电子信箱**	service@ mip1953. com

责任编辑　曾　媛　赵缘园　美术编辑　吕欣童　版式设计　郑小利

责任校对　石　静　责任印制　禹　蕊

北京富资园科技发展有限公司印刷

2025 年 4 月第 1 版，2025 年 4 月第 1 次印刷

787mm×1092mm　1/16；15. 75 印张；377 千字；240 页

定价 59. 00 元

投稿电话　(010)64027932　投稿信箱　tougao@cnmip. com. cn

营销中心电话　(010)64044283

冶金工业出版社天猫旗舰店　yjgycbs. tmall. com

（本书如有印装质量问题，本社营销中心负责退换）

前　言

线性代数作为理工科类专业的核心基础课程，不仅是许多工程技术和自然科学学科的基石，也是学生培养抽象思维和逻辑推理能力的重要途径。它是帮助学生系统掌握数学的工具，理解从具体计算到抽象理论的过渡，并为他们后续的学术研究和工程实践提供坚实的基础。尤其对于基础较好的学生，线性代数不仅构成了数学基础教育的重要组成部分，还为他们深入学习数学理论和开展科学研究提供了必不可少的思维框架和方法论。因此，掌握这一课程的基本理论和技能，对于学生在未来学术道路上的发展至关重要，也为他们进入更广阔的学术领域打下了坚实的基础。

本书可作为工科相关专业的本科线性代数或高等代数教材，也可供实验班高等代数课程使用。本书在现有线性代数的框架下进行了调整，既保证了内容的深度与广度，又兼顾了学时限制。通过精心筛选和合理安排内容，着重强化了重要概念的阐述与应用，注重培养学生的理论思维和解决问题的能力。其内容设置不仅符合高水平科研人才的培养目标，也在一定程度上借鉴了数学专业的学习模式，旨在为学生提供更全面的理论支持，帮助他们在未来的学术和技术领域中取得成功，同时也为国家的创新驱动发展和人才强国战略提供重要支持。

全书共分为7章，内容逐步深入。前2章分别介绍行列式和矩阵的概念、运算性质及其应用。第3章讨论向量的运算、线性相关性以及向量空间的基本理论。第4章讲解线性方程组的解法，重点介绍解的结构及其性质。第5章介绍特征值、特征向量、相似矩阵及矩阵的对角化。第6章讨论二次型的基本概念与标准化方法，重点讲解二次型的正定性判别及其应用。第7章介绍线性空间、基、维数以及线性变换的相关理论。

本书由吴江任主编，负责审阅全文，前5章由廖福成编写，第6章由吴江编写，第7章由樊登贵编写。

由于本书编写时间较短，内容可能存在不足之处，欢迎广大读者和教师提出宝贵意见。在此，谨向所有参与本书编写和审阅的同仁表示衷心的感谢。

编　者

目 录

1 行列式

1. 了解行列式的概念，掌握行列式的性质.

2. 会用行列式按行（列）展开定理、代数余子式以及范德蒙德行列式等性质计算行列式.

3. 掌握克拉默（Cramer）法则.

1.1 引　言

1.1.1 前言

在初等数学中，我们用代入消元法或加减消元法求解二元和三元线性方程组，可以看出，线性方程组的解完全由未知量的系数与常数项所确定. 为了更清楚地表达线性方程组的解与未知量的系数和常数项的关系，我们在本章先引入二阶和三阶行列式的概念，并在二阶和三阶行列式的基础上，给出 n 阶行列式的定义并讨论其性质，进而把 n 阶行列式应用于解 n 元线性方程组. 事实上，行列式是一种常用的数学工具，在数学及其他学科中都有着广泛的应用.

1.1.2 引例

【例 1-1】 用消元法解二元线性方程组

$$\begin{cases} a_{11}x_1+a_{12}x_2=b_1 \\ a_{21}x_1+a_{22}x_2=b_2 \end{cases} \tag{1-1}$$

解： 用加减消元法，可得

$$\begin{cases} (a_{11}a_{22}-a_{12}a_{21})x_1=b_1a_{22}-a_{12}b_2 \\ (a_{11}a_{22}-a_{12}a_{21})x_2=a_{11}b_2-b_1a_{21} \end{cases}$$

当 $a_{11}a_{22}-a_{12}a_{21}\neq 0$ 时，求得方程组（1-1）的解为

$$\begin{cases} x_1=\dfrac{b_1a_{22}-a_{12}b_2}{a_{11}a_{22}-a_{12}a_{21}} \\ x_2=\dfrac{a_{11}b_2-b_1a_{21}}{a_{11}a_{22}-a_{12}a_{21}} \end{cases} \tag{1-2}$$

为了记忆该公式，引入记号

$$\begin{vmatrix} a_{11} & a_{12} \\ a_{21} & a_{22} \end{vmatrix}=a_{11}a_{22}-a_{12}a_{21}$$

并称之为二阶行列式. 其中 a_{ij}称为行列式的元素，a_{ij}的两个下标表示该元素在行列式中的位置，第一个下标称为行标，表示该元素所在的行，第二个下标称为列标，表示该元素所在的列，常称 a_{ij}为行列式的(i,j)元素.

由二阶行列式的定义，式（1-2）中 x_1、x_2 的分子也可写成二阶行列式，即

$$b_1a_{22}-a_{12}b_2=\begin{vmatrix} b_1 & a_{12} \\ b_2 & a_{22} \end{vmatrix},\quad a_{11}b_2-b_1a_{21}=\begin{vmatrix} a_{11} & b_1 \\ a_{21} & b_2 \end{vmatrix}$$

若记

$$D=\begin{vmatrix} a_{11} & a_{12} \\ a_{21} & a_{22} \end{vmatrix},\quad D_1=\begin{vmatrix} b_1 & a_{12} \\ b_2 & a_{22} \end{vmatrix},\quad D_2=\begin{vmatrix} a_{11} & b_1 \\ a_{21} & b_2 \end{vmatrix}$$

则方程组（1-1）的解可表述为：当 $D\neq 0$ 时，方程组（1-1）有唯一解，解为

$$x_1=\frac{D_1}{D},\quad x_2=\frac{D_2}{D}$$

这里，D 称为系数行列式，D_j 是用常数项 b_1、b_2 替换 D 中的第 j 列$(j=1,2)$，则二元线性方程组的解为

$$x_1=\frac{D_1}{D}=\frac{\begin{vmatrix} b_1 & a_{12} \\ b_2 & a_{22} \end{vmatrix}}{\begin{vmatrix} a_{11} & a_{12} \\ a_{21} & a_{22} \end{vmatrix}},\quad x_2=\frac{D_2}{D}=\frac{\begin{vmatrix} a_{11} & b_1 \\ a_{21} & b_2 \end{vmatrix}}{\begin{vmatrix} a_{11} & a_{12} \\ a_{21} & a_{22} \end{vmatrix}}$$

下面举一个二元方程组的实例.

【例 1-2】 求解二元线性方程组$\begin{cases} 3x_1-2x_2=12 \\ 2x_1+x_2=1 \end{cases}$.

解： 仿照例 1-1 中的二阶行列式，计算系数行列式以及 D_1、D_2 如下

$$D=\begin{vmatrix} 3 & -2 \\ 2 & 1 \end{vmatrix}=3-(-4)=7$$

$$D_1=\begin{vmatrix} 12 & -2 \\ 1 & 1 \end{vmatrix}=14,\quad D_2=\begin{vmatrix} 3 & 12 \\ 2 & 1 \end{vmatrix}=-21$$

显然，$D\neq 0$，所以

$$x_1=\frac{D_1}{D}=\frac{14}{7}=2,\quad x_2=\frac{D_2}{D}=\frac{-21}{7}=-3$$

类似地，在求解三元线性方程组时，为了记忆其求解公式，可引入三阶行列式. 三阶行列式的定义如下

$$\begin{vmatrix} a_{11} & a_{12} & a_{13} \\ a_{21} & a_{22} & a_{23} \\ a_{31} & a_{32} & a_{33} \end{vmatrix}=a_{11}a_{22}a_{33}+a_{12}a_{23}a_{31}+a_{13}a_{21}a_{32}-a_{13}a_{22}a_{31}-a_{12}a_{21}a_{33}-a_{11}a_{23}a_{32}$$

三阶行列式的展开式也可用对角线法得到，其对角线法则如图 1-1 所示.

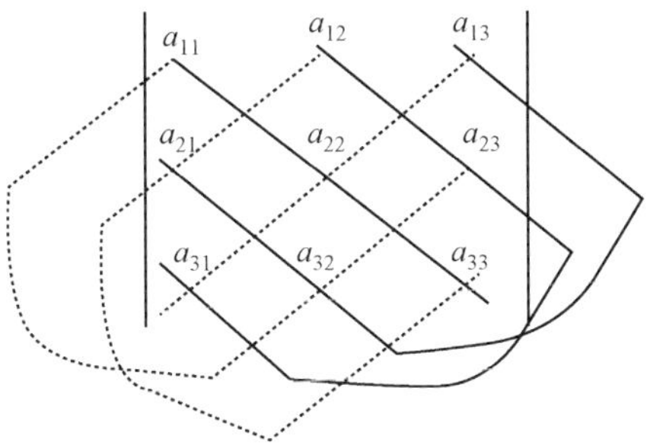

图 1-1　对角线法则

其中，每一条实线上的三个元素的乘积带正号，每一条虚线上的三个元素的乘积带负号，所得六项的代数和就是三阶行列式的展开式.

利用三阶行列式求解三元线性方程组的方法可以总结如下，对于一个三元线性方程组

$$\begin{cases} a_{11}x_1+a_{12}x_2+a_{13}x_3=b_1 \\ a_{21}x_1+a_{22}x_2+a_{23}x_3=b_2 \\ a_{31}x_1+a_{32}x_2+a_{33}x_3=b_3 \end{cases} \tag{1-3}$$

设系数行列式

$$D=\begin{vmatrix} a_{11} & a_{12} & a_{13} \\ a_{21} & a_{22} & a_{23} \\ a_{31} & a_{32} & a_{33} \end{vmatrix} \neq 0$$

记

$$D_1=\begin{vmatrix} b_1 & a_{12} & a_{13} \\ b_2 & a_{22} & a_{23} \\ b_3 & a_{32} & a_{33} \end{vmatrix},\ D_2=\begin{vmatrix} a_{11} & b_1 & a_{13} \\ a_{21} & b_2 & a_{23} \\ a_{31} & b_3 & a_{33} \end{vmatrix},\ D_3=\begin{vmatrix} a_{11} & a_{12} & b_1 \\ a_{21} & a_{22} & b_2 \\ a_{31} & a_{32} & b_3 \end{vmatrix}$$

则三元线性方程组（1-3）的解为

$$x_1=\frac{D_1}{D},\ x_2=\frac{D_2}{D},\ x_3=\frac{D_3}{D}$$

【例 1-3】　计算三阶行列式 $D=\begin{vmatrix} 1 & -2 & 1 \\ 2 & 1 & -3 \\ -1 & 1 & -1 \end{vmatrix}$.

解：由对角线法，得

$$\begin{aligned} D &= 1\times1\times(-1)+(-2)\times(-3)\times(-1)+1\times2\times1 \\ &\quad -1\times(-3)\times1-(-2)\times2\times(-1)-1\times1\times(-1) \\ &=-1-6+2+3-4+1 \\ &=-5 \end{aligned}$$

1.2 排　　列

作为定义 n 阶行列式的准备，我们先来讨论一下排列的定义及性质.

1.2.1 排列的定义

定义 1-1 由 1, 2, …, n 组成的一个有序数组称为一个 n 元排列.

例如，2431 是一个 4 元排列，45231 是一个 5 元排列. 那么 n 元排列的总个数是

$$n\cdot(n-1)\cdot(n-2)\cdots2\cdot1=n!$$

随着 n 的增大，n 元排列的总个数也迅速地增大. 例如，10! =3628800.

显然 $12\cdots n$ 也是一个 n 元排列，这个排列具有自然顺序，即按递增的顺序排列；其他的排列顺序都或多或少地破坏自然顺序. 特别地，称 $12\cdots n$ 为自然排列.

定义 1-2 在一个排列中，如果一对数的前后位置与大小顺序相反，即前面的数大于后面的数，那么它们就称为一个逆序，一个排列中逆序的总数就称为这个排列的逆序数. 排列 $j_1j_2\cdots j_n$ 的逆序数记为 $\sigma(j_1j_2\cdots j_n)$.

定义 1-3 逆序数为奇数的排列称为奇排列，逆序数为偶数的排列称为偶排列.

【例 1-4】 求排列 32541 的逆序数.

解：在排列 32541 中构成逆序的数对为

$$(3,2),(3,1),(2,1),(5,4),(5,1),(4,1)$$

所以这个排列的逆序数为 6，排列为偶排列.

取 n 个数的任一 n 元排列 $i_1i_2\cdots i_n$，其逆序数记为 $\sigma(i_1i_2\cdots i_n)$，根据逆序数的定义，可以总结出几个计算排列逆序数的方法.

方法一：

先找到数 1 的位置，查找排在 1 前面的数字中比 1 大的数，记其个数为 m_1；再找排在 2 前面且比 2 大的数，记其个数为 m_2；继续下去，最后至数 n，排在 n 前面的数中显然没有比 n 大的数，记为 $m_n=0$. 则此排列的逆序数为

$$\sigma(i_1i_2\cdots i_n)=m_1+m_2+\cdots+m_n$$

方法二：

$\sigma(i_1i_2\cdots i_n)$=数 i_1 后面比 i_1 小的数的个数+数 i_2 后面比 i_2 小的数的个数+…+数 i_{n-1}后面比 i_{n-1}小的数的个数.

方法三：

$\sigma(i_1i_2\cdots i_n)$=数 i_n 前面比 i_n 大的数的个数+数 i_{n-1}前面比 i_{n-1}大的数的个数+… + 数 i_2 前面比 i_2 大的数的个数.

应该指出，由任意 n 个不同的自然数所组成的排列，一般也称为 n 元排列. 对这样一般的 n 元排列，同样可以定义上面这些概念.

把一个排列中某两个数的位置互换，而其余的数不动，就得到另一个排列. 这样一个变换称为一个对换. 例如，经过 1, 2 对换，排列 2431 就变成了 1432，排列 2134 就变成了 1234. 更一般地，用字母表示一个排列的 a, b 对换如下

$$a_1\cdots a_l abb_1\cdots b_m\rightarrow a_1\cdots a_l bab_1\cdots b_m$$

$$a_1\cdots a_l a b_1\cdots b_m b c_1\cdots c_n \to a_1\cdots a_l b b_1\cdots b_m a c_1\cdots c_n$$

显然，如果连续施行两次相同的对换，那么排列就还原了. 例如

$$a_1\cdots a_l a b_1\cdots b_m b c_1\cdots c_n \to a_1\cdots a_l b b_1\cdots b_m a c_1\cdots c_n \to a_1\cdots a_l a b_1\cdots b_m b c_1\cdots c_n$$

由此得知，一个对换把全部 n 元排列两两配对，使每两个配成对的 n 元排列在这个对换下互变.

1.2.2 排列的性质

下面介绍关于对换的几个性质定理.

定理 1-1 对换改变排列的奇偶性.

证明：先证相邻对换的情形.

设排列为 $a_1\cdots a_l abb_1\cdots b_m$，对换 a 与 b，则排列变为 $a_1\cdots a_l bab_1\cdots b_m$. 显然，排列 $a_1\cdots a_l$ 和 $b_1\cdots b_m$ 经对换后的逆序数并不改变，而 a, b 这两个元素的逆序数改变为：当$a<b$时，经对换后 a 的逆序数增加 1，而 b 的逆序数不变；当 $a>b$ 时，经对换后 a 的逆序数不变，而 b 的逆序数减少 1. 所以排列 $a_1\cdots a_l abb_1\cdots b_m$ 与排列 $a_1\cdots a_l bab_1\cdots b_m$ 的奇偶性不同.

再证一般对换的情形.

设排列为 $a_1\cdots a_l ab_1\cdots b_m bc_1\cdots c_n$，把它作 m 次相邻对换，调成 $a_1\cdots a_l abb_1\cdots b_m c_1\cdots c_n$，再作 $m+1$ 次相邻对换，调成 $a_1\cdots a_l bb_1\cdots b_m ac_1\cdots c_n$. 总之，经 $2m+1$ 次相邻对换，排列

$$a_1\cdots a_l ab_1\cdots b_m bc_1\cdots c_n$$

调成排列

$$a_1\cdots a_l bb_1\cdots b_m ac_1\cdots c_n$$

所以这两个排列的奇偶性相反.

定理 1-2 任意一个 n 元排列与排列 $12\cdots n$ 都可经过一系列对换互变，并且所作对换的个数与这个排列有相同的奇偶性.

证明：我们对排列的元数 n 作数学归纳法，现在来证任意一个 n 元排列都可经过一系列对换变成 $12\cdots n$.

1 元排列只有一个，结论显然成立. 假设结论对 $n-1$ 元排列已经成立，现在来证对 n 元排列的情形结论也成立.

设 $j_1 j_2\cdots j_n$ 是一个 n 元排列，如果 $j_n=n$，那么根据归纳法假设，$n-1$ 元排列 $j_1 j_2\cdots j_{n-1}$ 可以经过一系列对换变成 $12\cdots(n-1)$，于是这一系列对换也就将 $j_1 j_2\cdots j_n$ 变成了 $12\cdots n$. 如果 $j_n\neq n$，那么对 $j_1 j_2\cdots j_n$ 作 j_n, n 对换，它就变成 $j_1' j_2'\cdots j_{n-1}' n$，这就归结成上面的情形，因此结论普遍成立.

相仿地，$12\cdots n$ 也可用一系列对换变成 $j_1 j_2\cdots j_n$，因为 $12\cdots n$ 是偶排列，所以根据定理 1-1，所作对换的个数与排列 $j_1 j_2\cdots j_n$ 有相同的奇偶性.

定理 1-3 由 $1, 2, \cdots, n$ 组成的所有 n 元排列中，奇偶排列的个数相等，各为$\dfrac{n!}{2}$个.

推论 1-1 任意两个 n 元排列 $i_1 i_2\cdots i_n$ 和 $j_1 j_2\cdots j_n$ 都可通过一系列对换互变.

1.3 行列式的概念

本书从这一节开始，总是以全体实数 **R** 作为基础，在没有特殊说明的情况下，所谈到的数都是 **R** 中的数。本节开始给出行列式的定义。

1.3.1 定义

在给出 n 阶行列式的定义之前，先来研究三阶行列式的结构.

$$\begin{vmatrix} a_{11} & a_{12} & a_{13} \\ a_{21} & a_{22} & a_{23} \\ a_{31} & a_{32} & a_{33} \end{vmatrix} = a_{11}a_{22}a_{33}+a_{12}a_{23}a_{31}+a_{13}a_{21}a_{32}-a_{13}a_{22}a_{31}-a_{12}a_{21}a_{33}-a_{11}a_{23}a_{32} \tag{1-4}$$

容易看出：

（1）式（1-4）右边的每一项都恰是三个元素的乘积，这三个元素位于不同的行、不同的列. 因此，任一项除正负号外可写成 $a_{1j_1}a_{2j_2}a_{3j_3}$，这里第一个下标（行标）排成自然排列 123，而第二个下标（列标）排成 $j_1j_2j_3$，它是 1、2、3 这三个数的某个排列. 这样的排列共有 3! =6 种，故式（1-4）右端共有 6 项.

（2）各项的正负号与列标的排列对照分析，列标排列 $j_1j_2j_3$ 是偶排列时，对应的项在式（1-4）中带正号，当 $j_1j_2j_3$ 为奇排列时，对应的项带负号. 在二阶行列式中显然也符合这个原则.

故三阶行列式可以写成

$$\begin{vmatrix} a_{11} & a_{12} & a_{13} \\ a_{21} & a_{22} & a_{23} \\ a_{31} & a_{32} & a_{33} \end{vmatrix} = \sum (-1)^{\tau} a_{1j_1}a_{2j_2}a_{3j_3}$$

其中，τ 为排列 $j_1j_2j_3$ 的逆序数，$\sum$ 表示对 1、2、3 三个数的所有排列 $j_1j_2j_3$ 求和.

类似地，可以把三阶行列式的这一定义推广到一般的情形，得到 n 阶行列式的定义.

定义 1-4 n 阶行列式 $D=\begin{vmatrix} a_{11} & a_{12} & \cdots & a_{1n} \\ a_{21} & a_{22} & \cdots & a_{2n} \\ \vdots & \vdots & & \vdots \\ a_{n1} & a_{n2} & \cdots & a_{nn} \end{vmatrix}$ 是 $n!$ 项的代数和，其中每一项都是位于不同行不同列的 n 个元素的乘积，把这 n 个元素按照行标成自然顺序排好位置，当列标所成的排列是偶排列时，该项带正号，当列标所成的排列是奇排列时，该项带负号，即

$$D=\begin{vmatrix} a_{11} & a_{12} & \cdots & a_{1n} \\ a_{21} & a_{22} & \cdots & a_{2n} \\ \vdots & \vdots & & \vdots \\ a_{n1} & a_{n2} & \cdots & a_{nn} \end{vmatrix} = \sum_{j_1j_2\cdots j_n} (-1)^{\sigma(j_1j_2\cdots j_n)} a_{1j_1}a_{2j_2}\cdots a_{nj_n} \tag{1-5}$$

其中，$j_1j_2\cdots j_n$为自然数 $12\cdots n$ 的一个排列，$\sum\limits_{j_1j_2\cdots j_n}$ 表示对所有 n 元排列求和. 行列式可记为 $D=\det(a_{ij})$.

【例 1-5】 证明下列对角行列式（未写出的元素都为 0）

（1）$\begin{vmatrix} \lambda_1 & & & \\ & \lambda_2 & & \\ & & \ddots & \\ & & & \lambda_n \end{vmatrix}=\lambda_1\lambda_2\cdots\lambda_n$；

（2）$\begin{vmatrix} & & & \lambda_1 \\ & & \lambda_2 & \\ & \iddots & & \\ \lambda_n & & & \end{vmatrix}=(-1)^{\frac{n(n-1)}{2}}\lambda_1\lambda_2\cdots\lambda_n$.

证明：根据定义，第一式是显然的，下面只证第二式. 利用式（1-5），可得：

$$\begin{vmatrix} & & & \lambda_1 \\ & & \lambda_2 & \\ & \iddots & & \\ \lambda_n & & & \end{vmatrix}=(-1)^{\tau}\lambda_1\lambda_2\cdots\lambda_n$$

其中，τ 为排列 $n(n-1)\cdots 21$ 的逆序数，故 $\tau=0+1+2+\cdots+(n-1)=\dfrac{n(n-1)}{2}$.

【例 1-6】 证明下三角行列式

$$D=\begin{vmatrix} a_{11} & & & \\ a_{21} & a_{22} & & \\ \vdots & \vdots & \ddots & \\ a_{n1} & a_{n2} & \cdots & a_{nn} \end{vmatrix}=a_{11}a_{22}\cdots a_{nn}$$

证明：由于当 $j>i$ 时，$a_{ij}=0$，故 D 中可能不为 0 的元素 a_{ip_i}，其下标应有 $p_i\leqslant i$，即

$$p_1\leqslant 1,\ p_2\leqslant 2,\ \cdots,\ p_n\leqslant m$$

在所有排列 $p_1p_2\cdots p_n$ 中，能满足上述关系的排列只有一个自然排列 $12\cdots n$，所以 D 中可能不为 0 的项只有一项$(-1)^{\tau}a_{11}a_{22}\cdots a_{nn}$. 此项的符号为

$$(-1)^{\tau}=(-1)^0=1$$

所以

$$D=a_{11}a_{22}\cdots a_{nn}$$

同样可证上三角行列式满足 $\begin{vmatrix} a_{11} & a_{12} & \cdots & a_{1n} \\ & a_{22} & \cdots & a_{2n} \\ & & \ddots & \vdots \\ & & & a_{nn} \end{vmatrix}$.

$$\begin{vmatrix} a_{11} & a_{12} & \cdots & a_{1n} \\ & a_{22} & \cdots & a_{2n} \\ & & \ddots & \vdots \\ & & & a_{nn} \end{vmatrix} = (-1)^{\sigma(12\cdots n)} a_{11}a_{22}\cdots a_{nn} = a_{11}a_{22}\cdots a_{nn}$$

【例 1-7】 计算 $D=\begin{vmatrix} 1 & 2 & 3 & 4 \\ 0 & 4 & 2 & 1 \\ 0 & 0 & 5 & 6 \\ 0 & 0 & 0 & 8 \end{vmatrix}$.

解：这是一个上三角行列式，利用上述结论得

$$D=\begin{vmatrix} 1 & 2 & 3 & 4 \\ 0 & 4 & 2 & 1 \\ 0 & 0 & 5 & 6 \\ 0 & 0 & 0 & 8 \end{vmatrix} = a_{11}a_{22}a_{33}a_{44} = 1\times4\times5\times8 = 160$$

注意：例 1-5～例 1-6 的结论很重要，它们可以当作公式使用，以后在计算高阶行列式时，想方设法把它化为三角行列式.

为了进一步加深对 n 阶行列式定义的理解，下面再举一个例子.

【例 1-8】 设有 4 阶行列式

$$D_4=\begin{vmatrix} x & 2 & -1 & 3x \\ 4 & -5x & 2 & -5 \\ 2x & 1 & -2x & 3 \\ 1 & x & 4x & 2 \end{vmatrix}$$

问：该行列式的展开式是几次多项式，并求最高次幂的系数.

解：由行列式的定义，知

$$D_4 = \sum (-1)^{\tau} a_{1p_1}a_{2p_2}a_{3p_3}a_{4p_4}$$

显然，只有当 $a_{1p_1}, a_{2p_2}, a_{3p_3}, a_{4p_4}$都含有 x 时，其乘积的次数才最高，且为 4. 第一行有 2 个元素含有 x，即为

$$a_{11}=x,\ a_{14}=3x$$

当取 $a_{11}=x$ 时，取 $a_{22}=-5x,\ a_{33}=-2x,\ a_{44}=2$ 乘积的次数最高，此时它们的乘积等于 $20x^3$. 当取 $a_{14}=3x$ 时，取$a_{22}=-5x,\ a_{31}=2x,\ a_{43}=4x$ 乘积的次数最高，其乘积等于$-120x^4$，列标排列为 4213，逆序数为 4. 故所求的最高幂的系数为-120，D_4 是 4 次多项式.

1.3.2 行列式定义的进一步研究

在行列式的定义中，为了决定每一项的正负号，我们把 n 个元素按行标排列起来. 由于数的乘法是可交换的，因而这 n 个元素的次序是可以任意写的，一般地，n 阶行列式中的项可以写成

$$a_{i_1j_1}a_{i_2j_2}\cdots a_{i_nj_n} \tag{1-6}$$

其中，$i_1i_2\cdots i_n, j_1j_2\cdots j_n$ 是两个 n 元排列.

下面证明 $a_{i_1j_1}a_{i_2j_2}\cdots a_{i_nj_n}$ 的符号等于

$$(-1)^{\sigma(i_1i_2\cdots i_n)+\sigma(j_1j_2\cdots j_n)} \tag{1-7}$$

事实上，为了根据定义来决定该项的符号，就要把这 n 个元素重新排一下使得它们的行标成自然顺序，也就是排成

$$a_{1j_1'}a_{2j_2'}\cdots a_{nj_n'} \tag{1-8}$$

于是它的符号是

$$(-1)^{\sigma(j_1'j_2'\cdots j_n')} \tag{1-9}$$

现在来证明式（1-7）与式（1-9）是一致的.

我们知道，由式（1-6）变到式（1-8）可以经过一系列元素的对换来实现. 每作一次对换，元素的行标与列标所成的排列 $i_1i_2\cdots i_n$ 与 $j_1j_2\cdots j_n$ 就都同时作一次对换，也就是 $\sigma(i_1i_2\cdots i_n)$ 与 $\sigma(j_1j_2\cdots j_n)$ 同时改变奇偶性，因而它们的和 $\sigma(i_1i_2\cdots i_n)+\sigma(j_1j_2\cdots j_n)$ 的奇偶性不变. 这就是说，对 $a_{i_1j_1}a_{i_2j_2}\cdots a_{i_nj_n}$ 作一次元素的对换不改变 $(-1)^{\sigma(i_1i_2\cdots i_n)+\sigma(j_1j_2\cdots j_n)}$ 的值. 因此，在一系列对换之后有

$$(-1)^{\sigma(i_1i_2\cdots i_n)+\sigma(j_1j_2\cdots j_n)}=(-1)^{\sigma(12\cdots n)+\sigma(j_1'j_2'\cdots j_n')}=(-1)^{\sigma(j_1'j_2'\cdots j_n')}$$

例如，$a_{21}a_{32}a_{14}a_{43}$ 是 4 阶行列式中的一项，$\sigma(2314)=2$，$\sigma(1243)=1$，于是它的符号应为 $(-1)^{2+1}=-1$. 如按行标排列起来，就是 $a_{14}a_{21}a_{32}a_{43}$，$\sigma(4123)=3$，因而它的符号也是 $(-1)^3=-1$. 按 $(-1)^{\sigma(i_1i_2\cdots i_n)+\sigma(j_1j_2\cdots j_n)}$ 来决定行列式中每一项符号的好处在于，行标与列标的地位是对称的，因而为了决定每一项的符号，我们同样可以把每一项按列标排列起来，于是定义又可写成如下形式.

定义 1-5 n 阶行列式可定义如下

$$D=\begin{vmatrix} a_{11} & a_{12} & \cdots & a_{1n} \\ a_{21} & a_{22} & \cdots & a_{2n} \\ \vdots & \vdots & & \vdots \\ a_{n1} & a_{n2} & \cdots & a_{nn} \end{vmatrix}=\sum_{i_1i_2\cdots i_n}(-1)^{\sigma(i_1i_2\cdots i_n)+\sigma(k_1k_2\cdots k_n)}a_{i_1k_1}a_{i_2k_2}\cdots a_{i_nk_n}$$

$$=\sum_{k_1k_2\cdots k_n}(-1)^{\sigma(i_1i_2\cdots i_n)+\sigma(k_1k_2\cdots k_n)}a_{i_1k_1}a_{i_2k_2}\cdots a_{i_nk_n}$$

定义 1-5′ n 阶行列式也可定义如下

$$D=\begin{vmatrix} a_{11} & a_{12} & \cdots & a_{1n} \\ a_{21} & a_{22} & \cdots & a_{2n} \\ \vdots & \vdots & & \vdots \\ a_{n1} & a_{n2} & \cdots & a_{nn} \end{vmatrix}=\sum_{i_1i_2\cdots i_n}(-1)^{\sigma(i_1i_2\cdots i_n)}a_{i_11}a_{i_22}\cdots a_{i_nn}$$

1.4 行列式的性质

行列式的计算是一个重要的问题，也是一个很麻烦的问题，因此我们有必要进一步讨论行列式的性质. 利用这些性质可以化简行列式的计算.

性质 1-1 行列互换，行列式不变，即

$$\begin{vmatrix} a_{11} & a_{12} & \cdots & a_{1n} \\ a_{21} & a_{22} & \cdots & a_{2n} \\ \vdots & \vdots & & \vdots \\ a_{n1} & a_{n2} & \cdots & a_{nn} \end{vmatrix} = \begin{vmatrix} a_{11} & a_{21} & \cdots & a_{n1} \\ a_{12} & a_{22} & \cdots & a_{n2} \\ \vdots & \vdots & & \vdots \\ a_{1n} & a_{2n} & \cdots & a_{nn} \end{vmatrix}$$

把行列式 D 的行列互换所得新行列式叫做 D 的转置行列式，记作 D^{T}. 性质 1-1 即为 $D=D^{\mathrm{T}}$.

证明：记 $D=\det(a_{ij})$ 的转置行列式为

$$D^{\mathrm{T}} = \begin{vmatrix} b_{11} & b_{12} & \cdots & b_{1n} \\ b_{21} & b_{22} & \cdots & b_{2n} \\ \vdots & \vdots & & \vdots \\ b_{n1} & b_{n2} & \cdots & b_{nn} \end{vmatrix}$$

即 $b_{ij}=a_{ji}(i, j=1, 2, \cdots, n)$，按定义

$$D^{\mathrm{T}} = \sum_{j_1j_2\cdots j_n}(-1)^{\sigma(j_1j_2\cdots j_n)} b_{1j_1}b_{2j_2}\cdots b_{nj_n} = \sum_{j_1j_2\cdots j_n}(-1)^{\sigma(j_1j_2\cdots j_n)} a_{j_11}a_{j_22}\cdots a_{j_nn}$$

由定义 1-5′，有

$$D=\sum_{j_1j_2\cdots j_n}(-1)^{\sigma(j_1j_2\cdots j_n)} a_{j_11}a_{j_22}\cdots a_{j_nn}$$

故 $D^{\mathrm{T}}=D$.

由此性质可知，行列式中的行与列具有同等的地位，对于行成立的性质对于列也同样成立，所以下面只讨论有关行列式行的性质.

性质 1-2 互换行列式的两行（列），行列式的值变号.

证明：设

$$D = \begin{vmatrix} a_{11} & a_{12} & \cdots & a_{1n} \\ \vdots & \vdots & & \vdots \\ a_{s1} & a_{s2} & \cdots & a_{sn} \\ \vdots & \vdots & & \vdots \\ a_{t1} & a_{t2} & \cdots & a_{tn} \\ \vdots & \vdots & & \vdots \\ a_{n1} & a_{n2} & \cdots & a_{nn} \end{vmatrix}$$

交换 s、t 两行，得

$$D' = \begin{vmatrix} a_{11} & a_{12} & \cdots & a_{1n} \\ \vdots & \vdots & & \vdots \\ a_{t1} & a_{t2} & \cdots & a_{tn} \\ \vdots & \vdots & & \vdots \\ a_{s1} & a_{s2} & \cdots & a_{sn} \\ \vdots & \vdots & & \vdots \\ a_{n1} & a_{n2} & \cdots & a_{nn} \end{vmatrix}$$

要证明

$$D=\begin{vmatrix} a_{11} & a_{12} & \cdots & a_{1n} \\ \vdots & \vdots & & \vdots \\ a_{s1} & a_{s2} & \cdots & a_{sn} \\ \vdots & \vdots & & \vdots \\ a_{t1} & a_{t2} & \cdots & a_{tn} \\ \vdots & \vdots & & \vdots \\ a_{n1} & a_{n2} & \cdots & a_{nn} \end{vmatrix} = -\begin{vmatrix} a_{11} & a_{12} & \cdots & a_{1n} \\ \vdots & \vdots & & \vdots \\ a_{t1} & a_{t2} & \cdots & a_{tn} \\ \vdots & \vdots & & \vdots \\ a_{s1} & a_{s2} & \cdots & a_{sn} \\ \vdots & \vdots & & \vdots \\ a_{n1} & a_{n2} & \cdots & a_{nn} \end{vmatrix}$$

即有

$$\begin{aligned} 右边 &= -\sum (-1)^{\sigma(p_1\cdots p_s\cdots p_t\cdots p_n)} a_{1p_1}\cdots a_{tp_s}\cdots a_{sp_t}\cdots a_{np_n} \\ &= -\sum (-1)(-1)^{\sigma(p_1\cdots p_t\cdots p_s\cdots p_n)} a_{1p_1}\cdots a_{sp_t}\cdots a_{tp_s}\cdots a_{np_n} \\ &= \sum (-1)^{\sigma(p_1\cdots p_t\cdots p_s\cdots p_n)} a_{1p_1}\cdots a_{sp_t}\cdots a_{tp_s}\cdots a_{np_n} \\ &= 左边 \end{aligned}$$

将行列式的第 s 行记为 r_s，行列式的第 s 列记为 c_s，则行列式交换 s、t 两行的变换过程可以记为 $r_s \leftrightarrow r_t$，同理交换 s、t 两列可以记为 $c_s \leftrightarrow c_t$.

由性质 1-2 可以得到如下推论.

推论 1-2 如果行列式有两行（列）相同，则行列式为 0.

证明：把相同的两行互换，有 $D=-D$，所以 $D=0$.

性质 1-3 用数 k 乘行列式的某一行（列）中所有元素，等于用数 k 乘此行列式.

推论 1-3 行列式中某一行（列）的公因子可以提到行列式符号外面.

根据推论 1-3，可以得到以下等式成立

$$\begin{vmatrix} a_{11} & a_{12} & \cdots & a_{1n} \\ \vdots & \vdots & & \vdots \\ ka_{s1} & ka_{s2} & \cdots & ka_{sn} \\ \vdots & \vdots & & \vdots \\ a_{n1} & a_{n2} & \cdots & a_{nn} \end{vmatrix} = k\begin{vmatrix} a_{11} & a_{12} & \cdots & a_{1n} \\ \vdots & \vdots & & \vdots \\ a_{s1} & a_{s2} & \cdots & a_{sn} \\ \vdots & \vdots & & \vdots \\ a_{n1} & a_{n2} & \cdots & a_{nn} \end{vmatrix}$$

证明：

$$\begin{vmatrix} a_{11} & a_{12} & \cdots & a_{1n} \\ \vdots & \vdots & & \vdots \\ ka_{s1} & ka_{s2} & \cdots & ka_{sn} \\ \vdots & \vdots & & \vdots \\ a_{n1} & a_{n2} & \cdots & a_{nn} \end{vmatrix} = \sum_{j_1j_2\cdots j_n} (-1)^{\sigma(j_1j_2\cdots j_n)} a_{1j_1}\cdots(ka_{sj_s})\cdots a_{nj_n}$$

$$= k\sum_{j_1j_2\cdots j_n} (-1)^{\sigma(j_1j_2\cdots j_n)} a_{1j_1}\cdots a_{sj_s}\cdots a_{nj_n}$$

$$=k\begin{vmatrix} a_{11} & a_{12} & \cdots & a_{1n} \\ \vdots & \vdots & & \vdots \\ a_{s1} & a_{s2} & \cdots & a_{sn} \\ \vdots & \vdots & & \vdots \\ a_{n1} & a_{n2} & \cdots & a_{nn} \end{vmatrix}$$

仿照行列式互换的符号，第 s 行乘以 k 的变换过程可以记为 kr_s，同理第 s 列乘以 k 记为 kc_s.

推论 1-4 如果行列式中某一行（列）的元素全为零，那么行列式为零.

证明：在性质 1-3 中，令 $k=0$ 即得结论.

性质 1-4 若行列式有两行（列）的对应元素成比例，则行列式等于 0.

证明：

$$\begin{vmatrix} a_{11} & a_{12} & \cdots & a_{1n} \\ \vdots & \vdots & & \vdots \\ a_{i1} & a_{i2} & \cdots & a_{in} \\ \vdots & \vdots & & \vdots \\ ka_{i1} & ka_{i2} & \cdots & ka_{in} \\ \vdots & \vdots & & \vdots \\ a_{n1} & a_{n2} & \cdots & a_{nn} \end{vmatrix}=k\begin{vmatrix} a_{11} & a_{12} & \cdots & a_{1n} \\ \vdots & \vdots & & \vdots \\ a_{i1} & a_{i2} & \cdots & a_{in} \\ \vdots & \vdots & & \vdots \\ a_{i1} & a_{i2} & \cdots & a_{in} \\ \vdots & \vdots & & \vdots \\ a_{n1} & a_{n2} & \cdots & a_{nn} \end{vmatrix}=0$$

性质 1-5 如果某一行（列）是两组数的和，则此行列式就等于两个行列式的和，而这两个行列式的这一行（列）分别是第一组和第二组数，而其余元素与原来行列式的对应的元素一样. 即

$$\begin{vmatrix} a_{11} & a_{12} & \cdots & a_{1n} \\ \vdots & \vdots & & \vdots \\ a_{i1}+a'_{i1} & a_{i2}+a'_{i2} & \cdots & a_{in}+a'_{in} \\ \vdots & \vdots & & \vdots \\ a_{n1} & a_{n2} & \cdots & a_{nn} \end{vmatrix}$$

$$=\begin{vmatrix} a_{11} & a_{12} & \cdots & a_{1n} \\ \vdots & \vdots & & \vdots \\ a_{i1} & a_{i2} & \cdots & a_{in} \\ \vdots & \vdots & & \vdots \\ a_{n1} & a_{n2} & \cdots & a_{nn} \end{vmatrix}+\begin{vmatrix} a_{11} & a_{12} & \cdots & a_{1n} \\ \vdots & \vdots & & \vdots \\ a'_{i1} & a'_{i2} & \cdots & a'_{in} \\ \vdots & \vdots & & \vdots \\ a_{n1} & a_{n2} & \cdots & a_{nn} \end{vmatrix}$$

证明：

$$\begin{vmatrix} a_{11} & a_{12} & \cdots & a_{1n} \\ \vdots & \vdots & & \vdots \\ a_{i1}+a'_{i1} & a_{i2}+a'_{i2} & \cdots & a_{in}+a'_{in} \\ \vdots & \vdots & & \vdots \\ a_{n1} & a_{n2} & \cdots & a_{nn} \end{vmatrix}$$

$$
\begin{aligned}
&= \sum_{j_1j_2\cdots j_n}(-1)^{\sigma(j_1j_2\cdots j_n)}a_{1j_1}\cdots(a_{ij_i}+a'_{ij_i})\cdots a_{nj_n} \\
&= \sum_{j_1j_2\cdots j_n}(-1)^{\sigma(j_1j_2\cdots j_n)}a_{1j_1}\cdots a_{ij_i}\cdots a_{nj_n}+\sum_{j_1j_2\cdots j_n}(-1)^{\sigma(j_1j_2\cdots j_n)}a_{1j_1}\cdots a'_{ij_i}\cdots a_{nj_n} \\
&= \begin{vmatrix} a_{11} & a_{12} & \cdots & a_{1n} \\ \vdots & \vdots & & \vdots \\ a_{i1} & a_{i2} & \cdots & a_{in} \\ \vdots & \vdots & & \vdots \\ a_{n1} & a_{n2} & \cdots & a_{nn} \end{vmatrix} + \begin{vmatrix} a_{11} & a_{12} & \cdots & a_{1n} \\ \vdots & \vdots & & \vdots \\ a'_{i1} & a'_{i2} & \cdots & a'_{in} \\ \vdots & \vdots & & \vdots \\ a_{n1} & a_{n2} & \cdots & a_{nn} \end{vmatrix}
\end{aligned}
$$

性质 1-5 可以推广到某一行（列）为多组数的和的情形.

性质 1-6 行列式的某一行（列）的所有元素乘以同一数 k 后再加到另一行（列）对应的元素上去，行列式的值不变. 数 k 乘第 t 行（列）加到第 s 行（列）上，记为 $r_s+kr_t(c_s+kc_t)$.

证明：

$$
D=\begin{vmatrix} a_{11} & a_{12} & \cdots & a_{1n} \\ \vdots & \vdots & & \vdots \\ a_{s1} & a_{s2} & \cdots & a_{sn} \\ \vdots & \vdots & & \vdots \\ a_{t1} & a_{t2} & \cdots & a_{tn} \\ \vdots & \vdots & & \vdots \\ a_{n1} & a_{n2} & \cdots & a_{nn} \end{vmatrix}
$$

作 r_s+kr_t，得

$$
\begin{aligned}
D_1 &= \begin{vmatrix} a_{11} & a_{12} & \cdots & a_{1n} \\ \vdots & \vdots & & \vdots \\ a_{s1}+ka_{t1} & a_{s2}+ka_{t2} & \cdots & a_{sn}+ka_{tn} \\ \vdots & \vdots & & \vdots \\ a_{t1} & a_{t2} & \cdots & a_{tn} \\ \vdots & \vdots & & \vdots \\ a_{n1} & a_{n2} & \cdots & a_{nn} \end{vmatrix} \\
&= \begin{vmatrix} a_{11} & a_{12} & \cdots & a_{1n} \\ \vdots & \vdots & & \vdots \\ a_{s1} & a_{s2} & \cdots & a_{sn} \\ \vdots & \vdots & & \vdots \\ a_{t1} & a_{t2} & \cdots & a_{tn} \\ \vdots & \vdots & & \vdots \\ a_{n1} & a_{n2} & \cdots & a_{nn} \end{vmatrix} + \begin{vmatrix} a_{11} & a_{12} & \cdots & a_{1n} \\ \vdots & \vdots & & \vdots \\ ka_{t1} & ka_{t2} & \cdots & ka_{tn} \\ \vdots & \vdots & & \vdots \\ a_{t1} & a_{t2} & \cdots & a_{tn} \\ \vdots & \vdots & & \vdots \\ a_{n1} & a_{n2} & \cdots & a_{nn} \end{vmatrix} \\
&= D+0=D
\end{aligned}
$$

根据性质 1-6 可以得到一个计算行列式常用方法，即利用运算 r_i+kr_j 把行列式化为上三角形行列式，从而算得行列式的值.

【例 1-9】 计算行列式

$$D=\begin{vmatrix} 1 & -1 & 2 & -3 & 1 \\ -3 & 3 & -7 & 9 & -5 \\ 2 & 0 & 4 & -2 & 1 \\ 3 & -5 & 7 & -14 & 6 \\ 4 & -4 & 10 & -10 & 2 \end{vmatrix}$$

解：

$$D=\begin{vmatrix} 1 & -1 & 2 & -3 & 1 \\ -3 & 3 & -7 & 9 & -5 \\ 2 & 0 & 4 & -2 & 1 \\ 3 & -5 & 7 & -14 & 6 \\ 4 & -4 & 10 & -10 & 2 \end{vmatrix} \xlongequal{r_2+3r_1} \begin{vmatrix} 1 & -1 & 2 & -3 & 1 \\ 0 & 0 & -1 & 0 & -2 \\ 2 & 0 & 4 & -2 & 1 \\ 3 & -5 & 7 & -14 & 6 \\ 4 & -4 & 10 & -10 & 2 \end{vmatrix}$$

$$\xlongequal{r_3-2r_1} \begin{vmatrix} 1 & -1 & 2 & -3 & 1 \\ 0 & 0 & -1 & 0 & -2 \\ 0 & 2 & 0 & 4 & -1 \\ 3 & -5 & 7 & -14 & 6 \\ 4 & -4 & 10 & -10 & 2 \end{vmatrix} \xlongequal[r_5-4r_1]{r_4-3r_1} \begin{vmatrix} 1 & -1 & 2 & -3 & 1 \\ 0 & 0 & -1 & 0 & -2 \\ 0 & 2 & 0 & 4 & -1 \\ 0 & -2 & 1 & -5 & 3 \\ 0 & 0 & 2 & 2 & -2 \end{vmatrix}$$

$$\xlongequal{r_2\leftrightarrow r_4} -\begin{vmatrix} 1 & -1 & 2 & -3 & 1 \\ 0 & -2 & 1 & -5 & 3 \\ 0 & 2 & 0 & 4 & -1 \\ 0 & 0 & -1 & 0 & -2 \\ 0 & 0 & 2 & 2 & -2 \end{vmatrix} \xlongequal{r_3+r_2} -\begin{vmatrix} 1 & -1 & 2 & -3 & 1 \\ 0 & -2 & 1 & -5 & 3 \\ 0 & 0 & 1 & -1 & 2 \\ 0 & 0 & -1 & 0 & -2 \\ 0 & 0 & 2 & 2 & -2 \end{vmatrix}$$

$$\xlongequal{r_4+r_3} -\begin{vmatrix} 1 & -1 & 2 & -3 & 1 \\ 0 & -2 & 1 & -5 & 3 \\ 0 & 0 & 1 & -1 & 2 \\ 0 & 0 & 0 & -1 & 0 \\ 0 & 0 & 2 & 2 & -2 \end{vmatrix} \xlongequal{r_5-2r_3} -\begin{vmatrix} 1 & -1 & 2 & -3 & 1 \\ 0 & -2 & 1 & -5 & 3 \\ 0 & 0 & 1 & -1 & 2 \\ 0 & 0 & 0 & -1 & 0 \\ 0 & 0 & 0 & 4 & -6 \end{vmatrix}$$

$$\xlongequal{r_5+4r_4} -\begin{vmatrix} 1 & -1 & 2 & -3 & 1 \\ 0 & -2 & 1 & -5 & 3 \\ 0 & 0 & 1 & -1 & 2 \\ 0 & 0 & 0 & -1 & 0 \\ 0 & 0 & 0 & 0 & -6 \end{vmatrix} = -(-2)\times(-1)\times(-6)=12$$

【例 1-10】 计算 n 阶行列式

$$D=\begin{vmatrix} a & b & b & \cdots & b \\ b & a & b & \cdots & b \\ b & b & a & \cdots & b \\ \vdots & \vdots & \vdots & & \vdots \\ b & b & b & \cdots & a \end{vmatrix}$$

解法一：将第 2, 3, ⋯, n 列都加到第一列，得

$$D=\begin{vmatrix} a+(n-1)b & b & b & \cdots & b \\ a+(n-1)b & a & b & \cdots & b \\ a+(n-1)b & b & a & \cdots & b \\ \vdots & \vdots & \vdots & & \vdots \\ a+(n-1)b & b & b & \cdots & a \end{vmatrix}$$

将第 1 列的公因式 $a+(n-1)b$ 提出来得

$$D=[a+(n-1)b]\begin{vmatrix} 1 & b & b & \cdots & b \\ 1 & a & b & \cdots & b \\ 1 & b & a & \cdots & b \\ \vdots & \vdots & \vdots & & \vdots \\ 1 & b & b & \cdots & a \end{vmatrix}$$

将第 1 行的−1 倍加到 2, 3, ⋯, n 行得

$$D=[a+(n-1)b]\begin{vmatrix} 1 & b & b & \cdots & b \\ & a-b & & & \\ & & a-b & & \\ & & & \ddots & \\ & & & & a-b \end{vmatrix}=[a+(n-1)b](a-b)^{n-1}$$

解法二：将第 1 行的−1 倍加到 2, 3, ⋯, n 行得

$$D=\begin{vmatrix} a & b & b & \cdots & b \\ b-a & a-b & 0 & \cdots & 0 \\ b-a & 0 & a-b & \cdots & 0 \\ \vdots & \vdots & \vdots & & \vdots \\ b-a & 0 & 0 & \cdots & a-b \end{vmatrix}$$

再把 2, 3, ⋯, n 行的公因子 $a-b$ 提出来得

$$D=(a-b)^{n-1}\begin{vmatrix} a & b & b & \cdots & b \\ -1 & 1 & 0 & \cdots & 0 \\ -1 & 0 & 1 & \cdots & 0 \\ \vdots & \vdots & \vdots & & \vdots \\ -1 & 0 & 0 & \cdots & 1 \end{vmatrix}$$

把 2, 3, ⋯, n 列加到第 1 列得

$$D=(a-b)^{n-1}\begin{vmatrix} a+(n-1)b & b & b & \cdots & b \\ 0 & 1 & 0 & \cdots & 0 \\ 0 & 0 & 1 & \cdots & 0 \\ \vdots & \vdots & \vdots & & \vdots \\ 0 & 0 & 0 & \cdots & 1 \end{vmatrix}=[a+(n-1)b](a-b)^{n-1}$$

【例 1-11】 设

$$D=\begin{vmatrix} a_{11} & \cdots & a_{1k} & & & \\ \vdots & & \vdots & & & \\ a_{k1} & \cdots & a_{kk} & & & \\ c_{11} & \cdots & c_{1k} & b_{11} & \cdots & b_{1n} \\ \vdots & & \vdots & \vdots & & \vdots \\ c_{n1} & \cdots & c_{nk} & b_{n1} & \cdots & b_{nn} \end{vmatrix}$$

$$D_1=\det(a_{ij})=\begin{vmatrix} a_{11} & \cdots & a_{1k} \\ \vdots & & \vdots \\ a_{k1} & \cdots & a_{kk} \end{vmatrix},\ D_2=\det(b_{ij})=\begin{vmatrix} b_{11} & \cdots & b_{1n} \\ \vdots & & \vdots \\ b_{n1} & \cdots & b_{nn} \end{vmatrix}$$

证明 $D=D_1D_2$.

证明：对 D_1 作运算 $r_i+k_1r_j$，把 D_1 化为下三角行列式，设为

$$D_1=\begin{vmatrix} p_{11} & & \\ \vdots & \ddots & \\ p_{k1} & \cdots & p_{kk} \end{vmatrix}=p_{11}\cdots p_{kk}$$

对 D_2 作运算 $c_i+k_2c_j$，把 D_2 化为下三角行列式，设为

$$D_2=\begin{vmatrix} q_{11} & & \\ \vdots & \ddots & \\ q_{n1} & \cdots & p_{nk} \end{vmatrix}=q_{11}\cdots q_{nn}$$

将对 D_1, D_2 的运算扩大到对 D 的运算，即 D 的前 k 行作运算 $r_i+k_1r_j$，再对后 n 列作运算 $c_i+k_2c_j$，把 D 化为下三角行列式，记为

$$D=\begin{vmatrix} p_{11} & & & & & \\ \vdots & \ddots & & & & \\ p_{k1} & \cdots & p_{kk} & & & \\ c_{11} & \cdots & c_{1k} & q_{11} & & \\ \vdots & & \vdots & \vdots & \ddots & \\ c_{n1} & \cdots & c_{nk} & q_{n1} & \cdots & q_{nn} \end{vmatrix}$$

故 $D=(p_{11}\cdots p_{kk})\cdot(q_{11}\cdots q_{nn})=D_1D_2$.

【例 1-12】 设 n 阶行列式 $D=\det(a_{ij})$ 的元素满足 $a_{ij}=-a_{ji}(i, j=1, 2, \cdots, n)$，证明当 n 为奇数时，$D=0$.

证明：由已知可得 $a_{ij}=-a_{ji}$，即

$$a_{ii}=0 \quad (i=1, 2, \cdots, n)$$

因此，行列式为

$$D=\begin{vmatrix} 0 & a_{12} & a_{13} & \cdots & a_{1n} \\ -a_{12} & 0 & a_{23} & \cdots & a_{2n} \\ -a_{13} & -a_{23} & 0 & \cdots & a_{3n} \\ \vdots & \vdots & \vdots & & \vdots \\ -a_{1n} & -a_{2n} & -a_{3n} & \cdots & 0 \end{vmatrix}$$

则 D 的转置行列式为

$$D^{\mathrm{T}}=\begin{vmatrix} 0 & -a_{12} & -a_{13} & \cdots & -a_{1n} \\ a_{12} & 0 & -a_{23} & \cdots & -a_{2n} \\ a_{13} & a_{23} & 0 & \cdots & -a_{3n} \\ \vdots & \vdots & \vdots & & \vdots \\ a_{1n} & a_{2n} & a_{3n} & \cdots & 0 \end{vmatrix}$$

$$=(-1)^{n}\begin{vmatrix} 0 & a_{12} & a_{13} & \cdots & a_{1n} \\ -a_{12} & 0 & a_{23} & \cdots & a_{2n} \\ -a_{13} & -a_{23} & 0 & \cdots & a_{3n} \\ \vdots & \vdots & \vdots & & \vdots \\ -a_{1n} & -a_{2n} & -a_{3n} & \cdots & 0 \end{vmatrix}=(-1)^{n}D$$

由性质 1-1 有 $D=D^{\mathrm{T}}$，则

$$D=D^{\mathrm{T}}=(-1)^{n}D$$

于是，当 n 为奇数时，得 $D=-D$，故 $D=0$.

1.5 行列式的展开定理

1.5.1 问题的提出

我们进一步考察三阶行列式

$$\begin{vmatrix} a_{11} & a_{12} & a_{13} \\ a_{21} & a_{22} & a_{23} \\ a_{31} & a_{32} & a_{33} \end{vmatrix}=a_{11}a_{22}a_{33}+a_{12}a_{23}a_{31}+a_{13}a_{21}a_{32}-a_{13}a_{22}a_{31}-a_{12}a_{21}a_{33}-a_{11}a_{23}a_{32}$$

把右边 6 项，按含有第一行的 3 个元素的规则分组，每组提取公因式，得

$$\begin{aligned} D &=a_{11}(a_{22}a_{33}-a_{23}a_{32})-a_{12}(a_{21}a_{33}-a_{23}a_{31})+a_{13}(a_{21}a_{32}-a_{22}a_{31}) \\ &=a_{11}\begin{vmatrix} a_{22} & a_{23} \\ a_{32} & a_{33} \end{vmatrix}-a_{12}\begin{vmatrix} a_{21} & a_{23} \\ a_{31} & a_{33} \end{vmatrix}+a_{13}\begin{vmatrix} a_{21} & a_{22} \\ a_{31} & a_{32} \end{vmatrix} \end{aligned} \qquad (1\text{-}10)$$

可见一个三阶行列式可以转化成三个二阶行列式计算.

那么，一个 n 阶行列式是否可以转化为若干个 $n-1$ 阶行列式来计算？我们对式(1-10) 做进一步的探讨. 令

$$A_{11}=\begin{vmatrix} a_{22} & a_{23} \\ a_{32} & a_{33} \end{vmatrix},\ A_{12}=-\begin{vmatrix} a_{21} & a_{23} \\ a_{31} & a_{33} \end{vmatrix},\ A_{13}=\begin{vmatrix} a_{21} & a_{22} \\ a_{31} & a_{32} \end{vmatrix}$$

可以观察到，A_{11}, A_{12}, A_{13}分别为 D 中划掉了 $a_{1i}(i=1, 2, 3)$ 所在的行和列，同时，A_{11}, A_{12}, A_{13}的符号由它们所对应的元素 a_{11}, a_{12}, a_{13} 在三阶行列式中的位置确定，A_{ij} 的符号为$(-1)^{i+j}$.

三阶行列式中的A_{ij}的构成规则可推广到 n 阶行列式，即 n 阶行列式中，A_{ij}是一些带有正负号的 $n-1$ 阶行列式. 为了从理论上证明这一结论，我们先引进余子式和代数余子式的概念.

1.5.2 余子式和代数余子式

定义 1-6 在 n 阶行列式中，把元素 a_{ij}所在的第 i 行和第 j 列划去后，剩下的元素按它们在原行列式中的相对位置组成的 $n-1$ 阶行列式称为元素 a_{ij}的余子式，记作 M_{ij}，即

$$M_{ij}=\begin{vmatrix} a_{11} & \cdots & a_{1,j-1} & a_{1,j+1} & \cdots & a_{1,n} \\ \vdots & & \vdots & \vdots & & \vdots \\ a_{i-1,1} & \cdots & a_{i-1,j-1} & a_{i-1,j+1} & \cdots & a_{i-1,n} \\ a_{i+1,1} & \cdots & a_{i+1,j-1} & a_{i+1,j+1} & \cdots & a_{i+1,n} \\ \vdots & & \vdots & \vdots & & \vdots \\ a_{n,1} & \cdots & a_{n,j-1} & a_{n,j+1} & \cdots & a_{n,n} \end{vmatrix}$$

令

$$A_{ij}=(-1)^{i+j}M_{ij}$$

称 A_{ij}是元素 a_{ij}的代数余子式.

根据定义可以发现，行列式的每个元素分别对应着一个余子式和一个代数余子式. 需要注意的是代数余子式有正负号，例如，对于行列式

$$D=\begin{vmatrix} a_{11} & a_{12} & a_{13} & a_{14} \\ a_{21} & a_{22} & a_{23} & a_{24} \\ a_{31} & a_{32} & a_{33} & a_{34} \\ a_{41} & a_{42} & a_{43} & a_{44} \end{vmatrix}$$

其中部分余子式和代数余子式为

$$M_{12}=\begin{vmatrix} a_{21} & a_{23} & a_{24} \\ a_{31} & a_{33} & a_{34} \\ a_{41} & a_{43} & a_{44} \end{vmatrix},\ A_{12}=(-1)^{1+2}M_{12}=-M_{12}$$

$$M_{44}=\begin{vmatrix} a_{11} & a_{12} & a_{13} \\ a_{21} & a_{22} & a_{23} \\ a_{31} & a_{32} & a_{33} \end{vmatrix},\ A_{44}=(-1)^{4+4}M_{44}=M_{44}$$

下面就来证明行列式按行（列）展开法则.

定理 1-4 行列式等于它的任一行（列）的各元素与其对应的代数余子式乘积之和，即

$$D=\begin{vmatrix} a_{11} & a_{12} & \cdots & a_{1n} \\ \vdots & \vdots & & \vdots \\ a_{i1} & a_{i2} & \cdots & a_{in} \\ \vdots & \vdots & & \vdots \\ a_{n1} & a_{n2} & \cdots & a_{nn} \end{vmatrix}=\begin{cases} a_{i1}A_{i1}+a_{i2}A_{i2}+\cdots+a_{in}A_{in} & (i=1, 2, \cdots, n) \\ a_{1j}A_{1j}+a_{2j}A_{2j}+\cdots+a_{nj}A_{nj} & (j=1, 2, \cdots, n) \end{cases}$$

证明：仅就行的情况证明. 分以下三步：

（1）证明

$$\begin{vmatrix} a_{11} & \cdots & a_{1, n-1} & a_{1n} \\ \vdots & & \vdots & \vdots \\ a_{n-1, 1} & \cdots & a_{n-1, n-1} & a_{n-1, n} \\ 0 & \cdots & 0 & a_{nn} \end{vmatrix}=a_{nn}M_{nn}=a_{nn}A_{nn}$$

记左边行列式为 D，按定义展开得

$$D=\sum_{j_1j_2\cdots j_n}(-1)^{\sigma(j_1j_2\cdots j_n)}a_{1j_1}a_{2j_2}\cdots a_{nj_n}$$

注意到 $a_{n1}, \cdots, a_{n, n-1}$均为 0，所以上面式子中仅 $j_n=n$ 时该项才不为 0，所以

$$D=\sum_{j_1j_2\cdots j_{n-1}n}(-1)^{\sigma(j_1j_2\cdots j_{n-1}n)}a_{1j_1}a_{2j_2}\cdots a_{nn}$$

注意到 $\sigma(j_1j_2\cdots j_{n-1}n)=\sigma(j_1j_2\cdots j_{n-1})$，且上面的和相当于对所有 $j_1j_2\cdots j_{n-1}$求和，所以

$$\begin{aligned} D &=a_{nn}\sum_{j_1j_2\cdots j_{n-1}}(-1)^{\sigma(j_1j_2\cdots j_{n-1})}a_{1j_1}a_{2j_2}\cdots a_{n-1, j_{n-1}} \\ &=a_{nn}\begin{vmatrix} a_{11} & \cdots & a_{1, n-1} \\ \vdots & & \vdots \\ a_{n-1, 1} & \cdots & a_{n-1, n-1} \end{vmatrix}=a_{nn}M_{nn}=a_{nn}A_{nn} \end{aligned}$$

（2）设行列式 D 的第 i 行除了 a_{ij}外元素均为 0，我们证明

$$D=a_{ij}(-1)^{i+j}M_{ij}=a_{ij}A_{ij}$$

这时

$$D=\begin{vmatrix} a_{11} & \cdots & a_{1j} & \cdots & a_{1n} \\ \vdots & & \vdots & & \vdots \\ 0 & \cdots & a_{ij} & \cdots & 0 \\ \vdots & & \vdots & & \vdots \\ a_{n1} & \cdots & a_{nj} & \cdots & a_{nn} \end{vmatrix}$$

为了利用（1）的结果，我们依次把 D 的第 i 行与第 $i+1$ 行，第 $i+2$ 行，…，第 n 行交换；把 D 的第 j 列与第 $j+1$ 列，第 $j+2$ 列，…，第 n 列交换，把 a_{ij}换到右下角. 这里，共要进行$(n-i)+(n-j)=2n-(i+j)$次交换，而元素 a_{ij}在 D 中的余子式与交换后的行列式中 a_{ij}的余子式相同，注意这时行列式已具有（1）的形式，所以由行列式互换两行（列）行

列式变号的性质得

$$D=(-1)^{2n-(i+j)}\begin{vmatrix} a_{11} & \cdots & a_{1,j-1} & a_{1,j+1} & \cdots & a_{1n} & a_{1j} \\ \vdots & & \vdots & \vdots & & \vdots & \vdots \\ a_{i-1,1} & \cdots & a_{i-1,j-1} & a_{i-1,j+1} & \cdots & a_{i-1,n} & a_{i-1,j} \\ a_{i+1,1} & \cdots & a_{i+1,j-1} & a_{i+1,j+1} & \cdots & a_{i+1,n} & a_{i+1,j} \\ \vdots & & \vdots & \vdots & & \vdots & \vdots \\ a_{n1} & \cdots & a_{n,j-1} & a_{n,j+1} & \cdots & a_{nn} & a_{nj} \\ 0 & \cdots & 0 & 0 & \cdots & 0 & a_{ij} \end{vmatrix}$$

$$=(-1)^{2n-(i+j)}a_{ij}M_{ij}$$

$$=(-1)^{i+j}a_{ij}M_{ij}=a_{ij}A_{ij}$$

（3）证明一般情形

$$D=\begin{vmatrix} a_{11} & a_{12} & \cdots & a_{1n} \\ \vdots & \vdots & & \vdots \\ a_{i1} & a_{i2} & \cdots & a_{in} \\ \vdots & \vdots & & \vdots \\ a_{n1} & a_{n2} & \cdots & a_{nn} \end{vmatrix}$$

$$=\begin{vmatrix} a_{11} & a_{12} & \cdots & a_{1n} \\ \vdots & \vdots & & \vdots \\ a_{i1}+0+\cdots+0 & 0+a_{i2}+\cdots+0 & \cdots & 0+\cdots+0+a_{in} \\ \vdots & \vdots & & \vdots \\ a_{n1} & a_{n2} & \cdots & a_{nn} \end{vmatrix}$$

$$=\begin{vmatrix} a_{11} & a_{12} & \cdots & a_{1n} \\ \vdots & \vdots & & \vdots \\ a_{i1} & 0 & \cdots & 0 \\ \vdots & \vdots & & \vdots \\ a_{n1} & a_{n2} & \cdots & a_{nn} \end{vmatrix}+\begin{vmatrix} a_{11} & a_{12} & \cdots & a_{1n} \\ \vdots & \vdots & & \vdots \\ 0 & a_{i2} & \cdots & 0 \\ \vdots & \vdots & & \vdots \\ a_{n1} & a_{n2} & \cdots & a_{nn} \end{vmatrix}+\cdots+\begin{vmatrix} a_{11} & a_{12} & \cdots & a_{1n} \\ \vdots & \vdots & & \vdots \\ 0 & 0 & \cdots & a_{in} \\ \vdots & \vdots & & \vdots \\ a_{n1} & a_{n2} & \cdots & a_{nn} \end{vmatrix}$$

$$=a_{i1}A_{i1}+a_{i2}A_{i2}+\cdots+a_{in}A_{in}\quad(i=1,2,\cdots,n)$$

例如，行列式 $D=\begin{vmatrix} -3 & -5 & 3 \\ 0 & -1 & 0 \\ 7 & 7 & 2 \end{vmatrix}$ 按第一行展开，得

$$D=-3\begin{vmatrix} -1 & 0 \\ 7 & 2 \end{vmatrix}+5\begin{vmatrix} 0 & 0 \\ 7 & 2 \end{vmatrix}+3\begin{vmatrix} 0 & -1 \\ 7 & 7 \end{vmatrix}$$

这个定理叫做行列式按行（列）展开法则. 利用这一法则并结合行列式的性质，可以简化行列式的计算.

利用上面结果可证：

定理 1-5 行列式任一行（列）的元素与另一行（列）的对应元素的代数余子式乘积之和等于 0. 即

$$a_{k1}A_{i1}+a_{k2}A_{i2}+\cdots+a_{kn}A_{in}=0 \quad (k\neq i) \tag{1-11}$$

或

$$a_{1l}A_{1j}+a_{2l}A_{2j}+\cdots+a_{nl}A_{nj}=0 \quad (l\neq j)$$

证明：由于行列式中行与列的地位是相同的，故只需证式（1-11）. 设行列式的第 i 行的元素等于第 k 行的元素，即

$$a_{ij}=a_{kj} \quad (j=1, 2, \cdots, n, k\neq i)$$

把行列式

$$D=\begin{vmatrix} a_{11} & a_{12} & \cdots & a_{1n} \\ a_{21} & a_{22} & \cdots & a_{2n} \\ \vdots & \vdots & & \vdots \\ a_{n1} & a_{n2} & \cdots & a_{nn} \end{vmatrix}$$

第 i 行展开，得

$$a_{i1}A_{i1}+a_{i2}A_{i2}+\cdots+a_{in}A_{in}=\begin{vmatrix} a_{11} & \cdots & a_{1n} \\ \vdots & & \vdots \\ a_{i1} & \cdots & a_{in} \\ \vdots & & \vdots \\ a_{k1} & \cdots & a_{kn} \\ \vdots & & \vdots \\ a_{n1} & \cdots & a_{nn} \end{vmatrix}$$

把上式的 a_{ij} 换成 a_{kj}，得

$$a_{k1}A_{i1}+a_{k2}A_{i2}+\cdots+a_{kn}A_{in}=\begin{vmatrix} a_{11} & \cdots & a_{1n} \\ \vdots & & \vdots \\ a_{k1} & \cdots & a_{kn} \\ \vdots & & \vdots \\ a_{k1} & \cdots & a_{kn} \\ \vdots & & \vdots \\ a_{n1} & \cdots & a_{nn} \end{vmatrix}$$

上式右端的行列式中含有两个相同的行，故行列式的值等于 0.

行列式按行（列）展开法则与以上定理一起，可写成：

定理 1-6 设

$$D=\begin{vmatrix} a_{11} & a_{12} & \cdots & a_{1n} \\ a_{21} & a_{22} & \cdots & a_{2n} \\ \vdots & \vdots & & \vdots \\ a_{n1} & a_{n2} & \cdots & a_{nn} \end{vmatrix}$$

A_{ij}表示元素 a_{ij}的代数余子式，则下列公式成立

$$a_{k1}A_{i1}+a_{k2}A_{i2}+\cdots+a_{kn}A_{in}=\begin{cases} D & (k=i) \\ 0 & (k\neq i) \end{cases}$$

$$a_{1l}A_{1j}+a_{2l}A_{2j}+\cdots+a_{nl}A_{nj}=\begin{cases}D & (i=j)\\0 & (i\neq j)\end{cases}$$

用连加号简写为

$$\sum_{s=1}^{n}a_{ks}A_{is}=\begin{cases}D & (k=i)\\0 & (k\neq i)\end{cases}$$

$$\sum_{s=1}^{n}a_{sl}A_{sj}=\begin{cases}D & (i=j)\\0 & (i\neq j)\end{cases}$$

1.5.3 三阶行列式的几何意义

设三阶行列式

$$D=\begin{vmatrix}a_{11} & a_{12} & a_{13}\\a_{21} & a_{22} & a_{23}\\a_{31} & a_{32} & a_{33}\end{vmatrix}$$

D 的行是向量 $\boldsymbol{\alpha}_1, \boldsymbol{\alpha}_2, \boldsymbol{\alpha}_3$ 在直角坐标系下的坐标，即

$$\boldsymbol{\alpha}_1=(a_{11}, a_{12}, a_{13}),\ \boldsymbol{\alpha}_2=(a_{21}, a_{22}, a_{23}),\ \boldsymbol{\alpha}_3=(a_{31}, a_{32}, a_{33})$$

那么

$$\begin{aligned}\boldsymbol{\alpha}_2\times\boldsymbol{\alpha}_3&=\begin{vmatrix}\boldsymbol{i} & \boldsymbol{j} & \boldsymbol{k}\\a_{21} & a_{22} & a_{23}\\a_{31} & a_{32} & a_{33}\end{vmatrix}\\&=\begin{vmatrix}a_{22} & a_{23}\\a_{32} & a_{33}\end{vmatrix}\boldsymbol{i}-\begin{vmatrix}a_{21} & a_{23}\\a_{31} & a_{33}\end{vmatrix}\boldsymbol{j}+\begin{vmatrix}a_{21} & a_{23}\\a_{31} & a_{33}\end{vmatrix}\boldsymbol{k}\\&=(A_{11}, A_{12}, A_{13})\end{aligned}$$

于是

$$a_{11}A_{11}+a_{12}A_{12}+a_{13}A_{13}=\boldsymbol{\alpha}_1\cdot(\boldsymbol{\alpha}_2\times\boldsymbol{\alpha}_3)$$

$$a_{21}A_{11}+a_{22}A_{12}+a_{23}A_{13}=\boldsymbol{\alpha}_2\cdot(\boldsymbol{\alpha}_2\times\boldsymbol{\alpha}_3)=0$$

$$a_{31}A_{11}+a_{32}A_{12}+a_{33}A_{13}=\boldsymbol{\alpha}_3\cdot(\boldsymbol{\alpha}_2\times\boldsymbol{\alpha}_3)=0$$

由此可得，三个向量 $\boldsymbol{\alpha}_1, \boldsymbol{\alpha}_2, \boldsymbol{\alpha}_3$ 共面的充分必要条件是：它们的坐标构成的三阶行列式 $D=0$；若 $D\neq 0$，则 $|D|$ 表示以这三条向量为邻边的平行六面体的体积. 如设 $\boldsymbol{\alpha}_1=(-1, 1, 0)$，$\boldsymbol{\alpha}_2=(0, -1, 1)$，$\boldsymbol{\alpha}_3=(1, 0, -1)$，如图 1-2 所示. 因为

$$\begin{vmatrix}-1 & 1 & 0\\0 & -1 & 1\\1 & 0 & -1\end{vmatrix}=0$$

所以它们共面.

再例如，设 $\boldsymbol{\beta}_1=(1, 1, 1)$，$\boldsymbol{\beta}_2=(2, 3, -1)$，$\boldsymbol{\beta}_3=(1, 3, 5)$，以 $\boldsymbol{\beta}_1, \boldsymbol{\beta}_2, \boldsymbol{\beta}_3$ 为邻边的平行六面体如图 1-3 所示.

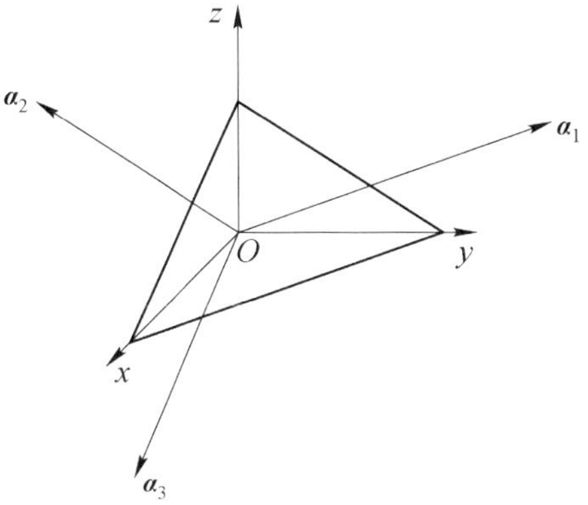

图 1-2　三向量共面

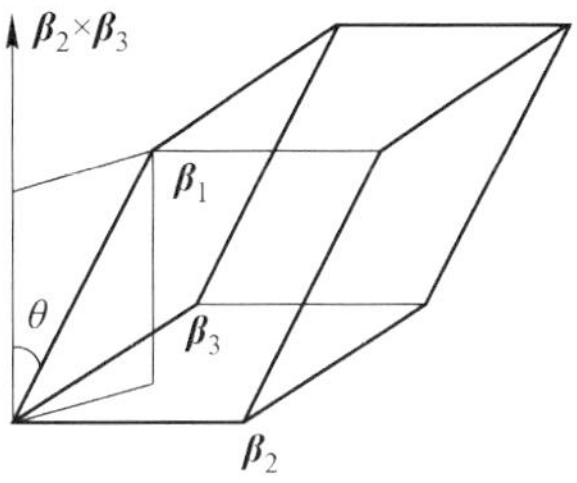

图 1-3　平行六面体

其体积 V 为

$$V=\begin{vmatrix}1 & 1 & 1\\2 & 3 & -1\\1 & 3 & 5\end{vmatrix}=10$$

1.5.4　行列式计算举例

关于 n 阶行列式的计算方法，我们根据定义以及定理推论等总结出以下三种常用方法：

（1）按定义或用公式计算；

（2）化为上（下）三角形行列式；

（3）利用行列式按行（列）展开法则降阶.

【例 1-13】　计算行列式

$$D=\begin{vmatrix}5 & 3 & -1 & 2 & 0\\1 & 7 & 2 & 5 & 2\\0 & -2 & 3 & 1 & 0\\0 & -4 & -1 & 4 & 0\\0 & 2 & 3 & 5 & 0\end{vmatrix}$$

解：

$$D=\begin{vmatrix}5 & 3 & -1 & 2 & 0\\1 & 7 & 2 & 5 & 2\\0 & -2 & 3 & 1 & 0\\0 & -4 & -1 & 4 & 0\\0 & 2 & 3 & 5 & 0\end{vmatrix}=(-1)^{2+5}\cdot 2\begin{vmatrix}5 & 3 & -1 & 2\\0 & -2 & 3 & 1\\0 & -4 & -1 & 4\\0 & 2 & 3 & 5\end{vmatrix}=-2\cdot 5\begin{vmatrix}-2 & 3 & 1\\-4 & -1 & 4\\2 & 3 & 5\end{vmatrix}$$

$$\xlongequal[r_3+r_1]{r_2+(-2)r_1}-10\begin{vmatrix}-2 & 3 & 1\\0 & -7 & 2\\0 & 6 & 6\end{vmatrix}=-10\cdot(-2)\begin{vmatrix}-7 & 2\\6 & 6\end{vmatrix}=-1080$$

【例 1-14】 计算行列式

$$D=\begin{vmatrix} 3 & 1 & -1 & 2 \\ -5 & 1 & 3 & -4 \\ 2 & 0 & 1 & -1 \\ 1 & -5 & 3 & -3 \end{vmatrix}$$

解：

$$D=\begin{vmatrix} 3 & 1 & -1 & 2 \\ -5 & 1 & 3 & -4 \\ 2 & 0 & 1 & -1 \\ 1 & -5 & 3 & -3 \end{vmatrix} \xlongequal[c_4+c_3]{c_1+(-2)c_3} \begin{vmatrix} 5 & 1 & -1 & 1 \\ -11 & 1 & 3 & -1 \\ 0 & 0 & 1 & 0 \\ -5 & -5 & 3 & 0 \end{vmatrix}$$

$$=(-1)^{3+3}\begin{vmatrix} 5 & 1 & 1 \\ -11 & 1 & -1 \\ -5 & -5 & 0 \end{vmatrix} \xlongequal{r_2+r_1} \begin{vmatrix} 5 & 1 & 1 \\ -6 & 2 & 0 \\ -5 & -5 & 0 \end{vmatrix}$$

$$=(-1)^{1+3}\begin{vmatrix} -6 & 2 \\ -5 & -5 \end{vmatrix}=\begin{vmatrix} -8 & 2 \\ 0 & -5 \end{vmatrix}=40$$

【例 1-15】 证明 n 阶范德蒙德(Vandermonde)行列式

$$D_n=\begin{vmatrix} 1 & 1 & \cdots & 1 \\ x_1 & x_2 & \cdots & x_n \\ x_1^2 & x_2^2 & \cdots & x_n^2 \\ \vdots & \vdots & & \vdots \\ x_1^{n-1} & x_2^{n-1} & \cdots & x_n^{n-1} \end{vmatrix}=\prod_{n\geqslant i>j\geqslant 1}(x_i-x_j)$$

即 n 阶范德蒙德(Vandermonde)行列式 D_n，对任意的 $n(n\geqslant 2)$，D_n 等于 $x_1, x_2, \cdots, x_n$ 这 n 个数的所有可能的差 $x_i-x_j(1\leqslant j<i\leqslant n)$ 的乘积.

证明：用数学归纳法.

（1）当 $n=2$ 时，$D_2=\begin{vmatrix} 1 & 1 \\ x_1 & x_2 \end{vmatrix}=x_2-x_1=\prod\limits_{2\geqslant i>j\geqslant 1}(x_i-x_j)$.

（2）设对 $n-1$ 阶范德蒙德行列式结论成立，往证 n 阶也成立.

$$D_n=\begin{vmatrix} 1 & 1 & \cdots & 1 \\ x_1 & x_2 & \cdots & x_n \\ x_1^2 & x_2^2 & \cdots & x_n^2 \\ \vdots & \vdots & & \vdots \\ x_1^{n-1} & x_2^{n-1} & \cdots & x_n^{n-1} \end{vmatrix}$$

$$\xlongequal[\substack{r_{n-1}-x_1r_{n-2} \\ \vdots \\ r_2-x_1r_1}]{r_n-x_1r_{n-1}} \begin{vmatrix} 1 & 1 & 1 & \cdots & 1 \\ 0 & x_2-x_1 & x_3-x_1 & \cdots & x_n-x_1 \\ 0 & x_2(x_2-x_1) & x_3(x_3-x_1) & \cdots & x_n(x_n-x_1) \\ \vdots & \vdots & \vdots & & \vdots \\ 0 & x_2^{n-2}(x_2-x_1) & x_3^{n-2}(x_3-x_1) & \cdots & x_n^{n-2}(x_n-x_1) \end{vmatrix}$$

按第 1 列展开，并把每列的公因子 x_i-x_1 提出，即得到 $n-1$ 阶范德蒙德行列式

$$D_n=(x_2-x_1)(x_3-x_1)\cdots(x_n-x_1)\begin{vmatrix}1 & 1 & \cdots & 1\\ x_2 & x_3 & \cdots & x_n\\ \vdots & \vdots & & \vdots\\ x_2^{n-2} & x_3^{n-2} & \cdots & x_n^{n-2}\end{vmatrix}$$

$$=(x_2-x_1)(x_3-x_1)\cdots(x_n-x_1)\prod_{n\geqslant i>j\geqslant 2}(x_i-x_j)$$

$$=\prod_{n\geqslant i>j\geqslant 1}(x_i-x_j)$$

根据归纳法假设，$n-1$ 阶范德蒙德行列式等于所有可能的差 $x_i-x_j(2\leqslant j<i\leqslant n)$ 的乘积；而包含 x_1 的差已作为公因子在前面出现了. 因此，根据数学归纳法，得到的等式表明结论对 n 阶范德蒙德行列式也成立.

【例 1-16】 计算 $n+1(n\geqslant 1)$ 阶箭形（爪形）行列式

$$D_{n+1}=\begin{vmatrix}x_0 & a_1 & a_2 & \cdots & a_n\\ b_1 & x_1 & 0 & \cdots & 0\\ b_2 & 0 & x_2 & \cdots & 0\\ \vdots & \vdots & \vdots & & \vdots\\ b_n & 0 & 0 & \cdots & x_n\end{vmatrix}\quad (x_i\neq 0,\ i=1,2,\cdots,n)$$

分析：这一类行列式称为箭形（爪形）行列式，即除第一行、第一列及主对角线外的元素都是 0 的行列式. 其主要计算方法为转化成上（下）三角行列式，以列运算为例，把第一列化为 $\begin{pmatrix}a_{11}\\ 0\\ \vdots\\ 0\end{pmatrix}$，再做进一步计算.

解：分别将第 $i+1(i=1,\cdots,n)$ 列乘以 $-\dfrac{b_i}{x_i}$，均加到第 1 列，得

$$D_{n+1}=\begin{vmatrix}x_0-\sum\limits_{i=1}^{n}\dfrac{a_ib_i}{x_i} & a_1 & a_2 & \cdots & a_n\\ 0 & x_1 & 0 & \cdots & 0\\ 0 & 0 & x_2 & \cdots & 0\\ \vdots & \vdots & \vdots & & \vdots\\ 0 & 0 & 0 & \cdots & x_n\end{vmatrix}=\left(x_0-\sum_{i=1}^{n}\frac{a_ib_i}{x_i}\right)x_1x_2\cdots x_n$$

【例 1-17】 计算

$$D=\begin{vmatrix}a_1-b & a_2 & a_3 & \cdots & a_n\\ a_1 & a_2-b & a_3 & \cdots & a_n\\ a_1 & a_2 & a_3-b & \cdots & a_n\\ \vdots & \vdots & \vdots & & \vdots\\ a_1 & a_2 & a_3 & \cdots & a_n-b\end{vmatrix}$$

解：

$$\begin{vmatrix} a_1-b & a_2 & a_3 & \cdots & a_n \\ a_1 & a_2-b & a_3 & \cdots & a_n \\ a_1 & a_2 & a_3-b & \cdots & a_n \\ \vdots & \vdots & \vdots & & \vdots \\ a_1 & a_2 & a_3 & \cdots & a_n-b \end{vmatrix}$$

$$\xlongequal[r_n-r_1]{\substack{r_2-r_1\\ r_3-r_1\\ \vdots}} \begin{vmatrix} a_1-b & a_2 & a_3 & \cdots & a_n \\ b & -b & 0 & \cdots & 0 \\ b & 0 & -b & \cdots & 0 \\ \vdots & \vdots & \vdots & & \vdots \\ b & 0 & 0 & \cdots & -b \end{vmatrix}$$

$$\xlongequal{c_1+c_2+\cdots+c_n} \begin{vmatrix} (a_1+a_2+\cdots a_n)-b & a_2 & a_3 & \cdots & a_n \\ 0 & -b & 0 & \cdots & 0 \\ 0 & 0 & -b & \cdots & 0 \\ \vdots & \vdots & \vdots & & \vdots \\ 0 & 0 & 0 & \cdots & -b \end{vmatrix}$$

$$=[(a_1+a_2+\cdots a_n)-b](-b)^{n-1}$$

【例 1-18】 计算

$$D=\begin{vmatrix} x_1 & a & a & a \\ a & x_2 & a & a \\ a & a & x_3 & a \\ a & a & a & x_4 \end{vmatrix} \quad (x_i \neq a,\ i=1,\ 2,\ 3,\ 4)$$

分析：我们可以将这一类行列式化为箭形行列式.

解：

$$\begin{vmatrix} x_1 & a & a & a \\ a & x_2 & a & a \\ a & a & x_3 & a \\ a & a & a & x_4 \end{vmatrix} \xlongequal[\substack{r_3-r_1\\ r_4-r_1}]{r_2-r_1} \begin{vmatrix} x_1 & a & a & a \\ a-x_1 & x_2-a & 0 & 0 \\ a-x_1 & 0 & x_3-a & 0 \\ a-x_1 & 0 & 0 & x_4-a \end{vmatrix}$$

$$=(x_1-a)(x_2-a)(x_3-a)(x_4-a)\begin{vmatrix} \dfrac{x_1}{x_1-a} & \dfrac{a}{x_2-a} & \dfrac{a}{x_3-a} & \dfrac{a}{x_4-a} \\ -1 & 1 & 0 & 0 \\ -1 & 0 & 1 & 0 \\ -1 & 0 & 0 & 1 \end{vmatrix}$$

$$\xlongequal{c_1+c_2+c_3+c_4} \prod_{i=1}^{4}(x_i-a)\begin{vmatrix} \dfrac{x_1}{x_1-a}+\sum\limits_{i=2}^{4}\dfrac{a}{x_i-a} & \dfrac{a}{x_2-a} & \dfrac{a}{x_3-a} & \dfrac{a}{x_4-a} \\ 0 & 1 & 0 & 0 \\ 0 & 0 & 1 & 0 \\ 0 & 0 & 0 & 1 \end{vmatrix}$$

$$=\left[\frac{x_1}{x_1-a}+\sum_{i=2}^{4}\frac{a}{x_i-a}\right]\prod_{i=1}^{4}(x_i-a)$$

【例 1-19】 证明

$$\begin{vmatrix} a_1+b_1 & b_1+c_1 & c_1+a_1 \\ a_2+b_2 & b_2+c_2 & c_2+a_2 \\ a_3+b_3 & b_3+c_3 & c_3+a_3 \end{vmatrix}=2\begin{vmatrix} a_1 & b_1 & c_1 \\ a_2 & b_2 & c_2 \\ a_3 & b_3 & c_3 \end{vmatrix}$$

证明:

方法一

$$\text{左边}\xlongequal[c_2-c_3]{c_1-c_3}\begin{vmatrix} b_1-c_1 & b_1-a_1 & c_1+a_1 \\ b_2-c_2 & b_2-a_2 & c_2+a_2 \\ b_3-c_3 & b_3-a_3 & c_3+a_3 \end{vmatrix}\xlongequal{c_1+c_2+c_3}2\begin{vmatrix} b_1 & b_1-a_1 & c_1+a_1 \\ b_2 & b_2-a_2 & c_2+a_2 \\ b_3 & b_3-a_3 & c_3+a_3 \end{vmatrix}$$

$$\xlongequal{c_2-c_1}2\begin{vmatrix} b_1 & -a_1 & c_1+a_1 \\ b_2 & -a_2 & c_2+a_2 \\ b_3 & -a_3 & c_3+a_3 \end{vmatrix}\xlongequal{c_3+c_2}2\begin{vmatrix} b_1 & -a_1 & c_1 \\ b_2 & -a_2 & c_2 \\ b_3 & -a_3 & c_3 \end{vmatrix}\xlongequal[c_1\div(-1)]{c_1\leftrightarrow c_2}2\begin{vmatrix} a_1 & b_1 & c_1 \\ a_2 & b_2 & c_2 \\ a_3 & b_3 & c_3 \end{vmatrix}=\text{右边}$$

方法二

$$\text{左边}\xlongequal{c_1+c_2+c_3}\begin{vmatrix} 2(a_1+b_1+c_1) & b_1+c_1 & c_1+a_1 \\ 2(a_2+b_2+c_2) & b_2+c_2 & c_2+a_2 \\ 2(a_3+b_3+c_3) & b_3+c_3 & c_3+a_3 \end{vmatrix}$$

$$=2\begin{vmatrix} a_1+b_1+c_1 & b_1+c_1 & c_1+a_1 \\ a_2+b_2+c_2 & b_2+c_2 & c_2+a_2 \\ a_3+b_3+c_3 & b_3+c_3 & c_3+a_3 \end{vmatrix}\xlongequal[c_2-c_1]{c_3-c_1}2\begin{vmatrix} a_1+b_1+c_1 & -a_1 & -b_1 \\ a_2+b_2+c_2 & -a_2 & -b_2 \\ a_3+b_3+c_3 & -a_3 & -b_3 \end{vmatrix}$$

$$\xlongequal{c_1+c_2+c_3}2\begin{vmatrix} c_1 & -a_1 & -b_1 \\ c_2 & -a_2 & -b_2 \\ c_3 & -a_3 & -b_3 \end{vmatrix}\xlongequal[\substack{c_1\div(-1)\\ c_2\div(-1)}]{\substack{c_1\leftrightarrow c_3\\ c_2\leftrightarrow c_1}}2\begin{vmatrix} a_1 & b_1 & c_1 \\ a_2 & b_2 & c_2 \\ a_3 & b_3 & c_3 \end{vmatrix}=\text{右边}$$

方法三

按列将行列式拆开，得到多个行列式的和后化简行列式

$$\text{左边}=\begin{vmatrix} a_1 & b_1+c_1 & c_1+a_1 \\ a_2 & b_2+c_2 & c_2+a_2 \\ a_3 & b_3+c_3 & c_3+a_3 \end{vmatrix}+\begin{vmatrix} b_1 & b_1+c_1 & c_1+a_1 \\ b_2 & b_2+c_2 & c_2+a_2 \\ b_3 & b_3+c_3 & c_3+a_3 \end{vmatrix}$$

$$=\begin{vmatrix} a_1 & b_1 & c_1+a_1 \\ a_2 & b_2 & c_2+a_2 \\ a_3 & b_3 & c_3+a_3 \end{vmatrix}+\begin{vmatrix} a_1 & c_1 & c_1+a_1 \\ a_2 & c_2 & c_2+a_2 \\ a_3 & c_3 & c_3+a_3 \end{vmatrix}$$

$$+\begin{vmatrix} b_1 & b_1 & c_1+a_1 \\ b_2 & b_2 & c_2+a_2 \\ b_3 & b_3 & c_3+a_3 \end{vmatrix}+\begin{vmatrix} b_1 & c_1 & c_1+a_1 \\ b_2 & c_2 & c_2+a_2 \\ b_3 & c_3 & c_3+a_3 \end{vmatrix}$$

$$=2\begin{vmatrix} a_1 & b_1 & c_1 \\ a_2 & b_2 & c_2 \\ a_3 & b_3 & c_3 \end{vmatrix}=\text{右边}$$

【例 1-20】 计算

$$D_{2n}=\begin{vmatrix} a & & & & & b \\ & a & & & b & \\ & & \ddots & ⋰ & & \\ & & a & b & & \\ & & c & d & & \\ & & ⋰ & \ddots & & \\ & c & & & d & \\ c & & & & & d \end{vmatrix}$$

方法一

分析：我们观察这一类的行列式的特点．当 n 较小，即阶数较低时，可以写出此时的行列式进行观察

$$n=1\text{ 时，}D_2=\begin{vmatrix} a & b \\ c & d \end{vmatrix}=ad-cb$$

$$n=2\text{ 时，}D_4=\begin{vmatrix} a & 0 & 0 & b \\ 0 & a & b & 0 \\ 0 & c & d & 0 \\ c & 0 & 0 & d \end{vmatrix}$$

$$n=3\text{ 时，}D_6=\begin{vmatrix} a & 0 & 0 & 0 & 0 & b \\ 0 & a & 0 & 0 & b & 0 \\ 0 & 0 & a & b & 0 & 0 \\ 0 & 0 & c & d & 0 & 0 \\ 0 & c & 0 & 0 & d & 0 \\ c & 0 & 0 & 0 & 0 & d \end{vmatrix}$$

很容易发现在行列式中有较多的 0 元素，且 0 元素排列不在对角线上，我们可以采用降阶找递推公式．进一步降阶过程如下

按第 1 行展开，有

$$D_{2n}=a\begin{vmatrix} a & & & & & b & 0 \\ & \ddots & & & \iddots & & \\ & & a & b & & & \vdots \\ & & c & d & & & \\ & \iddots & & & \ddots & & \vdots \\ c & & & & & d & 0 \\ 0 & & \cdots & & \cdots & 0 & d \end{vmatrix}+(-1)^{2n+1}b\begin{vmatrix} 0 & a & & & & & b \\ & & \ddots & & & \iddots & \\ \vdots & & & a & b & & \\ & & & c & d & & \\ \vdots & & \iddots & & & \ddots & \\ 0 & c & & & & & d \\ c & 0 & & \cdots & & \cdots & 0 \end{vmatrix}$$

$$=adD_{2(n-1)}-bcD_{2(n-1)}$$

$$=(ad-bc)D_{2(n-1)}$$

可以得到递推公式

$$D_{2n}=(ad-bc)D_{2(n-1)}=(ad-bc)^2D_{2(n-2)}=\cdots=(ad-bc)^{n-1}D_{2(n-(n-1))}$$

$$=(ad-bc)^{n-1}\begin{vmatrix} a & b \\ c & d \end{vmatrix}=(ad-bc)^n$$

方法二

分析：我们也可以考虑将行列式转化为上三角形行列式，此时需要考虑 a 是否为 0，因此对 a 进行分类讨论.

（1）若 $a\neq0$，则把第一行的 $\left(-\dfrac{c}{a}\right)$ 倍加到第 $2n$ 行上，…，把第 n 行的 $\left(-\dfrac{c}{a}\right)$ 倍加到第 $n+1$ 行上，得到

$$D_{2n}=\begin{vmatrix} a & & & & & & & b \\ & a & & & & & b & \\ & & \ddots & & & \iddots & & \\ & & & a & b & & & \\ & & & & d-\dfrac{bc}{a} & & & \\ & & & & & \ddots & & \\ & & & & & & d-\dfrac{bc}{a} & \\ & & & & & & & d-\dfrac{bc}{a} \end{vmatrix}=a^n\left(d-\dfrac{bc}{a}\right)^n=(ad-bc)^n$$

（2）若 $a=0$，则

$$D_{2n}=\begin{vmatrix} & & & & & & b \\ & & & & & b & \\ & & & & \iddots & & \\ & & & b & & & \\ & & c & d & & & \\ & \iddots & & & \ddots & & \\ c & & & & & d & \\ c & & & & & & d \end{vmatrix}=(-1)^{\frac{2n(2n+1)}{2}}(bc)^n$$

$$=(-1)^{n(2n+1)}(bc)^n=[(-1)^{2n+1}]^n(bc)^n=(-1)^n(bc)^n=(ad-bc)^n$$

综上，一般有

$$D_{2n}=(ad-bc)^n$$

【例 1-21】 计算

$$D_n=\begin{vmatrix} \alpha+\beta & \alpha\beta & & & \\ 1 & \alpha+\beta & \alpha\beta & & \\ & 1 & \alpha+\beta & \ddots & \\ & & \ddots & \ddots & \alpha\beta \\ & & & 1 & \alpha+\beta \end{vmatrix}$$

解：将行列式按行展开，找到递推公式

$$D_n=(\alpha+\beta)D_{n-1}-\alpha\beta\begin{vmatrix} 1 & \alpha\beta & & & \\ 0 & \alpha+\beta & \alpha\beta & & \\ & 1 & \alpha+\beta & \ddots & \\ & & \ddots & \ddots & \alpha\beta \\ & & & 1 & \alpha+\beta \end{vmatrix}_{n-1}$$

$$=(\alpha+\beta)D_{n-1}-\alpha\beta D_{n-2}$$

移项后，有等式

$$D_n-\alpha D_{n-1}=\beta(D_{n-1}-\alpha D_{n-2})$$

依此递推，可得

$$D_n-\alpha D_{n-1}=\beta(D_{n-1}-\alpha D_{n-2})=\beta^2(D_{n-2}-\alpha D_{n-3})=\cdots=\beta^{n-2}(D_2-\alpha D_1)$$

当 $n=1, 2$ 时，行列式 $D_2=(\alpha+\beta)^2-\alpha\beta$，$D_1=\alpha+\beta$. 将 D_1, D_2 代入该等式中，我们可以得到以下等式组

$$\begin{cases} D_n-\alpha D_{n-1}=\beta^n & (a_1) \\ D_{n-1}-\alpha D_{n-2}=\beta^{n-1} & (a_2) \\ \cdots & \\ D_2-\alpha D_1=\beta^2 & (a_{n-1}) \end{cases} \tag{1-12}$$

消掉各等式左边的 $D_i(i=2, 3, \cdots, n-1)$，即方程组（1-12）中，$(a_1)+\alpha\cdot(a_2)+\alpha^2\cdot(a_3)+\cdots+\alpha^{n-2}\cdot(a_{n-1})$ 有

$$D_n-\alpha^{n-1}D_1=\beta^n+\alpha\beta^{n-1}+\alpha^2\beta^{n-2}+\cdots+\alpha^{n-2}\beta^2$$

代入 D_1 后得到

$$D_n=\beta^n+\alpha\beta^{n-1}+\alpha^2\beta^{n-2}+\cdots+\alpha^{n-2}\beta^2+\alpha^{n-1}(\alpha+\beta)$$

1.6 克拉默(Cramer)法则

1.6.1 非齐次线性方程组克拉默法则

现在我们来应用行列式解决线性方程组的问题. 在这里只考虑方程个数与未知数个数

相等的情形. 以后会看到，这是一个重要的情形. 至于更一般的情形留到以后讨论. 下面我们将得出与二元和三元线性方程组相仿的公式.

定理 1-7 （克拉默法则）如果线性方程组

$$\begin{cases} a_{11}x_1+a_{12}x_2+\cdots+a_{1n}x_n=b_1 \\ a_{21}x_1+a_{22}x_2+\cdots+a_{2n}x_n=b_2 \\ \cdots \\ a_{n1}x_1+a_{n2}x_2+\cdots+a_{nn}x_n=b_n \end{cases} \tag{1-13}$$

的系数行列式

$$D=\begin{vmatrix} a_{11} & a_{12} & \cdots & a_{1n} \\ a_{21} & a_{22} & \cdots & a_{2n} \\ \vdots & \vdots & & \vdots \\ a_{n1} & a_{n2} & \cdots & a_{nn} \end{vmatrix}\neq 0$$

那么线性方程组（1-13）有解，并且解是唯一的，解可以通过系数表示为

$$x_1=\frac{D_1}{D},\ x_2=\frac{D_2}{D},\ x_3=\frac{D_3}{D},\ \cdots,\ x_n=\frac{D_n}{D}$$

其中，D_j 是把 D 中第 j 列换成方程组的常数项 $b_1, b_2, \cdots, b_n$，而其余各列不变所得到的行列式，即

$$D_j=\begin{vmatrix} a_{11} & \cdots & a_{1,j-1} & b_1 & a_{1,j+1} & \cdots & a_{1n} \\ a_{21} & \cdots & a_{2,j-1} & b_2 & a_{2,j+1} & \cdots & a_{2n} \\ \vdots & & \vdots & \vdots & \vdots & & \vdots \\ a_{n1} & \cdots & a_{n,j-1} & b_n & a_{n,j+1} & \cdots & a_{nn} \end{vmatrix} \quad (j=1, 2, \cdots, n) \tag{1-14}$$

证明：用 D 中第 j 列元素的代数余子式 $A_{1j}, A_{2j}, \cdots, A_{nj}$ 依次乘方程组（1-13）的 n 个方程，得

$$\begin{cases} (a_{11}x_1+a_{12}x_2+\cdots+a_{1n}x_n)A_{1j}=b_1A_{1j} \\ (a_{21}x_1+a_{22}x_2+\cdots+a_{2n}x_n)A_{2j}=b_2A_{2j} \\ \cdots \\ (a_{n1}x_1+a_{n2}x_2+\cdots+a_{nn}x_n)A_{nj}=b_nA_{nj} \end{cases}$$

再把 n 个方程依次相加，得

$$\left(\sum_{k=1}^{n}a_{k1}A_{kj}\right)x_1+\cdots+\left(\sum_{k=1}^{n}a_{kj}A_{kj}\right)x_j+\cdots+\left(\sum_{k=1}^{n}a_{kn}A_{kj}\right)x_n=\sum_{k=1}^{n}b_kA_{kj}$$

由代数余子式的性质可知，上式中的 x_j 的系数等于 D，而其余 $x_i(i\neq j)$ 的系数均为 0，又等式右端为 D_j，于是

$$Dx_j=D_j \quad (j=1, 2, \cdots, n) \tag{1-15}$$

当 $D\neq 0$ 时，方程组（1-15）有唯一的一个解

$$x_1=\frac{D_1}{D},\ x_2=\frac{D_2}{D},\ x_3=\frac{D_2}{D},\cdots,\ x_n=\frac{D_n}{D}$$

由于方程组（1-15）与方程组（1-13）同解(以后在一般情形予以证明)，故式（1-14）也是方程组（1-13）的解，并且是唯一的解.

克拉默法则有重要的理论价值，而实用价值并不大. 抛开解的形式，可以叙述为：

定理 1-8 如果线性方程组（1-13）的系数行列式 $D\neq0$，则该方程组一定有解，且解是唯一的.

定理 1-8′ 如果线性方程组（1-13）无解或有两个不同的解，则它的系数行列式必为 0.

应该注意，定理 1-8 所讨论的只是系数行列式不为 0 的方程组，它只能应用于这种方程组；至于方程组的系数行列式为 0 的情形，将在以后的一般情形中一并讨论.

常数项不全为 0 的线性方程组称为非齐次线性方程组. 常数项全为 0 的线性方程组称为齐次线性方程组. 显然，齐次线性方程组总是有解的，因为 $x_1=x_2=\cdots=x_n=0$ 就是一个解，它称为零解. 对于齐次线性方程组，我们关心的问题是，它除去零解以外还有没有其他解，或者说，它有没有非零解. 对于方程个数与未知量个数相同的齐次线性方程组，应用克拉默法则就有齐次线性方程组的克拉默法则.

1.6.2 齐次线性方程组的克拉默法则

考虑齐次线性方程组

$$\begin{cases}a_{11}x_1+a_{12}x_2+\cdots+a_{1n}x_n=0\\a_{21}x_1+a_{22}x_2+\cdots+a_{2n}x_n=0\\\cdots\\a_{n1}x_1+a_{n2}x_2+\cdots+a_{nn}x_n=0\end{cases}\tag{1-16}$$

我们有关于齐次线性方程组的以下定理.

定理 1-9 如果齐次线性方程组（1-16）的系数行列式 $D\neq0$，则方程组（1-16）没有非零解，即只有零解.

定理 1-9′ 方程组（1-16）有非零解，则它的系数行列式 D 必为 0.

【例 1-22】 用克拉默法则解方程组

$$\begin{cases}2x_1+x_2-5x_3+x_4=8\\x_1-3x_2-6x_4=9\\2x_2-x_3+2x_4=-5\\x_1+4x_2-7x_3+6x_4=0\end{cases}$$

解：方程组的系数行列式

$$D=\begin{vmatrix}2&1&-5&1\\1&-3&0&-6\\0&2&-1&2\\1&4&-7&6\end{vmatrix}\xlongequal[r_4-r_2]{r_1-2r_2}\begin{vmatrix}0&7&-5&13\\1&-3&0&-6\\0&2&-1&2\\0&7&-7&12\end{vmatrix}$$

$$=-\begin{vmatrix}7&-5&13\\2&-1&2\\7&-7&12\end{vmatrix}\xlongequal[c_3+2c_2]{c_1+2c_2}-\begin{vmatrix}-3&-5&3\\0&-1&0\\-7&-7&-2\end{vmatrix}=\begin{vmatrix}-3&3\\-7&-2\end{vmatrix}=27$$

显然 $D\neq0$，因此可以应用克拉默法则，由于

$$D_1=\begin{vmatrix}8&1&-5&1\\9&-3&0&-6\\-5&2&-1&2\\0&4&-7&6\end{vmatrix}=81$$

$$D_2=\begin{vmatrix}2&8&-5&1\\1&9&0&-6\\0&-5&-1&2\\1&0&-7&6\end{vmatrix}=-108$$

$$D_3=\begin{vmatrix}2&1&8&1\\1&-3&9&-6\\0&2&-5&2\\1&4&0&6\end{vmatrix}=-27$$

$$D_4=\begin{vmatrix}2&1&-5&8\\1&-3&0&9\\0&2&-1&-5\\1&4&-7&0\end{vmatrix}=27$$

所以

$$x_1=\frac{D_1}{D}=\frac{81}{27}=3,\ x_2=\frac{D_2}{D}=\frac{-108}{27}=-4,\ x_3=\frac{D_3}{D}=\frac{-27}{27}=-1,\ x_4=\frac{D_4}{D}=\frac{27}{27}=1$$

【例 1-23】 求 λ 在什么条件下，齐次方程组

$$\begin{cases}(1-\lambda)x_1-2x_2+4x_3=0\\2x_1+(3-\lambda)x_2+x_3=0\\x_1+x_2+(1-\lambda)x_3=0\end{cases}$$

有非零解.

解： 计算方程组的系数行列式

$$D=\begin{vmatrix}1-\lambda&-2&4\\2&3-\lambda&1\\1&1&1-\lambda\end{vmatrix}=\begin{vmatrix}1-\lambda&-3+\lambda&4\\2&1-\lambda&1\\1&0&1-\lambda\end{vmatrix}$$

$$=(1-\lambda)^3+(\lambda-3)-4(1-\lambda)-2(1-\lambda)(-3+\lambda)$$

$$=(1-\lambda)^3+2(1-\lambda)^2+\lambda-3=-\lambda(\lambda-2)(\lambda-3)$$

根据定理 1-9′，若方程组有非零解，则 $D=0$，得到 $\lambda=0,\ \lambda=2$ 或 $\lambda=3$. 不难验证，当 $\lambda=0, 2, 3$ 时，齐次方程组有非零解.

【例 1-24】 讨论 λ 为何值时，线性方程组

$$\begin{cases}\lambda x_1+x_2+x_3=1\\ x_1+\lambda x_2+x_3=\lambda\\ x_1+x_2+\lambda x_3=\lambda^2\end{cases}$$

有唯一解，并求出其解.

解：方程组的系数矩阵行列式

$$D=\begin{vmatrix}\lambda & 1 & 1\\ 1 & \lambda & 1\\ 1 & 1 & \lambda\end{vmatrix}=(\lambda-1)^2(\lambda+2)$$

由于方程组是非齐次线性方程组，根据定理 1-7，$D\neq 0$ 时，即 $\lambda\neq 1$ 且 $\lambda\neq -2$ 时，方程组有唯一解. 因此，应用克拉默法则，由于

$$D_1=\begin{vmatrix}1 & 1 & 1\\ \lambda & \lambda & 1\\ \lambda^2 & 1 & \lambda\end{vmatrix}=-(\lambda-1)^2(\lambda+1)$$

$$D_2=\begin{vmatrix}\lambda & 1 & 1\\ 1 & \lambda & 1\\ 1 & \lambda^2 & \lambda\end{vmatrix}=(\lambda-1)^2$$

$$D_3=\begin{vmatrix}\lambda & 1 & 1\\ 1 & \lambda & \lambda\\ 1 & 1 & \lambda^2\end{vmatrix}=(\lambda-1)^2(\lambda+1)^2$$

所以

$$x_1=\frac{-(\lambda+1)}{\lambda+2},\quad x_2=\frac{1}{\lambda+2},\quad x_3=\frac{(\lambda+1)^2}{\lambda+2}$$

克拉默法则的意义主要在于它给出了解与系数的明显关系，这一点在以后许多问题的讨论中是重要的. 但是用克拉默法则进行计算是不方便的，因为按这一法则，解一个 n 个未知量 n 个方程的线性方程组就要计算 $n+1$ 个 n 阶行列式，这个计算量是很大的.

本章习题

1. 求解三元线性方程组

（1）$\begin{cases}x_1-3x_2-2x_3=3\\ -2x_1+x_2-4x_3=-9\\ -x_1+4x_2-x_3=-7\end{cases}$ （2）$\begin{cases}2x_1-5x_2-2x_3=-5\\ 3x_1+7x_2-6x_3=1\\ -2x_1+4x_2-x_3=-2\end{cases}$

2. 求 $(2k)\,1\,(2k-1)\,2\,(2k-2)\,3\cdots(k+1)\,k$ 的逆序数，并讨论它的奇偶性.

3. 如果 n 元排列 $j_1j_2\cdots j_{n-1}j_n$ 的逆序数为 r，求 n 元排列 $j_nj_{n-1}\cdots j_2j_1$ 的逆序数.

4. 计算行列式

(1) $\begin{vmatrix} 0 & 0 & 0 & a_{14} \\ 0 & 0 & a_{23} & a_{24} \\ 0 & a_{32} & a_{33} & a_{34} \\ a_{41} & a_{42} & a_{43} & a_{44} \end{vmatrix}$ (2) $\begin{vmatrix} 0 & 3 & 0 & 0 \\ 0 & 1 & 5 & 0 \\ 0 & 0 & 2 & 4 \\ 1 & 0 & 0 & 1 \end{vmatrix}$

5. 证明

$$\begin{vmatrix} a_1 & a_2 & a_3 & a_4 & a_5 \\ b_1 & b_2 & b_3 & b_4 & b_5 \\ c_1 & c_2 & 0 & 0 & 0 \\ d_1 & d_2 & 0 & 0 & 0 \\ e_1 & e_2 & 0 & 0 & 0 \end{vmatrix} = 0$$

6. 设

$$P(x) = \begin{vmatrix} 1 & x & x^2 & \cdots & x^{n-1} \\ 1 & a_1 & a_1^2 & \cdots & a_1^{n-1} \\ 1 & a_2 & a_2^2 & \cdots & a_2^{n-1} \\ \vdots & \vdots & \vdots & & \vdots \\ 1 & a_{n-1} & a_{n-1}^2 & \cdots & a_{n-1}^{n-1} \end{vmatrix}$$

其中 $a_1, a_2, \cdots, a_{n-1}$是互不相同的数，由行列式定义说明 $P(x)$ 是一个 $n-1$ 次多项式.

7. 利用行列式的性质计算下列行列式

(1) $\begin{vmatrix} 1 & -1 & 3 \\ 2 & 2 & 2 \\ 196 & 203 & 199 \end{vmatrix}$ (2) $\begin{vmatrix} 1998 & 1999 & 2000 \\ 2001 & 2002 & 2003 \\ 2004 & 2005 & 2006 \end{vmatrix}$

(3) $\begin{vmatrix} x & y & x+y \\ y & x+y & x \\ x+y & x & y \end{vmatrix}$ (4) $\begin{vmatrix} a & 1 & 1 & \cdots & 1 \\ 1 & a & 1 & \cdots & 1 \\ \vdots & \vdots & \vdots & & \vdots \\ 1 & 1 & 1 & \cdots & a \end{vmatrix}$

8. 计算下列 n 阶行列式

$$\begin{vmatrix} a_1+b_1 & a_1+b_2 & \cdots & a_1+b_n \\ a_2+b_1 & a_2+b_2 & \cdots & a_2+b_n \\ \vdots & \vdots & & \vdots \\ a_n+b_1 & a_n+b_2 & \cdots & a_n+b_n \end{vmatrix}$$

9. 计算 n 阶行列式 D_n 的值

$$D_n = \begin{vmatrix} 1+x_1 & 1+x_1^2 & 1+x_1^3 & \cdots & 1+x_1^n \\ 1+x_2 & 1+x_2^2 & 1+x_2^3 & \cdots & 1+x_2^n \\ 1+x_3 & 1+x_3^2 & 1+x_3^3 & \cdots & 1+x_3^n \\ \vdots & \vdots & \vdots & & \vdots \\ 1+x_n & 1+x_n^2 & 1+x_n^3 & \cdots & 1+x_n^n \end{vmatrix}$$

10. 计算下列行列式的全部代数余子式

(1) $\begin{vmatrix} 1 & 2 & 1 & 4 \\ 0 & -1 & 2 & 1 \\ 0 & 0 & 2 & 1 \\ 0 & 0 & 0 & 3 \end{vmatrix}$　　(2) $\begin{vmatrix} 1 & -1 & 2 \\ 3 & 2 & 1 \\ 0 & 1 & 4 \end{vmatrix}$

11. 计算下列行列式

(1) $\begin{vmatrix} \lambda-2 & -2 & 2 \\ -2 & \lambda-5 & 4 \\ 2 & 4 & \lambda-5 \end{vmatrix}$　　(2) $\begin{vmatrix} a-2 & -3 & -2 \\ -1 & a-8 & -2 \\ 2 & 14 & a+3 \end{vmatrix}$

12. 证明

$$\begin{vmatrix} a_{11}+x & a_{12}+x & \cdots & a_{1n}+x \\ a_{21}+x & a_{22}+x & \cdots & a_{2n}+x \\ \vdots & \vdots & & \vdots \\ a_{n1}+x & a_{n2}+x & \cdots & a_{nn}+x \end{vmatrix} = \begin{vmatrix} a_{11} & a_{12} & \cdots & a_{1n} \\ a_{21} & a_{22} & \cdots & a_{2n} \\ \vdots & \vdots & & \vdots \\ a_{n1} & a_{n2} & \cdots & a_{nn} \end{vmatrix} + x\sum_{i=1}^{n}\sum_{j=1}^{n}A_{ij}$$

其中 A_{ij} 是 a_{ij} 的代数余子式.

13. 证明

$$\sum_{i=1}^{n}\sum_{j=1}^{n}A_{ij} = \begin{vmatrix} a_{11}-a_{12} & a_{12}-a_{13} & \cdots & a_{1,\,n-1}-a_{1n} & 1 \\ a_{21}-a_{22} & a_{22}-a_{23} & \cdots & a_{2,\,n-1}-a_{2n} & 1 \\ \vdots & \vdots & & \vdots & \vdots \\ a_{n1}-a_{n2} & a_{n2}-a_{n3} & \cdots & a_{n,\,n-1}-a_{nn} & 1 \end{vmatrix}$$

14. 证明

$$\begin{vmatrix} a_0 & 1 & 1 & \cdots & 1 \\ 1 & a_1 & 1 & \cdots & 1 \\ 1 & 1 & a_2 & \cdots & 1 \\ \vdots & \vdots & \vdots & & \vdots \\ 1 & 1 & 1 & \cdots & a_n \end{vmatrix} = a_1a_2\cdots a_n\left(a_0-\sum_{i=1}^{n}\frac{1}{a_i}\right)$$

15. 用克拉默法则解线性方程组

$$\begin{cases} x_1+x_2-2x_3=-3 \\ 5x_1-2x_2+7x_3=22 \\ 2x_1-5x_2+4x_3=4 \end{cases}$$

16. 判断下列线性方程组有无解，有多少解？

$$\begin{cases} x_1+4x_2+9x_3=b_1 \\ x_1+8x_2+27x_3=b_2 \\ x_1+16x_2+81x_3=b_3 \end{cases}$$

17. 当 a、b 取何值时，下列齐次线性方程组有非零解，方程组有唯一解？

$$\begin{cases} ax_1+x_2+x_3=0 \\ x_1+bx_2+x_3=0 \\ x_1+2bx_2+x_3=0 \end{cases}$$

18. 证明下列恒等式

$$\begin{vmatrix} 1+x_1^2 & x_1x_2 & \cdots & x_1x_n \\ x_2x_1 & 1+x_2^2 & \cdots & x_2x_n \\ \vdots & \vdots & & \vdots \\ x_nx_1 & x_nx_2 & \cdots & 1+x_n^2 \end{vmatrix} = 1+x_1^2+x_2^2+\cdots+x_n^2$$

19. 计算 n 阶行列式 $D_n = |a_{ij}|$，这里 $a_{ij} = \max\{i, n=j-1\}$.

20. 计算 $f(x+1)-f(x)$，其中

$$f(x) = \begin{vmatrix} 1 & 0 & 0 & 0 & \cdots & 0 & x \\ 1 & 2 & 0 & 0 & \cdots & 0 & x^2 \\ 1 & 3 & 3 & 0 & \cdots & 0 & x^3 \\ \vdots & \vdots & \vdots & \vdots & & \vdots & \vdots \\ 1 & n & C_n^2 & C_n^3 & \cdots & C_n^{n-1} & x^n \\ 1 & n+1 & C_{n+1}^2 & C_{n+1}^3 & \cdots & C_{n+1}^{n-1} & x^{n+1} \end{vmatrix}$$

21. 计算 n 阶行列式

$$D_n = \begin{vmatrix} x & a & a & \cdots & a & a \\ -a & x & a & \cdots & a & a \\ -a & -a & x & \cdots & a & a \\ \vdots & \vdots & \vdots & & \vdots & \vdots \\ -a & -a & -a & \cdots & x & a \\ -a & -a & -a & \cdots & -a & x \end{vmatrix}$$

2 矩　　阵

1. 理解矩阵的概念，掌握矩阵的加法、数量乘积、矩阵乘法等运算律，了解矩阵方幂、矩阵乘积行列式的性质.

2. 掌握矩阵的逆的定义、性质、判定及可逆矩阵的计算方法，理解伴随矩阵的概念，会用伴随矩阵求矩阵的逆.

3. 理解矩阵初等变换和矩阵秩的概念，会用矩阵初等变换法求矩阵的秩和逆矩阵.

4. 掌握分块矩阵的运算，了解分块初等矩阵的性质.

2.1 矩阵的概念

2.1.1 引例

【例 2-1】 某航空公司在 A、B、C、D 四座城市之间开辟了若干航线，四座城市之间的航班图如图 2-1 所示，箭头从始发地指向目的地.

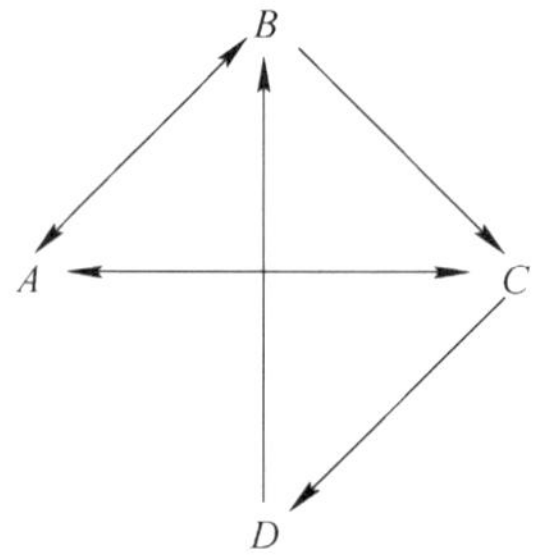

图 2-1　航班图

城市间的航班情况常用表 2-1 表示.

表 2-1　航班情况表

始发地＼目的地	A	B	C	D
A		✓	✓	
B	✓		✓	
C	✓			✓
D		✓		

“√”表示从始发地到对应的目的地有航班.

为了便于计算，把表中的"√"改成 1，空白地方填上 0，就得到一个数表，见表 2-2.

表 2-2 航班情况数表

0	1	1	0
1	0	1	0
1	0	0	1
0	1	0	0

这个数表反映了四个城市之间交通连接的情况.

【例 2-2】 某工厂生产四种货物，它向三家商店发送的货物数量可用数表表示为

$$\begin{matrix} a_{11} & a_{12} & a_{13} & a_{14} \\ a_{21} & a_{22} & a_{23} & a_{24} \\ a_{31} & a_{32} & a_{33} & a_{34} \end{matrix}$$

其中，a_{ij}表示工厂向第 i 家商店发送第 j 种货物的数量. 这四种货物的单价及单件质量也可列成数表

$$\begin{matrix} b_{11} & b_{12} \\ b_{21} & b_{22} \\ b_{31} & b_{32} \\ b_{41} & b_{42} \end{matrix}$$

其中，b_{i1}表示第 i 种货物的单价，b_{i2}表示第 i 种货物的单件质量.

【例 2-3】 在解析几何中考虑坐标变换时，如果只考虑坐标系转轴（逆时针方向转轴），那么平面直角坐标变换的公式为

$$\begin{cases} x = x'\cos\theta - y'\sin\theta \\ y = x'\sin\theta + y'\cos\theta \end{cases}$$

其中，θ 为 x 轴与 x'轴的夹角.

例如，在图 2-2 中，有

$$\begin{cases} x = OM = OS - TQ = x'\cos\theta - y'\sin\theta \\ y = ON = SQ + TP = x'\sin\theta + y'\cos\theta \end{cases}$$

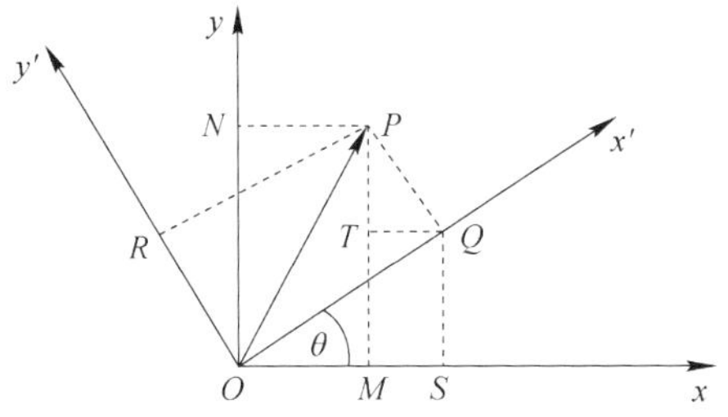

图 2-2 旋转 θ 角后的直角坐标系

显然，新旧坐标之间的关系，完全可以通过公式中系数所排成的如下数表表示出来.

$$\begin{pmatrix} \cos\theta & -\sin\theta \\ \sin\theta & \cos\theta \end{pmatrix}$$

在空间的情形，保持原点不动的仿射坐标系的变换有公式

$$\begin{cases} x=a_{11}x'+a_{12}y'+a_{13}z' \\ y=a_{21}x'+a_{22}y'+a_{23}z' \\ z=a_{31}x'+a_{32}y'+a_{33}z' \end{cases}$$

它也取决于一个数表

$$\begin{pmatrix} a_{11} & a_{12} & a_{13} \\ a_{21} & a_{22} & a_{23} \\ a_{31} & a_{32} & a_{33} \end{pmatrix}$$

2.1.2　矩阵的概念

定义 2-1　由 $m\times n$ 个数 $a_{ij}(i=1,2,\cdots,m;\ j=1,2,\cdots,n)$ 排成的 m 行 n 列的数表

$$\boldsymbol{A}=\begin{pmatrix} a_{11} & a_{12} & \cdots & a_{1n} \\ a_{21} & a_{22} & \cdots & a_{2n} \\ \vdots & \vdots & & \vdots \\ a_{m1} & a_{m2} & \cdots & a_{mn} \end{pmatrix}$$

叫作一个 $m\times n$ 矩阵，这 $m\times n$ 个数叫作矩阵的元素，a_{ij}称为矩阵 $\boldsymbol{A}$ 的第 i 行第 j 列元素. $n\times n$ 矩阵也称 n 阶方阵.

本书后面用大写的拉丁字母 $\boldsymbol{A},\boldsymbol{B},\cdots$或者$(a_{ij}),(b_{ij}),\cdots$来代表矩阵. 有时候为了指明所讨论的矩阵的阶数，可以把 $m\times n$ 矩阵写成 $\boldsymbol{A}_{mn},\boldsymbol{B}_{mn},\cdots$或者$(a_{ij})_{mn},(b_{ij})_{mn},\cdots$，请注意矩阵符号与行列式符号的区别.

设 $\boldsymbol{A}=(a_{ij})_{mn},\boldsymbol{B}=(b_{ij})_{lk}$，如果 $m=l,n=k$ 且 $a_{ij}=b_{ij}$，对 $i=1,2,\cdots,m;\ j=1,2,\cdots,n$ 都成立，则称矩阵 $\boldsymbol{A}$ 与矩阵 $\boldsymbol{B}$ 相等，记为 $\boldsymbol{A}=\boldsymbol{B}$. 只有两个完全一样的矩阵才称为两个矩阵相等.

2.2　矩阵的运算

现在我们来定义矩阵的运算，它们可以认为是矩阵之间一些最基本的关系. 下面要定义的运算是矩阵的加法、乘法、矩阵与数的乘法以及矩阵的转置.

2.2.1　矩阵的线性运算

（1）加法.

定义 2-2　设

$$\boldsymbol{A}=(a_{ij})=\begin{pmatrix} a_{11} & a_{12} & \cdots & a_{1n} \\ a_{21} & a_{22} & \cdots & a_{2n} \\ \vdots & \vdots & & \vdots \\ a_{s1} & a_{s2} & \cdots & a_{sn} \end{pmatrix}$$

$$\boldsymbol{B}=(b_{ij})=\begin{pmatrix}b_{11}&b_{12}&\cdots&b_{1n}\\b_{21}&b_{22}&\cdots&b_{2n}\\\vdots&\vdots&&\vdots\\b_{s1}&b_{s2}&\cdots&b_{sn}\end{pmatrix}$$

是两个 $s\times n$ 矩阵，则矩阵

$$\boldsymbol{C}=(c_{ij})_{sn}=(a_{ij}+b_{ij})_{sn}=\begin{pmatrix}a_{11}+b_{11}&a_{12}+b_{12}&\cdots&a_{1n}+b_{1n}\\a_{21}+b_{21}&a_{22}+b_{22}&\cdots&a_{2n}+b_{2n}\\\vdots&\vdots&&\vdots\\a_{s1}+b_{s1}&a_{s2}+b_{s2}&\cdots&a_{sn}+b_{sn}\end{pmatrix}$$

称为矩阵 $\boldsymbol{A}$ 与矩阵 $\boldsymbol{B}$ 的和，记为

$$\boldsymbol{C}=\boldsymbol{A}+\boldsymbol{B}$$

求和的运算称为加法. 这里需要注意：

1） 相加的矩阵必须有相同的行数和列数.

2） 行数相等、列数也相等的矩阵称为同型矩阵. 矩阵的加法是两个同型矩阵对应位置上的元素相加.

3） 只有当两个矩阵是同型矩阵时，才能进行加法运算.

【例 2-4】 求

$$\begin{pmatrix}12&3&-5\\1&-9&0\\3&6&8\end{pmatrix}+\begin{pmatrix}1&8&9\\6&5&4\\3&2&1\end{pmatrix}$$

解：

$$\begin{aligned}&\begin{pmatrix}12&3&-5\\1&-9&0\\3&6&8\end{pmatrix}+\begin{pmatrix}1&8&9\\6&5&4\\3&2&1\end{pmatrix}\\=&\begin{pmatrix}12+1&3+8&-5+9\\1+6&-9+5&0+4\\3+3&6+2&8+1\end{pmatrix}\\=&\begin{pmatrix}13&11&4\\7&-4&4\\6&8&9\end{pmatrix}\end{aligned}$$

定义 2-3 元素全为 0 的矩阵称为零矩阵，记为 $\boldsymbol{O}_{sn}$，在不引起混淆的情况下，可简单地记为 $\boldsymbol{O}$.

矩阵

$$\begin{pmatrix}-a_{11}&-a_{12}&\cdots&-a_{1n}\\-a_{21}&-a_{22}&\cdots&-a_{2n}\\\vdots&\vdots&&\vdots\\-a_{s1}&-a_{s2}&\cdots&-a_{sn}\end{pmatrix}$$

称为矩阵 $\boldsymbol{A}$ 的负矩阵，记为 $-\boldsymbol{A}$.

矩阵的减法规定为

$$\boldsymbol{A}-\boldsymbol{B}=\boldsymbol{A}+(-\boldsymbol{B})$$

因此，如果

$$\boldsymbol{A}=(a_{ij})_{sn},\ \boldsymbol{B}=(b_{ij})_{sn}$$

是两个 $s\times n$ 矩阵，则矩阵

$$\boldsymbol{A}-\boldsymbol{B}=(a_{ij}-b_{ij})_{sn}$$

矩阵加法有如下运算律：

1）结合律

$$\boldsymbol{A}+(\boldsymbol{B}+\boldsymbol{C})=(\boldsymbol{A}+\boldsymbol{B})+\boldsymbol{C}$$

2）交换律

$$\boldsymbol{A}+\boldsymbol{B}=\boldsymbol{B}+\boldsymbol{A}$$

3）零矩阵的运算

$$\boldsymbol{A}+\boldsymbol{O}=\boldsymbol{O}+\boldsymbol{A},\ \boldsymbol{A}+(-\boldsymbol{A})=\boldsymbol{O}$$

4）减法

$$\boldsymbol{A}-\boldsymbol{B}=\boldsymbol{A}+(-\boldsymbol{B})$$

（2）数乘矩阵.

定义 2-4 矩阵

$$\begin{pmatrix} ka_{11} & ka_{12} & \cdots & ka_{1n} \\ ka_{21} & ka_{22} & \cdots & ka_{2n} \\ \vdots & \vdots & & \vdots \\ ka_{s1} & ka_{s2} & \cdots & ka_{sn} \end{pmatrix}$$

称为矩阵 $\boldsymbol{A}=(a_{ij})_{sn}$ 与数 k 的数量乘积，记为 $k\boldsymbol{A}$.

用数 k 乘以矩阵就是把矩阵的每个元素都乘以 k.

数乘矩阵有如下运算律：

$$(k+l)\boldsymbol{A}=k\boldsymbol{A}+l\boldsymbol{A}$$

$$k(\boldsymbol{A}+\boldsymbol{B})=k\boldsymbol{A}+k\boldsymbol{B}$$

$$k(l\boldsymbol{A})=(kl)\boldsymbol{A}$$

$$1\boldsymbol{A}=\boldsymbol{A},\ (-1)\boldsymbol{A}=-\boldsymbol{A}$$

与行列式相比，数乘矩阵是乘以矩阵的全部元素，而不是乘以某一行或某一列

$$\lambda\begin{pmatrix} a_{11} & a_{12} & a_{13} \\ a_{21} & a_{22} & a_{23} \\ a_{31} & a_{32} & a_{33} \end{pmatrix}=\begin{pmatrix} \lambda a_{11} & \lambda a_{12} & \lambda a_{13} \\ a_{21} & a_{22} & a_{23} \\ a_{31} & a_{32} & a_{33} \end{pmatrix}=\begin{pmatrix} a_{11} & a_{12} & \lambda a_{13} \\ a_{21} & a_{22} & \lambda a_{23} \\ a_{31} & a_{32} & \lambda a_{33} \end{pmatrix}\quad \text{（错误）}$$

$$\lambda\begin{pmatrix} a_{11} & a_{12} & a_{13} \\ a_{21} & a_{22} & a_{23} \\ a_{31} & a_{32} & a_{33} \end{pmatrix}=\begin{pmatrix} \lambda a_{11} & \lambda a_{12} & \lambda a_{13} \\ \lambda a_{21} & \lambda a_{22} & \lambda a_{23} \\ \lambda a_{31} & \lambda a_{32} & \lambda a_{33} \end{pmatrix}\quad \text{（正确）}$$

（3）线性运算.

矩阵相加与数乘矩阵合起来，统称为矩阵的线性运算. 容易验证，线性运算满足以下

8 条运算律：

1）$\boldsymbol{A}+(\boldsymbol{B}+\boldsymbol{C})=(\boldsymbol{A}+\boldsymbol{B})+\boldsymbol{C}$；

2）$\boldsymbol{A}+\boldsymbol{B}=\boldsymbol{B}+\boldsymbol{A}$；

3）$k(l\boldsymbol{A})=(kl)\boldsymbol{A}$；

4）$(k+l)\boldsymbol{A}=k\boldsymbol{A}+l\boldsymbol{A}$；

5）$k(\boldsymbol{A}+\boldsymbol{B})=k\boldsymbol{A}+k\boldsymbol{B}$；

6）$1\boldsymbol{A}=\boldsymbol{A}$；

7）$\boldsymbol{A}+\boldsymbol{O}=\boldsymbol{O}+\boldsymbol{A}$；

8）$\boldsymbol{A}+(-\boldsymbol{A})=\boldsymbol{O}$.

后面，我们将从这 8 条性质出发推广线性运算.

2.2.2　矩阵的乘法

（1）引例.

【例 2-5】 变量组之间的关系：设有三组变量 x_1, x_2, x_3, x_4、y_1, y_2, y_3 和 z_1, z_2，它们之间的关系分别为

$$\begin{cases} x_1=a_{11}y_1+a_{12}y_2+a_{13}y_3 \\ x_2=a_{21}y_1+a_{22}y_2+a_{23}y_3 \\ x_3=a_{31}y_1+a_{32}y_2+a_{33}y_3 \\ x_4=a_{41}y_1+a_{42}y_2+a_{43}y_3 \end{cases} \tag{2-1}$$

和

$$\begin{cases} y_1=b_{11}z_1+b_{12}z_2 \\ y_2=b_{21}z_1+b_{22}z_2 \\ y_3=b_{31}z_1+b_{32}z_2 \end{cases} \tag{2-2}$$

求 x_1, x_2, x_3, x_4 与 z_1, z_2 之间的关系.

把式（2-2）代入式（2-1），得

$$\begin{aligned} x_i &= \sum_{k=1}^{3} a_{ik}y_k = \sum_{k=1}^{3} a_{ik}\left(\sum_{j=1}^{2} b_{kj}z_j\right) \\ &= \sum_{k=1}^{3}\sum_{j=1}^{2} a_{ik}b_{kj}z_j = \sum_{j=1}^{2}\sum_{k=1}^{3} a_{ik}b_{kj}z_j \\ &= \sum_{j=1}^{2}\left(\sum_{k=1}^{3} a_{ik}b_{kj}\right)z_j \quad (i=1, 2, 3, 4) \end{aligned} \tag{2-3}$$

如果用

$$x_i=\sum_{j=1}^{2} c_{ij}z_j \quad (i=1, 2, 3, 4) \tag{2-4}$$

来表示 x_1, x_2, x_3, x_4 与 z_1, z_2 之间的关系，比较式（2-3）和式（2-4）就有

$$c_{ij}=\sum_{k=1}^{3} a_{ik}b_{kj} \quad (i=1, 2, 3, 4;\ j=1, 2) \tag{2-5}$$

用矩阵来表示，如果矩阵

$$A=(a_{ik})_{43}, \quad B=(a_{kj})_{32}$$

分别表示变量 x_1, x_2, x_3, x_4 与 y_1, y_2, y_3 以及 y_1, y_2, y_3 与 z_1, z_2 之间的关系，那么表示 x_1, x_2, x_3, x_4 与 z_1, z_2 之间的关系的矩阵

$$C=(a_{ij})_{42}$$

就由式（2-5）决定. 矩阵 C 称为矩阵 A 与 B 的乘积，记为

$$C=AB$$

【例 2-6】 设某地区有甲、乙、丙三个工厂，每个工厂都生产Ⅰ、Ⅱ、Ⅲ、Ⅳ这 4 种产品. 已知每个工厂的年产量如表 2-3 所示.

表 2-3　工厂年产量 （个）

产　品	Ⅰ	Ⅱ	Ⅲ	Ⅳ
甲	20	30	10	45
乙	15	10	70	20
丙	20	15	35	25

已知每种产品的单价和单位利润如表 2-4 所示.

表 2-4　产品单价和单位利润

产　品	单价/元 · 个$^{-1}$	单位利润/元 · 个$^{-1}$
Ⅰ	100	20
Ⅱ	150	45
Ⅲ	300	120
Ⅳ	200	60

求各工厂的总收入与总利润.

解：容易算出各工厂的总收入与总利润，也可以列表如表 2-5 所示.

表 2-5　总收入与总利润

工　厂	总收入/元	总利润/元
甲	15500	5650
乙	28000	10350
丙	19750	6775

本例中的三个表格可用三个矩阵表示，设

$$A=\begin{pmatrix} 20 & 30 & 10 & 45 \\ 15 & 10 & 70 & 20 \\ 20 & 15 & 35 & 25 \end{pmatrix}, \quad B=\begin{pmatrix} 100 & 20 \\ 150 & 45 \\ 300 & 120 \\ 200 & 60 \end{pmatrix}, \quad C=\begin{pmatrix} 18500 & 5650 \\ 28000 & 10350 \\ 19750 & 6775 \end{pmatrix}$$

显然

矩阵 $\boldsymbol{A}$ 的列数 = 矩阵 $\boldsymbol{B}$ 的行数

矩阵 $\boldsymbol{C}$ 的行数 = 矩阵 $\boldsymbol{A}$ 的行数

矩阵 $\boldsymbol{C}$ 的列数 = 矩阵 $\boldsymbol{B}$ 的列数

如果记

$$\boldsymbol{A}=(a_{ik})_{34},\ \boldsymbol{B}=(b_{kj})_{42},\ \boldsymbol{C}=(c_{ij})_{32}$$

则

$$c_{ij}=a_{i1}b_{1j}+a_{i2}b_{2j}+a_{i3}b_{3j}+a_{i4}b_{4j}\quad (i=1,2,3;\ j=1,2)$$

例 2-5 中，$\boldsymbol{A}$，$\boldsymbol{B}$，$\boldsymbol{C}$ 之间也有这样的关系. 我们把矩阵 $\boldsymbol{C}$ 称为矩阵 $\boldsymbol{A}$ 与矩阵 $\boldsymbol{B}$ 的乘积.

（2）定义.

定义 2-5 设有两个矩阵

$$\boldsymbol{A}=(a_{ik})_{sn},\ \boldsymbol{B}=(b_{kj})_{nm}$$

那么矩阵

$$\boldsymbol{C}=(c_{ij})_{sm}$$

称为 $\boldsymbol{A}$ 与 $\boldsymbol{B}$ 的乘积，记为

$$\boldsymbol{C}=\boldsymbol{AB}$$

其中

$$c_{ij}=a_{i1}b_{1j}+a_{i2}b_{2j}+\cdots+a_{in}b_{nj}=\sum_{k=1}^{n}a_{ik}b_{kj}\quad (i=1,2,\cdots,s;\ j=1,2,\cdots,m)$$

注意：

1）只有当第一个矩阵（左矩阵）的列数等于第二个矩阵（右矩阵）的行数时，两个矩阵才能相乘.

2）三个矩阵的行列数之间关系为：

乘积矩阵的行数 = 左矩阵的行数

乘积矩阵的列数 = 右矩阵的列数

3）乘积矩阵的第 i 行第 j 列的元素等于左矩阵的第 i 行与右矩阵的第 j 列的对应元素乘积的和，即

$$(a_{i1}\ \cdots\ a_{in})\begin{pmatrix} b_{1j} \\ \vdots \\ b_{nj} \end{pmatrix}=\begin{pmatrix} & \vdots & \\ \cdots & c_{ij} & \cdots \\ & \vdots & \end{pmatrix}$$

【例 2-7】 设

$$\boldsymbol{A}=\begin{pmatrix} 1 & 0 & -1 & 2 \\ -1 & 1 & 3 & 0 \\ 0 & 5 & -1 & 4 \end{pmatrix},\ \boldsymbol{B}=\begin{pmatrix} 0 & 3 & 4 \\ 1 & 2 & 1 \\ 3 & 1 & -1 \\ -1 & 2 & 1 \end{pmatrix}$$

求 $\boldsymbol{AB}$.

解：因为 $\boldsymbol{A}$ 是 3×4 矩阵，$\boldsymbol{B}$ 是 4×3 矩阵，$\boldsymbol{A}$ 的列数等于 $\boldsymbol{B}$ 的行数，所以矩阵 $\boldsymbol{A}$ 与 $\boldsymbol{B}$ 可以相乘，其乘积 $\boldsymbol{AB}=\boldsymbol{C}$ 是一个 3×3 矩阵，由矩阵乘积的定义，故

$$C=AB=\begin{pmatrix}1&0&-1&2\\-1&1&3&0\\0&5&-1&4\end{pmatrix}\begin{pmatrix}0&3&4\\1&2&1\\3&1&-1\\-1&2&1\end{pmatrix}=\begin{pmatrix}-5&6&7\\10&2&-6\\-2&17&10\end{pmatrix}$$

【例 2-8】 已知

$$A=\begin{pmatrix}1&6&8\\6&0&1\end{pmatrix},\ B=\begin{pmatrix}1&2&3\\3&2&1\\5&8&9\end{pmatrix}$$

计算 BA.

解：由于矩阵 B 的列数不等于矩阵 A 的行数，所以乘积不存在.

【例 2-9】 求矩阵

$$A=\begin{pmatrix}-2&4\\1&-2\end{pmatrix},\ B=\begin{pmatrix}2&4\\-3&-6\end{pmatrix}$$

的乘积 AB 及 BA.

解：由定义有

$$AB=\begin{pmatrix}-2&4\\1&-2\end{pmatrix}\begin{pmatrix}2&4\\-3&-6\end{pmatrix}=\begin{pmatrix}-16&-32\\8&16\end{pmatrix}$$

$$BA=\begin{pmatrix}2&4\\-3&-6\end{pmatrix}\begin{pmatrix}-2&4\\1&-2\end{pmatrix}=\begin{pmatrix}0&0\\0&0\end{pmatrix}$$

【例 2-10】 设有方程组

$$\begin{cases}a_{11}x_1+a_{12}x_2+\cdots+a_{1n}x_n=b_1\\a_{21}x_1+a_{22}x_2+\cdots+a_{2n}x_n=b_2\\\qquad\cdots\\a_{m1}x_1+a_{m2}x_2+\cdots+a_{mn}x_n=b_m\end{cases}$$

若令

$$A=\begin{pmatrix}a_{11}&a_{12}&\cdots&a_{1n}\\a_{21}&a_{22}&\cdots&a_{2n}\\\vdots&\vdots&&\vdots\\a_{m1}&a_{m2}&\cdots&a_{mn}\end{pmatrix},\ X=\begin{pmatrix}x_1\\x_2\\\vdots\\x_n\end{pmatrix},\ B=\begin{pmatrix}b_1\\b_2\\\vdots\\b_m\end{pmatrix}$$

则上述线性方程组可写成如下矩阵形式

$$AX=B$$

（3）运算律.

1）$O_{k\times m}A_{m\times p}=O_{k\times p}$，$A_{m\times p}O_{p\times n}=O_{m\times n}$.

2）$(AB)C=A(BC)$.

3）$A(B+C)=AB+AC$，$(B+C)A=BA+CA$.

4）$k(AB)=(kA)B=A(kB)$.

证明：证 2）.

设

$$\boldsymbol{A}=(a_{ij})_{sn},\ \boldsymbol{B}=(b_{jk})_{nm},\ \boldsymbol{C}=(c_{kl})_{mr}$$

下面我们证明

$$(\boldsymbol{AB})\boldsymbol{C}=\boldsymbol{A}(\boldsymbol{BC})$$

令

$$\boldsymbol{V}=\boldsymbol{AB}=(v_{ik})_{sm},\ \boldsymbol{W}=\boldsymbol{BC}=(w_{jl})_{nr}$$

其中

$$v_{ik}=\sum_{j=1}^{n}a_{ij}b_{jk}\quad(i=1,2,\cdots,s;\ k=1,2,\cdots,m)$$

$$w_{jl}=\sum_{k=1}^{m}b_{jk}c_{kl}\quad(j=1,2,\cdots,n;\ l=1,2,\cdots,r)$$

因为

$$(\boldsymbol{AB})\boldsymbol{C}=\boldsymbol{VC}$$

$\boldsymbol{VC}$ 的第 i 行第 l 列元素为

$$\sum_{k=1}^{m}v_{ik}c_{kl}=\sum_{k=1}^{m}\left(\sum_{j=1}^{n}a_{ij}b_{jk}\right)c_{kl}=\sum_{k=1}^{m}\sum_{j=1}^{n}a_{ij}b_{jk}c_{kl}\tag{2-6}$$

而

$$\boldsymbol{A}(\boldsymbol{BC})=\boldsymbol{AW}$$

中 $\boldsymbol{AW}$ 的第 i 行第 l 列元素为

$$\sum_{j=1}^{n}a_{ij}w_{jl}=\sum_{j=1}^{n}a_{ij}\left(\sum_{k=1}^{m}b_{jk}c_{kl}\right)=\sum_{j=1}^{n}\sum_{k=1}^{m}a_{ij}b_{jk}c_{kl}\tag{2-7}$$

由于双重连加号可以交换次序，所以式（2-6）与式（2-7）的结果是一样的，这就证明了结合律.

证明：证 4）. 设

$$\boldsymbol{A}=(a_{ij})_{sn},\ \boldsymbol{B}=(b_{jt})_{nm}$$

在 $k(\boldsymbol{AB})$，$(k\boldsymbol{A})\boldsymbol{B}$，$\boldsymbol{A}(k\boldsymbol{B})$ 中，第 i 行第 t 列的元素（以后记为 (i,t) 的元素）依次为

$$k\sum_{j=1}^{n}a_{ij}b_{jt},\quad \sum_{j=1}^{n}(ka_{ij})b_{jt}=k\sum_{j=1}^{n}a_{ij}b_{jt},\quad \sum_{j=1}^{n}a_{ij}(kb_{jt})=k\sum_{j=1}^{n}a_{ij}b_{jt}$$

显然它们是一样的.

关于矩阵的乘法运算，需要注意以下几点：

1）矩阵的乘法运算不满足交换律.

$\boldsymbol{AB}$ 有定义，$\boldsymbol{BA}$ 不一定有定义. 例 2-8 中的矩阵 $\boldsymbol{A}$ 和 $\boldsymbol{B}$，$\boldsymbol{AB}$ 有定义，但 $\boldsymbol{BA}$ 就没有定义. 即使 $\boldsymbol{AB}$ 与 $\boldsymbol{BA}$ 都有定义，它们也不一定相等. 例 2-9 中 $\boldsymbol{AB}$ 和 $\boldsymbol{BA}$ 虽然都有定义，但 $\boldsymbol{AB}\neq\boldsymbol{BA}$. 所以，在作乘法时，应指明它们相乘的次序. $\boldsymbol{AB}$ 读作"$\boldsymbol{A}$ 左乘 $\boldsymbol{B}$"或"$\boldsymbol{B}$ 右乘 $\boldsymbol{A}$".

如果 $\boldsymbol{AB}=\boldsymbol{BA}$，则称 $\boldsymbol{A}$ 与 $\boldsymbol{B}$ 可交换. 如设

$$\boldsymbol{A}=\begin{pmatrix}2&0\\0&2\end{pmatrix},\ \boldsymbol{B}=\begin{pmatrix}1&-1\\-1&1\end{pmatrix}$$

则有

$$\boldsymbol{AB}=\begin{pmatrix}2 & -2\\ -2 & 2\end{pmatrix},\quad \boldsymbol{BA}=\begin{pmatrix}2 & -2\\ -2 & 2\end{pmatrix}$$

$\boldsymbol{AB}=\boldsymbol{BA}$，所以 $\boldsymbol{A}$ 与 $\boldsymbol{B}$ 可交换.

2）两个非零矩阵的乘积可能是零矩阵.

如在例 2-9 中，$\boldsymbol{A}\neq\boldsymbol{O}$，$\boldsymbol{B}\neq\boldsymbol{O}$，但 $\boldsymbol{BA}=\boldsymbol{O}$.

3）矩阵的乘法不满足消去律，即如果 $\boldsymbol{AB}=\boldsymbol{CB}$，$\boldsymbol{B}\neq\boldsymbol{O}$，不一定能推出 $\boldsymbol{A}=\boldsymbol{C}$. 如

$$\boldsymbol{A}=\begin{pmatrix}1 & -1\\ 2 & 3\end{pmatrix},\quad \boldsymbol{B}=\begin{pmatrix}-1 & 1\\ 1 & -1\end{pmatrix},\quad \boldsymbol{C}=\begin{pmatrix}2 & 0\\ 4 & 5\end{pmatrix}$$

$$\boldsymbol{AB}=\boldsymbol{CB}=\begin{pmatrix}-2 & 2\\ 1 & -1\end{pmatrix},\ \boldsymbol{B}\neq\boldsymbol{O},\ 但\ \boldsymbol{A}\neq\boldsymbol{C}$$

（4）单位矩阵.

定义 2-6 主对角线上的元素全是 1，其余元素全是 0 的 $n\times n$ 矩阵

$$\begin{pmatrix}1 & 0 & \cdots & 0\\ 0 & 1 & \cdots & 0\\ \vdots & \vdots & & \vdots\\ 0 & 0 & \cdots & 1\end{pmatrix}$$

称为 n 阶单位矩阵，记为 $\boldsymbol{E}_n$，或者在不引起混淆的时候简单写为 $\boldsymbol{E}$.

n 阶单位矩阵 $\boldsymbol{E}$ 在矩阵代数中占有很重要的地位，它的作用与“1”在初等代数中的作用相似. 如 $\boldsymbol{EA}=\boldsymbol{AE}=\boldsymbol{A}$.

设 $\boldsymbol{A}=(a_{ij})_{sm}$，可以验证 $\boldsymbol{E}_s\boldsymbol{A}_{sm}=\boldsymbol{A}_{sm}$.

$$\boldsymbol{E}_s\boldsymbol{A}_{sm}=\begin{pmatrix}1 & 0 & \cdots & 0\\ 0 & 1 & \cdots & 0\\ \vdots & \vdots & & \vdots\\ 0 & 0 & \cdots & 1\end{pmatrix}\begin{pmatrix}a_{11} & a_{12} & \cdots & a_{1m}\\ a_{21} & a_{22} & \cdots & a_{2m}\\ \vdots & \vdots & & \vdots\\ a_{s1} & a_{s2} & \cdots & a_{sm}\end{pmatrix}$$

$$=\begin{pmatrix}a_{11} & a_{12} & \cdots & a_{1m}\\ a_{21} & a_{22} & \cdots & a_{2m}\\ \vdots & \vdots & & \vdots\\ a_{s1} & a_{s2} & \cdots & a_{sm}\end{pmatrix}=\boldsymbol{A}_{sm}$$

如

$$\boldsymbol{A}=\begin{pmatrix}3 & -1 & 2\\ 4 & 5 & 1\end{pmatrix}$$

则

$$\boldsymbol{EA}=\begin{pmatrix}1 & 0\\ 0 & 1\end{pmatrix}\begin{pmatrix}3 & -1 & 2\\ 4 & 5 & 1\end{pmatrix}$$

$$=\begin{pmatrix}1\times3+0\times4 & 1\times(-1)+0\times5 & 1\times2+0\times1\\ 0\times3+1\times4 & 0\times(-1)+1\times5 & 0\times2+1\times1\end{pmatrix}$$

$$=\begin{pmatrix}3 & -1 & 2\\4 & 5 & 1\end{pmatrix}=\boldsymbol{A}$$

$$\boldsymbol{AE}=\begin{pmatrix}3 & -1 & 2\\4 & 5 & 1\end{pmatrix}\begin{pmatrix}1 & 0 & 0\\0 & 1 & 0\\0 & 0 & 1\end{pmatrix}$$

$$=\begin{pmatrix}3\times1+(-1)\times0+2\times0 & 3\times0+(-1)\times1+2\times0 & 3\times0+(-1)\times0+2\times1\\4\times1+5\times0+1\times0 & 4\times0+5\times1+1\times0 & 4\times0+5\times0+1\times1\end{pmatrix}$$

$$=\begin{pmatrix}3 & -1 & 2\\4 & 5 & 1\end{pmatrix}=\boldsymbol{A}$$

（5） 数量矩阵.

定义 2-7 矩阵

$$k\boldsymbol{E}=\begin{pmatrix}k & 0 & \cdots & 0\\0 & k & \cdots & 0\\\vdots & \vdots & & \vdots\\0 & 0 & \cdots & k\end{pmatrix}$$

称为数量矩阵.

设 $\boldsymbol{A}$ 是 n 阶矩阵，则有

$$k\boldsymbol{A}=(k\boldsymbol{E})\boldsymbol{A}=\boldsymbol{A}(k\boldsymbol{E})$$

这个式子说明，数量矩阵与所有的 $n\times n$ 矩阵作乘法是可交换的. 可以证明，如果一个 n 阶矩阵与所有 n 阶矩阵作乘法是可交换的，那么这个矩阵一定是数量矩阵. 关于数量矩阵，还有以下运算性质

$$k\boldsymbol{E}+l\boldsymbol{E}=(k+l)\boldsymbol{E}$$

$$(k\boldsymbol{E})(l\boldsymbol{E})=(kl)\boldsymbol{E}$$

这就是说，数量矩阵的加法与乘法完全归结为数的加法与乘法.

（6） 三角矩阵.

上三角矩阵

$$\boldsymbol{U}=\begin{pmatrix}u_{11} & u_{12} & \cdots & u_{1n}\\0 & u_{22} & \cdots & u_{2n}\\\vdots & \vdots & & \vdots\\0 & 0 & \cdots & u_{nn}\end{pmatrix}$$

同样有下三角矩阵

$$\boldsymbol{L}=\begin{pmatrix}l_{11} & 0 & \cdots & 0\\l_{21} & l_{22} & \cdots & 0\\\vdots & \vdots & & \vdots\\l_{n1} & l_{n2} & \cdots & l_{nn}\end{pmatrix}$$

2.2.3 方幂

定义 2-8 设 $\boldsymbol{A}$ 是 $n\times n$ 矩阵，m 是正整数，m 个 $\boldsymbol{A}$ 相乘称为 $\boldsymbol{A}$ 的 m 次幂，记为 $\boldsymbol{A}^m$.

设 $\boldsymbol{A}$ 为方阵，k 和 l 为正整数，则：

（1）$\boldsymbol{A}^k\boldsymbol{A}^l=\boldsymbol{A}^{k+l}$；

（2）$(\boldsymbol{A}^k)^l=\boldsymbol{A}^{kl}$.

这里需要注意，由于矩阵乘法一般不满足交换律，所以对于两 n 个阶矩阵 $\boldsymbol{A}$ 与 $\boldsymbol{B}$，一般来说$(\boldsymbol{AB})^k\neq\boldsymbol{A}^k\boldsymbol{B}^k$.

【例 2-11】 设 $\boldsymbol{A}=\begin{pmatrix}\lambda & 1 & 0\\ 0 & \lambda & 1\\ 0 & 0 & \lambda\end{pmatrix}$，求 $\boldsymbol{A}^k$.

解：首先观察

$$\boldsymbol{A}^2=\begin{pmatrix}\lambda & 1 & 0\\ 0 & \lambda & 1\\ 0 & 0 & \lambda\end{pmatrix}\begin{pmatrix}\lambda & 1 & 0\\ 0 & \lambda & 1\\ 0 & 0 & \lambda\end{pmatrix}=\begin{pmatrix}\lambda^2 & 2\lambda & 1\\ 0 & \lambda^2 & 2\lambda\\ 0 & 0 & \lambda^2\end{pmatrix}$$

$$\boldsymbol{A}^3=\boldsymbol{A}^2\cdot\boldsymbol{A}=\begin{pmatrix}\lambda^3 & 3\lambda^2 & 3\lambda\\ 0 & \lambda^3 & 3\lambda^2\\ 0 & 0 & \lambda^3\end{pmatrix}$$

由此推测

$$\boldsymbol{A}^k=\begin{pmatrix}\lambda^k & k\lambda^{k-1} & \frac{k(k-1)}{2}\lambda^{k-2}\\ 0 & \lambda^k & k\lambda^{k-1}\\ 0 & 0 & \lambda^k\end{pmatrix}\quad(k\geqslant 2)$$

我们可以用数学归纳法证明. 当 $k=2$ 时，显然成立.

设对于 k 成立，则 $k+1$ 时

$$\boldsymbol{A}^{k+1}=\boldsymbol{A}^k\cdot\boldsymbol{A}=\begin{pmatrix}\lambda^k & k\lambda^{k-1} & \frac{k(k-1)}{2}\lambda^{k-2}\\ 0 & \lambda^k & k\lambda^{k-1}\\ 0 & 0 & \lambda^k\end{pmatrix}\begin{pmatrix}\lambda & 1 & 0\\ 0 & \lambda & 1\\ 0 & 0 & \lambda\end{pmatrix}$$

$$=\begin{pmatrix}\lambda^{k+1} & (k+1)\lambda^k & \frac{(k+1)k}{2}\lambda^{k-1}\\ 0 & \lambda^{k+1} & (k+1)\lambda^k\\ 0 & 0 & \lambda^{k+1}\end{pmatrix}$$

由数学归纳法原理知

$$\boldsymbol{A}^k=\begin{pmatrix}\lambda^k & k\lambda^{k-1} & \frac{k(k-1)}{2}\lambda^{k-2}\\ 0 & \lambda^k & k\lambda^{k-1}\\ 0 & 0 & \lambda^k\end{pmatrix}$$

【例 2-12】 设 $\boldsymbol{\alpha}=(1\quad 2\quad 3)$，$\boldsymbol{\beta}=\left(1\quad \frac{1}{2}\quad \frac{1}{3}\right)$，$\boldsymbol{A}=\boldsymbol{\alpha}^{\mathrm{T}}\boldsymbol{\beta}$，求 $\boldsymbol{A}^n$.

解：

方法一

由于

$$\boldsymbol{A}=\boldsymbol{\alpha}^{\mathrm{T}}\boldsymbol{\beta}=\begin{pmatrix}1\\2\\3\end{pmatrix}\begin{pmatrix}1 & \frac{1}{2} & \frac{1}{3}\end{pmatrix}=\begin{pmatrix}1 & \frac{1}{2} & \frac{1}{3}\\2 & 1 & \frac{2}{3}\\3 & \frac{3}{2} & 1\end{pmatrix}$$

$$\boldsymbol{A}^2=\begin{pmatrix}1 & \frac{1}{2} & \frac{1}{3}\\2 & 1 & \frac{2}{3}\\3 & \frac{3}{2} & 1\end{pmatrix}\begin{pmatrix}1 & \frac{1}{2} & \frac{1}{3}\\2 & 1 & \frac{2}{3}\\3 & \frac{3}{2} & 1\end{pmatrix}=\begin{pmatrix}3 & \frac{3}{2} & 1\\6 & 3 & 2\\9 & \frac{9}{2} & 3\end{pmatrix}=3\boldsymbol{A}$$

故

$$\boldsymbol{A}^n=\boldsymbol{A}^{n-2}\boldsymbol{A}^2=\boldsymbol{A}^{n-2}(3\boldsymbol{A})=3\boldsymbol{A}^{n-1}=3^{n-1}\boldsymbol{A}$$

$$\boldsymbol{A}^n=3^{n-1}\begin{pmatrix}1 & \frac{1}{2} & \frac{1}{3}\\2 & 1 & \frac{2}{3}\\3 & \frac{3}{2} & 1\end{pmatrix}$$

方法二

由于

$$\boldsymbol{A}^n=(\boldsymbol{\alpha}^{\mathrm{T}}\boldsymbol{\beta})^n=\underbrace{(\boldsymbol{\alpha}^{\mathrm{T}}\boldsymbol{\beta}\boldsymbol{\alpha}^{\mathrm{T}})(\boldsymbol{\beta}\boldsymbol{\alpha}^{\mathrm{T}})\cdots(\boldsymbol{\beta}\boldsymbol{\alpha}^{\mathrm{T}})\boldsymbol{\beta}}_{n-1\text{个}}=\boldsymbol{\alpha}^{\mathrm{T}}(\boldsymbol{\beta}\boldsymbol{\alpha}^{\mathrm{T}})^{n-1}\boldsymbol{\beta}$$

而

$$\boldsymbol{\beta}\boldsymbol{\alpha}^{\mathrm{T}}=\begin{pmatrix}1 & \frac{1}{2} & \frac{1}{3}\end{pmatrix}\begin{pmatrix}1\\2\\3\end{pmatrix}=1\times1+\frac{1}{2}\times2+\frac{1}{3}\times3=3$$

故

$$\boldsymbol{A}^n=3^{n-1}\boldsymbol{\alpha}^{\mathrm{T}}\boldsymbol{\beta}=3^{n-1}\boldsymbol{A}$$

2.2.4 矩阵多项式

定义 2-9 设 $f(x)=a_0+a_1x+\cdots+a_mx^m$，则

$$f(\boldsymbol{A})=a_0\boldsymbol{E}+a_1\boldsymbol{A}+\cdots+a_m\boldsymbol{A}^m$$

称为由 $f(x)$ 定义的关于 $\boldsymbol{A}$ 的多项式（$\boldsymbol{A}$ 为方阵）.

例如，设 $f(x)=x^2-3x+1$，矩阵 $\boldsymbol{A}=\begin{pmatrix}1 & -1\\0 & 1\end{pmatrix}$，那么

$$f(\boldsymbol{A})=2\begin{pmatrix}1 & -1\\0 & 1\end{pmatrix}^2-3\begin{pmatrix}1 & -1\\0 & 1\end{pmatrix}+\begin{pmatrix}1 & 0\\0 & 1\end{pmatrix}$$

$$=\begin{pmatrix}2&-4\\0&2\end{pmatrix}-\begin{pmatrix}3&-3\\0&3\end{pmatrix}+\begin{pmatrix}1&0\\0&1\end{pmatrix}=\begin{pmatrix}0&-1\\0&0\end{pmatrix}$$

设 $\boldsymbol{\Lambda}=\begin{pmatrix}\lambda&1&0\\0&\lambda&1\\0&0&\lambda\end{pmatrix}$，$f(x)$ 为多项式，则由上一节归纳得

$$f(\boldsymbol{\Lambda})=\begin{pmatrix}f(\lambda)&f'(\lambda)&\frac{1}{2}f''(\lambda)\\0&f(\lambda)&f'(\lambda)\\0&0&f(\lambda)\end{pmatrix}$$

设 $f(x)$，$g(x)$ 是多项式，而 $\boldsymbol{A}$ 是 n 阶方阵，则

$$f(\boldsymbol{A})g(\boldsymbol{A})=g(\boldsymbol{A})f(\boldsymbol{A})$$

事实上，令 $h(x)=f(x)g(x)=g(x)f(x)$，由矩阵的运算律立得

$$h(\boldsymbol{A})=f(\boldsymbol{A})g(\boldsymbol{A})=g(\boldsymbol{A})f(\boldsymbol{A})$$

2.2.5 矩阵的转置

定义 2-10 设

$$\boldsymbol{A}=\begin{pmatrix}a_{11}&a_{12}&\cdots&a_{1n}\\a_{21}&a_{22}&\cdots&a_{2n}\\\vdots&\vdots&&\vdots\\a_{s1}&a_{s2}&\cdots&a_{sn}\end{pmatrix}$$

则称

$$\boldsymbol{A}^{\mathrm{T}}=\begin{pmatrix}a_{11}&a_{21}&\cdots&a_{s1}\\a_{12}&a_{22}&\cdots&a_{s2}\\\vdots&\vdots&&\vdots\\a_{1n}&a_{2n}&\cdots&a_{sn}\end{pmatrix}$$

为矩阵 $\boldsymbol{A}$ 的转置.

例如，$\boldsymbol{A}=\begin{pmatrix}1&2\\3&4\end{pmatrix}$，则 $\boldsymbol{A}^{\mathrm{T}}=\begin{pmatrix}1&3\\2&4\end{pmatrix}$.

矩阵的转置具有如下运算律：

（1）$(\boldsymbol{A}^{\mathrm{T}})^{\mathrm{T}}=\boldsymbol{A}$；

（2）$(\boldsymbol{A}+\boldsymbol{B})^{\mathrm{T}}=\boldsymbol{A}^{\mathrm{T}}+\boldsymbol{B}^{\mathrm{T}}$；

（3）$(\boldsymbol{AB})^{\mathrm{T}}=\boldsymbol{B}^{\mathrm{T}}\boldsymbol{A}^{\mathrm{T}}$；

（4）$(k\boldsymbol{A})^{\mathrm{T}}=k\boldsymbol{A}^{\mathrm{T}}$.

证明：只证$(\boldsymbol{AB})^{\mathrm{T}}=\boldsymbol{B}^{\mathrm{T}}\boldsymbol{A}^{\mathrm{T}}$. 设

$$\boldsymbol{A}=\begin{pmatrix}a_{11}&a_{12}&\cdots&a_{1n}\\a_{21}&a_{22}&\cdots&a_{2n}\\\vdots&\vdots&&\vdots\\a_{s1}&a_{s2}&\cdots&a_{sn}\end{pmatrix},\quad \boldsymbol{B}=\begin{pmatrix}b_{11}&b_{12}&\cdots&b_{1m}\\b_{21}&b_{22}&\cdots&b_{2m}\\\vdots&\vdots&&\vdots\\b_{n1}&b_{n2}&\cdots&b_{nm}\end{pmatrix}$$

$\boldsymbol{AB}$ 中第 i 行第 j 列的元素为 $\sum\limits_{k=1}^{n}a_{ik}b_{kj}$，所以$(\boldsymbol{AB})^{\mathrm{T}}$ 中第 i 行第 j 列的元素就是 $\sum\limits_{k=1}^{n}a_{jk}b_{ki}$. 其

次，$\boldsymbol{B}^{\mathrm{T}}$ 中第 i 行第 k 列的元素是 b_{ki}，$\boldsymbol{A}^{\mathrm{T}}$ 中第 k 行第 j 列的元素是 a_{jk}，因此，$\boldsymbol{B}^{\mathrm{T}}\boldsymbol{A}^{\mathrm{T}}$ 中第 i 行第 j 列的元素即为

$$\sum_{k=1}^{n} b_{ki}a_{jk} = \sum_{k=1}^{n} a_{jk}b_{ki}$$

所以 $(\boldsymbol{AB})^{\mathrm{T}}=\boldsymbol{B}^{\mathrm{T}}\boldsymbol{A}^{\mathrm{T}}$.

【例 2-13】 设 $\boldsymbol{A}=\begin{pmatrix}2&0&-1\\1&3&2\end{pmatrix}$，$\boldsymbol{B}=\begin{pmatrix}1&7&-1\\4&2&3\\2&0&1\end{pmatrix}$，验证$(\boldsymbol{AB})^{\mathrm{T}}=\boldsymbol{B}^{\mathrm{T}}\boldsymbol{A}^{\mathrm{T}}$.

解：因为

$$\boldsymbol{AB}=\begin{pmatrix}2&0&-1\\1&3&2\end{pmatrix}\begin{pmatrix}1&7&-1\\4&2&3\\2&0&1\end{pmatrix}=\begin{pmatrix}0&14&-3\\17&13&10\end{pmatrix}$$

所以

$$(\boldsymbol{AB})^{\mathrm{T}}=\begin{pmatrix}0&17\\14&13\\-3&10\end{pmatrix}$$

又

$$\boldsymbol{A}^{\mathrm{T}}=\begin{pmatrix}2&1\\0&3\\-1&2\end{pmatrix},\ \boldsymbol{B}^{\mathrm{T}}=\begin{pmatrix}1&4&2\\7&2&0\\-1&3&1\end{pmatrix}$$

$$\boldsymbol{B}^{\mathrm{T}}\boldsymbol{A}^{\mathrm{T}}=\begin{pmatrix}1&4&2\\7&2&0\\-1&3&1\end{pmatrix}\begin{pmatrix}2&1\\0&3\\-1&2\end{pmatrix}=\begin{pmatrix}0&17\\14&13\\-3&10\end{pmatrix}$$

故$(\boldsymbol{AB})^{\mathrm{T}}=\boldsymbol{B}^{\mathrm{T}}\boldsymbol{A}^{\mathrm{T}}$.

定义 2-11 设 $\boldsymbol{A}$ 为 m 阶方阵，如果满足 $\boldsymbol{A}=\boldsymbol{A}^{\mathrm{T}}$，即 $a_{ij}=a_{ji}(i,j=1,2,\cdots,n)$. 那么 $\boldsymbol{A}$ 称为对称阵.

例如，$\boldsymbol{A}=\begin{pmatrix}12&6&1\\6&8&0\\1&0&6\end{pmatrix}$为对称阵. 易得对称阵的元素以主对角线为对称轴对应相等.

定义 2-12 如果 $\boldsymbol{A}^{\mathrm{T}}=-\boldsymbol{A}$，则矩阵 $\boldsymbol{A}$ 称为反对称的.

例如，$\boldsymbol{A}=\begin{pmatrix}0&6&1\\-6&0&0\\-1&0&0\end{pmatrix}$为反对称阵. 易得反对称阵主对角线上的元素均为0，位于主对角线两侧对应的元素互为相反数.

【例 2-14】 设 $\boldsymbol{X}=\begin{pmatrix}x_1\\x_2\\\vdots\\x_n\end{pmatrix}$，满足 $\boldsymbol{X}^{\mathrm{T}}\boldsymbol{X}=1$，$\boldsymbol{H}=\boldsymbol{E}-2\boldsymbol{XX}^{\mathrm{T}}$，证明 $\boldsymbol{H}$ 为对称矩阵且$\boldsymbol{H}^{\mathrm{T}}\boldsymbol{H}=\boldsymbol{E}$.

证明：因为

$$\boldsymbol{H}^{\mathrm{T}}=(\boldsymbol{E}-2\boldsymbol{X}\boldsymbol{X}^{\mathrm{T}})^{\mathrm{T}}=\boldsymbol{E}^{\mathrm{T}}-2(\boldsymbol{X}\boldsymbol{X}^{\mathrm{T}})^{\mathrm{T}}=\boldsymbol{E}-2(\boldsymbol{X}^{\mathrm{T}})^{\mathrm{T}}\boldsymbol{X}^{\mathrm{T}}=\boldsymbol{E}-2\boldsymbol{X}\boldsymbol{X}^{\mathrm{T}}=\boldsymbol{H}$$

所以 $\boldsymbol{H}$ 是对称矩阵.

$$\begin{aligned}\boldsymbol{H}\boldsymbol{H}^{\mathrm{T}}&=\boldsymbol{H}^2=(\boldsymbol{E}-2\boldsymbol{X}\boldsymbol{X}^{\mathrm{T}})^2=\boldsymbol{E}^2-2\boldsymbol{E}(2\boldsymbol{X}\boldsymbol{X}^{\mathrm{T}})+(2\boldsymbol{X}\boldsymbol{X}^{\mathrm{T}})^2\\&=\boldsymbol{E}-4\boldsymbol{X}\boldsymbol{X}^{\mathrm{T}}+4(\boldsymbol{X}\boldsymbol{X}^{\mathrm{T}})(\boldsymbol{X}\boldsymbol{X}^{\mathrm{T}})=\boldsymbol{E}-4\boldsymbol{X}\boldsymbol{X}^{\mathrm{T}}+4\boldsymbol{X}(\boldsymbol{X}^{\mathrm{T}}\boldsymbol{X})\boldsymbol{X}^{\mathrm{T}}\\&=\boldsymbol{E}-4\boldsymbol{X}\boldsymbol{X}^{\mathrm{T}}+4\boldsymbol{X}\boldsymbol{X}^{\mathrm{T}}=\boldsymbol{E}\end{aligned}$$

矩阵 $\boldsymbol{H}$ 称为 Householder 矩阵或 Householder 变换（也简称为 $\boldsymbol{H}$ 矩阵或 $\boldsymbol{H}$ 变换），在计算矩阵特征值近似值时有重要应用.

2.2.6 方阵的行列式

定义 2-13 由 n 阶方阵 $\boldsymbol{A}$ 的元素所构成的行列式，叫作方阵 $\boldsymbol{A}$ 的行列式，记作 $|\boldsymbol{A}|$ 或 $\det(\boldsymbol{A})$.

例如 $\boldsymbol{A}=\begin{pmatrix}2&3\\6&8\end{pmatrix}$，则 $|\boldsymbol{A}|=\begin{vmatrix}2&3\\6&8\end{vmatrix}=-2$.

方阵的行列式具有如下运算性质：

(1) $|\boldsymbol{A}^{\mathrm{T}}|=|\boldsymbol{A}|$；

(2) $|\lambda\boldsymbol{A}|=\lambda^n|\boldsymbol{A}|$；

(3) $|\boldsymbol{A}\boldsymbol{B}|=|\boldsymbol{A}||\boldsymbol{B}|$；

(4) $|\boldsymbol{A}\boldsymbol{B}|=|\boldsymbol{B}\boldsymbol{A}|$.

这里我们只证明(3)，即：

定理 2-1 设 $\boldsymbol{A}$，$\boldsymbol{B}$ 是两个 $n\times n$ 矩阵，那么

$$|\boldsymbol{A}\boldsymbol{B}|=|\boldsymbol{A}||\boldsymbol{B}|$$

即矩阵乘积的行列式等于它的因子行列式的乘积.

为证明这个定理，我们需要如下引理.

引理 2-1 设

$$D=\begin{vmatrix}a_{11}&\cdots&a_{1k}&&&\\\vdots&&\vdots&&&\\a_{k1}&\cdots&a_{kk}&&&\\c_{11}&\cdots&c_{1k}&b_{11}&\cdots&b_{1n}\\\vdots&&\vdots&\vdots&&\vdots\\c_{n1}&\cdots&c_{nk}&b_{n1}&\cdots&b_{nn}\end{vmatrix}$$

$$D_1=\det(a_{ij})=\begin{vmatrix}a_{11}&\cdots&a_{1k}\\\vdots&&\vdots\\a_{k1}&\cdots&a_{kk}\end{vmatrix},\quad D_2=\det(b_{ij})=\begin{vmatrix}b_{11}&\cdots&b_{1n}\\\vdots&&\vdots\\b_{n1}&\cdots&b_{nn}\end{vmatrix}$$

求证：$D=D_1D_2$.

引理 2-1 的证明参见第 1 章例 1-11.

下面我们来证明定理 2-1.

证明：作一个 2n 阶行列式

$$D=\begin{vmatrix} a_{11} & a_{12} & \cdots & a_{1n} & 0 & 0 & \cdots & 0 \\ a_{21} & a_{22} & \cdots & a_{2n} & 0 & 0 & \cdots & 0 \\ \vdots & \vdots & & \vdots & \vdots & \vdots & & \vdots \\ a_{n1} & a_{n2} & \cdots & a_{nn} & 0 & 0 & \cdots & 0 \\ -1 & 0 & \cdots & 0 & b_{11} & b_{12} & \cdots & b_{1n} \\ 0 & -1 & \cdots & 0 & b_{21} & b_{22} & \cdots & b_{2n} \\ \vdots & \vdots & & \vdots & \vdots & \vdots & & \vdots \\ 0 & 0 & \cdots & -1 & b_{n1} & b_{n2} & \cdots & b_{nn} \end{vmatrix}$$

一方面，我们知道

$$D=\begin{vmatrix} a_{11} & a_{12} & \cdots & a_{1n} \\ a_{21} & a_{22} & \cdots & a_{2n} \\ \vdots & \vdots & & \vdots \\ a_{n1} & a_{n2} & \cdots & a_{nn} \end{vmatrix} \cdot \begin{vmatrix} b_{11} & b_{12} & \cdots & b_{1n} \\ b_{21} & b_{22} & \cdots & b_{2n} \\ \vdots & \vdots & & \vdots \\ b_{n1} & b_{n2} & \cdots & b_{nn} \end{vmatrix} = |\boldsymbol{A}|\,|\boldsymbol{B}|$$

另一方面，将 D 的第 $n+1$ 行的 a_{11} 倍，第 $n+2$ 行的 a_{12} 倍，…，第 $2n$ 行的 a_{1n} 倍加到第一行得到

$$D=\begin{vmatrix} 0 & 0 & \cdots & 0 & c_{11} & c_{12} & \cdots & c_{1n} \\ a_{21} & a_{22} & \cdots & a_{2n} & 0 & 0 & \cdots & 0 \\ \vdots & \vdots & & \vdots & \vdots & \vdots & & \vdots \\ a_{n1} & a_{n2} & \cdots & a_{nn} & 0 & 0 & \cdots & 0 \\ -1 & 0 & \cdots & 0 & b_{11} & b_{12} & \cdots & b_{1n} \\ 0 & -1 & \cdots & 0 & b_{21} & b_{22} & \cdots & b_{2n} \\ \vdots & \vdots & & \vdots & \vdots & \vdots & & \vdots \\ 0 & 0 & \cdots & -1 & b_{n1} & b_{n2} & \cdots & b_{nn} \end{vmatrix}$$

其中

$$c_{1j}=\sum_{i=1}^{n} a_{1i}b_{ij} \quad (j=1,2,\cdots,n)$$

再依次将第 $n+1$ 行的 $a_{k1}(k=2,3,\cdots,n)$ 倍，第 $n+2$ 行的 a_{k2} 倍，…，第 $2n$ 行的 a_{kn} 倍加到第 k 行，就得到

$$D=\begin{vmatrix} 0 & 0 & \cdots & 0 & c_{11} & c_{12} & \cdots & c_{1n} \\ 0 & 0 & \cdots & 0 & c_{21} & c_{22} & \cdots & c_{2n} \\ \vdots & \vdots & & \vdots & \vdots & \vdots & & \vdots \\ 0 & 0 & \cdots & 0 & c_{n1} & c_{n2} & \cdots & c_{nn} \\ -1 & 0 & \cdots & 0 & b_{11} & b_{12} & \cdots & b_{1n} \\ 0 & -1 & \cdots & 0 & b_{21} & b_{22} & \cdots & b_{2n} \\ \vdots & \vdots & & \vdots & \vdots & \vdots & & \vdots \\ 0 & 0 & \cdots & -1 & b_{n1} & b_{n2} & \cdots & b_{nn} \end{vmatrix}$$

其中

$$c_{kj}=\sum_{i=1}^{n}a_{ki}b_{ij}\quad (k=2,3,\cdots,n;\ j=1,2,\cdots,n)$$

即

$$(c_{ij})_{n\times n}=\boldsymbol{AB}$$

再依次把第 $n+1$ 行与第 1 行交换，第 $n+2$ 行与第 2 行交换，⋯，第 $2n$ 行与第 n 行交换，注意交换两行改变行列式符号，所以得到

$$D=(-1)^n\begin{vmatrix}-1 & 0 & \cdots & 0 & b_{11} & b_{12} & \cdots & b_{1n}\\ 0 & -1 & \cdots & 0 & b_{21} & b_{22} & \cdots & b_{2n}\\ \vdots & \vdots & & \vdots & \vdots & \vdots & & \vdots\\ 0 & 0 & \cdots & -1 & b_{n1} & b_{n2} & \cdots & b_{nn}\\ 0 & 0 & \cdots & 0 & c_{11} & c_{12} & \cdots & c_{1n}\\ 0 & 0 & \cdots & 0 & c_{21} & c_{22} & \cdots & c_{2n}\\ \vdots & \vdots & & \vdots & \vdots & \vdots & & \vdots\\ 0 & 0 & \cdots & 0 & c_{n1} & c_{n2} & \cdots & c_{nn}\end{vmatrix}$$

由此又得到

$$D=(-1)^n\begin{vmatrix}-1 & 0 & \cdots & 0\\ 0 & -1 & \cdots & 0\\ \vdots & \vdots & & \vdots\\ 0 & 0 & \cdots & -1\end{vmatrix}\begin{vmatrix}c_{11} & c_{12} & \cdots & c_{1n}\\ c_{21} & c_{22} & \cdots & c_{2n}\\ \vdots & \vdots & & \vdots\\ c_{n1} & c_{n2} & \cdots & c_{nn}\end{vmatrix}$$

$$=(-1)^n\cdot(-1)^n\begin{vmatrix}c_{11} & c_{12} & \cdots & c_{1n}\\ c_{21} & c_{22} & \cdots & c_{2n}\\ \vdots & \vdots & & \vdots\\ c_{n1} & c_{n2} & \cdots & c_{nn}\end{vmatrix}=|\boldsymbol{AB}|$$

这里用到 $\boldsymbol{AB}=(c_{ij})_{n\times n}$，所以

$$|\boldsymbol{AB}|=|\boldsymbol{A}||\boldsymbol{B}|$$

用数学归纳法，定理 2-1 不难推广到多个因子的情形，即有：

推论 2-1 设 $\boldsymbol{A}_1,\boldsymbol{A}_2,\cdots,\boldsymbol{A}_m$ 是$n\times n$矩阵，于是 $|\boldsymbol{A}_1\boldsymbol{A}_2\cdots\boldsymbol{A}_m|=|\boldsymbol{A}_1||\boldsymbol{A}_2|\cdots|\boldsymbol{A}_m|$.

例如，设

$$\boldsymbol{A}=\begin{pmatrix}1 & -1\\ 2 & 3\end{pmatrix},\ \boldsymbol{B}=\begin{pmatrix}4 & 0\\ 1 & 5\end{pmatrix}$$

则

$$\boldsymbol{AB}=\begin{pmatrix}3 & -5\\ 11 & 15\end{pmatrix}$$

从而

$$|\boldsymbol{AB}|=\begin{vmatrix}3 & -5\\ 11 & 15\end{vmatrix}=100$$

而

$$|\boldsymbol{A}|=\begin{vmatrix}1 & -1\\ 2 & 3\end{vmatrix}=5,\quad |\boldsymbol{B}|=\begin{vmatrix}4 & 0\\ 1 & 5\end{vmatrix}=20$$

于是 $|\boldsymbol{A}||\boldsymbol{B}|=100$，即验证了 $|\boldsymbol{AB}|=|\boldsymbol{A}||\boldsymbol{B}|$.

2.3 矩阵的逆

在数的运算中，若 $a\neq 0$，则存在数 a 的逆 $\frac{1}{a}=a^{-1}$，使 $aa^{-1}=a^{-1}a=1$. 那么对于矩阵 $\boldsymbol{A}$，是否也存在 $\boldsymbol{A}$ 的逆 $\boldsymbol{A}^{-1}$，使得 $\boldsymbol{AA}^{-1}=\boldsymbol{A}^{-1}\boldsymbol{A}=\boldsymbol{E}$ 呢？

2.3.1 引例

我们知道，对于任意的 n 阶方阵 $\boldsymbol{A}$ 都有

$$\boldsymbol{AE}=\boldsymbol{EA}=\boldsymbol{A}$$

这里 $\boldsymbol{E}$ 是 n 阶单位矩阵. 因此，从乘法的角度来看，n 阶单位矩阵在 n 阶方阵中的地位类似于 1 在复数中的地位. 一个复数 $a\neq 0$ 的倒数 a^{-1} 可以用等式

$$aa^{-1}=1$$

来刻画，相仿地，我们可以引入逆矩阵的概念.

这一节讨论的矩阵，如不特别说明，都是 $n\times n$ 矩阵.

【例 2-15】 在平面直角坐标系 xOy 中，将两个坐标轴同时绕原点旋转 θ 角（逆时针为正，顺时针为负），就得到一个新的直角坐标系（图 2-3）.

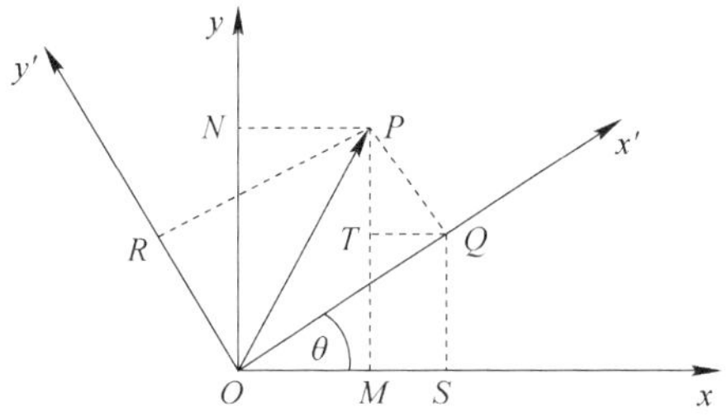

图 2-3 旋转 θ 角后的直角坐标系

平面上任何一点 P 在两个坐标系中的坐标分别记为 (x, y) 与 (u, v). 则不难得到

$$\begin{cases}x=OM=OS-TQ=u\cos\theta-v\sin\theta\\ y=ON=SQ+TP=u\sin\theta+v\cos\theta\end{cases}$$

利用矩阵乘法可将上述关系式表示为

$$\begin{pmatrix}x\\ y\end{pmatrix}=\begin{pmatrix}\cos\theta & -\sin\theta\\ \sin\theta & \cos\theta\end{pmatrix}\begin{pmatrix}u\\ v\end{pmatrix}\tag{2-8}$$

将 uOv 坐标系绕原点旋转 $-\theta$，就又回到 xOy 坐标系. 因此有

$$\begin{pmatrix}u\\ v\end{pmatrix}=\begin{pmatrix}\cos(-\theta) & -\sin(-\theta)\\ \sin(-\theta) & \cos(-\theta)\end{pmatrix}\begin{pmatrix}x\\ y\end{pmatrix}\tag{2-9}$$

将式（2-8）代入式（2-9）得

$$\begin{pmatrix} u \\ v \end{pmatrix} = \begin{pmatrix} \cos\theta & \sin\theta \\ -\sin\theta & \cos\theta \end{pmatrix} \begin{pmatrix} \cos\theta & -\sin\theta \\ \sin\theta & \cos\theta \end{pmatrix} \begin{pmatrix} u \\ v \end{pmatrix} = \begin{pmatrix} u \\ v \end{pmatrix}$$

若记

$$A = \begin{pmatrix} \cos\theta & -\sin\theta \\ \sin\theta & \cos\theta \end{pmatrix}, \quad B = \begin{pmatrix} \cos\theta & \sin\theta \\ -\sin\theta & \cos\theta \end{pmatrix}$$

则不难验证矩阵 $\boldsymbol{A}$，$\boldsymbol{B}$ 有如下性质

$$\boldsymbol{AB} = \boldsymbol{BA} = \boldsymbol{E}$$

从线性变换的角度来看，上述坐标变换式（2-8）和式（2-9）都是线性变换. 式（2-8）是从 (x, y) 到 (u, v) 的线性变换；而式（2-9）是从 (u, v) 到 (x, y) 的线性变换，称式（2-9）是式（2-8）的逆变换，或称式（2-8）是式（2-9）的逆变换. 相应地称式（2-9）所对应的矩阵 $\boldsymbol{B}$ 是式（2-8）所对应的矩阵 $\boldsymbol{A}$ 的逆矩阵. 由此引入可逆矩阵的概念.

2.3.2 逆矩阵的定义

定义 2-14 n 阶方阵 $\boldsymbol{A}$ 称为可逆的，如果有 n 阶方阵 $\boldsymbol{B}$，使得

$$\boldsymbol{AB} = \boldsymbol{BA} = \boldsymbol{E} \tag{2-10}$$

这里 $\boldsymbol{E}$ 是 n 阶单位矩阵.

定义 2-15 如果矩阵 $\boldsymbol{B}$ 适合式（2-10），那么就称为 $\boldsymbol{A}$ 的逆矩阵，记为 $\boldsymbol{A}^{-1}$.

定理 2-2 若方阵 $\boldsymbol{A}$ 可逆，则其逆矩阵唯一.

证明：设 $\boldsymbol{B}$ 和 $\boldsymbol{C}$ 都是 $\boldsymbol{A}$ 的逆矩阵，则由定义有

$$\boldsymbol{AB} = \boldsymbol{BA} = \boldsymbol{E}, \quad \boldsymbol{AC} = \boldsymbol{CA} = \boldsymbol{E}$$

于是

$$\boldsymbol{B} = \boldsymbol{BE} = \boldsymbol{B}(\boldsymbol{AC}) = (\boldsymbol{BA})\boldsymbol{C} = \boldsymbol{EC} = \boldsymbol{C}$$

所以逆矩阵唯一.

2.3.3 矩阵可逆的条件

在什么条件下矩阵 $\boldsymbol{A}$ 是可逆的？如果 $\boldsymbol{A}$ 可逆，怎样求 $\boldsymbol{A}^{-1}$？我们引入伴随矩阵的概念.

（1）伴随矩阵.

定义 2-16 设 $\boldsymbol{A}_{ij}$ 是矩阵

$$\boldsymbol{A} = \begin{pmatrix} a_{11} & a_{12} & \cdots & a_{1n} \\ a_{21} & a_{22} & \cdots & a_{2n} \\ \vdots & \vdots & & \vdots \\ a_{n1} & a_{n2} & \cdots & a_{nn} \end{pmatrix}$$

的行列式 $|\boldsymbol{A}|$ 中元素 a_{ij} 的代数余子式，矩阵

$$\boldsymbol{A}^* = \begin{pmatrix} A_{11} & A_{21} & \cdots & A_{n1} \\ A_{12} & A_{22} & \cdots & A_{n2} \\ \vdots & \vdots & & \vdots \\ A_{1n} & A_{2n} & \cdots & A_{nn} \end{pmatrix}$$

称为 $\boldsymbol{A}$ 的伴随矩阵.

我们知道，代数余子式有如下重要性质

$$\sum_{k=1}^{n} a_{ki}\boldsymbol{A}_{kj}=\begin{cases}|\boldsymbol{A}| & (i=j)\\ 0 & (i\neq j)\end{cases},\quad \sum_{k=1}^{n} a_{ik}\boldsymbol{A}_{jk}=\begin{cases}|\boldsymbol{A}| & (i=j)\\ 0 & (i\neq j)\end{cases}$$

由此可得

$$\boldsymbol{A}\boldsymbol{A}^{*}=\boldsymbol{A}^{*}\boldsymbol{A}=\begin{pmatrix}|\boldsymbol{A}| & & & \\ & |\boldsymbol{A}| & & \\ & & \ddots & \\ & & & |\boldsymbol{A}|\end{pmatrix}=|\boldsymbol{A}|\boldsymbol{E}$$

如果 $|\boldsymbol{A}|\neq 0$，那么由式（2-10）得

$$\boldsymbol{A}\left(\frac{1}{|\boldsymbol{A}|}\boldsymbol{A}^{*}\right)=\left(\frac{1}{|\boldsymbol{A}|}\boldsymbol{A}^{*}\right)\boldsymbol{A}=\boldsymbol{E} \tag{2-11}$$

（2）矩阵可逆的充分必要条件.

定理 2-3 矩阵 $\boldsymbol{A}$ 可逆的充分必要条件是 $|\boldsymbol{A}|\neq 0$. 且在 $\boldsymbol{A}$ 可逆时有

$$\boldsymbol{A}^{-1}=\frac{1}{|\boldsymbol{A}|}\boldsymbol{A}^{*}\quad (|\boldsymbol{A}|\neq 0)$$

证明：当 $|\boldsymbol{A}|\neq 0$ 时，由式（2-11）可知，$\boldsymbol{A}$ 可逆且

$$\boldsymbol{A}^{-1}=\frac{1}{|\boldsymbol{A}|}\boldsymbol{A}^{*} \tag{2-12}$$

反过来，如果 $\boldsymbol{A}$ 可逆，那么有 $\boldsymbol{A}^{-1}$ 使得 $\boldsymbol{A}\boldsymbol{A}^{-1}=\boldsymbol{E}$，两边取行列式得

$$|\boldsymbol{A}||\boldsymbol{A}^{-1}|=|\boldsymbol{A}\boldsymbol{A}^{-1}|=|\boldsymbol{E}|=1$$

因而 $|\boldsymbol{A}|\neq 0$.

定理 2-3 不但给出了矩阵可逆的条件，同时也给出了求逆矩阵的公式（式（2-12）），用该公式求逆矩阵的方法叫伴随矩阵法.

如果 $\boldsymbol{A}$ 的行列式不等于 0，则称 $\boldsymbol{A}$ 为非退化（非奇异）矩阵，简称 $\boldsymbol{A}$ 非退化（非奇异）. 如果 $\boldsymbol{A}$ 的行列式等于 0，则称 $\boldsymbol{A}$ 为退化（奇异）矩阵，简称 $\boldsymbol{A}$ 是退化（奇异）的.

利用上述概念，可以得到定理 2-3 的一个等价说法：

定理 2-3′ n 阶矩阵 $\boldsymbol{A}$ 可逆的充分必要条件是 $\boldsymbol{A}$ 非退化（非奇异）.

推论 2-2 若 $\boldsymbol{A}\boldsymbol{B}=\boldsymbol{E}$（或 $\boldsymbol{B}\boldsymbol{A}=\boldsymbol{E}$），则 $\boldsymbol{A}^{-1}$ 存在且 $\boldsymbol{B}=\boldsymbol{A}^{-1}$.

证明：从 $\boldsymbol{A}\boldsymbol{B}=\boldsymbol{E}$ 得 $|\boldsymbol{A}|\cdot|\boldsymbol{B}|=|\boldsymbol{E}|=1$，故 $|\boldsymbol{A}|\neq 0$，因而 $\boldsymbol{A}^{-1}$ 存在. 于是

$$\boldsymbol{B}=\boldsymbol{E}\boldsymbol{B}=(\boldsymbol{A}^{-1}\boldsymbol{A})\boldsymbol{B}=\boldsymbol{A}^{-1}(\boldsymbol{A}\boldsymbol{B})=\boldsymbol{A}^{-1}\boldsymbol{E}=\boldsymbol{A}^{-1}$$

【例 2-16】 求矩阵 $\boldsymbol{A}=\begin{pmatrix}1 & 2\\ 5 & 6\end{pmatrix}$ 的逆矩阵.

解：由于 $|\boldsymbol{A}|=\begin{vmatrix}1 & 2\\ 5 & 6\end{vmatrix}=6-10=-4\neq 0$，故 $\boldsymbol{A}$ 是可逆阵. 计算 $\boldsymbol{A}_{11}=6$，$\boldsymbol{A}_{12}=-5$，$\boldsymbol{A}_{21}=-2$，$\boldsymbol{A}_{22}=1$，可得

$$\boldsymbol{A}^{*}=\begin{pmatrix}A_{11} & A_{21}\\ A_{12} & A_{22}\end{pmatrix}=\begin{pmatrix}6 & -2\\ -5 & 1\end{pmatrix}$$

故

$$A^{-1}=\frac{A^*}{|A|}=-\frac{1}{4}\begin{pmatrix}6 & -2\\ -5 & 1\end{pmatrix}$$

【例 2-17】 求可逆矩阵 $A=\begin{pmatrix}\lambda_1 & & & \\ & \lambda_2 & & \\ & & \ddots & \\ & & & \lambda_n\end{pmatrix}$的逆矩阵.

解：因为 A 可逆，所以 $|A|\neq 0$. 即 $\lambda_1\lambda_2\cdots\lambda_n\neq 0$，于是 $\forall\lambda_i\neq 0(i=1,2,\cdots,n)$，有

$$A^{-1}=\begin{pmatrix}\frac{1}{\lambda_1} & & & \\ & \frac{1}{\lambda_2} & & \\ & & \ddots & \\ & & & \frac{1}{\lambda_n}\end{pmatrix}$$

【例 2-18】 矩阵 B 是否可逆？若可逆，求出其逆矩阵.

$$B=\begin{pmatrix}2 & 3 & -1\\ -1 & -3 & 5\\ 1 & 5 & -11\end{pmatrix}$$

解：由于

$$|B|=0$$

故 B 不可逆.

2.3.4 可逆矩阵的性质

设 $A,B,A_i(i=1,2,\cdots,m)$ 为 n 阶可逆方阵，k 为非零常数，则 $A^{-1},kA,AB,A_1A_2\cdots A_m$，$A^{\mathrm{T}}$ 也都是可逆矩阵，且这些矩阵具有以下性质：

（1）$(A^{-1})^{-1}=A$；

（2）$(kA)^{-1}=\frac{1}{k}A^{-1}$；

（3）$(AB)^{-1}=B^{-1}A^{-1}$，$(A_1A_2\cdots A_m)^{-1}=A_m^{-1}\cdots A_2^{-1}A_1^{-1}$；

（4）$(A^{\mathrm{T}})^{-1}=(A^{-1})^{\mathrm{T}}$；

（5）$|A^{-1}|=\frac{1}{|A|}$；

（6）$(A^m)^{-1}=(A^{-1})^m$，m 为正整数；

（7）A^* 可逆，且$(A^*)^{-1}=|A|^{-1}A$，$(A^*)^{-1}=(A^{-1})^*$.

证明：这里我们只证（3）（4）和（7）.

（3）$(AB)(B^{-1}A^{-1})=A(BB^{-1})A^{-1}=AEA^{-1}=AA^{-1}=E$.

(4) $A^{T}(A^{-1})^{T}=(A^{-1}A)^{T}=(E)^{T}=E$，所以$(A^{T})^{-1}=(A^{-1})^{T}$.

(7) 已知$A^{*}A=|A|E$，因为A可逆，上式两边右乘A^{-1}得到

$$A^{*}=|A|A^{-1}$$

因此

$$(A^{*})^{-1}=|A|^{-1}A \tag{2-13}$$

另外

$$(A^{-1})^{*}=|A^{-1}|(A^{-1})^{-1}=|A^{-1}|A=|A|^{-1}A \tag{2-14}$$

从式（2-13）和式（2-14）得到

$$(A^{*})^{-1}=(A^{-1})^{*}$$

特别地，约定$A^{0}=E$.

【例 2-19】 设矩阵A、B均为n阶可逆矩阵，求证：

(1) $(AB)^{*}=B^{*}A^{*}$；

(2) $(A^{*})^{*}=|A|^{n-2}A$.

证明：

(1) $(AB)^{*}=|AB|(AB)^{-1}=|A||B|B^{-1}A^{-1}=(|B|B^{-1})(|A|A^{-1})=B^{*}A^{*}$

(2) $(A^{*})^{*}=(|A|A^{-1})^{*}=(||A|A^{-1}|)(|A|A^{-1})^{-1}$

$$=(|A|^{n}|A^{-1}|)\frac{1}{|A|}A=\left(|A|^{n}\frac{1}{|A|}\right)\frac{1}{|A|}A=|A|^{n-2}A$$

【例 2-20】 设n阶矩阵$A, B, A+B$均可逆，求证

$$(A^{-1}+B^{-1})^{-1}=A(A+B)^{-1}B=B(B+A)^{-1}A$$

证明：将$A^{-1}+B^{-1}$表示成已知的可逆矩阵的乘积

$$A^{-1}+B^{-1}=A^{-1}(E+AB^{-1})=A^{-1}(BB^{-1}+AB^{-1})=A^{-1}(B+A)B^{-1}$$

由可逆矩阵的性质可知

$$(A^{-1}+B^{-1})^{-1}=[A^{-1}(A+B)B^{-1}]^{-1}=B(B+A)^{-1}A$$

同理可证另一个等式也成立.

【例 2-21】 设A为n阶方阵($n\geqslant 2$)，证明

$$|A^{*}|=|A|^{n-1}$$

证明：由于$AA^{*}=A^{*}A=|A|E$，所以

$$|A||A^{*}|=|A|^{n} \tag{2-15}$$

下面分三种情形讨论：

(1) 若$|A|\neq 0$，即A可逆，式（2-15）两端除以$|A|$即得

$$|A^{*}|=|A|^{n-1}$$

(2) 若$|A|=0$，且$A=O$，则$A^{*}=O$，结论显然成立.

(3) 若$|A|=0$，但$A\neq O$，反设$|A^{*}|\neq 0$，则A^{*}可逆，因而

$$A=A(A^{*}(A^{*})^{-1})=(AA^{*})(A^{*})^{-1}=(|A|E)(A^{*})^{-1}=|A|(A^{*})^{-1}=O$$

故$A=O$，与$A\neq O$矛盾，所以，$|A^{*}|=0=|A|^{n-1}$.

2.3.5 克拉默法则的另一证法

利用矩阵的逆，可以给出克拉默法则的另一种推导方法. 对于线性方程组

$$\begin{cases} a_{11}x_1+a_{12}x_2+\cdots+a_{1n}x_n=b_1 \\ a_{21}x_1+a_{22}x_2+\cdots+a_{2n}x_n=b_2 \\ \qquad\cdots \\ a_{n1}x_1+a_{n2}x_2+\cdots+a_{nn}x_n=b_n \end{cases}$$

的矩阵形式

$$\boldsymbol{AX}=\boldsymbol{B} \tag{2-16}$$

如果 $|\boldsymbol{A}|\neq 0$，那么 $\boldsymbol{A}$ 可逆. 用

$$\boldsymbol{X}=\boldsymbol{A}^{-1}\boldsymbol{B}$$

代入式（2-16），得恒等式 $\boldsymbol{A}(\boldsymbol{A}^{-1}\boldsymbol{B})=\boldsymbol{B}$，这就是说，$\boldsymbol{A}^{-1}\boldsymbol{B}$ 是方程组的一个解.

如果 $\boldsymbol{X}=\boldsymbol{C}$ 是式（2-16）的一个解，那么由 $\boldsymbol{AC}=\boldsymbol{B}$ 得

$$\boldsymbol{A}^{-1}(\boldsymbol{AC})=\boldsymbol{A}^{-1}\boldsymbol{B}$$

即

$$\boldsymbol{C}=\boldsymbol{A}^{-1}\boldsymbol{B}$$

这就是说，解 $\boldsymbol{X}=\boldsymbol{A}^{-1}\boldsymbol{B}$ 是唯一的. 将 $\boldsymbol{A}^{-1}$ 的公式（式（2-12））代入 $\boldsymbol{X}=\boldsymbol{A}^{-1}\boldsymbol{B}$，所得结果就是克拉默法则中给出的公式，即由

$$\boldsymbol{A}^{-1}=\frac{1}{|\boldsymbol{A}|}\boldsymbol{A}^*=\frac{1}{|\boldsymbol{A}|}\begin{pmatrix} A_{11} & A_{21} & \cdots & A_{n1} \\ A_{12} & A_{22} & \cdots & A_{n2} \\ \vdots & \vdots & & \vdots \\ A_{1n} & A_{2n} & \cdots & A_{nn} \end{pmatrix}$$

得

$$\boldsymbol{X}=\boldsymbol{A}^{-1}\boldsymbol{B}=\frac{1}{|\boldsymbol{A}|}\begin{pmatrix} A_{11} & A_{21} & \cdots & A_{n1} \\ A_{12} & A_{22} & \cdots & A_{n2} \\ \vdots & \vdots & & \vdots \\ A_{1n} & A_{2n} & \cdots & A_{nn} \end{pmatrix}\begin{pmatrix} b_1 \\ b_2 \\ \vdots \\ b_n \end{pmatrix}=\frac{1}{|\boldsymbol{A}|}\begin{pmatrix} \sum\limits_{j=1}^{n} b_jA_{j1} \\ \sum\limits_{j=1}^{n} b_jA_{j2} \\ \vdots \\ \sum\limits_{j=1}^{n} b_jA_{jn} \end{pmatrix}$$

即

$$x_i=\frac{1}{|\boldsymbol{A}|}\sum_{j=1}^{n} b_jA_{ji}=\frac{D_i}{D} \quad (i=1,2,\cdots,n)$$

这就是克拉默法则中给出的公式.

2.3.6 矩阵方程

含有未知矩阵的方程叫作矩阵方程. 如线性方程组 $\boldsymbol{Ax}=\boldsymbol{b}$ 就是矩阵方程.

【例 2-22】 设方阵 $\boldsymbol{A}$ 满足 $\boldsymbol{A}^2-\boldsymbol{A}-2\boldsymbol{E}=\boldsymbol{O}$，证明 $\boldsymbol{A}$ 及 $\boldsymbol{A}+2\boldsymbol{E}$ 都可逆，并求 $\boldsymbol{A}^{-1}$ 及 $(\boldsymbol{A}+2\boldsymbol{E})^{-1}$.

解：将数量矩阵移到方程另一端，有

$$A^2-A=2E$$

分解因式，得

$$A(A-E)=2E$$

等式右侧化为单位阵，得

$$A\cdot\left(\frac{A-E}{2}\right)=E$$

由逆矩阵的定义知 A 可逆且

$$A^{-1}=\frac{A-E}{2}$$

再证 $A+2E$ 可逆. 从 $A^2-A-2E=O$，将 $A+2E$ 放在方程的一端，得 $A+2E=A^2$，所以 $A+2E$可逆. 对等式 $A+2E=A^2$ 两边取逆得

$$(A+2E)^{-1}=(A^{-1})^2=\left(\frac{A-E}{2}\right)^2=\frac{3E-A}{4}$$

【例 2-23】 设矩阵 A 的伴随阵 $A^*=\begin{pmatrix}1&0&0&0\\0&1&0&0\\1&0&1&0\\0&-3&0&8\end{pmatrix}$，且 $ABA^{-1}=BA^{-1}+3E$，求 B.

解：首先从 $|A^*|=8$，得 $|A|=2$，$A^{-1}=\frac{1}{2}A^*$. 所给方程两边左乘 A^{-1}，得

$$BA^{-1}=A^{-1}BA^{-1}+3A^{-1}$$

于是

$$(E-A^{-1})BA^{-1}=3A^{-1}$$

再两边右乘 A，得

$$(E-A^{-1})B=3E$$

由此得

$$B=3(E-A^{-1})^{-1}=3\left(E-\frac{1}{2}A^*\right)^{-1}$$

$$=3\begin{pmatrix}\frac{1}{2}&0&0&0\\0&\frac{1}{2}&0&0\\-\frac{1}{2}&0&\frac{1}{2}&0\\0&\frac{3}{2}&0&-3\end{pmatrix}^{-1}=\begin{pmatrix}6&0&0&0\\0&6&0&0\\6&0&6&0\\0&3&0&-1\end{pmatrix}$$

2.4 初等变换与初等矩阵

2.4.1 矩阵的初等变换

(1) 概念.

定义 2-17 下面三种变换称为矩阵的初等行变换:

1) 对调两行(对调 i,j 两行,记作 $r_i \leftrightarrow r_j$);

2) 以一个数 $k \neq 0$ 乘以某一行中的所有元素(第 i 行乘以 k,记作 $r_i \times k$);

3) 把某一行所有元素的 k 倍加到另一行对应的元素上去(第 j 行的 k 倍加到第 i 行上,记作 $r_i + kr_j$).

把定义中的"行"换成"列",就是将公式里的 r 换成 c,即得矩阵的初等列变换的定义.

矩阵的初等行变换与初等列变换,统称初等变换.

一般来说,一个矩阵经过初等行变换后,就变成了另一个矩阵. 矩阵 $\boldsymbol{A}$ 经过初等行变换变成矩阵 $\boldsymbol{B}$ 时,记为

$$\boldsymbol{A} \to \boldsymbol{B}$$

(2) 行阶梯形矩阵.

定义 2-18 满足下面两个条件的矩阵称为行阶梯形矩阵:

1) 非零行(元素不全为零的行)的标号小于零行(元素全为零的行)的标号;

2) 设矩阵有 r 个非零行,第 i 个非零行的第一个非零元素所在的列号为 $t_i(i=1,2,\cdots,r)$,则 $t_1 < t_2 < \cdots < t_r$.

行阶梯形矩阵具有如下特点:

1) 可画出一条阶梯线,线的下方全为零;

2) 每个台阶只有一行,台阶数即是非零行的行数,阶梯线的竖线(每段竖线的长度为一行)后面的第一个元素为非零元,也就是非零行的第一个非零元.

例如

$$\begin{pmatrix} 1 & 2 & 1 & 0 \\ 0 & 0 & -1 & 3 \\ 0 & 0 & 0 & 5 \end{pmatrix}$$

$$\begin{pmatrix} 1 & 3 & 1 & 0 & 0 & 1 \\ 0 & -2 & 4 & 0 & 1 & 0 \\ 0 & 0 & 0 & 3 & 3 & 0 \\ 0 & 0 & 0 & 0 & 0 & 0 \end{pmatrix}$$

是行阶梯形矩阵,而

$$\begin{pmatrix} 1 & 0 & -1 & 0 & 4 \\ 0 & 1 & 0 & 0 & 0 \\ 0 & 1 & -1 & 0 & 3 \\ 0 & 0 & 0 & 0 & 0 \end{pmatrix}$$

不是行阶梯形矩阵.

定义 2-19 如果行阶梯形矩阵满足如下条件，就称该矩阵为行最简形矩阵.

1）非零行的首非零元素都是 1；

2）每个首非零元素所在列的其余元素都是 0.

例如

$$\begin{pmatrix} 1 & 2 & 0 & 0 \\ 0 & 0 & 1 & 0 \\ 0 & 0 & 0 & 1 \end{pmatrix}$$

是一个行最简形矩阵.

定理 2-4 每一个矩阵都可以经过单纯的初等行变换化为行阶梯形矩阵.

证明：设矩阵

$$\boldsymbol{A}=\begin{pmatrix} a_{11} & a_{12} & \cdots & a_{1n} \\ a_{21} & a_{22} & \cdots & a_{2n} \\ \vdots & \vdots & & \vdots \\ a_{s1} & a_{s2} & \cdots & a_{sn} \end{pmatrix}$$

的第一列的 n 个元素中至少有一个不为 0（若 $a_{11}=0$，则总能通过行交换，使第一列的第一个元素不为 0），然后从第二行开始，每一行都加上第一行的一个适当的倍数，使第一列除去第一个元素外全都是 0. 这就是说，经过一系列初等行变换后，矩阵 $\boldsymbol{A}$ 变成了

$$\boldsymbol{J}_1=\begin{pmatrix} a'_{11} & a'_{12} & \cdots & a'_{1n} \\ 0 & a'_{22} & \cdots & a'_{2n} \\ \vdots & \vdots & & \vdots \\ 0 & a'_{s2} & \cdots & a'_{sn} \end{pmatrix}$$

对于 $\boldsymbol{J}_1$ 中右下角的一块

$$\begin{pmatrix} a'_{22} & \cdots & a'_{2n} \\ \vdots & & \vdots \\ a'_{s2} & \cdots & a'_{sn} \end{pmatrix}$$

再重复以上的作法. 如此下去直到变成行阶梯形为止. 如果原矩阵 $\boldsymbol{A}$ 中第一列的元素全为 0，那么就依次考虑它的第二列的元素，等等.

【例 2-24】 把矩阵 $\boldsymbol{A}$ 化为行最简形矩阵，其中

$$\boldsymbol{A}=\begin{pmatrix} 2 & -1 & -1 & 1 & 2 \\ 1 & 1 & -2 & 1 & 4 \\ 4 & -6 & 2 & -2 & 4 \\ 3 & 6 & -9 & 7 & 9 \end{pmatrix}$$

解：

$$\boldsymbol{A}\xrightarrow[r_3\div 2]{r_1\leftrightarrow r_2}\begin{pmatrix} 1 & 1 & -2 & 1 & 4 \\ 2 & -1 & -1 & 1 & 2 \\ 2 & -3 & 1 & -1 & 2 \\ 3 & 6 & -9 & 7 & 9 \end{pmatrix}\xrightarrow[r_4-3r_1]{\substack{r_2-r_3 \\ r_3-2r_1}}\begin{pmatrix} 1 & 1 & -2 & 1 & 4 \\ 0 & 2 & -2 & 2 & 0 \\ 0 & -5 & 5 & -3 & -6 \\ 0 & 3 & -3 & 4 & -3 \end{pmatrix}$$

$$\xrightarrow[r_4-3r_2]{\substack{r_2\div 2\\ r_3+5r_2}}\begin{pmatrix}1&1&-2&1&4\\0&1&-1&1&0\\0&0&0&2&-6\\0&0&0&1&-3\end{pmatrix}\xrightarrow[r_4-2r_3]{r_3\leftrightarrow r_4}\begin{pmatrix}1&1&-2&1&4\\0&1&-1&1&0\\0&0&0&1&-3\\0&0&0&0&0\end{pmatrix}$$

$$\xrightarrow[r_2-r_3]{r_1-r_2}\begin{pmatrix}1&0&-1&0&4\\0&1&-1&0&3\\0&0&0&1&-3\\0&0&0&0&0\end{pmatrix}$$

（3）两个矩阵的等价关系.

定义 2-20 矩阵 $\boldsymbol{A}$ 与 $\boldsymbol{B}$ 称为等价，如果 $\boldsymbol{B}$ 可以由 $\boldsymbol{A}$ 经过一系列初等变换得到，记为 $\boldsymbol{A}\cong\boldsymbol{B}$.

矩阵的等价是矩阵间的一种关系，满足：

1）反身性：$\boldsymbol{A}\cong\boldsymbol{A}$；

2）对称性：若 $\boldsymbol{A}\cong\boldsymbol{B}$，则 $\boldsymbol{B}\cong\boldsymbol{A}$；

3）传递性：若 $\boldsymbol{A}\cong\boldsymbol{B}$，$\boldsymbol{B}\cong\boldsymbol{C}$，则 $\boldsymbol{A}\cong\boldsymbol{C}$.

定义 2-21 如果一个矩阵的左上角为单位矩阵，其他位置的元素都为 0，则称这个矩阵为标准形矩阵.

设矩阵

$$\boldsymbol{B}=\begin{pmatrix}2&-1&-1&1&2\\1&1&-2&1&4\\4&-6&2&-2&4\\3&6&-9&7&9\end{pmatrix}$$

则矩阵 $\boldsymbol{B}$ 的行阶梯形、行最简形、标准形分别如下

$$\boldsymbol{B}_1=\begin{pmatrix}1&1&-2&1&4\\0&1&-1&1&0\\0&0&0&2&-6\\0&0&0&0&0\end{pmatrix},\ \boldsymbol{B}_2=\begin{pmatrix}1&0&-1&0&4\\0&1&-1&0&3\\0&0&0&1&-3\\0&0&0&0&0\end{pmatrix},\ \boldsymbol{B}_3=\begin{pmatrix}1&0&0&0&0\\0&1&0&0&0\\0&0&1&0&0\\0&0&0&0&0\end{pmatrix}$$

矩阵与其标准形有如下关系：

定理 2-5 任意一个 $s\times n$ 矩阵 $\boldsymbol{A}$ 都与它的标准形等价.

证明：如果 $\boldsymbol{A}=\boldsymbol{O}$，那么它已经是标准形了. 以下不妨假设 $\boldsymbol{A}\neq\boldsymbol{O}$. 经过初等变换，$\boldsymbol{A}$ 一定可以变成一左上角元素不为 0 的矩阵.

当 $a_{11}\neq 0$ 时，把其余的行减去第一行的 $-\dfrac{a_{i1}}{a_{11}}(i=2,3,\cdots,s)$ 倍，其余的列减去第一列的 $-\dfrac{a_{1j}}{a_{11}}(j=2,3,\cdots,s)$ 倍. 然后，用 $\dfrac{1}{a_{11}}$ 乘第一行，$\boldsymbol{A}$ 就变成

$$\begin{pmatrix} 1 & 0 & \cdots & 0 \\ 0 & & & \\ \vdots & & A_1 & \\ 0 & & & \end{pmatrix}$$

其中，$\boldsymbol{A}_1$ 是一个$(s-1)\times(n-1)$ 的矩阵. 对 $\boldsymbol{A}_1$ 再重复以上的步骤. 这样下去就可得出所要的标准形.

2.4.2 初等矩阵

现在我们来建立矩阵的初等变换与矩阵乘法的联系，并在这个基础上，给出用初等变换求逆矩阵的方法.

(1) 初等矩阵的定义.

定义 2-22 由单位矩阵 $\boldsymbol{E}$ 经过一次初等变换得到的矩阵称为初等矩阵.

三种初等变换对应着三种初等矩阵.

1) 对调两行或对调两列.

把单位矩阵中第 i,j 两行（列）对调$(r_i\leftrightarrow r_j)$，得初等矩阵，记为 $\boldsymbol{E}(i,j)$.

$$\boldsymbol{E}(i,j)=\begin{pmatrix} 1 & & & & & & & & \\ & \ddots & & & & & & & \\ & & 1 & & & & & & \\ & & & 0 & \cdots & 1 & & & \\ & & & & 1 & & & & \\ & & & \vdots & \ddots & \vdots & & & \\ & & & & 1 & & & & \\ & & & 1 & \cdots & 0 & & & \\ & & & & & & 1 & & \\ & & & & & & & \ddots & \\ & & & & & & & & 1 \end{pmatrix}\begin{matrix} \\ \\ \\ \cdots\cdots 第\ i\ 行 \\ \\ \\ \\ \cdots\cdots 第\ j\ 行 \\ \\ \\ \\ \end{matrix}$$

2) 以数 $c\neq0$ 乘某行（列）.

以数 $c\neq0$ 乘单位矩阵 $\boldsymbol{E}$ 的第 i 行$(r_i\times c)$，得初等矩阵，记为 $\boldsymbol{E}(i(c))$.

$$\boldsymbol{E}(i(c))=\begin{pmatrix} 1 & & & & & & \\ & \ddots & & & & & \\ & & 1 & & & & \\ & & & c & & & \\ & & & & 1 & & \\ & & & & & \ddots & \\ & & & & & & 1 \end{pmatrix}\begin{matrix} \\ \\ \\ \cdots\cdots 第\ i\ 行 \\ \\ \\ \\ \end{matrix}$$

3）以数 k 乘某行（列）加到另一行（列）.

以 k 乘 $\boldsymbol{E}$ 的第 j 行加到第 i 行上(r_i+kr_j)或以 k 乘 $\boldsymbol{E}$ 的第 j 列加到第 i 列上(c_i+kc_j)，得初等矩阵，记为 $\boldsymbol{E}(i,j(k))$.

$$\boldsymbol{E}(i,j(k))=\begin{pmatrix}1&&&&&&\\&\ddots&&&&&\\&&1&\cdots&k&&\\&&&\ddots&\vdots&&\\&&&&1&&\\&&&&&\ddots&\\&&&&&&1\end{pmatrix}\begin{matrix}\\\\\cdots\cdots 第\ i\ 行\\\\\\\\\\\end{matrix}$$

（2）初等矩阵的性质.

引理 2-2　设 $\boldsymbol{A}$ 是一个 $s\times n$ 矩阵，对 $\boldsymbol{A}$ 施行一次初等行变换，相当于在 $\boldsymbol{A}$ 的左边乘以相应的 s 阶初等矩阵；对 $\boldsymbol{A}$ 施行一次初等列变换，相当于在 $\boldsymbol{A}$ 的右边乘以相应的 n 阶初等矩阵.

证明：我们只看行变换的情形，列变换的情形可同样证明. 令 $\boldsymbol{A}_1,\boldsymbol{A}_2,\cdots,\boldsymbol{A}_s$ 为 $\boldsymbol{A}$ 的行向量.

1）先考虑 $\boldsymbol{E}(i,j)$

$$\boldsymbol{E}(i,j)\boldsymbol{A}=\begin{pmatrix}1&&&&&&&&&\\&\ddots&&&&&&&&\\&&1&&&&&&&\\&&&0&&\cdots&1&&&\\&&&&1&&&&&\\&&&\vdots&&\ddots&\vdots&&&\\&&&&&&1&&&\\&&&1&&\cdots&0&&&\\&&&&&&&1&&\\&&&&&&&&\ddots&\\&&&&&&&&&1\end{pmatrix}\begin{pmatrix}\boldsymbol{A}_1\\\vdots\\\boldsymbol{A}_i\\\vdots\\\boldsymbol{A}_j\\\vdots\\\boldsymbol{A}_s\end{pmatrix}=\begin{pmatrix}\boldsymbol{A}_1\\\vdots\\\boldsymbol{A}_j\\\vdots\\\boldsymbol{A}_i\\\vdots\\\boldsymbol{A}_s\end{pmatrix}$$

这相当于把 $\boldsymbol{A}$ 的 i 行与 j 行互换.

2）然后考虑 $\boldsymbol{E}(i(c))$

$$\boldsymbol{E}(i(c))\boldsymbol{A}=\begin{pmatrix}1&&&&&&\\&\ddots&&&&&\\&&1&&&&\\&&&c&&&\\&&&&1&&\\&&&&&\ddots&\\&&&&&&1\end{pmatrix}\begin{pmatrix}\boldsymbol{A}_1\\\vdots\\\boldsymbol{A}_i\\\vdots\\\boldsymbol{A}_s\end{pmatrix}=\begin{pmatrix}\boldsymbol{A}_1\\\vdots\\c\boldsymbol{A}_i\\\vdots\\\boldsymbol{A}_s\end{pmatrix}$$

这相当于用 c 乘 $\boldsymbol{A}$ 的第 i 行.

3）然后考虑 $\boldsymbol{E}(i,j(k))$

$$E(i,j(k))A=\begin{pmatrix}1&&&&&&\\&\ddots&&&&&\\&&1&\cdots&k&&\\&&&\ddots&\vdots&&\\&&&&1&&\\&&&&&\ddots&\\&&&&&&1\end{pmatrix}\begin{pmatrix}A_1\\\vdots\\A_i\\\vdots\\A_j\\\vdots\\A_s\end{pmatrix}=\begin{pmatrix}A_1\\\vdots\\A_i+kA_j\\\vdots\\A_j\\\vdots\\A_s\end{pmatrix}$$

这相当于把 A 的第 j 行的 k 倍加到第 i 行.

例如，设 $A=\begin{pmatrix}1&2&3&1\\1&9&8&1\\1&0&2&2\end{pmatrix}$，则

$$E_3(1,2)A=\begin{pmatrix}0&1&0\\1&0&0\\0&0&1\end{pmatrix}\begin{pmatrix}1&2&3&1\\1&9&8&1\\1&0&2&2\end{pmatrix}=\begin{pmatrix}1&9&8&1\\1&2&3&1\\1&0&2&2\end{pmatrix}$$

$$E_3(2(k))A=\begin{pmatrix}1&0&0\\0&k&0\\0&0&1\end{pmatrix}\begin{pmatrix}1&2&3&1\\1&9&8&1\\1&0&2&2\end{pmatrix}=\begin{pmatrix}1&2&3&1\\k&9k&8k&k\\1&0&2&2\end{pmatrix}$$

$$AE_4(2,1(k))=\begin{pmatrix}1&2&3&1\\1&9&8&1\\1&0&2&2\end{pmatrix}\begin{pmatrix}1&k&0&0\\0&1&0&0\\0&0&1&0\\0&0&0&1\end{pmatrix}=\begin{pmatrix}1&2+k&3&1\\1&9+k&8&1\\1&k&2&2\end{pmatrix}$$

推论 2-3 初等矩阵都是可逆矩阵，且：

1）$E(i,j)^{-1}=E(i,j)$；

2）$E(i(c))^{-1}=E(i(c^{-1}))$；

3）$E(i,j(k))^{-1}=E(i,j(-k))$.

其行列式

$$|E(i,j)|=-1,\quad |E(i(c))|=c,\quad |E(i,j(k))|=1$$

由此说明：初等矩阵的逆矩阵还是初等矩阵.

根据引理 2-2 易得如下定理.

定理 2-6 A,B 等价的充分必要条件是有初等矩阵 $P_1,\cdots,P_l,Q_1,\cdots,Q_t$ 使

$$A=P_1P_2\cdots P_lBQ_1Q_2\cdots Q_t \tag{2-17}$$

可逆矩阵是非退化的，所以可逆矩阵的标准形为单位矩阵；反过来显然也是对的. 由式（2-17）即得：

定理 2-7 n 阶矩阵 A 为可逆的充分必要条件是它能表示成一些初等矩阵的乘积

$$A=Q_1Q_2\cdots Q_m$$

由此即得下面两个推论.

推论 2-4 两个 $s\times n$ 矩阵 A，B 等价的充分必要条件是，存在可逆的 s 阶矩阵 P 与可逆的 n 阶矩阵 Q 使 $A=PBQ$.

推论 2-5 可逆矩阵总可以经过一系列的初等行变换化成单位矩阵.

证明：设 $\boldsymbol{A}$ 为可逆矩阵，则由定理 2-7 知，存在初等矩阵 $\boldsymbol{Q}_1, \boldsymbol{Q}_2, \cdots, \boldsymbol{Q}_m$ 使 $\boldsymbol{A}=\boldsymbol{Q}_1\boldsymbol{Q}_2\cdots\boldsymbol{Q}_m$，依次左乘 $\boldsymbol{Q}_i(i=1, \cdots, m)$ 有

$$\boldsymbol{Q}_m^{-1}\cdots\boldsymbol{Q}_2^{-1}\boldsymbol{Q}_1^{-1}\boldsymbol{A}=\boldsymbol{E}$$

因为初等矩阵的逆矩阵还是初等矩阵，同时在矩阵 $\boldsymbol{A}$ 的左边乘初等矩阵就相当于对 $\boldsymbol{A}$ 作初等行变换，所以结论得证.

2.4.3 求逆矩阵的初等变换法

当 $|\boldsymbol{A}|\neq 0$ 时，由 $\boldsymbol{A}=\boldsymbol{Q}_1\boldsymbol{Q}_2\cdots\boldsymbol{Q}_l$，有

$$\boldsymbol{Q}_m^{-1}\boldsymbol{Q}_{m-1}^{-1}\cdots\boldsymbol{Q}_1^{-1}\boldsymbol{A}=\boldsymbol{E} \tag{2-18}$$

及

$$\boldsymbol{Q}_m^{-1}\boldsymbol{Q}_{m-1}^{-1}\cdots\boldsymbol{Q}_1^{-1}\boldsymbol{E}=\boldsymbol{A}^{-1} \tag{2-19}$$

式（2-18）表明 $\boldsymbol{A}$ 经一系列初等行变换可变成 $\boldsymbol{E}$，式（2-19）表明 $\boldsymbol{E}$ 经这同一系列初等行变换即变成 $\boldsymbol{A}^{-1}$. 用分块矩阵形式，式（2-18）、式（2-19）可合并为

$$\boldsymbol{Q}_m^{-1}\boldsymbol{Q}_{m-1}^{-1}\cdots\boldsymbol{Q}_1^{-1}(\boldsymbol{A}\,\vdots\,\boldsymbol{E})=(\boldsymbol{E}\,\vdots\,\boldsymbol{A}^{-1})$$

即对 $n\times 2n$ 矩阵 $(\boldsymbol{A}\,\vdots\,\boldsymbol{E})$ 施行初等行变换，当把 $\boldsymbol{A}$ 变成 $\boldsymbol{E}$ 时，原来的 $\boldsymbol{E}$ 就变成 $\boldsymbol{A}^{-1}$.

具体地说，就是

$$(\boldsymbol{A}\,\vdots\,\boldsymbol{E})\xrightarrow{\text{初等行变换}}(\boldsymbol{E}\,\vdots\,\boldsymbol{A}^{-1})$$

同样也可以通过初等列变换求逆矩阵

$$\begin{pmatrix}\boldsymbol{A}\\ \cdots\\ \boldsymbol{E}\end{pmatrix}\xrightarrow{\text{初等列变换}}\begin{pmatrix}\boldsymbol{E}\\ \cdots\\ \boldsymbol{A}^{-1}\end{pmatrix}$$

需要注意，用初等行变换求逆矩阵时，必须始终用行变换，其间不能作任何列变换. 同样地，用初等列变换求逆矩阵时，必须始终用列变换，其间不能作任何行变换.

利用初等行变换求逆矩阵的方法，还可用于求矩阵 $\boldsymbol{A}^{-1}\boldsymbol{B}$. 由

$$\boldsymbol{A}^{-1}(\boldsymbol{A}\,\vdots\,\boldsymbol{B})=(\boldsymbol{E}\,\vdots\,\boldsymbol{A}^{-1}\boldsymbol{B})$$

可知，若对矩阵 $(\boldsymbol{A}\,\vdots\,\boldsymbol{B})$ 施行初等行变换，当把 $\boldsymbol{A}$ 变为 $\boldsymbol{E}$ 时，$\boldsymbol{B}$ 就变为 $\boldsymbol{A}^{-1}\boldsymbol{B}$.

根据上述分析，我们得到解矩阵方程的初等变换法：

（1）$\boldsymbol{AX}=\boldsymbol{B}$

$$(\boldsymbol{A}\,\vdots\,\boldsymbol{B})\xrightarrow{\text{初等行变换}}(\boldsymbol{E}\,\vdots\,\boldsymbol{A}^{-1}\boldsymbol{B})\Rightarrow\boldsymbol{X}=\boldsymbol{A}^{-1}\boldsymbol{B}$$

（2）$\boldsymbol{XA}=\boldsymbol{B}$

$$\begin{pmatrix}\boldsymbol{A}\\ \cdots\\ \boldsymbol{B}\end{pmatrix}\xrightarrow{\text{初等列变换}}\begin{pmatrix}\boldsymbol{E}\\ \cdots\\ \boldsymbol{BA}^{-1}\end{pmatrix}\Rightarrow\boldsymbol{X}=\boldsymbol{BA}^{-1}$$

或者

$$(\boldsymbol{A}^{\mathrm{T}}\,\vdots\,\boldsymbol{B}^{\mathrm{T}})\xrightarrow{\text{初等行变换}}(\boldsymbol{E}\,\vdots\,(\boldsymbol{A}^{\mathrm{T}})^{-1}\boldsymbol{B}^{\mathrm{T}})\Rightarrow\boldsymbol{X}^{\mathrm{T}}=(\boldsymbol{A}^{\mathrm{T}})^{-1}\boldsymbol{B}^{\mathrm{T}}\Rightarrow\boldsymbol{X}=\boldsymbol{BA}^{-1}$$

【例 2-25】 设 $\boldsymbol{A}=\begin{pmatrix}1&2&3\\2&2&1\\3&4&3\end{pmatrix}$，求 $\boldsymbol{A}^{-1}$.

解：

$$(\boldsymbol{A} \vdots \boldsymbol{E})=\left(\begin{array}{ccc|ccc}1&2&3&1&0&0\\2&2&1&0&1&0\\3&4&3&0&0&1\end{array}\right)\xrightarrow[r_3-3r_1]{r_2-2r_1}\left(\begin{array}{ccc|ccc}1&2&3&1&0&0\\0&-2&-5&-2&1&0\\0&-2&-6&-3&0&1\end{array}\right)$$

$$\xrightarrow[r_3-r_2]{r_1+r_2}\left(\begin{array}{ccc|ccc}1&0&-2&-1&1&0\\0&-2&-5&-2&1&0\\0&0&-1&-1&-1&1\end{array}\right)\xrightarrow[r_2-5r_3]{r_1-2r_3}\left(\begin{array}{ccc|ccc}1&0&0&1&3&-2\\0&-2&0&3&6&-5\\0&0&-1&-1&-1&1\end{array}\right)$$

$$\xrightarrow[r_3\div(-1)]{r_2\div(-2)}\left(\begin{array}{ccc|ccc}1&0&0&1&3&-2\\0&1&0&-\frac{3}{2}&-3&\frac{5}{2}\\0&0&1&1&1&-1\end{array}\right)$$

所以

$$\boldsymbol{A}^{-1}=\begin{pmatrix}1&3&-2\\-\frac{3}{2}&-3&\frac{5}{2}\\1&1&-1\end{pmatrix}$$

【例 2-26】 求矩阵 $\boldsymbol{X}$，使 $\boldsymbol{AX}=\boldsymbol{B}$，其中

$$\boldsymbol{A}=\begin{pmatrix}1&2&3\\2&2&1\\3&4&3\end{pmatrix},\ \boldsymbol{B}=\begin{pmatrix}2&5\\3&1\\4&3\end{pmatrix}$$

解：因为 $\boldsymbol{A}$ 可逆，所以 $\boldsymbol{X}=\boldsymbol{A}^{-1}\boldsymbol{B}$.

$$(\boldsymbol{A} \vdots \boldsymbol{B})=\left(\begin{array}{ccc|cc}1&2&3&2&5\\2&2&1&3&1\\3&4&3&4&3\end{array}\right)\xrightarrow[r_3-3r_1]{r_2-2r_1}\left(\begin{array}{ccc|cc}1&2&3&2&5\\0&-2&-5&-1&-9\\0&-2&-6&-2&-12\end{array}\right)$$

$$\xrightarrow[r_4\div(-1)]{\substack{r_1+r_2\\r_3-r_2}}\left(\begin{array}{ccc|cc}1&0&-2&1&-4\\0&-2&-5&-1&-9\\0&0&1&1&3\end{array}\right)\xrightarrow[r_2\div(-2)]{\substack{r_2+5r_3\\r_1+2r_3}}\left(\begin{array}{ccc|cc}1&0&0&3&2\\0&1&0&-2&-3\\0&0&1&1&3\end{array}\right)$$

所以

$$\boldsymbol{X}=\begin{pmatrix}3&2\\-2&-3\\1&3\end{pmatrix}$$

【例 2-27】 已知 n 阶方阵

$$\boldsymbol{A}=\begin{pmatrix}2&2&2&\cdots&2\\0&1&1&\cdots&1\\0&0&1&\cdots&1\\\vdots&\vdots&\vdots&&\vdots\\0&0&0&\cdots&1\end{pmatrix}$$

求 $\boldsymbol{A}$ 中所有元素的代数余子式之和 $\sum\limits_{i,j=1}^{n}A_{ij}$.

解:

方法一: 因为 $|\boldsymbol{A}|=2\neq 0$, 所以 $\boldsymbol{A}$ 可逆. 且 $\boldsymbol{A}^*=|\boldsymbol{A}|\boldsymbol{A}^{-1}$.

$$(\boldsymbol{A}\,\vdots\,\boldsymbol{E})=\left(\begin{array}{ccccc:ccccc} 2 & 2 & 2 & \cdots & 2 & 1 & 0 & 0 & \cdots & 0 \\ 0 & 1 & 1 & \cdots & 1 & 0 & 1 & 0 & \cdots & 0 \\ 0 & 0 & 1 & \cdots & 1 & 0 & 0 & 1 & \cdots & 0 \\ \vdots & \vdots & \vdots & & \vdots & \vdots & \vdots & \vdots & & \vdots \\ 0 & 0 & 0 & \cdots & 1 & 0 & 0 & 0 & \cdots & 1 \end{array}\right)$$

$$\rightarrow\left(\begin{array}{ccccc:ccccc} 1 & 0 & 0 & \cdots & 0 & \frac{1}{2} & -1 & 0 & \cdots & 0 \\ 0 & 1 & 0 & \cdots & 0 & 0 & 1 & -1 & \cdots & 0 \\ 0 & 0 & 1 & \cdots & 0 & 0 & 0 & 1 & \cdots & 0 \\ \vdots & \vdots & \vdots & & \vdots & \vdots & \vdots & \vdots & & \vdots \\ 0 & 0 & 0 & \cdots & 1 & 0 & 0 & 0 & \cdots & 1 \end{array}\right)$$

因为 $\boldsymbol{A}^*=2\boldsymbol{A}^{-1}$, 故

$$\sum_{i,j=1}^{n} A_{ij}=2\left[\frac{1}{2}+(n-1)-(n-1)\right]=1$$

方法二: 因为

$$a_{i1}A_{j1}+a_{i2}A_{j2}+\cdots+a_{in}A_{jn}=|\boldsymbol{A}|$$

$$\boldsymbol{A}=\begin{pmatrix} 2 & 2 & 2 & \cdots & 2 \\ 0 & 1 & 1 & \cdots & 1 \\ 0 & 0 & 1 & \cdots & 1 \\ \vdots & \vdots & \vdots & & \vdots \\ 0 & 0 & 0 & \cdots & 1 \end{pmatrix}$$

故

$$2A_{11}+2A_{12}+\cdots+2A_{1n}=2$$
$$2A_{21}+2A_{22}+\cdots+2A_{2n}=0$$
$$\cdots$$
$$2A_{n1}+2A_{n2}+\cdots+2A_{nn}=0$$

于是

$$\sum_{i,j=1}^{n} A_{ij}=1$$

2.5 矩阵的秩

2.5.1 矩阵秩的概念

任何矩阵 $\boldsymbol{A}_{m\times n}$, 总可经过有限次初等行变换把它变为行阶梯形, 行阶梯形矩阵中非零行的行数是唯一确定的.

定义 2-23 在一个 $m\times n$ 矩阵 $\boldsymbol{A}$ 中任意选定 k 行和 k 列，位于这些选定的行和列的交点上的 k^2 个元素按原来的次序所组成的 k 阶行列式，称为 $\boldsymbol{A}$ 的一个 k 阶子式.

由定义有 $k\leqslant\min(m,n)$，这里 $\min(m,n)$ 表示 m,n 中较小的一个. $\boldsymbol{A}_{m\times n}$ 的 k 阶子式共有 $C_m^k\cdot C_n^k$ 个.

定义 2-24 若矩阵 $\boldsymbol{A}$ 中有一个 r 阶子式 D 不为 0，同时所有 $r+1$ 阶子式（如果有的话）全为 0，则称 r 为 $\boldsymbol{A}$ 的秩，记为秩$(\boldsymbol{A})$、$R(\boldsymbol{A})$ 或 $\operatorname{rank}(\boldsymbol{A})$. 规定零矩阵的秩为 0.

由矩阵的秩的定义，显然有：

（1）对矩阵 $\boldsymbol{A}$，若 $\operatorname{rank}(\boldsymbol{A})=r$，则 $\boldsymbol{A}$ 中至少有一个 r 阶子式不等于 0，而所有 $r+1$ 阶子式（如果还有的话）全都等于 0.

（2）若矩阵 $\boldsymbol{A}$ 中有一个不等于 0 的 k 阶子式，则 $\operatorname{rank}(\boldsymbol{A})\geqslant k$.

（3）若矩阵 $\boldsymbol{A}$ 没有不等于 0 的子式，它的秩就是 0.

（4）对矩阵 $\boldsymbol{A}$，$\operatorname{rank}(\boldsymbol{A})$ 是 $\boldsymbol{A}$ 的最高阶非零子式的阶数.

（5）$\operatorname{rank}(\boldsymbol{A})\leqslant\min\{m,n\}$.

（6）行阶梯形矩阵的秩等于它的非零行的行数，具有标准形矩阵的秩等于它的主对角线上“1”的个数.

对于 $\boldsymbol{A}^{\mathrm{T}}$，显然有 $\operatorname{rank}(\boldsymbol{A}^{\mathrm{T}})=\operatorname{rank}(\boldsymbol{A})$.

【例 2-28】 求矩阵 $\boldsymbol{A}=\begin{pmatrix}1&2&3\\2&3&-5\\4&7&1\end{pmatrix}$ 的秩.

解：在 $\boldsymbol{A}$ 中三阶子式只有一个 $|\boldsymbol{A}|$，且 $|\boldsymbol{A}|=0$，又因为 $\begin{vmatrix}1&2\\2&3\end{vmatrix}\neq0$，所以 $\operatorname{rank}(\boldsymbol{A})=2$.

【例 2-29】 求矩阵

$$\boldsymbol{B}=\begin{pmatrix}2&-1&0&3&-2\\0&3&1&-2&5\\0&0&0&4&-3\\0&0&0&0&0\end{pmatrix}$$

的秩.

解：因为 $\boldsymbol{B}$ 是一个行阶梯形矩阵，其非零行有 3 行，所以 $\boldsymbol{B}$ 的所有四阶子式全为 0. 而

$$\begin{vmatrix}2&-1&3\\0&3&-2\\0&0&4\end{vmatrix}\neq0$$

所以

$$\operatorname{rank}(\boldsymbol{B})=3$$

2.5.2 矩阵秩的求法

定理 2-8 初等变换不改变矩阵的秩.

证明：由于 $\operatorname{rank}(\boldsymbol{A})=\operatorname{rank}(\boldsymbol{A}^{\mathrm{T}})$，所以只要证明行初等变换的情形. 我们先证明：矩阵 $\boldsymbol{A}$ 经过一次行初等变换变成矩阵 $\boldsymbol{B}$ 时，$\operatorname{rank}(\boldsymbol{A})\leqslant\operatorname{rank}(\boldsymbol{B})$.

设 $\text{rank}(\boldsymbol{A})=r$，且 $\boldsymbol{A}$ 的某个 r 阶子式 $D_r\neq0$. 当

$$\boldsymbol{A}\xrightarrow{r_i\leftrightarrow r_j}\boldsymbol{B}\quad 或\quad \boldsymbol{A}\xrightarrow{r_i\times k}\boldsymbol{B}$$

时，在 $\boldsymbol{B}$ 中总能找到与 D_r 相对应的子式 $\overline{D}_r$，由于 $\overline{D}_r=D_r$ 或 $\overline{D}_r=-D_r$ 或 $\overline{D}_r=kD_r$，因此 $\overline{D}_r\neq0$，从而 $\text{rank}(\boldsymbol{B})\geqslant r$.

当 $\boldsymbol{A}\xrightarrow{r_i+kr_j}\boldsymbol{B}$ 时，分三种情况讨论：

（1）D_r 中不含第 i 行；

（2）D_r 中同时含第 i 行和第 j 行；

（3）D_r 中含第 i 行但不含第 j 行.

对（1）（2）两种情形，显然 $\boldsymbol{B}$ 中与 D_r 对应的子式 $\overline{D}_r=D_r\neq0$，故 $\text{rank}(\boldsymbol{B})\geqslant r$. 对情形（3）

$$\overline{D}_r=\begin{vmatrix}\vdots\\ r_i+kr_j\\ \vdots\end{vmatrix}=\begin{vmatrix}\vdots\\ r_i\\ \vdots\end{vmatrix}+k\begin{vmatrix}\vdots\\ r_j\\ \vdots\end{vmatrix}=D_r+k\hat{D}_r$$

若 $\hat{D}_r\neq0$，则因 $\hat{D}_r$ 中不含第 i 行知 $\boldsymbol{A}$ 中有不含第 i 行的 r 阶非零子式（它是 $\boldsymbol{B}$ 的 r 阶子式），从而根据（1）知 $\text{rank}(\boldsymbol{B})\geqslant r$. 若 $\hat{D}_r=0$，则 $\overline{D}_r=D_r\neq0$，也有 $\text{rank}(\boldsymbol{B})\geqslant r$.

就是说，若 $\boldsymbol{A}$ 经一次初等行变换变为 $\boldsymbol{B}$，则 $\text{rank}(\boldsymbol{B})\geqslant\text{rank}(\boldsymbol{A})$. 又由于 $\boldsymbol{B}$ 也可经一次初等变换变为 $\boldsymbol{A}$，故也有 $\text{rank}(\boldsymbol{B})\leqslant\text{rank}(\boldsymbol{A})$. 因此 $\text{rank}(\boldsymbol{A})=\text{rank}(\boldsymbol{B})$. 经一次初等行变换矩阵的秩不变，即可知经有限次初等行变换矩阵的秩仍不变.

由定理 2-8 可知，矩阵的秩是一个在矩阵初等变换下的不变量. 据此，在求矩阵 $\boldsymbol{A}$ 的秩时，只要通过初等变换将 $\boldsymbol{A}$ 化成行阶梯形，则 $\text{rank}(\boldsymbol{A})$ 等于行阶梯形中非零行的行数.

推论 2-6 两个同阶矩阵等价的充分必要条件是它们有相同的秩.

我们可以使用如下两种方法计算矩阵的秩：

（1）由矩阵秩的定义可以得到，如果矩阵 $\boldsymbol{A}$ 中有一个 r 阶子式 $D\neq0$，而 $\boldsymbol{A}$ 中所有 $r+1$ 阶子式全为 0，则 $\text{rank}(\boldsymbol{A})=r$.

（2）由定理 2-8，我们可以找到用初等变换求矩阵秩的方法：

1）把矩阵用初等行变换变成为行阶梯形矩阵，行阶梯形矩阵中非零行的行数就是矩阵的秩；

2）把矩阵用初等变换变成为标准形，标准形中 1 的个数就是矩阵的秩.

【例 2-30】 求矩阵

$$\boldsymbol{A}=\begin{pmatrix}3&2&0&5&0\\3&-2&3&6&-1\\2&0&1&5&-3\\1&6&-4&-1&4\end{pmatrix}$$

的秩，并求 $\boldsymbol{A}$ 的一个最高阶非零子式.

解：对 $\boldsymbol{A}$ 作初等行变换，变为行阶梯形矩阵

$$A=\begin{pmatrix}3&2&0&5&0\\3&-2&3&6&-1\\2&0&1&5&-3\\1&6&-4&-1&4\end{pmatrix}\xrightarrow[r_2-r_4]{r_1\leftrightarrow r_4}\begin{pmatrix}1&6&-4&-1&4\\0&-4&3&1&-1\\2&0&1&5&-3\\3&2&0&5&0\end{pmatrix}$$

$$\xrightarrow[r_4-3r_1]{r_3-2r_1}\begin{pmatrix}1&6&-4&-1&4\\0&-4&3&1&-1\\0&-12&9&7&-11\\0&-16&12&8&-12\end{pmatrix}\xrightarrow[r_4-4r_2]{r_3-3r_2}\begin{pmatrix}1&6&-4&-1&4\\0&-4&3&1&-1\\0&0&0&4&-8\\0&0&0&4&-8\end{pmatrix}$$

$$\xrightarrow{r_4-r_3}\begin{pmatrix}1&6&-4&-1&4\\0&-4&3&1&-1\\0&0&0&4&-8\\0&0&0&0&0\end{pmatrix}$$

由阶梯形矩阵有三个非零行可知

$$\mathrm{rank}(\boldsymbol{A})=3$$

矩阵 $\boldsymbol{A}$ 的一个最高阶非零子式是

$$\begin{vmatrix}3&2&5\\3&-2&6\\2&0&5\end{vmatrix}=-16$$

$\boldsymbol{A}$ 还有其他的最高阶非零子式是

$$\begin{vmatrix}0&5&0\\3&6&-1\\1&5&-3\end{vmatrix}=40$$

设 n 阶可逆矩阵 $\boldsymbol{A}$，因 $|\boldsymbol{A}|\neq 0$，所以 $\boldsymbol{A}$ 的最高阶非零子式为 $|\boldsymbol{A}|$，$\mathrm{rank}(\boldsymbol{A})=n$，故 $\boldsymbol{A}$ 的标准形为单位阵 $\boldsymbol{E}$，$\boldsymbol{A}\cong\boldsymbol{E}$.

可逆矩阵的秩等于阶数，故称可逆矩阵为满秩矩阵. 奇异矩阵为降秩（不满秩）矩阵.

【例 2-31】 设 $\boldsymbol{A}=\begin{pmatrix}1&-2&2&-1\\2&-4&8&0\\-2&4&-2&3\\3&-6&0&-6\end{pmatrix}$，$\boldsymbol{b}=\begin{pmatrix}1\\2\\3\\4\end{pmatrix}$，求矩阵 $\boldsymbol{A}$ 及矩阵 $\boldsymbol{B}=(\boldsymbol{A}\,|\,\boldsymbol{b})$ 的秩.

解：设 $\boldsymbol{B}$ 的行阶梯形矩阵为 $\tilde{\boldsymbol{B}}=(\tilde{\boldsymbol{A}}\,|\,\tilde{\boldsymbol{b}})$，则 $\tilde{\boldsymbol{A}}$ 就是 $\boldsymbol{A}$ 的阶梯形矩阵，故从 $\tilde{\boldsymbol{B}}$ 中可同时看出 $\mathrm{rank}(\boldsymbol{A})$ 及 $\mathrm{rank}(\boldsymbol{B})$.

$$\boldsymbol{B}=\begin{pmatrix}1&-2&2&-1&1\\2&-4&8&0&2\\-2&4&-2&3&3\\3&-6&0&-6&4\end{pmatrix}\rightarrow\begin{pmatrix}1&-2&2&-1&1\\0&0&4&2&0\\0&0&2&1&5\\0&0&-6&-3&1\end{pmatrix}$$

$$
\rightarrow\begin{pmatrix}1 & -2 & 2 & -1 & 1\\ 0 & 0 & 2 & 1 & 0\\ 0 & 0 & 0 & 0 & 5\\ 0 & 0 & 0 & 0 & 1\end{pmatrix}\rightarrow\begin{pmatrix}1 & -2 & 2 & -1 & 1\\ 0 & 0 & 2 & 1 & 0\\ 0 & 0 & 0 & 0 & 1\\ 0 & 0 & 0 & 0 & 0\end{pmatrix}
$$

所以 $\mathrm{rank}(\boldsymbol{A})=2$，$\mathrm{rank}(\boldsymbol{B})=3$.

2.6 矩阵的分块

2.6.1 矩阵分块法

（1）定义.

对于行数和列数较高的矩阵 $\boldsymbol{A}$，运算时常采用分块法，使大矩阵的运算化成小矩阵的运算. 我们将矩阵 $\boldsymbol{A}$ 用若干条纵线和横线分成许多个小矩阵，每一个小矩阵称为 $\boldsymbol{A}$ 的子块，以子块为元素的形式上的矩阵称为分块矩阵.

例如，将 3×4 矩阵

$$
\boldsymbol{A}=\begin{pmatrix}a_{11} & a_{12} & a_{13} & a_{14}\\ a_{21} & a_{22} & a_{23} & a_{24}\\ a_{31} & a_{32} & a_{33} & a_{34}\end{pmatrix}
$$

分成子块的分法很多，下面举出三种常见分块形式

1）$\left(\begin{array}{cccc}a_{11} & a_{12} & a_{13} & a_{14}\\ \hline a_{21} & a_{22} & a_{23} & a_{24}\\ \hline a_{31} & a_{32} & a_{33} & a_{34}\end{array}\right)$

2）$\left(\begin{array}{c|c|c|c}a_{11} & a_{12} & a_{13} & a_{14}\\ a_{21} & a_{22} & a_{23} & a_{24}\\ a_{31} & a_{32} & a_{33} & a_{34}\end{array}\right)$

3）$\left(\begin{array}{cc|cc}a_{11} & a_{12} & a_{13} & a_{14}\\ a_{21} & a_{22} & a_{23} & a_{24}\\ \hline a_{31} & a_{32} & a_{33} & a_{34}\end{array}\right)$

分法 3）可记为

$$
\boldsymbol{A}=\begin{pmatrix}\boldsymbol{A}_{11} & \boldsymbol{A}_{12}\\ \boldsymbol{A}_{21} & \boldsymbol{A}_{22}\end{pmatrix}
$$

其中

$$
\boldsymbol{A}_{11}=\begin{pmatrix}a_{11} & a_{12}\\ a_{21} & a_{22}\end{pmatrix},\ \boldsymbol{A}_{12}=\begin{pmatrix}a_{13} & a_{14}\\ a_{23} & a_{24}\end{pmatrix},\ \boldsymbol{A}_{21}=(a_{31}\quad a_{32}),\ \boldsymbol{A}_{22}=(a_{33}\quad a_{34})
$$

即 $\boldsymbol{A}_{11},\boldsymbol{A}_{12},\boldsymbol{A}_{21},\boldsymbol{A}_{22}$ 为 $\boldsymbol{A}$ 的子块，而 $\boldsymbol{A}$ 形式上成为以这些子块为元素的分块矩阵. 分法 1）及 2）的分块矩阵可类似写出.

（2）常用的分块法.

设有 $s\times n$ 矩阵 $\boldsymbol{A}=(a_{ij})_{sn}$，则对 $\boldsymbol{A}$ 有以下三种最常用的分块方法：

1）按行分块.

把 $\boldsymbol{A}$ 的每一行当作一个子块，这时每个子块为一行向量，也就是说，矩阵 $\boldsymbol{A}$ 是由一个行向量组组成

$$\boldsymbol{A}=\begin{pmatrix}\boldsymbol{\alpha}_1\\\boldsymbol{\alpha}_2\\\vdots\\\boldsymbol{\alpha}_s\end{pmatrix}$$

2）按列分块.

把 $\boldsymbol{A}$ 的每一列当作一个子块，这时每个子块为一列向量，也就是说，矩阵 $\boldsymbol{A}$ 是由一个列向量组组成

$$\boldsymbol{A}=(\boldsymbol{\alpha}_1,\boldsymbol{\alpha}_2,\cdots,\boldsymbol{\alpha}_n)$$

一般地，矩阵 $\boldsymbol{A}=(a_{ij})_{m\times n}$有 n 个 m 维列向量

$$\boldsymbol{A}=\begin{pmatrix}a_{11}&a_{12}&\cdots&a_{1j}&\cdots&a_{1n}\\a_{21}&a_{22}&\cdots&a_{2j}&\cdots&a_{2n}\\\vdots&\vdots&&\vdots&&\vdots\\a_{m1}&a_{m2}&\cdots&a_{mj}&\cdots&a_{mn}\end{pmatrix}=(\boldsymbol{\alpha}_1\quad\boldsymbol{\alpha}_2\quad\cdots\quad\boldsymbol{\alpha}_j\quad\cdots\quad\boldsymbol{\alpha}_n)$$

向量组 $\boldsymbol{\alpha}_1,\boldsymbol{\alpha}_2,\cdots,\boldsymbol{\alpha}_n$ 称为矩阵 $\boldsymbol{A}$ 的列向量组.

类似地，矩阵 $\boldsymbol{A}=(a_{ij})_{m\times n}$又有 m 个 n 维行向量

$$\boldsymbol{A}=\begin{pmatrix}a_{11}&a_{12}&\cdots&a_{1n}\\a_{21}&a_{22}&\cdots&a_{2n}\\\vdots&\vdots&&\vdots\\a_{i1}&a_{i2}&\cdots&a_{in}\\\vdots&\vdots&&\vdots\\a_{m1}&a_{m2}&\cdots&a_{mn}\end{pmatrix}=\begin{pmatrix}\boldsymbol{\alpha}_1^{\mathrm{T}}\\\boldsymbol{\alpha}_2^{\mathrm{T}}\\\vdots\\\boldsymbol{\alpha}_i^{\mathrm{T}}\\\vdots\\\boldsymbol{\alpha}_m^{\mathrm{T}}\end{pmatrix}$$

向量组 $\boldsymbol{\alpha}_1^{\mathrm{T}},\boldsymbol{\alpha}_2^{\mathrm{T}},\cdots,\boldsymbol{\alpha}_m^{\mathrm{T}}$ 称为矩阵 $\boldsymbol{A}$ 的行向量组.

例如设矩阵 $\boldsymbol{A}=\begin{pmatrix}a&1&0&0\\0&a&0&0\\1&0&b&1\\0&1&1&b\end{pmatrix}$，如果按列分块 $\boldsymbol{A}=(\boldsymbol{A}_1\quad\boldsymbol{A}_2\quad\boldsymbol{A}_3\quad\boldsymbol{A}_4)$，其中

$$\boldsymbol{A}_1=\begin{pmatrix}a\\0\\1\\0\end{pmatrix},\ \boldsymbol{A}_2=\begin{pmatrix}1\\a\\0\\1\end{pmatrix},\ \boldsymbol{A}_3=\begin{pmatrix}0\\0\\b\\1\end{pmatrix},\ \boldsymbol{A}_4=\begin{pmatrix}0\\0\\1\\b\end{pmatrix}$$

$\boldsymbol{A}$ 按行分块，$\boldsymbol{A}=\begin{pmatrix}\boldsymbol{A}_1\\ \boldsymbol{A}_2\\ \boldsymbol{A}_3\\ \boldsymbol{A}_4\end{pmatrix}$，其中

$$\boldsymbol{A}_1=(a\quad 1\quad 0\quad 0),\ \boldsymbol{A}_2=(0\quad a\quad 0\quad 0),\ \boldsymbol{A}_3=(1\quad 0\quad b\quad 1),\ \boldsymbol{A}_4=(0\quad 1\quad 1\quad b)$$

2.6.2 分块矩阵的运算

分块矩阵的运算规则与普通矩阵的运算规则相类似，分别说明如下：

（1）分块矩阵的加法.

设矩阵 $\boldsymbol{A}$ 与 $\boldsymbol{B}$ 的行数相同、列数相同，采用相同的分块法，有

$$\boldsymbol{A}=\begin{pmatrix}\boldsymbol{A}_{11} & \cdots & \boldsymbol{A}_{1r}\\ \vdots & & \vdots\\ \boldsymbol{A}_{s1} & \cdots & \boldsymbol{A}_{sr}\end{pmatrix},\quad \boldsymbol{B}=\begin{pmatrix}\boldsymbol{B}_{11} & \cdots & \boldsymbol{B}_{1r}\\ \vdots & & \vdots\\ \boldsymbol{B}_{s1} & \cdots & \boldsymbol{B}_{sr}\end{pmatrix}$$

其中 $\boldsymbol{A}_{ij}$ 与 $\boldsymbol{B}_{ij}$ 的行数相同、列数相同，那么

$$\boldsymbol{A}+\boldsymbol{B}=\begin{pmatrix}\boldsymbol{A}_{11}+\boldsymbol{B}_{11} & \cdots & \boldsymbol{A}_{1r}+\boldsymbol{B}_{1r}\\ \vdots & & \vdots\\ \boldsymbol{A}_{s1}+\boldsymbol{B}_{s1} & \cdots & \boldsymbol{A}_{sr}+\boldsymbol{B}_{sr}\end{pmatrix}$$

【例 2-32】 设

$$\boldsymbol{A}=\left(\begin{array}{cc:cc}a & 1 & 0 & 0\\ 0 & a & 0 & 0\\ \hdashline 0 & 0 & b & 1\\ 0 & 0 & 1 & b\end{array}\right),\quad \boldsymbol{B}=\left(\begin{array}{cc:cc}a & 0 & 0 & 0\\ 1 & a & 0 & 0\\ \hdashline 0 & 0 & b & 0\\ 0 & 0 & 1 & b\end{array}\right)$$

求 $\boldsymbol{A}+\boldsymbol{B}$.

解： 将 $\boldsymbol{A}$，$\boldsymbol{B}$ 分块

$$\boldsymbol{A}=\left(\begin{array}{cc:cc}a & 1 & 0 & 0\\ 0 & a & 0 & 0\\ \hdashline 0 & 0 & b & 1\\ 0 & 0 & 1 & b\end{array}\right)=\begin{pmatrix}\boldsymbol{A}_1 & \boldsymbol{O}\\ \boldsymbol{O} & \boldsymbol{A}_2\end{pmatrix}$$

其中

$$\boldsymbol{A}_1=\begin{pmatrix}a & 1\\ 0 & a\end{pmatrix},\quad \boldsymbol{A}_2=\begin{pmatrix}b & 1\\ 1 & b\end{pmatrix}$$

$$\boldsymbol{B}=\left(\begin{array}{cc:cc}a & 0 & 0 & 0\\ 1 & a & 0 & 0\\ \hdashline 0 & 0 & b & 0\\ 0 & 0 & 1 & b\end{array}\right)=\begin{pmatrix}\boldsymbol{B}_1 & \boldsymbol{O}\\ \boldsymbol{O} & \boldsymbol{B}_2\end{pmatrix}$$

其中

$$\boldsymbol{B}_1=\begin{pmatrix}a & 0\\1 & a\end{pmatrix},\quad \boldsymbol{B}_2=\begin{pmatrix}b & 0\\1 & b\end{pmatrix}$$

则

$$\boldsymbol{A}+\boldsymbol{B}=\begin{pmatrix}\boldsymbol{A}_1 & \boldsymbol{O}\\ \boldsymbol{O} & \boldsymbol{A}_2\end{pmatrix}+\begin{pmatrix}\boldsymbol{B}_1 & \boldsymbol{O}\\ \boldsymbol{O} & \boldsymbol{B}_2\end{pmatrix}=\begin{pmatrix}\boldsymbol{A}_1+\boldsymbol{B}_1 & \boldsymbol{O}\\ \boldsymbol{O} & \boldsymbol{A}_2+\boldsymbol{B}_2\end{pmatrix}$$

其中

$$\boldsymbol{A}_1+\boldsymbol{B}_1=\begin{pmatrix}a & 1\\0 & a\end{pmatrix}+\begin{pmatrix}a & 0\\1 & a\end{pmatrix}=\begin{pmatrix}2a & 1\\1 & 2a\end{pmatrix}$$

$$\boldsymbol{A}_2+\boldsymbol{B}_2=\begin{pmatrix}b & 1\\1 & b\end{pmatrix}+\begin{pmatrix}b & 0\\1 & b\end{pmatrix}=\begin{pmatrix}2b & 1\\2 & 2b\end{pmatrix}$$

所以

$$\boldsymbol{A}+\boldsymbol{B}=\left(\begin{array}{cc:cc}2a & 1 & 0 & 0\\1 & 2a & 0 & 0\\ \hdashline 0 & 0 & 2b & 1\\0 & 0 & 2 & 2b\end{array}\right)$$

（2）分块矩阵的数乘运算.

设 $\boldsymbol{A}=\begin{pmatrix}\boldsymbol{A}_{11} & \cdots & \boldsymbol{A}_{1r}\\ \vdots & & \vdots\\ \boldsymbol{A}_{s1} & \cdots & \boldsymbol{A}_{st}\end{pmatrix}$，$\lambda$ 为常数，那么

$$\lambda\boldsymbol{A}=\begin{pmatrix}\lambda\boldsymbol{A}_{11} & \cdots & \lambda\boldsymbol{A}_{1r}\\ \vdots & & \vdots\\ \lambda\boldsymbol{A}_{s1} & \cdots & \lambda\boldsymbol{A}_{sr}\end{pmatrix}$$

（3）分块矩阵的乘法运算.

设 $\boldsymbol{A}$ 为 $m\times l$ 矩阵，$\boldsymbol{B}$ 为 $l\times n$ 矩阵，分块成

$$\boldsymbol{A}=\begin{pmatrix}A_{11} & \cdots & A_{1t}\\ \vdots & & \vdots\\ A_{s1} & \cdots & A_{st}\end{pmatrix},\quad \boldsymbol{B}=\begin{pmatrix}B_{11} & \cdots & B_{1r}\\ \vdots & & \vdots\\ B_{t1} & \cdots & B_{tr}\end{pmatrix}$$

其中 $\boldsymbol{A}_{i1},\boldsymbol{A}_{i2},\cdots,\boldsymbol{A}_{it}$的列数分别等于 $\boldsymbol{B}_{1j},\boldsymbol{B}_{2j},\cdots,\boldsymbol{B}_{tj}$的行数，那么

$$\boldsymbol{AB}=\begin{pmatrix}\boldsymbol{C}_{11} & \cdots & \boldsymbol{C}_{1r}\\ \vdots & & \vdots\\ \boldsymbol{C}_{s1} & \cdots & \boldsymbol{C}_{sr}\end{pmatrix}$$

其中

$$\boldsymbol{C}_{ij}=\sum_{k=1}^{t}\boldsymbol{A}_{ik}\boldsymbol{B}_{kj}\quad (i=1,\cdots,s;\ j=1,\cdots,r)$$

【例 2-33】 设

$$A=\begin{pmatrix}1&0&0&0\\0&1&0&0\\-1&2&1&0\\1&1&0&1\end{pmatrix},\quad B=\begin{pmatrix}1&0&1&0\\-1&2&0&1\\1&0&4&1\\-1&-1&2&0\end{pmatrix}$$

求 $\boldsymbol{AB}$.

解：把 $\boldsymbol{A}$、$\boldsymbol{B}$ 分块成

$$\boldsymbol{A}=\begin{pmatrix}1&0&0&0\\0&1&0&0\\-1&2&1&0\\1&1&0&1\end{pmatrix}=\begin{pmatrix}\boldsymbol{E}&\boldsymbol{O}\\\boldsymbol{A}_1&\boldsymbol{E}\end{pmatrix},\quad \boldsymbol{B}=\begin{pmatrix}1&0&1&0\\-1&2&0&1\\1&0&4&1\\-1&-1&2&0\end{pmatrix}=\begin{pmatrix}\boldsymbol{B}_{11}&\boldsymbol{E}\\\boldsymbol{B}_{21}&\boldsymbol{B}_{22}\end{pmatrix}$$

则

$$\boldsymbol{AB}=\begin{pmatrix}\boldsymbol{E}&\boldsymbol{O}\\\boldsymbol{A}_1&\boldsymbol{E}\end{pmatrix}\begin{pmatrix}\boldsymbol{B}_{11}&\boldsymbol{E}\\\boldsymbol{B}_{21}&\boldsymbol{B}_{22}\end{pmatrix}=\begin{pmatrix}\boldsymbol{B}_{11}&\boldsymbol{E}\\\boldsymbol{A}_1\boldsymbol{B}_{11}+\boldsymbol{B}_{21}&\boldsymbol{A}_1+\boldsymbol{B}_{22}\end{pmatrix}$$

而

$$\begin{aligned}\boldsymbol{A}_1\boldsymbol{B}_{11}+\boldsymbol{B}_{21}&=\begin{pmatrix}-1&2\\1&1\end{pmatrix}\begin{pmatrix}1&0\\-1&2\end{pmatrix}+\begin{pmatrix}1&0\\-1&-1\end{pmatrix}\\&=\begin{pmatrix}-3&4\\0&2\end{pmatrix}+\begin{pmatrix}1&0\\-1&-1\end{pmatrix}=\begin{pmatrix}-2&4\\-1&1\end{pmatrix}\\\boldsymbol{A}_1+\boldsymbol{B}_{22}&=\begin{pmatrix}-1&2\\1&1\end{pmatrix}+\begin{pmatrix}4&1\\2&0\end{pmatrix}=\begin{pmatrix}3&3\\3&1\end{pmatrix}\end{aligned}$$

于是

$$\boldsymbol{AB}=\begin{pmatrix}1&0&1&0\\-1&2&0&1\\-2&4&3&3\\-1&1&3&1\end{pmatrix}$$

（4）分块矩阵的转置.

设

$$\boldsymbol{A}=\begin{pmatrix}\boldsymbol{A}_{11}&\boldsymbol{A}_{12}&\cdots&\boldsymbol{A}_{1r}\\\boldsymbol{A}_{21}&\boldsymbol{A}_{22}&\cdots&\boldsymbol{A}_{2r}\\\vdots&\vdots&&\vdots\\\boldsymbol{A}_{s1}&\boldsymbol{A}_{s2}&\cdots&\boldsymbol{A}_{sr}\end{pmatrix}$$

则

$$\boldsymbol{A}^{\mathrm{T}}=\begin{pmatrix}\boldsymbol{A}_{11}^{\mathrm{T}}&\boldsymbol{A}_{21}^{\mathrm{T}}&\cdots&\boldsymbol{A}_{s1}^{\mathrm{T}}\\\boldsymbol{A}_{12}^{\mathrm{T}}&\boldsymbol{A}_{22}^{\mathrm{T}}&\cdots&\boldsymbol{A}_{s2}^{\mathrm{T}}\\\vdots&\vdots&&\vdots\\\boldsymbol{A}_{1r}^{\mathrm{T}}&\boldsymbol{A}_{2r}^{\mathrm{T}}&\cdots&\boldsymbol{A}_{sr}^{T}\end{pmatrix}$$

【例 2-34】 设 n 阶矩阵 $\boldsymbol{D}$ 分块为

$$\boldsymbol{D}=\begin{pmatrix}\boldsymbol{A} & \boldsymbol{O}\\ \boldsymbol{C} & \boldsymbol{B}\end{pmatrix}$$

其中 $\boldsymbol{A},\boldsymbol{B}$ 分别是 k 阶和 r 阶的可逆矩阵，$\boldsymbol{C}$ 是 $r\times k$ 矩阵，$\boldsymbol{O}$ 是 $k\times r$ 零矩阵，求 $\boldsymbol{D}^{-1}$.

解：由引理 2-1，因为

$$|\boldsymbol{D}|=|\boldsymbol{A}|\,|\boldsymbol{B}|$$

所以当 $\boldsymbol{A},\boldsymbol{B}$ 可逆时，$\boldsymbol{D}$ 也可逆.

设

$$\boldsymbol{D}^{-1}=\begin{pmatrix}\boldsymbol{X}_{11} & \boldsymbol{X}_{12}\\ \boldsymbol{X}_{21} & \boldsymbol{X}_{22}\end{pmatrix}$$

于是

$$\begin{pmatrix}\boldsymbol{A} & \boldsymbol{O}\\ \boldsymbol{C} & \boldsymbol{B}\end{pmatrix}\begin{pmatrix}\boldsymbol{X}_{11} & \boldsymbol{X}_{12}\\ \boldsymbol{X}_{21} & \boldsymbol{X}_{22}\end{pmatrix}=\begin{pmatrix}\boldsymbol{A}\boldsymbol{X}_{11} & \boldsymbol{A}\boldsymbol{X}_{12}\\ \boldsymbol{C}\boldsymbol{X}_{11}+\boldsymbol{B}\boldsymbol{X}_{21} & \boldsymbol{C}\boldsymbol{X}_{12}+\boldsymbol{B}\boldsymbol{X}_{22}\end{pmatrix}=\begin{pmatrix}\boldsymbol{E}_k & \boldsymbol{O}\\ \boldsymbol{O} & \boldsymbol{E}_r\end{pmatrix}$$

由此可得

$$\begin{cases}\boldsymbol{A}\boldsymbol{X}_{11}=\boldsymbol{E}_k\\ \boldsymbol{A}\boldsymbol{X}_{12}=\boldsymbol{O}\\ \boldsymbol{C}\boldsymbol{X}_{11}+\boldsymbol{B}\boldsymbol{X}_{21}=\boldsymbol{O}\\ \boldsymbol{C}\boldsymbol{X}_{12}+\boldsymbol{B}\boldsymbol{X}_{22}=\boldsymbol{E}_r\end{cases}$$

解此方程组，得

$$\begin{cases}\boldsymbol{X}_{11}=\boldsymbol{A}^{-1}\\ \boldsymbol{X}_{12}=\boldsymbol{O}\\ \boldsymbol{X}_{21}=-\boldsymbol{B}^{-1}\boldsymbol{C}\boldsymbol{A}^{-1}\\ \boldsymbol{X}_{22}=\boldsymbol{B}^{-1}\end{cases}$$

所以

$$\boldsymbol{D}^{-1}=\begin{pmatrix}\boldsymbol{A}^{-1} & \boldsymbol{O}\\ -\boldsymbol{B}^{-1}\boldsymbol{C}\boldsymbol{A}^{-1} & \boldsymbol{B}^{-1}\end{pmatrix}$$

【例 2-35】 设 $\boldsymbol{A}$ 是 $(n+1)\times n$ 矩阵且 $\boldsymbol{A}$ 的秩为 n，证明：存在 $n\times(n+1)$ 矩阵 $\boldsymbol{B}$，使得 $\boldsymbol{B}\boldsymbol{A}=\boldsymbol{E}_n$ 且 $\boldsymbol{B}$ 的秩为 n.

证明：$\boldsymbol{A}$ 是 $(n+1)\times n$ 矩阵且 $\boldsymbol{A}$ 的秩为 n，说明 $\boldsymbol{A}$ 的标准形为 $\begin{pmatrix}\boldsymbol{E}_n\\ \boldsymbol{O}\end{pmatrix}$，因此存在可逆的 $n+1$ 阶矩阵 $\boldsymbol{P}$ 和可逆的 n 阶矩阵 $\boldsymbol{Q}$，使

$$\boldsymbol{P}\boldsymbol{A}\boldsymbol{Q}=\begin{pmatrix}\boldsymbol{E}_n\\ \boldsymbol{O}\end{pmatrix}$$

从而

$$(\boldsymbol{E}_n\quad \boldsymbol{O})\boldsymbol{P}\boldsymbol{A}\boldsymbol{Q}=(\boldsymbol{E}_n\quad \boldsymbol{O})\begin{pmatrix}\boldsymbol{E}_n\\ \boldsymbol{O}\end{pmatrix}=\boldsymbol{E}_n$$

上式两边同时左乘 $\boldsymbol{Q}$ 右乘 $\boldsymbol{Q}^{-1}$，得：

$$Q(E_n \quad O)PA=E_n$$

令

$$B=Q(E_n \quad O)P$$

则

$$BA=E_n$$

因为 $\boldsymbol{P}$ 和 $\boldsymbol{Q}$ 都可逆，所以

$$\text{rank}(B)=\text{rank}((E_n \quad O))=n$$

2.6.3 分块对角矩阵

定义 2-25 设 $\boldsymbol{A}$ 为 n 阶矩阵，且 $\boldsymbol{A}$ 可分成

$$A=\begin{pmatrix} A_1 & & & \\ & A_2 & & \\ & & \ddots & \\ & & & A_l \end{pmatrix}$$

则称 $\boldsymbol{A}$ 为分块对角矩阵或准对角矩阵，其中 $\boldsymbol{A}_i$ 是 n_i 阶方阵.

分块对角矩阵具有如下性质：

（1） $|A|=|A_1||A_2|\cdots|A_l|$；

（2）若 $|A_i|\neq 0(i=1,2,\cdots,l)$，则 $|A|\neq 0$，且

$$A^{-1}=\begin{pmatrix} A_1^{-1} & & & \\ & A_2^{-1} & & \\ & & \ddots & \\ & & & A_l^{-1} \end{pmatrix}$$

设 $\boldsymbol{A},\boldsymbol{B}$ 是两个 n 阶矩阵，且采用相同的分法可把它们都分成分块对角矩阵

$$A=\begin{pmatrix} A_1 & & & \\ & A_2 & & \\ & & \ddots & \\ & & & A_l \end{pmatrix},\quad B=\begin{pmatrix} B_1 & & & \\ & B_2 & & \\ & & \ddots & \\ & & & B_l \end{pmatrix}$$

则有

$$AB=\begin{pmatrix} A_1B_1 & & & \\ & A_2B_2 & & \\ & & \ddots & \\ & & & A_lB_l \end{pmatrix}$$

$$A+B=\begin{pmatrix} A_1+B_1 & & & \\ & A_2+B_2 & & \\ & & \ddots & \\ & & & A_l+B_l \end{pmatrix}$$

【例 2-36】　设

$$A=\begin{pmatrix}1&2&0&0&0\\2&5&0&0&0\\0&0&-2&1&0\\0&0&0&-2&1\\0&0&0&0&-2\end{pmatrix},\quad B=\begin{pmatrix}1&0&1&0\\-1&2&3&0\\1&2&0&4\\0&1&2&4\\0&0&1&4\end{pmatrix}$$

用矩阵分块的方法：（1）计算 A^2, AB；（2）求 A^{-1}.

解：把矩阵 A, B 进行分块，令

$$A=\begin{pmatrix}A_1&O\\O&A_2\end{pmatrix},\quad B=\begin{pmatrix}B_{11}&B_{12}\\B_{21}&B_{22}\end{pmatrix}$$

其中

$$A_1=\begin{pmatrix}1&2\\2&5\end{pmatrix},\quad A_2=\begin{pmatrix}-2&1&0\\0&-2&1\\0&0&-2\end{pmatrix}$$

$$B_{11}=\begin{pmatrix}1&0\\-1&2\end{pmatrix},\quad B_{12}=\begin{pmatrix}1&0\\3&0\end{pmatrix}$$

$$B_{21}=\begin{pmatrix}1&2\\0&1\\0&0\end{pmatrix},\quad B_{22}=\begin{pmatrix}0&4\\2&4\\1&4\end{pmatrix}$$

先求解（1）.

$$A^2=\begin{pmatrix}A_1&O\\O&A_2\end{pmatrix}\begin{pmatrix}A_1&O\\O&A_2\end{pmatrix}=\begin{pmatrix}A_1^2&O\\O&A_2^2\end{pmatrix}$$

其中

$$A_1^2=\begin{pmatrix}1&2\\2&5\end{pmatrix}\begin{pmatrix}1&2\\2&5\end{pmatrix}=\begin{pmatrix}5&12\\12&29\end{pmatrix}$$

$$A_2^2=\begin{pmatrix}-2&1&0\\0&-2&1\\0&0&-2\end{pmatrix}\begin{pmatrix}-2&1&0\\0&-2&1\\0&0&-2\end{pmatrix}=\begin{pmatrix}4&-4&1\\0&4&-4\\0&0&4\end{pmatrix}$$

所以

$$A^2=\begin{pmatrix}A_1^2&O\\O&A_2^2\end{pmatrix}=\left(\begin{array}{cc|ccc}5&12&&&\\12&29&&O&\\\hline&&4&-4&1\\&O&0&4&-4\\&&0&0&4\end{array}\right)$$

$$AB=\begin{pmatrix}A_1&O\\O&A_2\end{pmatrix}\begin{pmatrix}B_{11}&B_{12}\\B_{21}&B_{22}\end{pmatrix}=\begin{pmatrix}A_1B_{11}&A_1B_{12}\\A_2B_{21}&A_2B_{22}\end{pmatrix}$$

其中

$$A_1B_{11}=\begin{pmatrix}1&2\\2&5\end{pmatrix}\begin{pmatrix}1&0\\-1&2\end{pmatrix}=\begin{pmatrix}-1&4\\-3&10\end{pmatrix}$$

$$A_1B_{12}=\begin{pmatrix}1&2\\2&5\end{pmatrix}\begin{pmatrix}1&0\\3&0\end{pmatrix}=\begin{pmatrix}7&0\\17&0\end{pmatrix}$$

$$A_2B_{21}=\begin{pmatrix}-2&1&0\\0&-2&1\\0&0&-2\end{pmatrix}\begin{pmatrix}1&2\\0&1\\0&0\end{pmatrix}=\begin{pmatrix}-2&-3\\0&-2\\0&0\end{pmatrix}$$

$$A_2B_{22}=\begin{pmatrix}-2&1&0\\0&-2&1\\0&0&-2\end{pmatrix}\begin{pmatrix}0&4\\2&4\\1&4\end{pmatrix}=\begin{pmatrix}2&-4\\-3&-4\\-2&-8\end{pmatrix}$$

所以

$$AB=\begin{pmatrix}-1&4&7&0\\-3&10&17&0\\-2&-3&2&-4\\0&-2&-3&-4\\0&0&-2&-8\end{pmatrix}$$

再求解（2）.

因为 $A=\begin{pmatrix}A_1&O\\O&A_2\end{pmatrix}$，所以 $A^{-1}=\begin{pmatrix}A_1^{-1}&O\\O&A_2^{-1}\end{pmatrix}$. 由 $A_1=\begin{pmatrix}1&2\\2&5\end{pmatrix}$，求得 $A_1^{-1}=\begin{pmatrix}5&-2\\-2&1\end{pmatrix}$. 由 $A_2=\begin{pmatrix}-2&1&0\\0&-2&1\\0&0&-2\end{pmatrix}$，求得 $A_2^{-1}=-\frac{1}{8}\begin{pmatrix}4&2&1\\0&4&2\\0&0&4\end{pmatrix}$.

所以

$$A^{-1}=\left(\begin{array}{cc:ccc}5&-2&&&\\-2&1&&O&\\\hdashline&&-\frac{1}{2}&-\frac{1}{4}&-\frac{1}{8}\\&O&0&-\frac{1}{2}&-\frac{1}{4}\\&&0&0&-\frac{1}{2}\end{array}\right)$$

【例 2-37】 已知

$$A=\begin{pmatrix}3&4&0&0\\4&-3&0&0\\0&0&2&0\\0&0&2&2\end{pmatrix}$$

求 $|A^8|, A^4, A^{-1}$.

解： 设

$$A=\begin{pmatrix}3&4&0&0\\4&-3&0&0\\0&0&2&0\\0&0&2&2\end{pmatrix}=\begin{pmatrix}A_1&O\\O&A_2\end{pmatrix}$$

其中

$$A_1=\begin{pmatrix}3&4\\4&-3\end{pmatrix},\ A_2=\begin{pmatrix}2&0\\2&2\end{pmatrix}$$

则

$$|A^8|=|A|^8=(|A_1||A_2|)^8=|A_1|^8|A_2|^8=(-25)^8\times(4)^8=10^{16}$$

由

$$A_1^4=\begin{pmatrix}3&4\\4&-3\end{pmatrix}^4=\begin{pmatrix}25&0\\0&25\end{pmatrix}^2=\begin{pmatrix}625&0\\0&625\end{pmatrix}$$

$$A_2^4=\begin{pmatrix}2&0\\2&2\end{pmatrix}^4=\begin{pmatrix}2^2&0\\8&2^2\end{pmatrix}^2=\begin{pmatrix}16&0\\64&16\end{pmatrix}$$

得

$$A^4=\begin{pmatrix}A_1^4&O\\O&A_2^4\end{pmatrix}=\begin{pmatrix}625&0&&\\0&625&&\\&&16&0\\&&64&16\end{pmatrix}$$

由

$$A_1^{-1}=\begin{pmatrix}3&4\\4&-3\end{pmatrix}^{-1}=\frac{1}{|A_1|}\begin{pmatrix}-3&-4\\-4&3\end{pmatrix}=\frac{1}{25}\begin{pmatrix}3&4\\4&-3\end{pmatrix}$$

$$A_2^{-1}=\begin{pmatrix}2&0\\2&2\end{pmatrix}^{-1}=\frac{1}{|A_2|}\begin{pmatrix}2&0\\-2&2\end{pmatrix}=\frac{1}{2}\begin{pmatrix}1&0\\-1&1\end{pmatrix}$$

得

$$A^{-1}=\begin{pmatrix}A_1^{-1}&O\\O&A_2^{-1}\end{pmatrix}=\begin{pmatrix}\frac{3}{25}&\frac{4}{25}&&\\\frac{4}{25}&-\frac{3}{25}&&\\&&\frac{1}{2}&0\\&&-\frac{1}{2}&\frac{1}{2}\end{pmatrix}$$

【例 2-38】 已知 $P^{-1}AP=\begin{pmatrix}-1&0\\0&2\end{pmatrix}$，其中 $P=\begin{pmatrix}-1&-4\\1&1\end{pmatrix}$，求 A^{11}.

解： 记 $B=\begin{pmatrix}-1&0\\0&2\end{pmatrix}$，则 $A=PBP^{-1}$，从而

$$A^{11}=\underbrace{PBP^{-1}\cdot PBP^{-1}\cdots PBP^{-1}}_{11个}$$

$$=PB(P^{-1}\cdot P)BP^{-1}\cdots PB(P^{-1}\cdot P)BP^{-1}$$

$$=PB^{11}P^{-1}=P\begin{pmatrix}-1 & 0\\0 & 2\end{pmatrix}^{11}P^{-1}$$

$$=\frac{1}{3}\begin{pmatrix}-1 & -4\\1 & 1\end{pmatrix}\begin{pmatrix}(-1)^{11} & 0\\0 & 2^{11}\end{pmatrix}\begin{pmatrix}1 & 4\\-1 & -1\end{pmatrix}$$

$$=\frac{1}{3}\begin{pmatrix}1 & (-2)^{13}\\-1 & 2^{11}\end{pmatrix}\begin{pmatrix}1 & 4\\-1 & -1\end{pmatrix}$$

$$=\frac{1}{3}\begin{pmatrix}1+2^{13} & 4+2^{13}\\-1-2^{11} & -4-2^{11}\end{pmatrix}$$

2.7 分块乘法的初等变换及应用举例

2.7.1 分块初等矩阵

定义 2-26 把单位矩阵 $\boldsymbol{E}$ 进行如下分块

$$\boldsymbol{E}=\begin{pmatrix}\boldsymbol{E}_m & \boldsymbol{O}\\\boldsymbol{O} & \boldsymbol{E}_n\end{pmatrix}$$

对它进行三种初等变换所得到的矩阵称为分块初等矩阵.

分块初等矩阵有以下三种：

（1）分块对换矩阵. 对换两行（列）得到

$$\begin{pmatrix}\boldsymbol{O} & \boldsymbol{E}_n\\\boldsymbol{E}_m & \boldsymbol{O}\end{pmatrix}$$

（2）分块倍乘矩阵. 某一行（列）左乘（右乘）一个矩阵 $\boldsymbol{P}$ 得到

$$\begin{pmatrix}\boldsymbol{P} & \boldsymbol{O}\\\boldsymbol{O} & \boldsymbol{E}_n\end{pmatrix},\ \begin{pmatrix}\boldsymbol{E}_m & \boldsymbol{O}\\\boldsymbol{O} & \boldsymbol{P}\end{pmatrix}$$

（3）分块倍加矩阵. 一行（列）加上另一行（列）的矩阵 $\boldsymbol{P}$ 倍得到

$$\begin{pmatrix}\boldsymbol{E}_m & \boldsymbol{P}\\\boldsymbol{O} & \boldsymbol{E}_n\end{pmatrix},\ \begin{pmatrix}\boldsymbol{E}_m & \boldsymbol{O}\\\boldsymbol{P} & \boldsymbol{E}_n\end{pmatrix}$$

和初等矩阵与初等变换的关系一样，分块初等矩阵有与初等矩阵类似的性质.

用分块初等矩阵左乘分块矩阵 $\boldsymbol{A}$，在保证可乘的情况下，其作用相当于对分块矩阵 $\boldsymbol{A}$ 进行一次相应的初等行变换；用分块初等矩阵右乘分块矩阵 $\boldsymbol{A}$，其作用相当于对分块矩阵 $\boldsymbol{A}$ 进行一次相应的初等列变换.

例如，设有如下分块矩阵

$$\begin{pmatrix}\boldsymbol{A} & \boldsymbol{B}\\\boldsymbol{C} & \boldsymbol{D}\end{pmatrix}$$

分别用三种分块初等矩阵右乘它，其结果如下

$$\begin{pmatrix} A & B \\ C & D \end{pmatrix}\begin{pmatrix} O & E_m \\ E_n & O \end{pmatrix}=\begin{pmatrix} B & A \\ D & C \end{pmatrix}$$

$$\begin{pmatrix} A & B \\ C & D \end{pmatrix}\begin{pmatrix} P & O \\ O & E_n \end{pmatrix}=\begin{pmatrix} AP & B \\ CP & D \end{pmatrix}$$

$$\begin{pmatrix} A & B \\ C & D \end{pmatrix}\begin{pmatrix} E_m & O \\ P & E_n \end{pmatrix}=\begin{pmatrix} A+BP & B \\ C+DP & D \end{pmatrix}$$

在

$$\begin{pmatrix} E_m & O \\ P & E_n \end{pmatrix}\begin{pmatrix} A & B \\ C & D \end{pmatrix}=\begin{pmatrix} A & B \\ C+PA & D+PB \end{pmatrix}$$

中，适当选择 P，可使 $C+PA=O$. 例如，A 可逆时，选 $P=-CA^{-1}$，则 $C+PA=O$. 于是上式右端成为

$$\begin{pmatrix} A & B \\ O & D-CA^{-1}B \end{pmatrix}$$

这种形状的矩阵在求行列式、逆矩阵和解决其他问题时是比较方便的，因此这种运算非常有用.

2.7.2 应用举例

【例 2-39】 设

$$T=\begin{pmatrix} A & O \\ C & D \end{pmatrix}$$

其中 A，D 可逆，求 T^{-1}.

解：

方法一： 因为

$$\begin{pmatrix} E_m & O \\ -CA^{-1} & E_n \end{pmatrix}\begin{pmatrix} A & O \\ C & D \end{pmatrix}=\begin{pmatrix} A & O \\ O & D \end{pmatrix}$$

且

$$\begin{pmatrix} A & O \\ O & D \end{pmatrix}^{-1}=\begin{pmatrix} A^{-1} & O \\ O & D^{-1} \end{pmatrix}$$

所以

$$T^{-1}=\begin{pmatrix} A^{-1} & O \\ O & D^{-1} \end{pmatrix}\begin{pmatrix} E_m & O \\ -CA^{-1} & E_n \end{pmatrix}=\begin{pmatrix} A^{-1} & O \\ -D^{-1}CA^{-1} & D^{-1} \end{pmatrix}$$

方法二： 对分块矩阵做初等变换

$$(T|E)=\left(\begin{array}{cc|cc} A & O & E & O \\ C & D & O & E \end{array}\right)$$

$$\rightarrow\left(\begin{array}{cc|cc} A & O & E & O \\ O & D & -CA^{-1} & E \end{array}\right)$$

$$\rightarrow\left(\begin{array}{cc|cc} E & O & A^{-1} & O \\ O & E & -D^{-1}CA^{-1} & D^{-1} \end{array}\right)$$

所以

$$T^{-1}=\begin{pmatrix} A^{-1} & O \\ -D^{-1}CA^{-1} & D^{-1} \end{pmatrix}$$

【例 2-40】 设

$$T_1=\begin{pmatrix} A & B \\ C & D \end{pmatrix}$$

其中 T_1, D 可逆，试证$(A-BD^{-1}C)^{-1}$存在，并求 T_1^{-1}.

证明：

因为

$$(T_1|E)=\left(\begin{array}{cc|cc} A & B & E & O \\ C & D & O & E \end{array}\right)$$

$$\rightarrow\left(\begin{array}{cc|cc} A-BD^{-1}C & O & E & -BD^{-1} \\ C & D & O & E \end{array}\right)$$

$$\rightarrow\left(\begin{array}{cc|cc} E & O & (A-BD^{-1}C)^{-1} & -(A-BD^{-1}C)^{-1}BD^{-1} \\ C & D & O & E \end{array}\right)$$

$$\rightarrow\left(\begin{array}{cc|cc} E & O & (A-BD^{-1}C)^{-1} & -(A-BD^{-1}C)^{-1}BD^{-1} \\ O & D & -C(A-BD^{-1}C)^{-1} & E+C(A-BD^{-1}C)^{-1}BD^{-1} \end{array}\right)$$

$$\rightarrow\left(\begin{array}{cc|cc} E & O & (A-BD^{-1}C)^{-1} & -(A-BD^{-1}C)^{-1}BD^{-1} \\ O & E & -D^{-1}C(A-BD^{-1}C)^{-1} & D^{-1}+D^{-1}C(A-BD^{-1}C)^{-1}BD^{-1} \end{array}\right) \quad (2\text{-}20)$$

所以

$$T_1^{-1}=\begin{pmatrix} (A-BD^{-1}C)^{-1} & -(A-BD^{-1}C)^{-1}BD^{-1} \\ -D^{-1}C(A-BD^{-1}C)^{-1} & D^{-1}+D^{-1}C(A-BD^{-1}C)^{-1}BD^{-1} \end{pmatrix}$$

因为 T_1 可逆，对它进行初等变换后仍可逆，所以从式（2-20）知$(A-BD^{-1}C)^{-1}$存在.

【例 2-41】 证明行列式的乘积公式 $|AB|=|A||B|$.

证明：作

$$\begin{pmatrix} E & A \\ O & E \end{pmatrix}\begin{pmatrix} A & O \\ -E & B \end{pmatrix}=\begin{pmatrix} O & AB \\ -E & B \end{pmatrix}$$

设 A，B 为 $n\times n$ 矩阵，作

$$P_{ij}=\begin{pmatrix} E_n & E_{ij} \\ O & E_n \end{pmatrix}\quad (i,j=1,2,\cdots,n)$$

这里 E_{ij} 为 $n\times n$ 矩阵，除了第 i 行第 j 列元素为 a_{ij} 外，其他元素皆为 0，则由初等矩阵与初等变换的关系，易得下列关系式

$$P_{11}P_{12}\cdots P_{1n}\cdots P_{n1}\cdots P_{nn}\begin{pmatrix} E_n & O \\ O & E_n \end{pmatrix}=\begin{pmatrix} E_n & A \\ O & E_n \end{pmatrix}$$

又由 P_{ij} 所对应的初等变换是某行加上另外一行的倍数，它不改变行列式的值，故

$$\left|\begin{pmatrix} E & A \\ O & E \end{pmatrix}\begin{pmatrix} A & O \\ -E & B \end{pmatrix}\right|=\left|P_{11}\cdots P_{nn}\begin{pmatrix} A & O \\ -E & B \end{pmatrix}\right|=\begin{vmatrix} A & O \\ -E & B \end{vmatrix}=|A||B|$$

又因为矩阵 $\begin{pmatrix} O & AB \\ -E & B \end{pmatrix}$ 作 n 次列对换可变成矩阵 $\begin{pmatrix} AB & O \\ B & -E \end{pmatrix}$，所以

$$\begin{vmatrix} O & AB \\ -E & B \end{vmatrix}=(-1)^n\begin{vmatrix} AB & O \\ B & -E \end{vmatrix}=(-1)^n|AB||-E|=|AB|$$

这就证明了 $|AB|=|A||B|$.

【例 2-42】 设 $A=(a_{ij})_{n\times n}$，且

$$\begin{vmatrix} a_{11} & \cdots & a_{1k} \\ \vdots & & \vdots \\ a_{k1} & \cdots & a_{kk} \end{vmatrix}\neq 0\quad (1\leqslant k\leqslant n)$$

则有下三角形矩阵 $B_{n\times n}$ 使

$$BA=\text{上三角形矩阵}$$

证明：对 n 作归纳法. 当 $n=1$ 时，一阶矩阵既是上三角形又是下三角形，故命题成立.

设对 $n-1$ 阶矩阵命题为真，可设

$$A_1=\begin{pmatrix} a_{11} & \cdots & a_{1,n-1} \\ \vdots & & \vdots \\ a_{n-1,1} & \cdots & a_{n-1,n-1} \end{pmatrix}$$

满足命题中所设的条件. 由归纳法假设，有下三角形矩阵 $(B_1)_{(n-1)\times(n-1)}$ 满足

$$B_1A_1=\text{上三角形矩阵}$$

对 A 作如下分块

$$A=\begin{pmatrix} A_1 & \boldsymbol{\beta} \\ \boldsymbol{\alpha} & a_{nn} \end{pmatrix}$$

则

$$\begin{pmatrix} \boldsymbol{E} & \boldsymbol{O} \\ -\boldsymbol{\alpha}\boldsymbol{A}_1^{-1} & 1 \end{pmatrix}\begin{pmatrix} \boldsymbol{A}_1 & \boldsymbol{\beta} \\ \boldsymbol{\alpha} & a_{nn} \end{pmatrix}=\begin{pmatrix} \boldsymbol{A}_1 & \boldsymbol{\beta} \\ \boldsymbol{O} & -\boldsymbol{\alpha}\boldsymbol{A}_1^{-1}\boldsymbol{\beta}+a_{nn} \end{pmatrix}$$

再作

$$\begin{pmatrix} \boldsymbol{B}_1 & \boldsymbol{O} \\ \boldsymbol{O} & 1 \end{pmatrix}\begin{pmatrix} \boldsymbol{A}_1 & \boldsymbol{\beta} \\ \boldsymbol{O} & -\boldsymbol{\alpha}\boldsymbol{A}_1^{-1}\boldsymbol{\beta}+a_{nn} \end{pmatrix}=\begin{pmatrix} \boldsymbol{B}_1\boldsymbol{A}_1 & \boldsymbol{B}_1\boldsymbol{\beta} \\ \boldsymbol{O} & -\boldsymbol{\alpha}\boldsymbol{A}_1^{-1}\boldsymbol{\beta}+a_{nn} \end{pmatrix}$$

其中$\begin{pmatrix} \boldsymbol{B}_1\boldsymbol{A}_1 & \boldsymbol{B}_1\boldsymbol{\beta} \\ \boldsymbol{O} & -\boldsymbol{\alpha}\boldsymbol{A}_1^{-1}\boldsymbol{\beta}+a_{nn} \end{pmatrix}$是上三角矩阵.

将两次乘法结合起来就得到

$$B=\begin{pmatrix} \boldsymbol{B}_1 & \boldsymbol{O} \\ \boldsymbol{O} & 1 \end{pmatrix}\begin{pmatrix} \boldsymbol{E} & \boldsymbol{O} \\ -\boldsymbol{\alpha}\boldsymbol{A}_1^{-1} & 1 \end{pmatrix}=\begin{pmatrix} \boldsymbol{B}_1 & \boldsymbol{O} \\ -\boldsymbol{\alpha}\boldsymbol{A}_1^{-1} & 1 \end{pmatrix}$$

此即为所要求的下三角矩阵.

2.7.3 *LU* 分解介绍

设矩阵

$$\boldsymbol{A}=\begin{pmatrix} a_{11} & a_{12} & a_{13} & a_{14} \\ a_{21} & a_{22} & a_{23} & a_{24} \\ a_{31} & a_{32} & a_{33} & a_{34} \\ a_{41} & a_{42} & a_{43} & a_{44} \end{pmatrix}$$

记 $\boldsymbol{L}_1=\begin{pmatrix} 1 & 0 & 0 & 0 \\ m_{21} & 1 & 0 & 0 \\ m_{31} & 0 & 1 & 0 \\ m_{41} & 0 & 0 & 1 \end{pmatrix}$，这里 $m_{i1}=-\dfrac{a_{i1}}{a_{11}}(i=2, 3, 4)$，则有

$$\boldsymbol{L}_1\boldsymbol{A}=\begin{pmatrix} 1 & 0 & 0 & 0 \\ m_{21} & 1 & 0 & 0 \\ m_{31} & 0 & 1 & 0 \\ m_{41} & 0 & 0 & 1 \end{pmatrix}\begin{pmatrix} a_{11} & a_{12} & a_{13} & a_{14} \\ a_{21} & a_{22} & a_{23} & a_{24} \\ a_{31} & a_{32} & a_{33} & a_{34} \\ a_{41} & a_{42} & a_{43} & a_{44} \end{pmatrix}=\begin{pmatrix} a_{11} & a_{12} & a_{13} & a_{14} \\ 0 & a_{22}^{(1)} & a_{23}^{(1)} & a_{24}^{(1)} \\ 0 & a_{32}^{(1)} & a_{33}^{(1)} & a_{34}^{(1)} \\ 0 & a_{42}^{(1)} & a_{43}^{(1)} & a_{44}^{(1)} \end{pmatrix}$$

记 $\boldsymbol{L}_2=\begin{pmatrix} 1 & 0 & 0 & 0 \\ 0 & 1 & 0 & 0 \\ 0 & m_{32} & 1 & 0 \\ 0 & m_{42} & 0 & 1 \end{pmatrix}$，这里 $m_{i2}=-\dfrac{a_{i2}^{(1)}}{a_{22}^{(1)}}(i=3, 4)$. 则有

$$\boldsymbol{L}_2\begin{pmatrix} a_{11} & a_{12} & a_{13} & a_{14} \\ 0 & a_{22}^{(1)} & a_{23}^{(1)} & a_{24}^{(1)} \\ 0 & a_{32}^{(1)} & a_{33}^{(1)} & a_{34}^{(1)} \\ 0 & a_{42}^{(1)} & a_{43}^{(1)} & a_{44}^{(1)} \end{pmatrix}=\begin{pmatrix} 1 & 0 & 0 & 0 \\ 0 & 1 & 0 & 0 \\ 0 & m_{32} & 1 & 0 \\ 0 & m_{42} & 0 & 1 \end{pmatrix}\begin{pmatrix} a_{11} & a_{12} & a_{13} & a_{14} \\ 0 & a_{22}^{(1)} & a_{23}^{(1)} & a_{24}^{(1)} \\ 0 & a_{32}^{(1)} & a_{33}^{(1)} & a_{34}^{(1)} \\ 0 & a_{42}^{(1)} & a_{43}^{(1)} & a_{44}^{(1)} \end{pmatrix}$$

$$=\begin{pmatrix} a_{11} & a_{12} & a_{13} & a_{14} \\ 0 & a_{22}^{(1)} & a_{23}^{(1)} & a_{24}^{(1)} \\ 0 & 0 & a_{33}^{(2)} & a_{34}^{(2)} \\ 0 & 0 & a_{43}^{(2)} & a_{44}^{(2)} \end{pmatrix}$$

记 $\boldsymbol{L}_3=\begin{pmatrix} 1 & 0 & 0 & 0 \\ 0 & 1 & 0 & 0 \\ 0 & 0 & 1 & 0 \\ 0 & 0 & m_{43} & 1 \end{pmatrix}$，这里 $m_{43}=-\dfrac{a_{43}^{(2)}}{a_{33}^{(2)}}$，则有

$$\boldsymbol{L}_3\begin{pmatrix} a_{11} & a_{12} & a_{13} & a_{14} \\ 0 & a_{22}^{(1)} & a_{23}^{(1)} & a_{24}^{(1)} \\ 0 & 0 & a_{33}^{(2)} & a_{34}^{(2)} \\ 0 & 0 & a_{43}^{(2)} & a_{44}^{(2)} \end{pmatrix}=\begin{pmatrix} 1 & 0 & 0 & 0 \\ 0 & 1 & 0 & 0 \\ 0 & 0 & 1 & 0 \\ 0 & 0 & m_{43} & 1 \end{pmatrix}\begin{pmatrix} a_{11} & a_{12} & a_{13} & a_{14} \\ 0 & a_{22}^{(1)} & a_{23}^{(1)} & a_{24}^{(1)} \\ 0 & 0 & a_{33}^{(2)} & a_{34}^{(2)} \\ 0 & 0 & a_{43}^{(2)} & a_{44}^{(2)} \end{pmatrix}$$

$$=\begin{pmatrix} a_{11} & a_{12} & a_{13} & a_{14} \\ 0 & a_{22}^{(1)} & a_{23}^{(1)} & a_{24}^{(1)} \\ 0 & 0 & a_{33}^{(2)} & a_{34}^{(2)} \\ 0 & 0 & 0 & a_{44}^{(3)} \end{pmatrix}$$

因此

$$\boldsymbol{L}_3\boldsymbol{L}_2\boldsymbol{L}_1\boldsymbol{A}=\boldsymbol{U}=\begin{pmatrix} a_{11} & a_{12} & a_{13} & a_{14} \\ 0 & a_{22}^{(1)} & a_{23}^{(1)} & a_{24}^{(1)} \\ 0 & 0 & a_{33}^{(2)} & a_{34}^{(2)} \\ 0 & 0 & 0 & a_{44}^{(3)} \end{pmatrix}$$

令 $\boldsymbol{L}_3\boldsymbol{L}_2\boldsymbol{L}_1=\overline{\boldsymbol{L}}$，则 $\overline{\boldsymbol{L}}$ 是下三角形的，使得

$$\overline{\boldsymbol{L}}\boldsymbol{A}=\boldsymbol{U}$$

再令

$$\boldsymbol{L}=\overline{\boldsymbol{L}}^{-1}=\boldsymbol{L}_1^{-1}\boldsymbol{L}_2^{-1}\boldsymbol{L}_3^{-1}=\begin{pmatrix} 1 & 0 & 0 & 0 \\ m_{21} & 1 & 0 & 0 \\ m_{31} & 0 & 1 & 0 \\ m_{41} & 0 & 0 & 1 \end{pmatrix}^{-1}\begin{pmatrix} 1 & 0 & 0 & 0 \\ 0 & 1 & 0 & 0 \\ 0 & m_{32} & 1 & 0 \\ 0 & m_{42} & 0 & 1 \end{pmatrix}^{-1}\begin{pmatrix} 1 & 0 & 0 & 0 \\ 0 & 1 & 0 & 0 \\ 0 & 0 & 1 & 0 \\ 0 & 0 & m_{43} & 1 \end{pmatrix}^{-1}$$

$$=\begin{pmatrix} 1 & 0 & 0 & 0 \\ -m_{21} & 1 & 0 & 0 \\ -m_{31} & 0 & 1 & 0 \\ -m_{41} & 0 & 0 & 1 \end{pmatrix}\begin{pmatrix} 1 & 0 & 0 & 0 \\ 0 & 1 & 0 & 0 \\ 0 & -m_{32} & 1 & 0 \\ 0 & -m_{42} & 0 & 1 \end{pmatrix}\begin{pmatrix} 1 & 0 & 0 & 0 \\ 0 & 1 & 0 & 0 \\ 0 & 0 & 1 & 0 \\ 0 & 0 & -m_{43} & 1 \end{pmatrix}$$

$$= \begin{pmatrix} 1 & 0 & 0 & 0 \\ -m_{21} & 1 & 0 & 0 \\ -m_{31} & -m_{32} & 1 & 0 \\ -m_{41} & -m_{42} & -m_{43} & 1 \end{pmatrix}$$

于是，$\boldsymbol{A}$ 分解成了一个下三角阵 $\boldsymbol{L}$ 与上三角阵 $\boldsymbol{U}$ 的乘积

$$\boldsymbol{A}=\boldsymbol{LU}$$

本章习题

1. 计算

(1) $(4 \quad 6 \quad 8)\begin{pmatrix} 1 \\ 1 \\ 1 \end{pmatrix}$　　(2) $\begin{pmatrix} 1 \\ 1 \\ 1 \end{pmatrix}(4 \quad 6 \quad 8)$

(3) $\begin{pmatrix} 1 & 2 & 3 \\ 0 & 3 & 5 \\ 0 & 0 & 6 \end{pmatrix}\begin{pmatrix} 5 & 7 & 9 \\ 0 & 10 & 11 \\ 0 & 0 & 12 \end{pmatrix}$　　(4) $\begin{pmatrix} 2 & 1 & 4 & 0 \\ 1 & -1 & 3 & 4 \end{pmatrix}\begin{pmatrix} 1 & 3 & 1 \\ 0 & -1 & 2 \\ 1 & -3 & 1 \\ 4 & 0 & -2 \end{pmatrix}$

2. 证明：若 $\boldsymbol{A}$ 是 n 阶对称矩阵，并且 $\boldsymbol{A}^2=\boldsymbol{O}$，则 $\boldsymbol{A}=\boldsymbol{O}$.
3. 设矩阵 $\boldsymbol{A}$ 与 $\boldsymbol{P}$ 都是 n 阶矩阵，且 $\boldsymbol{A}$ 为对称矩阵，证明：$\boldsymbol{P}^{\mathrm{T}}\boldsymbol{AP}$ 也是对称矩阵.
4. 证明：n 阶矩阵 $\boldsymbol{B}$ 为数量矩阵的充分必要条件为 $\boldsymbol{B}$ 与任何 n 阶矩阵可交换.
5. 设 $\boldsymbol{A}$，$\boldsymbol{B}$，$\boldsymbol{C}$ 都是可逆矩阵，证明

$$(\boldsymbol{ABC})^{-1}=\boldsymbol{C}^{-1}\boldsymbol{B}^{-1}\boldsymbol{A}^{-1}$$

6. 设 $\boldsymbol{A}$，$\boldsymbol{B}$ 都是 n 阶矩阵，判断下列命题是否成立：
   (1) 若 $\boldsymbol{A}$，$\boldsymbol{B}$ 都可逆，则 $\boldsymbol{A}+\boldsymbol{B}$ 也可逆；
   (2) 若 $\boldsymbol{A}$，$\boldsymbol{B}$ 都可逆，则 $\boldsymbol{AB}$ 也可逆；
   (3) 若 $\boldsymbol{AB}$ 可逆，则 $\boldsymbol{A}$，$\boldsymbol{B}$ 都可逆.
7. 求下列矩阵的逆矩阵

(1) $\begin{pmatrix} 1 & 1 & 1 & 1 \\ 1 & 1 & -1 & -1 \\ 1 & -1 & 1 & -1 \\ 1 & -1 & -1 & 1 \end{pmatrix}$　　(2) $\begin{pmatrix} 0 & 0 & 1 & -1 \\ 0 & 3 & 1 & 4 \\ 2 & 7 & 6 & -1 \\ 1 & 2 & 2 & -1 \end{pmatrix}$

8. 设 $\boldsymbol{X}=\begin{pmatrix} \boldsymbol{O} & \boldsymbol{A} \\ \boldsymbol{C} & \boldsymbol{O} \end{pmatrix}$，已知 $\boldsymbol{A}^{-1}$，$\boldsymbol{C}^{-1}$存在，求 $\boldsymbol{X}^{-1}$.
9. 解矩阵方程

$$\begin{pmatrix} 1 & -2 & 0 \\ 4 & -2 & -1 \\ 3 & 1 & 2 \end{pmatrix}\boldsymbol{X}\begin{pmatrix} 3 & -1 & -2 \\ 1 & 0 & -1 \\ -2 & 1 & 4 \end{pmatrix}=\begin{pmatrix} 5 & 0 & -1 \\ 1 & -3 & 0 \\ -2 & 1 & 3 \end{pmatrix}$$

10. 证明：可逆的上（下）三角矩阵的逆矩阵仍是上（下）三角矩阵.
11. 求与矩阵 $\boldsymbol{A}=\begin{pmatrix} 1 & 2 & 1 & -2 \\ 2 & 2 & 0 & -2 \\ 1 & 4 & 3 & -4 \end{pmatrix}$ 等价的行阶梯形矩阵、行最简形矩阵及其等价标准形.

12. 用初等变换法求下列方阵的逆矩阵

（1）$\begin{pmatrix} 0 & 2 & 1 \\ -1 & 1 & 4 \\ 2 & -1 & -3 \end{pmatrix}$　　（2）$\begin{pmatrix} 3 & -2 & 0 & -1 \\ 0 & 2 & 2 & 1 \\ 1 & -2 & -3 & -2 \\ 0 & 1 & 2 & 1 \end{pmatrix}$

13. 利用初等变换求下列矩阵 $\boldsymbol{X}$：$\begin{pmatrix} 1 & 1 & -1 \\ 0 & 2 & 2 \\ 1 & -1 & 0 \end{pmatrix}\boldsymbol{X}=\begin{pmatrix} 1 & -1 & 1 \\ 1 & 1 & 0 \\ 2 & 1 & 1 \end{pmatrix}$.

14. 设 $\boldsymbol{A}$ 为 n 阶方阵，且 $\boldsymbol{A}^2+\boldsymbol{A}=2\boldsymbol{E}$，证明 $r(\boldsymbol{A}-\boldsymbol{E})+r(\boldsymbol{A}-2\boldsymbol{E})=n$.

15. 用矩阵分块法求下列矩阵的乘积

（1）$\begin{pmatrix} 1 & 2 & -1 & 0 \\ -1 & 0 & 1 & 0 \\ 0 & 0 & 0 & 1 \end{pmatrix}\begin{pmatrix} 2 & -1 & 0 \\ 1 & 1 & 0 \\ 3 & 2 & 0 \\ 0 & 0 & 2 \end{pmatrix}$　　（2）$\begin{pmatrix} -1 & 2 & 0 & 0 \\ 3 & 1 & 0 & 0 \\ 0 & 0 & 1 & 2 \\ 0 & 0 & -2 & 1 \end{pmatrix}\begin{pmatrix} 1 & 3 & 0 & 0 \\ 4 & -1 & 0 & 0 \\ 0 & 0 & 2 & 1 \\ 0 & 0 & 3 & 4 \end{pmatrix}$

16. 设 $\boldsymbol{A}=\begin{pmatrix} \boldsymbol{O} & \boldsymbol{C} \\ \boldsymbol{D} & \boldsymbol{O} \end{pmatrix}$，其中 $\boldsymbol{C},\boldsymbol{D}$ 为方阵：

（1）证明：$\boldsymbol{A}$ 可逆的充分必要条件是 $\boldsymbol{C},\boldsymbol{D}$ 可逆；

（2）当 $\boldsymbol{A}$ 可逆时，求 $\boldsymbol{A}^{-1}$；

（3）若

$$\boldsymbol{A}=\begin{pmatrix} 0 & 0 & 5 & 2 \\ 0 & 0 & 2 & 1 \\ 8 & 3 & 0 & 0 \\ 5 & 2 & 0 & 0 \end{pmatrix}$$

求 $\boldsymbol{A}^{-1}$.

17. $\boldsymbol{A},\boldsymbol{B}$ 分别是 $n\times m$, $m\times n$ 矩阵，证明

$$\begin{vmatrix} \boldsymbol{E}_m & \boldsymbol{B} \\ \boldsymbol{A} & \boldsymbol{E}_m \end{vmatrix}=|\boldsymbol{E}_n-\boldsymbol{AB}|=|\boldsymbol{E}_m-\boldsymbol{BA}|$$

18. $\boldsymbol{A},\boldsymbol{B}$ 如上题，$\lambda\neq0$，证明

$$|\lambda\boldsymbol{E}_n-\boldsymbol{AB}|=\lambda^{n-m}|\lambda\boldsymbol{E}_m-\boldsymbol{BA}|$$

19. 设 $\boldsymbol{A},\boldsymbol{B},\boldsymbol{C},\boldsymbol{D}$ 都是 $n\times n$ 矩阵，且 $|\boldsymbol{A}|\neq0$，$\boldsymbol{AC}=\boldsymbol{CA}$，证明

$$\begin{vmatrix} \boldsymbol{A} & \boldsymbol{B} \\ \boldsymbol{C} & \boldsymbol{D} \end{vmatrix}=|\boldsymbol{AD}-\boldsymbol{CB}|$$

20. 设 $\boldsymbol{A}$ 是 $n\times n$ 矩阵，秩$(\boldsymbol{A})=1$，证明

（1）$\boldsymbol{A}=\begin{pmatrix} a_1 \\ a_2 \\ \vdots \\ a_n \end{pmatrix}(b_1\quad b_2\quad\cdots\quad b_n)$；（2）$\boldsymbol{A}^2=k\boldsymbol{A}$.

21. 证明：若 $\boldsymbol{A},\boldsymbol{B}$ 都是 n 阶对称矩阵，则 $\boldsymbol{AB}$ 也是对称矩阵的充分必要条件为 $\boldsymbol{AB}=\boldsymbol{BA}$.

22. 设

$$\boldsymbol{A}=\begin{pmatrix} -1 & 1 & 2 \\ 0 & -1 & 1 \\ 0 & 0 & 1 \end{pmatrix}$$

计算$(\boldsymbol{A}+3\boldsymbol{E})^{-1}(\boldsymbol{A}^2-9\boldsymbol{E})$.

23. 设$\boldsymbol{A}$是$m\times n$阶方阵，$\boldsymbol{C}$是n阶可逆矩阵，矩阵$\boldsymbol{A}$的秩为r，矩阵$\boldsymbol{B}=\boldsymbol{AC}$的秩为$r_1$，证明：$r=r_1$.

24. 设$\boldsymbol{A}$为$m\times n$矩阵，$\boldsymbol{B}$为$n\times s$矩阵，证明

（1）若$r(\boldsymbol{A})=n$，则$r(\boldsymbol{AB})=r(\boldsymbol{B})$；

（2）若$r(\boldsymbol{B})=n$，则$r(\boldsymbol{AB})=r(\boldsymbol{A})$.

3 向　量

1. 理解 n 维向量的概念.

2. 理解向量组线性相关、线性无关的概念，掌握向量组线性相关、线性无关的判别法.

3. 理解向量组等价的概念，理解向量组的秩与矩阵秩的关系.

4. 理解 n 维向量空间的概念，了解内积的定义及性质，理解向量正交的概念，会用施密特(Schmidt) 正交化方法计算向量组的标准正交基.

5. 了解正交矩阵和正交变换的概念和性质.

3.1 n 维向量

3.1.1 n 维向量的概念

定义 3-1 所谓 n 维向量就是由 n 个数组成的有序数组

$$(a_1, a_2, \cdots, a_n)$$

其中，$a_i(i=1, 2, \cdots, n)$ 称为向量的分量（或坐标）.

分量为实数的向量称为实向量，分量为复数的向量称为复向量. 例如$(1, 2, 3, \cdots, n)$ 是 n 维实向量，$(1+2i, 2+3i, \cdots, n+(n+1)i)$ 是 n 维复向量.

n 维向量有广泛的用途.

【例 3-1】 在解析几何中我们已经看到，有些事物的性质不能用一个数来刻画. 例如，刻画一点在平面上的位置需要两个数，一点在空间中的位置需要三个数，也就是要知道它们的坐标，即点的坐标是多元有序数组.

【例 3-2】 n 元方程组的解：一个 n 元方程组的解是由 n 个数组成，而这 n 个数作为方程组的解是一个整体，分开来谈是没有意义的，即 n 元方程组的解是一个 n 元有序数组.

我们一般用小写希腊字母 $\boldsymbol{\alpha}, \boldsymbol{\beta}, \boldsymbol{\gamma}$ 等来代表向量. 常用的向量形式包括行向量和列向量. 行向量 $\boldsymbol{\alpha}$ 的一般表达式为

$$\boldsymbol{\alpha}=(a_1, a_2, \cdots, a_n)$$

$\boldsymbol{\alpha}$ 的转置是列向量，其表达式可写作

$$\boldsymbol{\alpha}^{\mathrm{T}}=\begin{pmatrix} a_1 \\ a_2 \\ \vdots \\ a_n \end{pmatrix}$$

关于行向量和列向量，我们需要注意：

（1）行向量和列向量总被看作两个不同的向量；

（2）行向量和列向量都按照矩阵的运算法则进行运算；

（3）当没有明确说明是行向量还是列向量时，都当作列向量.

解析几何的向量可以认为是 n 维向量 $n=2, 3$ 的特殊情形. 在 $n>3$ 时，n 维向量没有直观的几何意义. 我们仍称它为向量，一方面固然是由于它包括通常的向量作为特殊情形，另一方面也由于它与通常的向量一样可以定义运算，并且有许多运算性质是共同的.

一个 n 元方程

$$a_1x_1+a_2x_2+\cdots+a_nx_n=b$$

可以用 $n+1$ 维向量

$$(a_1, a_2, \cdots, a_n, b)$$

来代表，所谓方程之间的关系实际上就是代表它们的 $n+1$ 个分量之间的关系.

3.1.2 n 维向量的运算

定义 3-2 如果 n 维向量

$$\boldsymbol{\alpha}=(a_1, a_2, \cdots, a_n), \quad \boldsymbol{\beta}=(b_1, b_2, \cdots, b_n)$$

的对应分量都相等，即

$$a_i=b_i \quad (i=1, 2, \cdots, n)$$

就称这两个向量是相等的，记作 $\boldsymbol{\alpha}=\boldsymbol{\beta}$.

定义 3-3 向量

$$\boldsymbol{\gamma}=(a_1+b_1, a_2+b_2, \cdots, a_n+b_n)$$

称为向量

$$\boldsymbol{\alpha}=(a_1, a_2, \cdots, a_n), \quad \boldsymbol{\beta}=(b_1, b_2, \cdots, b_n)$$

的和，记为 $\boldsymbol{\gamma}=\boldsymbol{\alpha}+\boldsymbol{\beta}$.

向量的和满足交换律和结合律：

（1）交换律：$\boldsymbol{\alpha}+\boldsymbol{\beta}=\boldsymbol{\beta}+\boldsymbol{\alpha}$.

（2）结合律：$\boldsymbol{\alpha}+(\boldsymbol{\beta}+\boldsymbol{\gamma})=(\boldsymbol{\alpha}+\boldsymbol{\beta})+\boldsymbol{\gamma}$.

定义 3-4 分量全为零的向量$(0, 0, \cdots, 0)$称为零向量，记为 $\mathbf{0}$；向量$(-a_1, -a_2, \cdots, -a_n)$称为向量 $\boldsymbol{\alpha}=(a_1, a_2, \cdots, a_n)$ 的负向量，记为$-\boldsymbol{\alpha}$.

显然，对于所有的 $\boldsymbol{\alpha}$，都有

$$\boldsymbol{\alpha}+\mathbf{0}=\boldsymbol{\alpha}$$

$$\boldsymbol{\alpha}+(-\boldsymbol{\alpha})=\mathbf{0}$$

根据负向量定义，我们可以定义向量的差:

定义 3-5 两个向量 $\boldsymbol{\alpha}, \boldsymbol{\beta}$ 的差为

$$\boldsymbol{\alpha}-\boldsymbol{\beta}=\boldsymbol{\alpha}+(-\boldsymbol{\beta})$$

定义 3-6 设 k 为一个数，向量

$$(k\boldsymbol{\alpha}_1, k\boldsymbol{\alpha}_2, \cdots, k\boldsymbol{\alpha}_n)$$

称为向量 $\boldsymbol{\alpha}=(a_1, a_2, \cdots, a_n)$ 与数 k 的数量乘积，记为 $k\boldsymbol{\alpha}$.

向量的数量乘积有以下运算律：

$$k(\boldsymbol{\alpha}+\boldsymbol{\beta})=k\boldsymbol{\alpha}+k\boldsymbol{\beta}$$
$$(k+l)\boldsymbol{\alpha}=k\boldsymbol{\alpha}+l\boldsymbol{\alpha}$$
$$k(l\boldsymbol{\alpha})=(kl)\boldsymbol{\alpha}$$
$$1\boldsymbol{\alpha}=\boldsymbol{\alpha},\quad 0\boldsymbol{\alpha}=\boldsymbol{0}$$
$$(-1)\boldsymbol{\alpha}=-\boldsymbol{\alpha},\quad k\boldsymbol{0}=\boldsymbol{0}$$
$$k\boldsymbol{\alpha}\neq\boldsymbol{0}\quad(k\neq 0,\ \boldsymbol{\alpha}\neq\boldsymbol{0})$$

向量的加法和数乘运算满足如下运算律（其中 $\boldsymbol{\alpha},\boldsymbol{\beta},\boldsymbol{\gamma}$ 表示向量，k,l 表示数）：

（1）$(\boldsymbol{\alpha}+\boldsymbol{\beta})+\boldsymbol{\gamma}=\boldsymbol{\alpha}+(\boldsymbol{\beta}+\boldsymbol{\gamma})$；

（2）$\boldsymbol{\alpha}+\boldsymbol{\beta}=\boldsymbol{\beta}+\boldsymbol{\alpha}$;

（3）$\boldsymbol{0}+\boldsymbol{\alpha}=\boldsymbol{\alpha}$;

（4）$\boldsymbol{\alpha}+(-\boldsymbol{\alpha})=(-\boldsymbol{\alpha})+\boldsymbol{\alpha}=\boldsymbol{0}$;

（5）$1\boldsymbol{\alpha}=\boldsymbol{\alpha}$;

（6）$(kl)\boldsymbol{\alpha}=k(l\boldsymbol{\alpha})$；

（7）$(k+l)\boldsymbol{\alpha}=k\boldsymbol{\alpha}+l\boldsymbol{\alpha}$;

（8）$k(\boldsymbol{\alpha}+\boldsymbol{\beta})=k\boldsymbol{\alpha}+k\boldsymbol{\beta}$.

以上 8 条中，(1) 和 (2) 是加法结合律与交换律；(6)~(8) 是数乘的结合律和分配律；(3) 和 (4) 保证加法有逆运算，即若 $\boldsymbol{\alpha}+\boldsymbol{\beta}=\boldsymbol{\gamma}$，则 $\boldsymbol{\alpha}=\boldsymbol{\gamma}+(-\boldsymbol{\beta})$；(5) 和 (6) 保证数量乘法有逆运算，即当 $k\neq 0$ 时，若 $k\boldsymbol{\alpha}=\boldsymbol{\gamma}$，则 $\boldsymbol{\alpha}=\frac{1}{k}\boldsymbol{\gamma}$.

3.2 向量组的线性相关性

3.2.1 向量的线性组合

若干个同维数的列向量（或同维数的行向量）所组成的集合叫做向量组. 例如，矩阵 $\boldsymbol{A}=(a_{ij})_{m\times n}$ 有 n 个 m 维列向量，即

$$\boldsymbol{A}=\begin{pmatrix} a_{11} & a_{12} & \cdots & a_{1j} & \cdots & a_{1n} \\ a_{21} & a_{22} & \cdots & a_{2j} & \cdots & a_{2n} \\ \vdots & \vdots & & \vdots & & \vdots \\ a_{m1} & a_{n2} & \cdots & a_{mj} & \cdots & a_{mn} \end{pmatrix}$$

记每一个 m 维列向量为 $\boldsymbol{a}_i(1\leqslant i\leqslant n)$，向量组 $\boldsymbol{a}_1,\boldsymbol{a}_2,\cdots,\boldsymbol{a}_n$ 称为矩阵 $\boldsymbol{A}$ 的列向量组.

类似地，矩阵 $\boldsymbol{A}=(a_{ij})_{m\times n}$ 有 m 个 n 维行向量，即

$$\boldsymbol{A}=\begin{pmatrix} a_{11} & a_{12} & \cdots & a_{1n} \\ a_{21} & a_{22} & \cdots & a_{2n} \\ \vdots & \vdots & & \vdots \\ a_{i1} & a_{i2} & \cdots & a_{in} \\ \vdots & \vdots & & \vdots \\ a_{m1} & a_{m2} & \cdots & a_{mn} \end{pmatrix}$$

记每一个 n 维行向量为 $\boldsymbol{a}_j^{\mathrm{T}}(1\leqslant j\leqslant m)$，向量组 $\boldsymbol{a}_1^{\mathrm{T}}, \boldsymbol{a}_2^{\mathrm{T}}, \cdots, \boldsymbol{a}_m^{\mathrm{T}}$ 称为矩阵 $\boldsymbol{A}$ 的行向量组.

反之，由有限个向量所组成的向量组可以构成一个矩阵，例如，n 个 m 维列向量 $\boldsymbol{\alpha}_1, \boldsymbol{\alpha}_2, \cdots, \boldsymbol{\alpha}_n$ 构成一个 $m\times n$ 矩阵

$$\boldsymbol{A}=(\boldsymbol{\alpha}_1, \boldsymbol{\alpha}_2, \cdots, \boldsymbol{\alpha}_n)$$

m 个 n 维行向量 $\boldsymbol{\beta}_1, \boldsymbol{\beta}_2, \cdots, \boldsymbol{\beta}_m$ 也构成一个 $m\times n$ 矩阵

$$\boldsymbol{A}=\begin{pmatrix}\boldsymbol{\beta}_1\\ \boldsymbol{\beta}_2\\ \vdots\\ \boldsymbol{\beta}_m\end{pmatrix}$$

定义 3-7 向量 $\boldsymbol{\alpha}$ 称为向量组 $\boldsymbol{\beta}_1, \boldsymbol{\beta}_2, \cdots, \boldsymbol{\beta}_s$ 的一个线性组合，如果存在数 $k_1, k_2, \cdots, k_s$，使

$$\boldsymbol{\alpha}=k_1\boldsymbol{\beta}_1+k_2\boldsymbol{\beta}_2+\cdots+k_s\boldsymbol{\beta}_s$$

这时也称向量 $\boldsymbol{\alpha}$ 可由向量组 $\boldsymbol{\beta}_1, \boldsymbol{\beta}_2, \cdots, \boldsymbol{\beta}_s$ 线性表示. 称 $k_1, k_2, \cdots, k_s$ 为组合系数.

【例 3-3】 设

$$\boldsymbol{\alpha}_1=\begin{pmatrix}1\\0\\0\end{pmatrix},\ \boldsymbol{\alpha}_2=\begin{pmatrix}0\\1\\0\end{pmatrix},\ \boldsymbol{\alpha}_3=\begin{pmatrix}0\\0\\0\end{pmatrix},\ \boldsymbol{\alpha}_4=\begin{pmatrix}1\\1\\0\end{pmatrix},\ \boldsymbol{\alpha}_5=\begin{pmatrix}0\\0\\1\end{pmatrix}$$

判断 $\boldsymbol{\alpha}_3, \boldsymbol{\alpha}_4, \boldsymbol{\alpha}_5$ 能否由 $\boldsymbol{\alpha}_1, \boldsymbol{\alpha}_2$ 线性表示出.

解：（1）$\boldsymbol{\alpha}_3=0\boldsymbol{\alpha}_1+0\boldsymbol{\alpha}_2$，所以 $\boldsymbol{\alpha}_3$ 能由 $\boldsymbol{\alpha}_1, \boldsymbol{\alpha}_2$ 线性表示. 事实上零向量可由任意向量组线性表示.

（2）$\boldsymbol{\alpha}_4=1\boldsymbol{\alpha}_1+1\boldsymbol{\alpha}_2$，所以 $\boldsymbol{\alpha}_4$ 能由 $\boldsymbol{\alpha}_1, \boldsymbol{\alpha}_2$ 线性表示.

（3）$\boldsymbol{\alpha}_5=\lambda\boldsymbol{\alpha}_1+\mu\boldsymbol{\alpha}_2=\lambda\begin{pmatrix}1\\0\\0\end{pmatrix}+\mu\begin{pmatrix}0\\1\\0\end{pmatrix}=\begin{pmatrix}\lambda\\ \mu\\0\end{pmatrix}\neq\begin{pmatrix}0\\0\\1\end{pmatrix}$，$\boldsymbol{\alpha}_5$ 不能由 $\boldsymbol{\alpha}_1, \boldsymbol{\alpha}_2$ 线性表示.

又如，设

$$\boldsymbol{\alpha}_1=(2, -1, 3, 1),\ \boldsymbol{\alpha}_2=(4, -2, 5, 4),\ \boldsymbol{\alpha}_3=(2, -1, 4, -1)$$

则可用 $\boldsymbol{\alpha}_1, \boldsymbol{\alpha}_2$ 表示 $\boldsymbol{\alpha}_3$，即 $\boldsymbol{\alpha}_3=3\boldsymbol{\alpha}_1-\boldsymbol{\alpha}_2$.

n 维单位坐标向量.

设

$$\begin{cases}\boldsymbol{\varepsilon}_1=(1, 0, \cdots, 0)\\ \boldsymbol{\varepsilon}_2=(0, 1, \cdots, 0)\\ \quad\cdots\\ \boldsymbol{\varepsilon}_n=(0, 0, \cdots, 1)\end{cases}$$

称向量 $\boldsymbol{\varepsilon}_1, \boldsymbol{\varepsilon}_2, \cdots, \boldsymbol{\varepsilon}_n$ 为 n 维单位坐标向量.

显然，任一 n 维向量 $\boldsymbol{\alpha}=(a_1, a_2, \cdots, a_n)$ 均可由 n 维单位坐标向量线性表示，因为

$$\boldsymbol{\alpha}=a_1\boldsymbol{\varepsilon}_1+a_2\boldsymbol{\varepsilon}_2+\cdots+a_n\boldsymbol{\varepsilon}_n$$

3.2.2 向量的线性相关与线性无关

（1）定义.

定义 3-8 对于向量组 $\boldsymbol{\alpha}_1,\boldsymbol{\alpha}_2,\cdots,\boldsymbol{\alpha}_s(s\geqslant 1)$，如果存在不全为 0 的数 $k_1,k_2,\cdots,k_s$，使

$$k_1\boldsymbol{\alpha}_1+k_2\boldsymbol{\alpha}_2+\cdots+k_s\boldsymbol{\alpha}_s=\mathbf{0}$$

则称该向量组线性相关.

根据定义易得，由零向量组成的向量组线性相关.

如果向量组不是线性相关的，就称为线性无关的. 换句话说，如果不存在一组不全为 0 的数 $k_1,k_2,\cdots,k_s$，使

$$k_1\boldsymbol{\alpha}_1+k_2\boldsymbol{\alpha}_2+\cdots+k_s\boldsymbol{\alpha}_s=\mathbf{0}$$

就称向量组 $\boldsymbol{\alpha}_1,\boldsymbol{\alpha}_2,\cdots,\boldsymbol{\alpha}_s$ 线性无关. 或者说，如果由

$$k_1\boldsymbol{\alpha}_1+k_2\boldsymbol{\alpha}_2+\cdots+k_s\boldsymbol{\alpha}_s=\mathbf{0}$$

可以推出

$$k_1=k_2=\cdots=k_s=0$$

就称向量组 $\boldsymbol{\alpha}_1,\boldsymbol{\alpha}_2,\cdots,\boldsymbol{\alpha}_s$ 线性无关.

通过以上分析，我们可得出线性无关的 3 个等价定义：

定义 3-9 向量组 $\boldsymbol{\alpha}_1,\boldsymbol{\alpha}_2,\cdots,\boldsymbol{\alpha}_s(s\geqslant 1)$ 称为线性无关的，以下定义等价：

1）不存在不全为 0 的数 $k_1,k_2,\cdots,k_m$，使

$$k_1\boldsymbol{\alpha}_1+k_2\boldsymbol{\alpha}_2+\cdots+k_m\boldsymbol{\alpha}_m=\mathbf{0}$$

2）对任意一组不全为 0 的数 $k_1,k_2,\cdots,k_m$，都有

$$k_1\boldsymbol{\alpha}_1+k_2\boldsymbol{\alpha}_2+\cdots+k_m\boldsymbol{\alpha}_m\neq\mathbf{0}$$

3）如果 $k_1\boldsymbol{\alpha}_1+k_2\boldsymbol{\alpha}_2+\cdots+k_m\boldsymbol{\alpha}_m=\mathbf{0}$，则 $k_1=k_2=\cdots=k_m=0$.

【例 3-4】 考虑向量组

$$\boldsymbol{\alpha}_1=\begin{pmatrix}1\\-1\\2\end{pmatrix},\ \boldsymbol{\alpha}_2=\begin{pmatrix}3\\-3\\6\end{pmatrix}$$

因为

$$-3\boldsymbol{\alpha}_1+\boldsymbol{\alpha}_2=-3\begin{pmatrix}1\\-1\\2\end{pmatrix}+\begin{pmatrix}3\\-3\\6\end{pmatrix}=\begin{pmatrix}-3\\3\\-6\end{pmatrix}+\begin{pmatrix}3\\-3\\6\end{pmatrix}=\mathbf{0}$$

所以线性相关.

定理 3-1 向量组 $\boldsymbol{\alpha}_1,\boldsymbol{\alpha}_2,\cdots,\boldsymbol{\alpha}_m(m\geqslant 2)$ 线性相关的充分必要条件是其中至少有一个向量可由其余向量线性表示.

证明：充分性：若有一个向量可由其余向量线性表示，不失一般性，设 $\boldsymbol{\alpha}_m$ 能由其余向量线性表示，即

$$\boldsymbol{\alpha}_m=\lambda_1\boldsymbol{\alpha}_1+\lambda_2\boldsymbol{\alpha}_2+\cdots+\lambda_{m-1}\boldsymbol{\alpha}_{m-1}$$

则有

$$\lambda_1\boldsymbol{\alpha}_1+\lambda_2\boldsymbol{\alpha}_2+\cdots+\lambda_{m-1}\boldsymbol{\alpha}_{m-1}+(-1)\boldsymbol{\alpha}_m=\mathbf{0}$$

而 $\lambda_1,\lambda_2,\cdots,\lambda_{m-1},-1$ 这 m 个数不全为 0，故 $\boldsymbol{\alpha}_1,\boldsymbol{\alpha}_2,\cdots,\boldsymbol{\alpha}_m$ 线性相关.

必要性：向量组 $\boldsymbol{\alpha}_1,\boldsymbol{\alpha}_2,\cdots,\boldsymbol{\alpha}_m$ 线性相关，则有不全为 0 的数 $\lambda_1,\lambda_2,\cdots,\lambda_{m-1},\lambda_m$ 使得

$$\lambda_1\boldsymbol{\alpha}_1+\lambda_2\boldsymbol{\alpha}_2+\cdots+\lambda_{m-1}\boldsymbol{\alpha}_{m-1}+\lambda_m\boldsymbol{\alpha}_m=\mathbf{0}$$

不妨设 $\lambda_m\neq 0$，则由上式得

$$\boldsymbol{\alpha}_m=\left(-\frac{\lambda_1}{\lambda_m}\right)\boldsymbol{\alpha}_1+\left(-\frac{\lambda_2}{\lambda_m}\right)\boldsymbol{\alpha}_2+\cdots+\left(-\frac{\lambda_{m-1}}{\lambda_m}\right)\boldsymbol{\alpha}_{m-1}$$

这说明 $\boldsymbol{\alpha}_m$ 能由其余向量线性表示.

（2）几何空间中向量组的线性相关性.

根据定理 3-1，我们应用在几何空间中，可得如下两个直观的推论.

推论 3-1　在几何空间中，两向量 $\boldsymbol{a},\boldsymbol{b}$ 共线的充分必要条件是它们线性相关.

二维几何空间中，由两个二维向量构成的向量组 $\boldsymbol{A}:\boldsymbol{a}_1,\boldsymbol{a}_2$ 线性相关的几何意义是 $\boldsymbol{a}_1$，$\boldsymbol{a}_2$ 共线，如图 3-1 所示. 在给定直线 $y=2x$ 上取三点 M_1,M_2,M_3，作三个向量：$\boldsymbol{a}_1=\overrightarrow{OM_1}=(1,2)$，$\boldsymbol{a}_2=\overrightarrow{OM_2}=(2,4)$，$\boldsymbol{a}_3=\overrightarrow{OM_3}=(3,6)$，显然，这三个向量中的任意两个向量构成的向量组都是线性相关的.

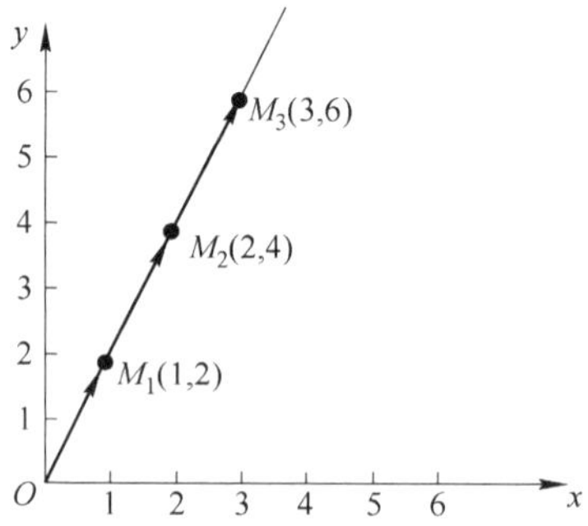

图 3-1　两个二维向量线性相关

推论 3-2　在几何空间中，三向量 $\boldsymbol{a},\boldsymbol{b},\boldsymbol{c}$ 共面的充分必要条件是它们线性相关.

三维几何空间中，由三个三维向量构成的向量组线性相关的几何意义是这三个向量共面. 如图 3-2 所示，给定平面

$$\boldsymbol{\pi}: x+y+z=3$$

在 $\boldsymbol{\pi}$ 上取四点 $M_1(1,1,1)$，$M_2(2,0,1)$，$M_3(0,2,1)$，$R(0,0,3)$，作三个向量：$\boldsymbol{a}_1=\overrightarrow{RM_1}=(1,1,-2)$，$\boldsymbol{a}_2=\overrightarrow{RM_2}=(2,0,-2)$，$\boldsymbol{a}_3=\overrightarrow{RM_3}=(0,2,-2)$.

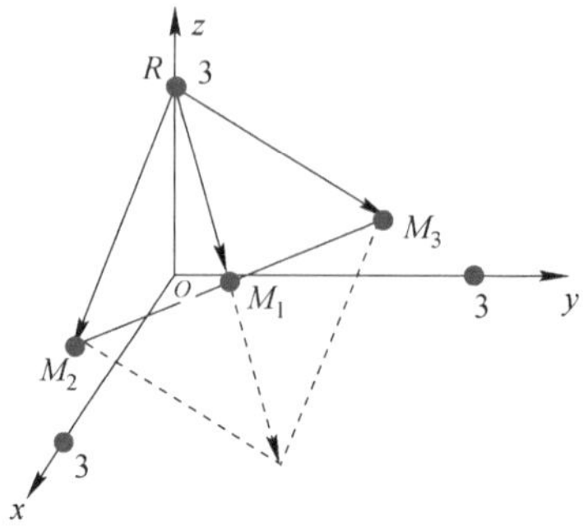

彩色原图

图 3-2　三个三维向量线性相关

因为 $2\boldsymbol{a}_1-\boldsymbol{a}_2-\boldsymbol{a}_3=\mathbf{0}$，向量组 $\boldsymbol{a}_1,\boldsymbol{a}_2,\boldsymbol{a}_3$ 线性相关.

【例 3-5】 在几何空间中，如果向量 $\boldsymbol{a},\boldsymbol{b}$ 不共线，且 $\boldsymbol{c}=a_1\boldsymbol{a}+a_2\boldsymbol{b}$，$\boldsymbol{d}=b_1\boldsymbol{a}+b_2\boldsymbol{b}$，那么 $\boldsymbol{c},\boldsymbol{d}$ 两向量共线的充分必要条件是 $\begin{vmatrix} a_1 & a_2 \\ b_1 & b_2 \end{vmatrix}=0$.

（3）用定义判别线性相关性.

【例 3-6】 判别 n 维单位坐标向量组

$$\boldsymbol{\varepsilon}_1=(1,0,\cdots,0)$$
$$\boldsymbol{\varepsilon}_2=(0,1,\cdots,0)$$
$$\cdots$$
$$\boldsymbol{\varepsilon}_n=(0,0,\cdots,1)$$

的线性相关性.

解：设有 n 个数 $k_1,k_2,\cdots,k_n$，使 $k_1\boldsymbol{\varepsilon}_1+k_2\boldsymbol{\varepsilon}_2+\cdots+k_n\boldsymbol{\varepsilon}_n=\mathbf{0}$，即

$$k_1(1,0,\cdots,0)+k_2(0,1,\cdots,0)+\cdots+k_n(0,0,\cdots,1)=(k_1,k_2,\cdots,k_n)=(0,0,\cdots,0)$$

可得

$$k_1=k_2=\cdots=k_n=0$$

所以 $\boldsymbol{\varepsilon}_1,\boldsymbol{\varepsilon}_2,\cdots,\boldsymbol{\varepsilon}_n$ 线性无关.

【例 3-7】 判断向量组：

$$\boldsymbol{\alpha}_1=(2,-1,3,1),\boldsymbol{\alpha}_2=(4,-2,5,4),\boldsymbol{\alpha}_3=(2,-1,4,-1)$$

的线性相关性.

解：设有 3 个数 x_1,x_2,x_3 使

$$x_1\boldsymbol{\alpha}_1+x_2\boldsymbol{\alpha}_2+x_3\boldsymbol{\alpha}_3=\mathbf{0}$$

这个式子对应的线性方程组为

$$\begin{cases} 2x_1+4x_2+2x_3=0 \\ -x_1-2x_2-x_3=0 \\ 3x_1+5x_2+4x_3=0 \\ x_1+4x_2-x_3=0 \end{cases}$$

可证它有无穷多解，当然有非零解. 故向量组 $\boldsymbol{\alpha}_1,\boldsymbol{\alpha}_2,\boldsymbol{\alpha}_3$ 线性相关.

由上述两个例子，可以得到用定义 3-8 判别向量组

$$\boldsymbol{\alpha}_i=(a_{i1},a_{i2},\cdots,a_{in})\quad(i=1,2,\cdots,s)$$

的线性相关性的方法. 即

设有 s 个数 $x_1,x_2,\cdots,x_s$，使

$$x_1\boldsymbol{\alpha}_1+x_2\boldsymbol{\alpha}_2+\cdots+x_s\boldsymbol{\alpha}_s=\mathbf{0}$$

该向量方程所对应的线性方程组为

$$\begin{cases} a_{11}x_1+a_{21}x_2+\cdots+a_{s1}x_s=0 \\ a_{12}x_1+a_{22}x_2+\cdots+a_{s2}x_s=0 \\ \cdots \\ a_{n}x_1+a_{2n}x_2+\cdots+a_{sn}x_s=0 \end{cases}$$

若有非零解，则向量组 $\boldsymbol{\alpha}_1, \boldsymbol{\alpha}_2, \cdots, \boldsymbol{\alpha}_s$ 线性相关；若只有零解，则向量组 $\boldsymbol{\alpha}_1, \boldsymbol{\alpha}_2, \cdots, \boldsymbol{\alpha}_s$ 线性无关.

（4）向量组与其部分组的线性相关性的关系.

定理 3-2 如果向量组的一个部分组线性相关，那么这个向量组就线性相关；反之，如果向量组线性无关，那么它的任何一个非空的部分组也线性无关.

证明：1）不妨设向量组 $\boldsymbol{\alpha}_1, \boldsymbol{\alpha}_2, \cdots, \boldsymbol{\alpha}_s, \cdots, \boldsymbol{\alpha}_r (s \leqslant r)$ 的一个部分组 $\boldsymbol{\alpha}_1, \boldsymbol{\alpha}_2, \cdots, \boldsymbol{\alpha}_s$ 线性相关，即有不全为 0 的数 $k_1, k_2, \cdots, k_s$，使 $k_1\boldsymbol{\alpha}_1 + k_2\boldsymbol{\alpha}_2 + \cdots + k_s\boldsymbol{\alpha}_s = \mathbf{0}$. 则显然有

$$k_1\boldsymbol{\alpha}_1 + k_2\boldsymbol{\alpha}_2 + \cdots + k_s\boldsymbol{\alpha}_s + 0\boldsymbol{\alpha}_{s+1} + \cdots + 0\boldsymbol{\alpha}_r = \mathbf{0}$$

因为 $k_1, k_2, \cdots, k_s$ 不全为 0，所以 $k_1, k_2, \cdots, k_s, 0, \cdots, 0$ 也不全为 0，因而 $\boldsymbol{\alpha}_1, \boldsymbol{\alpha}_2, \cdots, \boldsymbol{\alpha}_s, \cdots, \boldsymbol{\alpha}_r$ 线性相关.

2）设 $\boldsymbol{\alpha}_1, \boldsymbol{\alpha}_2, \cdots, \boldsymbol{\alpha}_s, \cdots, \boldsymbol{\alpha}_r$ 线性无关，不妨假设它的一个部分组 $\boldsymbol{\alpha}_1, \boldsymbol{\alpha}_2, \cdots, \boldsymbol{\alpha}_s$ 线性相关，由 1) 已证的结论知 $\boldsymbol{\alpha}_1, \boldsymbol{\alpha}_2, \cdots, \boldsymbol{\alpha}_s, \cdots, \boldsymbol{\alpha}_r$ 线性相关，这与 $\boldsymbol{\alpha}_1, \boldsymbol{\alpha}_2, \cdots, \boldsymbol{\alpha}_s, \cdots, \boldsymbol{\alpha}_r$ 线性无关矛盾，所以它的任何一个非空的部分组都是线性无关的.

（5）三类特殊向量组的线性相关性.

基于定义 3-8，我们可得 3 类特殊向量组线性相关性的结论：

1）由一个向量构成的向量组 $\boldsymbol{A}: \boldsymbol{\alpha}$ 线性相关的充分必要条件是 $\boldsymbol{\alpha} = \mathbf{0}$.

2）由两个向量构成的向量组 $\boldsymbol{A}: \boldsymbol{\alpha}_1, \boldsymbol{\alpha}_2$ 线性相关的充分必要条件是 $\boldsymbol{\alpha}_1, \boldsymbol{\alpha}_2$ 的分量对应成比例.

3）如果向量组中含有零向量，根据定义可得此向量组线性相关.

含有两个分量对应成比例向量的向量组线性相关. 如向量组

$$\boldsymbol{\alpha}_1 = \begin{pmatrix} 1 \\ -1 \\ 2 \end{pmatrix}, \quad \boldsymbol{\alpha}_2 = \begin{pmatrix} 3 \\ -3 \\ 6 \end{pmatrix}$$

因为

$$-3\boldsymbol{\alpha}_1 + \boldsymbol{\alpha}_2 = -3\begin{pmatrix} 1 \\ -1 \\ 2 \end{pmatrix} + \begin{pmatrix} 3 \\ -3 \\ 6 \end{pmatrix} = \begin{pmatrix} -3 \\ 3 \\ -6 \end{pmatrix} + \begin{pmatrix} 3 \\ -3 \\ 6 \end{pmatrix} = \mathbf{0}$$

所以线性相关. 而这两个向量的对应分量的比都是$\dfrac{1}{3}$.

（6）线性相关性的判别定理.

定理 3-3（判别定理 1） 设向量组

$$\boldsymbol{\alpha}_i = (a_{i1}, a_{i2}, \cdots, a_{in}) \quad (i = 1, 2, \cdots, s)$$

线性无关，那么在每一个向量上添加一个分量所得到的 $n+1$ 维的向量组

$$\boldsymbol{\beta}_i = (a_{i1}, a_{i2}, \cdots, a_{in}, a_{i,n+1}) \quad (i = 1, 2, \cdots, s)$$

也线性无关.

证明：因为向量组

$$\boldsymbol{\alpha}_i = (a_{i1}, a_{i2}, \cdots, a_{in}) \quad (i = 1, 2, \cdots, s)$$

线性无关，所以它对应的线性方程组

$$\begin{cases} a_{11}x_1+a_{21}x_2+\cdots+a_{s1}x_s=0 \\ a_{12}x_1+a_{22}x_2+\cdots+a_{s2}x_s=0 \\ \cdots \\ a_{1n}x_1+a_{2n}x_2+\cdots+a_{sn}x_s=0 \end{cases} \tag{3-1}$$

只有零解. 要证向量组

$$\boldsymbol{\beta}_i=(a_{i1}, a_{i2}, \cdots, a_{in}, a_{i,n+1}) \quad (i=1, 2, \cdots, s)$$

线性无关, 只需证明它对应的线性方程组

$$\begin{cases} a_{11}x_1+a_{21}x_2+\cdots+a_{s1}x_s=0 \\ a_{12}x_1+a_{22}x_2+\cdots+a_{s2}x_s=0 \\ \cdots \\ a_{1n}x_1+a_{2n}x_2+\cdots+a_{sn}x_s=0 \\ a_{1,n+1}x_1+a_{2,n+1}x_2+\cdots+a_{s,n+1}x_s=0 \end{cases} \tag{3-2}$$

只有零解. 因为方程组 (3-2) 中的前 n 个方程即为方程组 (3-1), 所以方程组 (3-2) 的解全是方程组 (3-1) 的解, 方程组 (3-1) 只有零解, 因而方程组 (3-2) 也只有零解.

推论 3-3 n 维向量组的每个向量加上 r 个分量构成 $n+r$ 维向量组. 若 n 维向量组线性无关, 则 $n+r$ 维向量组也线性无关. 若 $n+r$ 维向量组线性相关, 则 n 维向量组也线性相关.

定理 3-4 若向量组 $\boldsymbol{\alpha}_1, \boldsymbol{\alpha}_2, \cdots, \boldsymbol{\alpha}_m$ 线性无关, 而 $\boldsymbol{\alpha}_1, \boldsymbol{\alpha}_2, \cdots, \boldsymbol{\alpha}_m, \boldsymbol{\beta}$ 线性相关, 则 $\boldsymbol{\beta}$ 可由 $\boldsymbol{\alpha}_1, \boldsymbol{\alpha}_2, \cdots, \boldsymbol{\alpha}_m$ 线性表示, 且表示式是唯一的.

证明: 首先证明可线性表示. 因为 $\boldsymbol{\alpha}_1, \boldsymbol{\alpha}_2, \cdots, \boldsymbol{\alpha}_m, \boldsymbol{\beta}$ 线性相关, 所以存在不全为 0 的 $k_1, \cdots, k_m, k$, 使得

$$k_1\boldsymbol{\alpha}_1+\cdots+k_m\boldsymbol{\alpha}_m+k\boldsymbol{\beta}=\mathbf{0} \tag{3-3}$$

今证明 $k\neq 0$. 若 $k=0$, 则由 $k_1, \cdots, k_m, k$ 不全为 0 可知, 至少有一个 $k_i\neq 0$ 使

$$k_1\boldsymbol{\alpha}_1+\cdots+k_m\boldsymbol{\alpha}_m+k\boldsymbol{\beta}=\mathbf{0}$$

这就表明 $\boldsymbol{\alpha}_1, \boldsymbol{\alpha}_2, \cdots, \boldsymbol{\alpha}_m$ 线性相关, 与假设矛盾, 故 $k\neq 0$. 这样, 从式 (3-3) 就得到

$$\boldsymbol{\beta}=-\frac{k_1}{k}\boldsymbol{\alpha}_1-\cdots-\frac{k_m}{k}\boldsymbol{\alpha}_m$$

因此, $\boldsymbol{\beta}$ 可由 $\boldsymbol{\alpha}_1, \boldsymbol{\alpha}_2, \cdots, \boldsymbol{\alpha}_m$ 线性表示.

然后证明表示式唯一. 若有两个表示式

$$\boldsymbol{\beta}=k_1\boldsymbol{\alpha}_1+\cdots+k_m\boldsymbol{\alpha}_m, \quad \boldsymbol{\beta}=l_1\boldsymbol{\alpha}_1+\cdots+l_m\boldsymbol{\alpha}_m$$

两式相减就得到

$$(k_1-l_1)\boldsymbol{\alpha}_1+\cdots+(k_m-l_m)\boldsymbol{\alpha}_m=\mathbf{0}$$

因为 $\boldsymbol{\alpha}_1, \boldsymbol{\alpha}_2, \cdots, \boldsymbol{\alpha}_m$ 线性无关, 所以

$$k_1-l_1=0, \cdots, k_m-l_m=0$$

即

$$k_1=l_1, \cdots, k_m=l_m$$

就是说, $\boldsymbol{\beta}$ 的表示式唯一.

【例 3-8】 讨论下列向量组的线性相关性, 对于线性相关的向量组, 找出其中的一个

向量，使得这个向量可由其他的向量线性表示，并写出它的表达式.

1）$\boldsymbol{\alpha}_1=(1,-2,3)$，$\boldsymbol{\alpha}_2=(2,1,0)$，$\boldsymbol{\alpha}_3=(1,-7,9)$；

2）$\boldsymbol{\alpha}_1=(1,1,1,1)$，$\boldsymbol{\alpha}_2=(a,b,c,d)$，$\boldsymbol{\alpha}_3=(a^2,b^2,c^2,d^2)$，$\boldsymbol{\alpha}_4=(a^3,b^3,c^3,d^3)$.
其中 a,b,c,d 是互不相等的数.

解：1）$\boldsymbol{\alpha}_2=3\boldsymbol{\alpha}_1-\boldsymbol{\alpha}_3$，故向量组线性相关.

2）$\boldsymbol{\alpha}_1,\boldsymbol{\alpha}_2,\boldsymbol{\alpha}_3,\boldsymbol{\alpha}_4$ 对应的线性方程组为

$$\begin{cases}x_1+ax_2+a^2x_3+a^3x_4=0\\x_1+bx_2+b^2x_3+b^3x_4=0\\x_1+cx_2+c^2x_3+c^3x_4=0\\x_1+dx_2+d^2x_3+d^3x_4=0\end{cases}$$

其系数行列式为范德蒙行列式

$$D=\begin{vmatrix}1&a&a^2&a^3\\1&b&b^2&b^3\\1&c&c^2&c^3\\1&d&d^2&d^3\end{vmatrix}=(b-a)(c-a)(d-a)(c-b)(d-b)(d-c)$$

因为 a,b,c,d 是互不相等的数，所以 $D\neq 0$，所以此方程组只有零解，故向量组线性无关.

3.3　向量组的秩

3.3.1　向量组等价

定义 3-10　如果向量组 $\boldsymbol{\alpha}_1,\boldsymbol{\alpha}_2,\cdots,\boldsymbol{\alpha}_t$ 中每一个向量 $\boldsymbol{\alpha}_i(i=1,2,\cdots,t)$ 都可以经向量组 $\boldsymbol{\beta}_1,\boldsymbol{\beta}_2,\cdots,\boldsymbol{\beta}_s$ 线性表示，那么向量组 $\boldsymbol{\alpha}_1,\boldsymbol{\alpha}_2,\cdots,\boldsymbol{\alpha}_t$ 就称为可以经向量组 $\boldsymbol{\beta}_1,\boldsymbol{\beta}_2,\cdots,\boldsymbol{\beta}_s$ 线性表示. 如果两个向量组互相可以线性表示，它们就称为等价.

例如，设

$$\boldsymbol{\alpha}_1=(1,1,1),\ \boldsymbol{\alpha}_2=(1,2,0)$$
$$\boldsymbol{\beta}_1=(1,0,2),\ \boldsymbol{\beta}_2=(0,1,-1)$$

因为

$$\boldsymbol{\alpha}_1=\boldsymbol{\beta}_1+\boldsymbol{\beta}_2,\ \boldsymbol{\alpha}_2=\boldsymbol{\beta}_1+2\boldsymbol{\beta}_2$$
$$\boldsymbol{\beta}_1=2\boldsymbol{\alpha}_1-\boldsymbol{\alpha}_2,\ \boldsymbol{\beta}_2=-\boldsymbol{\alpha}_1+\boldsymbol{\alpha}_2$$

即它们可相互线性表示，故向量组 $\boldsymbol{\alpha}_1,\boldsymbol{\alpha}_2$ 与向量组 $\boldsymbol{\beta}_1,\boldsymbol{\beta}_2$ 等价.

性质 3-1　等价向量组具有以下性质：

（1）反身性：每一个向量组都与它自身等价.

（2）对称性：如果向量组 $\boldsymbol{\alpha}_1,\boldsymbol{\alpha}_2,\cdots,\boldsymbol{\alpha}_t$ 与 $\boldsymbol{\beta}_1,\boldsymbol{\beta}_2,\cdots,\boldsymbol{\beta}_s$ 等价，那么向量组 $\boldsymbol{\beta}_1,\boldsymbol{\beta}_2,\cdots,\boldsymbol{\beta}_s$ 也与 $\boldsymbol{\alpha}_1,\boldsymbol{\alpha}_2,\cdots,\boldsymbol{\alpha}_t$ 等价.

（3）传递性：如果向量组 $\boldsymbol{\alpha}_1,\boldsymbol{\alpha}_2,\cdots,\boldsymbol{\alpha}_t$ 与 $\boldsymbol{\beta}_1,\boldsymbol{\beta}_2,\cdots,\boldsymbol{\beta}_s$ 等价，$\boldsymbol{\beta}_1,\boldsymbol{\beta}_2,\cdots,\boldsymbol{\beta}_s$ 与 $\boldsymbol{\gamma}_1,\boldsymbol{\gamma}_2,\cdots,\boldsymbol{\gamma}_p$ 等价，那么向量组 $\boldsymbol{\alpha}_1,\boldsymbol{\alpha}_2,\cdots,\boldsymbol{\alpha}_t$ 与 $\boldsymbol{\gamma}_1,\boldsymbol{\gamma}_2,\cdots,\boldsymbol{\gamma}_p$ 等价.

证明：性质（1）和（2）显然，这里仅证明传递性.

因为向量组 $\boldsymbol{\alpha}_1,\boldsymbol{\alpha}_2,\cdots,\boldsymbol{\alpha}_t$ 与向量组 $\boldsymbol{\beta}_1,\boldsymbol{\beta}_2,\cdots,\boldsymbol{\beta}_s$ 等价，所以向量组 $\boldsymbol{\alpha}_1,\boldsymbol{\alpha}_2,\cdots,\boldsymbol{\alpha}_t$ 中的每一个向量均可由向量组 $\boldsymbol{\beta}_1,\boldsymbol{\beta}_2,\cdots,\boldsymbol{\beta}_s$ 线性表示，即

$$\boldsymbol{\alpha}_i=\sum_{j=1}^{s}k_{ij}\boldsymbol{\beta}_j\quad(i=1,2,\cdots,t)\tag{3-4}$$

又因为向量组 $\boldsymbol{\beta}_1,\boldsymbol{\beta}_2,\cdots,\boldsymbol{\beta}_s$ 与向量组 $\boldsymbol{\gamma}_1,\boldsymbol{\gamma}_2,\cdots,\boldsymbol{\gamma}_p$ 等价，所以向量组 $\boldsymbol{\beta}_1,\boldsymbol{\beta}_2,\cdots,\boldsymbol{\beta}_s$ 中每一个向量均可向量组 $\boldsymbol{\gamma}_1,\boldsymbol{\gamma}_2,\cdots,\boldsymbol{\gamma}_p$ 线性表示，即

$$\boldsymbol{\beta}_j=\sum_{m=1}^{p}l_{jm}\boldsymbol{\gamma}_m\quad(j=1,2,\cdots,s)\tag{3-5}$$

把式（3-5）代入式（3-4）得到

$$\boldsymbol{\alpha}_i=\sum_{j=1}^{s}k_{ij}\boldsymbol{\beta}_j=\sum_{j=1}^{s}k_{ij}\sum_{m-1}^{p}l_{jm}\boldsymbol{\gamma}_m=\sum_{m=1}^{p}\Big(\sum_{j=1}^{s}k_{ij}l_{jm}\Big)\boldsymbol{\gamma}_m\quad(i=1,2,\cdots,t)$$

这就是说，向量组 $\boldsymbol{\alpha}_1,\boldsymbol{\alpha}_2,\cdots,\boldsymbol{\alpha}_t$ 中每一个向量都可以经向量组 $\boldsymbol{\gamma}_1,\boldsymbol{\gamma}_2,\cdots,\boldsymbol{\gamma}_p$ 线性表示，因而向量组 $\boldsymbol{\alpha}_1,\boldsymbol{\alpha}_2,\cdots,\boldsymbol{\alpha}_t$ 可以经向量组 $\boldsymbol{\gamma}_1,\boldsymbol{\gamma}_2,\cdots,\boldsymbol{\gamma}_p$ 线性表示. 同理可证向量组 $\boldsymbol{\gamma}_1,\boldsymbol{\gamma}_2,\cdots,\boldsymbol{\gamma}_p$ 可以经向量组 $\boldsymbol{\alpha}_1,\boldsymbol{\alpha}_2,\cdots,\boldsymbol{\alpha}_t$ 线性表示. 所以，向量组 $\boldsymbol{\alpha}_1,\boldsymbol{\alpha}_2,\cdots,\boldsymbol{\alpha}_t$ 与向量组 $\boldsymbol{\gamma}_1,\boldsymbol{\gamma}_2,\cdots,\boldsymbol{\gamma}_p$ 等价.

为了得到下面的判别定理，首先我们需要引入如下引理.

引理 3-1 在齐次线性方程组

$$\begin{cases}a_{11}x_1+a_{21}x_2+\cdots+a_{1n}x_n=0\\a_{21}x_1+a_{22}x_2+\cdots+a_{2n}x_n=0\\\qquad\cdots\\a_{s1}x_1+a_{s2}x_2+\cdots+a_{sn}x_n=0\end{cases}$$

中，如果 $s<n$，那么它必有非零解.

该引理在定理 4-1 处予以证明.

定理 3-5（判别定理 2） 设 $\boldsymbol{A}:\boldsymbol{\alpha}_1,\boldsymbol{\alpha}_2,\cdots,\boldsymbol{\alpha}_r$ 与 $\boldsymbol{B}:\boldsymbol{\beta}_1,\boldsymbol{\beta}_2,\cdots,\boldsymbol{\beta}_s$ 是两个向量组. 如果：

（1）向量组 $\boldsymbol{A}$ 可以经向量组 $\boldsymbol{B}$ 线性表示；

（2）$\boldsymbol{A}$ 组向量的个数 r 大于 $\boldsymbol{B}$ 组向量的个数 s，即 $r>s$.

那么 $\boldsymbol{A}$ 组向量 $\boldsymbol{\alpha}_1,\boldsymbol{\alpha}_2,\cdots,\boldsymbol{\alpha}_r$ 必线性相关.

证明：由于向量组 $\boldsymbol{A}$ 可以经向量组 $\boldsymbol{B}$ 线性表示，所以有

$$\boldsymbol{\alpha}_i=\sum_{j=1}^{s}t_{ij}\boldsymbol{\beta}_j\quad(i=1,2,\cdots,r)$$

为了证明 $\boldsymbol{\alpha}_1,\boldsymbol{\alpha}_2,\cdots,\boldsymbol{\alpha}_r$ 线性相关，只要可以找到不全为 0 的数 $k_1,k_2,\cdots,k_r$，使

$$k_1\boldsymbol{\alpha}_1+k_2\boldsymbol{\alpha}_2+\cdots+k_r\boldsymbol{\alpha}_r=\boldsymbol{0}$$

为此，作线性组合

$$x_1\boldsymbol{\alpha}_1+x_2\boldsymbol{\alpha}_2+\cdots+x_r\boldsymbol{\alpha}_r=\sum_{i=1}^{r}x_i\sum_{j=1}^{s}t_{ji}\boldsymbol{\beta}_j=\sum_{i=1}^{r}\sum_{j=1}^{s}t_{ji}x_i\boldsymbol{\beta}_j=\sum_{j=1}^{s}\left(\sum_{i=1}^{r}t_{ji}x_i\right)\boldsymbol{\beta}_j$$

如果能找到不全为 0 的数 $x_1, x_2, \cdots, x_r$，使 $\boldsymbol{\beta}_1,\boldsymbol{\beta}_2,\cdots,\boldsymbol{\beta}_s$ 的系数全为 0，那就证明了 $\boldsymbol{\alpha}_1,\boldsymbol{\alpha}_2,\cdots,\boldsymbol{\alpha}_r$ 的线性相关性. 为此，令 $\boldsymbol{\beta}_1,\boldsymbol{\beta}_2,\cdots,\boldsymbol{\beta}_s$ 的系数全为 0，得齐次线性方程组

$$\begin{cases}t_{11}x_1+t_{12}x_2+\cdots+t_{1r}x_r=0\\t_{21}x_1+t_{22}x_2+\cdots+t_{2r}x_r=0\\\qquad\cdots\\t_{s1}x_1+t_{s2}x_2+\cdots+t_{sr}x_r=0\end{cases}$$

由于 $r>s$，即未知量的个数大于方程的个数，根据引理 3-1，它有非零解.

由定理 3-5，我们得出如下两个推论：

推论 3-4 如果向量组 $\boldsymbol{\alpha}_1,\boldsymbol{\alpha}_2,\cdots,\boldsymbol{\alpha}_r$ 可以经向量组 $\boldsymbol{\beta}_1,\boldsymbol{\beta}_2,\cdots,\boldsymbol{\beta}_s$ 线性表示，且 $\boldsymbol{\alpha}_1,\boldsymbol{\alpha}_2,\cdots,\boldsymbol{\alpha}_r$ 线性无关，那么 $r\leqslant s$.

推论 3-5 任意 $n+1$ 个 n 维向量必线性相关.

证明：因为每个 n 维向量都可以被 n 维单位向量 $\boldsymbol{\varepsilon}_1,\boldsymbol{\varepsilon}_2,\cdots,\boldsymbol{\varepsilon}_n$ 线性表示，且 $n+1>n$，所以必线性相关.

由推论 3-4，可得：

推论 3-6 两个线性无关的等价向量组，必含有相同个数的向量.

3.3.2 极大线性无关组

定义 3-11 向量组的一个部分组称为一个极大线性无关组，如果这个部分组本身是线性无关的，并且从这向量组中任意添一个向量（如果存在）所得的部分向量组都线性相关.

由定义 3-11 可得，线性无关的向量组的极大线性无关组就是这个向量组自身.

【例 3-9】 设有向量组

$$\boldsymbol{\alpha}_1=(2,-1,3,1),\ \boldsymbol{\alpha}_2=(4,-2,5,4),\ \boldsymbol{\alpha}_3=(2,-1,4,-1)$$

验证部分组 $\boldsymbol{\alpha}_1,\boldsymbol{\alpha}_2$、$\boldsymbol{\alpha}_2,\boldsymbol{\alpha}_3$、$\boldsymbol{\alpha}_1,\boldsymbol{\alpha}_3$ 都是它的极大线性无关组.

解：因为两个向量构成的向量组线性相关的充分必要条件是它们的分量对应成比例，而向量组 $\boldsymbol{\alpha}_1,\boldsymbol{\alpha}_2,\boldsymbol{\alpha}_3$ 中任意两个向量的分量都不成比例，所以向量组 $\boldsymbol{\alpha}_1,\boldsymbol{\alpha}_2$、$\boldsymbol{\alpha}_2,\boldsymbol{\alpha}_3$、$\boldsymbol{\alpha}_1,\boldsymbol{\alpha}_3$ 都是线性无关的. 又因为向量组 $\boldsymbol{\alpha}_1,\boldsymbol{\alpha}_2,\boldsymbol{\alpha}_3$ 线性相关，因此，它们都是 $\boldsymbol{\alpha}_1,\boldsymbol{\alpha}_2,\boldsymbol{\alpha}_3$ 的极大线性无关组.

这个例子说明，向量组的极大无关组可能不是唯一的，但是所有极大无关组所含的向量个数相同. 下面证明这一点.

首先看极大无关组的一个性质.

性质 3-2 任意一个极大线性无关组都与向量组本身等价.

证明：设有向量组 $\boldsymbol{\alpha}_1,\boldsymbol{\alpha}_2,\cdots,\boldsymbol{\alpha}_s,\cdots,\boldsymbol{\alpha}_r$，其中，$\boldsymbol{\alpha}_1,\boldsymbol{\alpha}_2,\cdots,\boldsymbol{\alpha}_s$ 是它的一个极大线性无关组. 所谓等价就是它们可以互相线性表示，因为 $\boldsymbol{\alpha}_1,\boldsymbol{\alpha}_2,\cdots,\boldsymbol{\alpha}_s$ 是 $\boldsymbol{\alpha}_1,\boldsymbol{\alpha}_2,\cdots,\boldsymbol{\alpha}_s,\cdots,\boldsymbol{\alpha}_r$ 的一部分，当然可以被这个向量组线性表示，即

$$\boldsymbol{\alpha}_i=0\boldsymbol{\alpha}_1+\cdots+1\boldsymbol{\alpha}_i+0\boldsymbol{\alpha}_{i+1}+\cdots+0\boldsymbol{\alpha}_r\quad(i=1,2,\cdots,s)$$

接下来证明 $\boldsymbol{\alpha}_1,\boldsymbol{\alpha}_2,\cdots,\boldsymbol{\alpha}_s,\cdots,\boldsymbol{\alpha}_r$ 可被 $\boldsymbol{\alpha}_1,\boldsymbol{\alpha}_2,\cdots,\boldsymbol{\alpha}_s$ 线性表示.

显然，只需证 $\boldsymbol{\alpha}_{s+1},\boldsymbol{\alpha}_{s+2},\cdots,\boldsymbol{\alpha}_r$ 中的每一个向量都能经 $\boldsymbol{\alpha}_1,\boldsymbol{\alpha}_2,\cdots,\boldsymbol{\alpha}_s$ 线性表示即可. 设 $\boldsymbol{\alpha}_j$ 是 $\boldsymbol{\alpha}_{s+1},\boldsymbol{\alpha}_{s+2},\cdots,\boldsymbol{\alpha}_r$ 中的任一向量，由极大线性无关组 $\boldsymbol{\alpha}_1,\boldsymbol{\alpha}_2,\cdots,\boldsymbol{\alpha}_s$ 的极大性，向量组 $\boldsymbol{\alpha}_1,\boldsymbol{\alpha}_2,\cdots,\boldsymbol{\alpha}_s,\boldsymbol{\alpha}_j$ 线性相关，也就是说，有不全为 0 的数 $k_1,k_2,\cdots,k_s,l$ 使

$$k_1\boldsymbol{\alpha}_1+k_2\boldsymbol{\alpha}_2+\cdots+k_s\boldsymbol{\alpha}_s+l\boldsymbol{\alpha}_j=\mathbf{0}$$

因为 $\boldsymbol{\alpha}_1,\boldsymbol{\alpha}_2,\cdots,\boldsymbol{\alpha}_s$ 线性无关，可证必有 $l\neq0$. 否则，若 $l=0$，那么 $k_1,k_2,\cdots,k_s$ 就不全为 0，于是 $\boldsymbol{\alpha}_1,\boldsymbol{\alpha}_2,\cdots,\boldsymbol{\alpha}_s$ 线性相关，与已知矛盾. 由 $l\neq0$，则

$$k_1\boldsymbol{\alpha}_1+k_2\boldsymbol{\alpha}_2+\cdots+k_s\boldsymbol{\alpha}_s+l\boldsymbol{\alpha}_j=\mathbf{0}$$

可改写为

$$\boldsymbol{\alpha}_j=-\frac{k_1}{l}\boldsymbol{\alpha}_1-\frac{k_2}{l}\boldsymbol{\alpha}_2-\cdots-\frac{k_s}{l}\boldsymbol{\alpha}_s \quad (s<j\leqslant r)$$

这就是说，$\boldsymbol{\alpha}_j(s<j\leqslant r)$ 可被 $\boldsymbol{\alpha}_1,\boldsymbol{\alpha}_2,\cdots,\boldsymbol{\alpha}_s$ 线性表示. 于是证明了向量组与它的极大线性无关组的等价性.

由性质 3-2 可推出如下结论：一向量组的任意两个极大线性无关组都是等价的.

定理 3-6　一个向量组的极大线性无关组都含有相同个数的向量.

证明：由前面的讨论可知，一向量组的任意两个极大线性无关组是等价的，再由推论 3-6 即得.

3.3.3　向量组的秩

定义 3-12　向量组的极大线性无关组所含向量的个数称为这个向量组的秩.

例如，向量组

$$\boldsymbol{\alpha}_1=(2,-1,3,1),\boldsymbol{\alpha}_2=(4,-2,5,4),\boldsymbol{\alpha}_3=(2,-1,4,-1)$$

的秩为 2.

关于向量组的秩，有以下结论：

（1）一个向量组线性无关的充分必要条件是它的秩与它所含向量的个数相同.

（2）等价的向量组必有相同的秩.

（3）全部由零向量组成的向量组没有极大线性无关组，规定其秩为 0.

设有线性方程组

$$\begin{cases}a_{11}x_1+a_{21}x_2+\cdots+a_{1n}x_n=d_1 & (a_1)\\ a_{21}x_1+a_{22}x_2+\cdots+a_{2n}x_n=d_2 & (a_2)\\ \cdots \\ a_{s1}x_1+a_{s2}x_2+\cdots+a_{sn}x_n=d_s & (a_s)\end{cases}$$

它所对应的向量组为

$$\boldsymbol{\alpha}_i=(a_{i1},a_{i2},\cdots,a_{in},d_i) \quad (i=1,2,\cdots,s)$$

设另有一个方程

$$b_1x_1+b_2x_2+\cdots+b_nx_n=d \qquad (b)$$

它对应的向量为 $\boldsymbol{\beta}=(b_1,b_2,\cdots,b_n,d)$. 则 $\boldsymbol{\beta}$ 是 $\boldsymbol{\alpha}_1,\boldsymbol{\alpha}_2,\cdots,\boldsymbol{\alpha}_s$ 的线性组合

$$\boldsymbol{\beta}=l_1\boldsymbol{\alpha}_1+l_2\boldsymbol{\alpha}_2+\cdots+l_s\boldsymbol{\alpha}_s$$

当且仅当

$$b=l_1(a_1)+l_2(a_2)+\cdots+l_s(a_s)$$

即方程(b)是方程$(a_1),(a_2),\cdots,(a_s)$的线性组合. 容易验证，此时方程组$(a_1),(a_2),\cdots,(a_s)$的解一定满足方程(b).

进一步设方程组

$$\begin{cases} b_{11}x_1+b_{12}x_2+\cdots+b_{1n}x_n=c_1 & (b_1) \\ b_{21}x_1+b_{22}x_2+\cdots+b_{2n}x_n=c_2 & (b_2) \\ \qquad\cdots \\ b_{r1}x_1+b_{r2}x_2+\cdots+b_{rn}x_n=c_r & (b_r) \end{cases}$$

它对应的向量组为$\boldsymbol{\beta}_1,\boldsymbol{\beta}_2,\cdots,\boldsymbol{\beta}_r$，若$\boldsymbol{\beta}_1,\boldsymbol{\beta}_2,\cdots,\boldsymbol{\beta}_r$可经$\boldsymbol{\alpha}_1,\boldsymbol{\alpha}_2,\cdots,\boldsymbol{\alpha}_s$线性表示，则方程组$(a_1),(a_2),\cdots,(a_s)$的解是方程组$(b_1),(b_2),\cdots,(b_r)$的解. 当$\boldsymbol{\alpha}_1,\boldsymbol{\alpha}_2,\cdots,\boldsymbol{\alpha}_s$与$\boldsymbol{\beta}_1,\boldsymbol{\beta}_2,\cdots,\boldsymbol{\beta}_r$等价时，两个方程组同解.

3.3.4 向量组的秩与矩阵秩的关系

我们已经学习了向量组的秩和矩阵的秩. 如果把矩阵的每一行看成一个向量，那么矩阵就可以认为是由这些行向量组成的. 同样，如果把每列看成一个向量，矩阵也可以认为是由列向量组成的. 我们将在本小节研究行向量组、列向量组的秩和矩阵的秩的关系.

（1）矩阵行秩和列秩的定义.

定义 3-13 矩阵的行秩是矩阵的行向量组的秩；矩阵的列秩是矩阵的列向量组的秩.

【例 3-10】 设有矩阵

$$\boldsymbol{A}=\begin{pmatrix} 1 & 1 & 3 & 1 \\ 0 & 2 & -1 & 4 \\ 0 & 0 & 0 & 5 \\ 0 & 0 & 0 & 0 \end{pmatrix}$$

求矩阵$\boldsymbol{A}$的行秩和列秩.

解： 矩阵$\boldsymbol{A}$的行向量组是

$$\boldsymbol{\alpha}_1=(1,1,3,1),\boldsymbol{\alpha}_2=(0,2,-1,4),\boldsymbol{\alpha}_3=(0,0,0,5),\boldsymbol{\alpha}_4=(0,0,0,0)$$

下面来求向量组$\boldsymbol{\alpha}_1,\boldsymbol{\alpha}_2,\boldsymbol{\alpha}_3,\boldsymbol{\alpha}_4$的极大线性无关组. 显然，$\boldsymbol{\alpha}_1,\boldsymbol{\alpha}_2$线性无关，再来讨论$\boldsymbol{\alpha}_1,\boldsymbol{\alpha}_2,\boldsymbol{\alpha}_3$的线性相关性. 设有数$k_1,k_2,k_3$，使

$$k_1\boldsymbol{\alpha}_1+k_2\boldsymbol{\alpha}_2+k_3\boldsymbol{\alpha}_3=\boldsymbol{0}$$

它对应的线性方程组为

$$\begin{cases} k_1=0 \\ k_1+2k_2=0 \\ 3k_1-k_2=0 \\ k_1+4k_2+5k_3=0 \end{cases}$$

解得 $k_1=k_2=k_3=0$，所以 $\boldsymbol{\alpha}_1,\boldsymbol{\alpha}_2,\boldsymbol{\alpha}_3$ 线性无关. 因为向量组 $\boldsymbol{\alpha}_1,\boldsymbol{\alpha}_2,\boldsymbol{\alpha}_3,\boldsymbol{\alpha}_4$ 中含有零向量，它必线性相关，故向量组 $\boldsymbol{\alpha}_1,\boldsymbol{\alpha}_2,\boldsymbol{\alpha}_3,\boldsymbol{\alpha}_4$ 的秩为 3.

矩阵 $\boldsymbol{A}$ 的列向量组为

$$\boldsymbol{\beta}_1=\begin{pmatrix}1\\0\\0\\0\end{pmatrix},\ \boldsymbol{\beta}_2=\begin{pmatrix}1\\2\\0\\0\end{pmatrix},\ \boldsymbol{\beta}_3=\begin{pmatrix}3\\-1\\0\\0\end{pmatrix},\ \boldsymbol{\beta}_4=\begin{pmatrix}1\\4\\5\\0\end{pmatrix}$$

用同样的方法可证，$\boldsymbol{\beta}_1,\boldsymbol{\beta}_2,\boldsymbol{\beta}_4$ 线性无关，而 $\boldsymbol{\beta}_3=\frac{7}{2}\boldsymbol{\beta}_1-\frac{1}{2}\boldsymbol{\beta}_2$，所以向量组 $\boldsymbol{\beta}_1,\boldsymbol{\beta}_2,\boldsymbol{\beta}_3,\boldsymbol{\beta}_4$ 线性相关，其秩为 3. 因此，矩阵 $\boldsymbol{A}$ 的行秩和列秩都是 3.

（2）行秩与列秩的性质.

例 3-10 中矩阵 $\boldsymbol{A}$ 的行秩和列秩相等，这一点不是偶然的，下面分三步证明行秩等于列秩.

定理 3-7　行阶梯形矩阵的秩等于其行秩.

证明：作一个秩为 r 的 $m\times n$ 行阶梯形矩阵，不失一般性，设为

$$\boldsymbol{B}=\begin{pmatrix}b_{11} & b_{12} & \cdots & b_{1r} & \cdots & b_{1n}\\ 0 & b_{22} & \cdots & b_{2r} & \cdots & b_{2n}\\ \vdots & \vdots & & \vdots & & \vdots\\ 0 & 0 & \cdots & b_{rr} & \cdots & b_{rn}\\ 0 & 0 & \cdots & 0 & \cdots & 0\\ \vdots & \vdots & & \vdots & & \vdots\\ 0 & 0 & \cdots & 0 & \cdots & 0\end{pmatrix}\overset{def}{=}\begin{pmatrix}\boldsymbol{\alpha}_1\\ \boldsymbol{\alpha}_2\\ \vdots\\ \boldsymbol{\alpha}_r\\ \boldsymbol{\alpha}_{r+1}\\ \vdots\\ \boldsymbol{\alpha}_m\end{pmatrix}$$

其中 $b_{11}, b_{22}, \cdots, b_{rr}$不为 0. 取它的行向量组中任意 $r+1$ 个向量，其中必然包含零向量，所以线性相关. 我们来证明 $\boldsymbol{\alpha}_1,\boldsymbol{\alpha}_2,\cdots,\boldsymbol{\alpha}_r$ 线性无关. 令

$$k_1\boldsymbol{\alpha}_1+k_2\boldsymbol{\alpha}_2+\cdots+k_r\boldsymbol{\alpha}_r=0$$

即

$$\begin{cases}k_1b_{11}=0\\ k_1b_{12}+k_2b_{22}=0\\ \qquad\cdots\\ k_1b_{1r}+k_2b_{2r}+\cdots+k_rb_{rr}=0\\ k_1b_{1,\,r+1}+k_2b_{2,\,r+1}+\cdots+k_rb_{r,\,r+1}=0\\ \qquad\cdots\\ k_1b_{1n}+k_2b_{2n}+\cdots+k_rb_{rn}=0\end{cases}$$

显然此方程组只有零解 $k_1=k_2=\cdots=k_r=0$，所以 $\boldsymbol{\alpha}_1,\boldsymbol{\alpha}_2,\cdots,\boldsymbol{\alpha}_r$ 是行向量组 $\boldsymbol{\alpha}_1,\boldsymbol{\alpha}_2,\cdots,\boldsymbol{\alpha}_r,\cdots,\boldsymbol{\alpha}_m$ 的极大线性无关组，因此其行秩等于 r. 而我们之前已知 $\boldsymbol{B}$ 的秩为 r.

定理 3-8　矩阵的初等行变换不改变矩阵的行秩.

证明：只需证明经过一次初等行变换不改变矩阵的行秩．设矩阵 $\boldsymbol{A}$ 的行向量组为 $\boldsymbol{\alpha}_1$,

$\boldsymbol{\alpha}_2, \cdots, \boldsymbol{\alpha}_s$，即

$$\boldsymbol{A}=\begin{pmatrix}\boldsymbol{\alpha}_1\\ \boldsymbol{\alpha}_2\\ \vdots\\ \boldsymbol{\alpha}_s\end{pmatrix}$$

矩阵 $\boldsymbol{A}$ 的行秩就是向量组 $\boldsymbol{\alpha}_1, \boldsymbol{\alpha}_2, \cdots, \boldsymbol{\alpha}_s$ 的秩. 交换 $\boldsymbol{A}$ 的两行显然得到相同的行向量组(仅编号有变化)，因此不改变矩阵的秩. 把 $\boldsymbol{A}$ 的第 i 行乘以非零数 k，得到行向量组

$$\boldsymbol{\alpha}_1, \boldsymbol{\alpha}_2, \cdots, \boldsymbol{\alpha}_{i-1}, k\boldsymbol{\alpha}_i, \boldsymbol{\alpha}_{i+1}, \cdots, \boldsymbol{\alpha}_s$$

它与 $\boldsymbol{\alpha}_1, \boldsymbol{\alpha}_2, \cdots, \boldsymbol{\alpha}_s$ 可以互相线性表示也是显然的，从而有相同的秩. 再把 $\boldsymbol{A}$ 的第 i 行的 k 倍加到第 j 行得矩阵

$$\boldsymbol{B}=\begin{pmatrix}\boldsymbol{\alpha}_1\\ \vdots\\ \boldsymbol{\alpha}_i\\ \vdots\\ \boldsymbol{\alpha}_j+k\boldsymbol{\alpha}_i\\ \vdots\\ \boldsymbol{\alpha}_s\end{pmatrix}=\begin{pmatrix}\boldsymbol{\beta}_1\\ \vdots\\ \boldsymbol{\beta}_i\\ \vdots\\ \boldsymbol{\beta}_j\\ \vdots\\ \boldsymbol{\beta}_s\end{pmatrix}$$

由于它的第 j 行为 $\boldsymbol{\beta}_j=\boldsymbol{\alpha}_j+k\boldsymbol{\alpha}_i$，即可由 $\boldsymbol{\alpha}_1, \boldsymbol{\alpha}_2, \cdots, \boldsymbol{\alpha}_s$ 线性表示. 同样，$\boldsymbol{A}$ 的第 j 个行向量可以写为

$$\boldsymbol{\alpha}_j=\boldsymbol{\beta}_j-k\boldsymbol{\alpha}_i=\boldsymbol{\beta}_j-k\boldsymbol{\beta}_i$$

即可由 $\boldsymbol{B}$ 的行向量线性表示，而 $\boldsymbol{A}$ 与 $\boldsymbol{B}$ 的其余行向量完全相同，因此 $\boldsymbol{A}$ 与 $\boldsymbol{B}$ 的行向量组等价，从而有相同的秩. 也就是说，初等行变换不改变矩阵的行秩.

定理 3-9 矩阵的秩等于其行秩，也等于其列秩.

证明：把矩阵 $\boldsymbol{A}$ 经初等行变换化为行阶梯形矩阵 $\boldsymbol{B}$，由于初等变换不改变矩阵的秩，所以

$$\operatorname{rank}(\boldsymbol{A})=\operatorname{rank}(\boldsymbol{B})$$

再由定理 3-7，$\operatorname{rank}(\boldsymbol{B})=\boldsymbol{B}$ 的行秩，再由定理 3-8 得到

$$\operatorname{rank}(\boldsymbol{A})=\operatorname{rank}(\boldsymbol{B})=\boldsymbol{B}\text{ 的行秩}=\boldsymbol{A}\text{ 的行秩}$$

再根据矩阵与其转置有相同的秩得到

$$\operatorname{rank}(\boldsymbol{A})=\operatorname{rank}(\boldsymbol{A}^{\mathrm{T}})=\boldsymbol{A}^{\mathrm{T}}\text{ 的行秩}=\boldsymbol{A}\text{ 的列秩}$$

（3）向量组秩的计算方法.

由于矩阵秩等于其行（列）秩，我们可以通过计算矩阵秩得到其行（列）向量组的秩，即把向量组中的每一个向量作为矩阵的一行（或列）构成矩阵，则这个矩阵的秩即为所给的向量组的秩.

【例 3-11】 设有向量组

$$\boldsymbol{\alpha}_1=(1,4,1,0),\ \boldsymbol{\alpha}_2=(2,1,-1,-3)$$
$$\boldsymbol{\alpha}_3=(1,0,-3,-1),\ \boldsymbol{\alpha}_4=(0,2,-6,3)$$

求这个向量组的秩.

解：作矩阵

$$\boldsymbol{A}=\begin{pmatrix}\boldsymbol{\alpha}_1\\ \boldsymbol{\alpha}_2\\ \boldsymbol{\alpha}_3\\ \boldsymbol{\alpha}_4\end{pmatrix}=\begin{pmatrix}1&4&1&0\\2&1&-1&-3\\1&0&-3&-1\\0&2&-6&3\end{pmatrix}$$

施行初等变换，化为阶梯形

$$\boldsymbol{A}\to\begin{pmatrix}1&4&1&0\\0&-7&-3&-3\\0&-4&-4&-1\\0&2&-6&3\end{pmatrix}\to\begin{pmatrix}1&4&1&0\\0&-7&-3&-3\\0&1&1&\frac{1}{4}\\0&2&-6&3\end{pmatrix}$$

$$\to\begin{pmatrix}1&4&1&0\\0&1&1&\frac{1}{4}\\0&0&4&-\frac{5}{4}\\0&0&-8&\frac{5}{2}\end{pmatrix}\to\begin{pmatrix}1&4&1&0\\0&1&1&\frac{1}{4}\\0&0&4&-\frac{5}{4}\\0&0&0&0\end{pmatrix}$$

阶梯形中有三个非零行，所以 $\operatorname{rank}(\boldsymbol{A})=3$，从而所给向量组的秩为 3.

【例 3-12】 给定向量组

$$\boldsymbol{\alpha}_1=(1,2,-1,1),\ \boldsymbol{\alpha}_2=(2,0,t,0)$$
$$\boldsymbol{\alpha}_3=(0,-4,5,-2),\ \boldsymbol{\alpha}_4=(3,-2,t+4,-1)$$

求 t 的值使得这个向量组的秩为 2.

解：作矩阵

$$\boldsymbol{A}=\begin{pmatrix}\boldsymbol{\alpha}_1\\ \boldsymbol{\alpha}_2\\ \boldsymbol{\alpha}_3\\ \boldsymbol{\alpha}_4\end{pmatrix}=\begin{pmatrix}1&2&-1&1\\2&0&t&0\\0&-4&5&-2\\3&-2&t+4&-1\end{pmatrix}$$

施行初等变换，化为阶梯形

$$\boldsymbol{A}\to\begin{pmatrix}1&2&-1&1\\2&0&t&0\\0&-4&5&-2\\1&-2&4&-1\end{pmatrix}\to\begin{pmatrix}1&2&-1&1\\0&-4&t+2&-2\\0&-4&5&-2\\0&-4&5&-2\end{pmatrix}\to\begin{pmatrix}1&2&-1&1\\0&-4&t+2&-2\\0&0&3-t&0\\0&0&0&0\end{pmatrix}$$

由此看出，$t=3$ 时，这个向量组的秩为 2.

【例 3-13】 设 $\boldsymbol{A},\boldsymbol{B}$ 都是 $m\times n$ 矩阵，证明

$$\operatorname{rank}(\boldsymbol{A}+\boldsymbol{B})\leqslant\operatorname{rank}(\boldsymbol{A})+\operatorname{rank}(\boldsymbol{B})$$

证明：我们证明

$$\operatorname{rank}(\boldsymbol{A}+\boldsymbol{B})\leqslant\operatorname{rank}\begin{pmatrix}\boldsymbol{A}\\\boldsymbol{B}\end{pmatrix}\leqslant\operatorname{rank}(\boldsymbol{A})+\operatorname{rank}(\boldsymbol{B})$$

这是因为，$\boldsymbol{A}+\boldsymbol{B}$ 的每一行向量都可由$\begin{pmatrix}\boldsymbol{A}\\\boldsymbol{B}\end{pmatrix}$的行向量线性表示，从而 $\operatorname{rank}(\boldsymbol{A}+\boldsymbol{B})\leqslant\operatorname{rank}\begin{pmatrix}\boldsymbol{A}\\\boldsymbol{B}\end{pmatrix}$. 再设 $\boldsymbol{\alpha}_{i1},\boldsymbol{\alpha}_{i2},\cdots,\boldsymbol{\alpha}_{ir}$是 $\boldsymbol{A}$ 的行向量组的一个极大线性无关组，设$\boldsymbol{\beta}_{i1},\boldsymbol{\beta}_{i2},\cdots,\boldsymbol{\beta}_{is}$是 $\boldsymbol{B}$ 的行向量组的一个极大线性无关组. 设 $\boldsymbol{\gamma}$ 是$\begin{pmatrix}\boldsymbol{A}\\\boldsymbol{B}\end{pmatrix}$的任一个行向量. 则如果 $\boldsymbol{\gamma}$ 是 $\boldsymbol{A}$ 的行向量，那么它就可由 $\boldsymbol{\alpha}_{i1},\boldsymbol{\alpha}_{i2},\cdots,\boldsymbol{\alpha}_{ir}$线性表示；如果 $\boldsymbol{\gamma}$ 是 $\boldsymbol{B}$ 的行向量，那么它就可由 $\boldsymbol{\beta}_{i1},\boldsymbol{\beta}_{i2},\cdots,\boldsymbol{\beta}_{is}$线性表示. 因此$\begin{pmatrix}\boldsymbol{A}\\\boldsymbol{B}\end{pmatrix}$的任一行向量都可由 $\boldsymbol{\alpha}_{i1},\boldsymbol{\alpha}_{i2},\cdots,\boldsymbol{\alpha}_{ir},\boldsymbol{\beta}_{i1},\boldsymbol{\beta}_{i2},\cdots,\boldsymbol{\beta}_{is}$ 线性表示. 从而 $\operatorname{rank}\begin{pmatrix}\boldsymbol{A}\\\boldsymbol{B}\end{pmatrix}\leqslant r+s=\operatorname{rank}(\boldsymbol{A})+\operatorname{rank}(\boldsymbol{B})$. 综合上述证明得到

$$\operatorname{rank}(\boldsymbol{A}+\boldsymbol{B})\leqslant\operatorname{rank}\begin{pmatrix}\boldsymbol{A}\\\boldsymbol{B}\end{pmatrix}\leqslant\operatorname{rank}(\boldsymbol{A})+\operatorname{rank}(\boldsymbol{B})$$

【例 3-14】 设 $\boldsymbol{A}$ 是 $m\times n$ 矩阵，$\operatorname{rank}(\boldsymbol{A})=r$，从 $\boldsymbol{A}$ 中任取 s 行作 $s\times n$ 矩阵 $\boldsymbol{B}$，证明

$$\operatorname{rank}(\boldsymbol{B})\geqslant r+s-m$$

证明：由于初等变换不改变矩阵的秩，不妨设 $\boldsymbol{B}$ 由 $\boldsymbol{A}$ 的前 s 行组成，记 $\boldsymbol{A}$ 的行向量为 $\boldsymbol{\alpha}_1,\boldsymbol{\alpha}_2,\cdots,\boldsymbol{\alpha}_m$，则

$$\boldsymbol{A}=\begin{pmatrix}\boldsymbol{\alpha}_1\\\vdots\\\boldsymbol{\alpha}_s\\\boldsymbol{0}\\\vdots\\\boldsymbol{0}\end{pmatrix}+\begin{pmatrix}\boldsymbol{0}\\\vdots\\\boldsymbol{0}\\\boldsymbol{\alpha}_{s+1}\\\vdots\\\boldsymbol{\alpha}_m\end{pmatrix}$$

分别记上式右边的两个矩阵为 $\boldsymbol{A}_1,\boldsymbol{A}_2$，那么

$$\begin{aligned}r&=\operatorname{rank}(\boldsymbol{A})=\operatorname{rank}(\boldsymbol{A}_1+\boldsymbol{A}_2)\leqslant\operatorname{rank}(\boldsymbol{A}_1)+\operatorname{rank}(\boldsymbol{A}_2)\\&=\operatorname{rank}(\boldsymbol{B})+\operatorname{rank}(\boldsymbol{A}_2)\leqslant\operatorname{rank}(\boldsymbol{B})+m-s\end{aligned}$$

所以

$$\operatorname{rank}(\boldsymbol{B})\geqslant r+s-m$$

（4）向量组的极大线性无关组的求法.

定理 3-10 关于矩阵的初等行变换或初等列变换有以下结论：

1）若矩阵 $\boldsymbol{A}$ 经有限次初等行变换变成矩阵 $\boldsymbol{B}$，则 $\boldsymbol{A}$ 的行向量组与 $\boldsymbol{B}$ 的行向量组等价，而 $\boldsymbol{A}$ 的任意 k 个列向量与 $\boldsymbol{B}$ 中对应的 k 个列向量有相同的线性相关性.

2）若矩阵 $\boldsymbol{A}$ 经有限次初等列变换变成矩阵 $\boldsymbol{B}$，则 $\boldsymbol{A}$ 的列向量组与 $\boldsymbol{B}$ 的列向量组等价，而 $\boldsymbol{A}$ 的任意 k 个行向量与 $\boldsymbol{B}$ 中对应的 k 个行向量有相同的线性相关性.

根据定理 3-8 易得定理 3-10.

根据定理 3-10，我们可归纳出求向量组的极大线性无关组的一般方法：把向量组中的每一个向量作为矩阵的一列构成一个矩阵，然后用矩阵的初等行变换把矩阵化成阶梯形矩阵，在阶梯形矩阵中，每个阶梯中的第一个非零元素所在的列所对应的向量即为极大线性无关组中的向量. 若要用极大线性无关组来表示其余向量，则需进一步把阶梯形矩阵化成行最简形，这时，不在极大线性无关组中的列中的元素即为用极大线性无关组表示该列所对应的向量的表示系数.

【例 3-15】 求下列向量组的秩、一个极大线性无关组并用极大线性无关组来表示其余向量.

1）$\boldsymbol{\alpha}_1=\begin{pmatrix}1\\0\\2\\1\end{pmatrix}$，$\boldsymbol{\alpha}_2=\begin{pmatrix}1\\2\\3\\1\end{pmatrix}$，$\boldsymbol{\alpha}_3=\begin{pmatrix}2\\-3\\5\\4\end{pmatrix}$，$\boldsymbol{\alpha}_4=\begin{pmatrix}-3\\7\\-1\\1\end{pmatrix}$；

2）$\boldsymbol{\alpha}_1=\begin{pmatrix}1\\-1\\0\end{pmatrix}$，$\boldsymbol{\alpha}_2=\begin{pmatrix}2\\1\\3\end{pmatrix}$，$\boldsymbol{\alpha}_3=\begin{pmatrix}3\\1\\2\end{pmatrix}$，$\boldsymbol{\alpha}_4=\begin{pmatrix}5\\3\\7\end{pmatrix}$，$\boldsymbol{\alpha}_5=\begin{pmatrix}-9\\-8\\-13\end{pmatrix}$.

解：1）令

$$\boldsymbol{A}=(\boldsymbol{\alpha}_1\quad\boldsymbol{\alpha}_2\quad\boldsymbol{\alpha}_3\quad\boldsymbol{\alpha}_4)=\begin{pmatrix}1&1&2&-3\\0&2&-3&7\\2&3&5&-1\\1&1&4&1\end{pmatrix}$$

作初等行变换

$$\boldsymbol{A}\to\begin{pmatrix}1&1&2&-3\\0&2&-3&7\\0&1&1&5\\0&0&2&4\end{pmatrix}\to\begin{pmatrix}1&1&2&-3\\0&1&1&5\\0&2&-3&7\\0&0&2&4\end{pmatrix}$$

$$\to\begin{pmatrix}1&1&2&-3\\0&1&1&5\\0&0&-5&-3\\0&0&1&2\end{pmatrix}\to\begin{pmatrix}1&1&2&-3\\0&1&1&5\\0&0&1&2\\0&0&0&7\end{pmatrix}$$

可知该向量组的秩是 4，向量组 $\boldsymbol{\alpha}_1,\boldsymbol{\alpha}_2,\boldsymbol{\alpha}_3,\boldsymbol{\alpha}_4$ 本身就是一个极大线性无关组.

2）令

$$\boldsymbol{A}=(\boldsymbol{\alpha}_1\quad\boldsymbol{\alpha}_2\quad\boldsymbol{\alpha}_3\quad\boldsymbol{\alpha}_4\quad\boldsymbol{\alpha}_5)=\begin{pmatrix}1&2&3&5&-9\\-1&1&1&3&-8\\0&3&2&7&-13\end{pmatrix}$$

作初等行变换

$$A\to\begin{pmatrix}1&2&3&5&-9\\0&3&4&8&-17\\0&3&2&7&-13\end{pmatrix}\to\begin{pmatrix}1&2&3&5&-9\\0&3&4&8&-17\\0&0&-2&-1&4\end{pmatrix}$$

于是知该向量组的秩是 3. 继续变换：

$$A\to\begin{pmatrix}1&2&3&5&-9\\0&3&0&6&-9\\0&0&1&\frac{1}{2}&-2\end{pmatrix}\to\begin{pmatrix}1&2&0&\frac{7}{2}&-3\\0&1&0&2&-3\\0&0&1&\frac{1}{2}&-2\end{pmatrix}\to\begin{pmatrix}1&0&0&-\frac{1}{2}&3\\0&1&0&2&-3\\0&0&1&\frac{1}{2}&-2\end{pmatrix}$$

由此看出，$\boldsymbol{\alpha}_1,\boldsymbol{\alpha}_2,\boldsymbol{\alpha}_3$ 是一个极大线性无关组，且

$$\boldsymbol{\alpha}_4=-\frac{1}{2}\boldsymbol{\alpha}_1+2\boldsymbol{\alpha}_2+\frac{1}{2}\boldsymbol{\alpha}_3,\ \boldsymbol{\alpha}_5=3\boldsymbol{\alpha}_1-3\boldsymbol{\alpha}_2-2\boldsymbol{\alpha}_3$$

3.4 向量空间

3.4.1 向量空间的概念

定义 3-14 设 V 为 n 维向量的集合，如果集合 V 非空，且集合 V 对于加法及数乘两种运算封闭，那么就称集合 V 为向量空间.

这里集合 V 对于加法及数乘两种运算封闭指：

（1）若 $\boldsymbol{\alpha}\in V,\boldsymbol{\beta}\in V$ 则 $\boldsymbol{\alpha}+\boldsymbol{\beta}\in V$;

（2）若 $\boldsymbol{\alpha}\in V,\ \lambda\in\mathbf{R}$ 则 $\lambda\boldsymbol{\alpha}\in V$.

【例 3-16】 三维向量的全体构成的集合

$$\mathbf{R}^3=\{(x_1,x_2,x_3)\mid x_i\in\mathbf{R},\ i=1,2,3\}$$

是一个向量空间.

解：（1）$0=(0,0,0)\in\mathbf{R}^3$，所以 $\mathbf{R}^3$ 非空；

（2）对于任意 $\boldsymbol{\alpha},\boldsymbol{\beta}\in\mathbf{R}^3$，设 $\boldsymbol{\alpha}=(x_1,x_2,x_3)$，$\boldsymbol{\beta}=(y_1,y_2,y_3)$，所以

$$\boldsymbol{\alpha}+\boldsymbol{\beta}=(x_1+y_1,x_2+y_2,x_3+y_3)\in\mathbf{R}^3$$

（3）对于任意 $\lambda\in\mathbf{R}$，$\boldsymbol{\alpha}\in\mathbf{R}^3$，$\lambda\boldsymbol{\alpha}=(\lambda x_1,\lambda x_2,\lambda x_3)\in\mathbf{R}^3$，所以 $\mathbf{R}^3$ 是一个向量空间.

同理，可以验证：全体 n 维向量构成的集合

$$\mathbf{R}^n=\{(x_1,x_2,\cdots,x_n)\mid x_i\in\mathbf{R},\ i=1,2,\cdots,n\}$$

也是一个向量空间，称为 n 维向量空间.

定义 3-15 设有向量空间 V_1 及 V_2，若 $V_1\subseteq V_2$，则称 V_1 是 V_2 的子空间.

【例 3-17】 判别下列集合是否为向量空间

$$V_1=\{(0,x_2,\cdots,x_n)\mid x_2,\cdots,x_n\in\mathbf{R}\}$$

解：V_1 是一个向量空间. 因为对 V_1 的两个向量

$$\boldsymbol{\alpha}=(0,a_2,\cdots,a_n),\ \boldsymbol{\beta}=(0,b_2,\cdots,b_n)$$

和数 λ 有

$$\boldsymbol{\alpha}+\boldsymbol{\beta}=(0, a_2+b_2, \cdots, a_n+b_n) \in V_1$$
$$\lambda\boldsymbol{\alpha}=(0, \lambda a_2, \cdots, \lambda a_n) \in V_1$$

又 $V_1 \subseteq \mathbf{R}^n$，则 V_1 是 $\mathbf{R}^n$ 的子空间.

【例 3-18】 判别下列集合是否为向量空间

$$V_2=\{(1, x_2, \cdots, x_n) \mid x_2, \cdots, x_n \in \mathbf{R}\}$$

解：因为

$$\boldsymbol{\alpha}=(1, a_2, \cdots, a_n) \in V_2$$

但是

$$2\boldsymbol{\alpha}=(2, 2a_2, \cdots, 2a_n) \notin V_2$$

所以 V_2 不是向量空间.

易证一个向量组的全部线性组合构成向量空间. 即对于 $\boldsymbol{x}_1=\lambda_1\boldsymbol{\alpha}+\mu_1\boldsymbol{\beta}, \boldsymbol{x}_2=\lambda_2\boldsymbol{\alpha}+\mu_2\boldsymbol{\beta}$，有 $\boldsymbol{x}_1+\boldsymbol{x}_2=(\lambda_1+\lambda_2)\boldsymbol{\alpha}+(\mu_1+\mu_2)\boldsymbol{\beta} \in V, k\boldsymbol{x}_1=(k\lambda_1)\boldsymbol{\alpha}+(k\mu_1)\boldsymbol{\beta} \in V$. $\lambda_1, \lambda_2, \mu_1, \mu_2, k \in \mathbf{R}$. 因此，$V$ 为向量空间.

定义 3-16 由 $\boldsymbol{\alpha}_1, \boldsymbol{\alpha}_2, \cdots, \boldsymbol{\alpha}_m$ 的全部线性组合构成的向量空间

$$V=\{\boldsymbol{x}=\lambda_1\boldsymbol{\alpha}_1+\lambda_2\boldsymbol{\alpha}_2+\cdots+\lambda_m\boldsymbol{\alpha}_m \mid \lambda_1, \lambda_2, \cdots, \lambda_m \in \mathbf{R}\}$$

称为由 $\boldsymbol{\alpha}_1, \boldsymbol{\alpha}_2, \cdots, \boldsymbol{\alpha}_m$ 生成的向量空间，记为 $L(\boldsymbol{\alpha}_1, \boldsymbol{\alpha}_2, \cdots, \boldsymbol{\alpha}_m)$ 或 $\mathrm{span}(\boldsymbol{\alpha}_1, \boldsymbol{\alpha}_2, \cdots, \boldsymbol{\alpha}_m)$.

【例 3-19】 设向量组 $\boldsymbol{\alpha}_1, \boldsymbol{\alpha}_2, \cdots, \boldsymbol{\alpha}_m$ 与 $\boldsymbol{\beta}_1, \boldsymbol{\beta}_2, \cdots, \boldsymbol{\beta}_s$ 等价，记

$$V_1=\{\lambda_1\boldsymbol{\alpha}_1+\lambda_2\boldsymbol{\alpha}_2+\cdots+\lambda_m\boldsymbol{\alpha}_m \mid \lambda_1, \lambda_2, \cdots, \lambda_m \in \mathbf{R}\}$$
$$V_2=\{\mu_1\boldsymbol{\beta}_1+\mu_2\boldsymbol{\beta}_2+\cdots+\mu_s\boldsymbol{\beta}_s \mid \mu_1, \mu_2, \cdots, \mu_s \in \mathbf{R}\}$$

证明 V_1 和 V_2 相等.

证明：设 $\boldsymbol{x} \in V_1$，则 $\boldsymbol{x}$ 可由 $\boldsymbol{\alpha}_1, \boldsymbol{\alpha}_2, \cdots, \boldsymbol{\alpha}_m$ 线性表示，而 $\boldsymbol{\alpha}_1, \boldsymbol{\alpha}_2, \cdots, \boldsymbol{\alpha}_m$ 可由 $\boldsymbol{\beta}_1, \boldsymbol{\beta}_2, \cdots, \boldsymbol{\beta}_s$ 线性表示，因此 $\boldsymbol{x}$ 可由 $\boldsymbol{\beta}_1, \boldsymbol{\beta}_2, \cdots, \boldsymbol{\beta}_s$ 线性表示，因此 $\boldsymbol{x} \in V_2$. 由此得 $V_1 \subseteq V_2$. 类似地可证，如果 $\boldsymbol{x} \in V_2$，则 $\boldsymbol{x} \in V_1$，因此 $V_2 \subseteq V_1$. 这就证明了 $V_1=V_2$.

由例 3-19 可知，等价的向量组生成的向量空间相同.

3.4.2 向量空间的基与维数

定义 3-17 设 V 是向量空间，如果 V 中的 r 个向量 $\boldsymbol{\alpha}_1, \boldsymbol{\alpha}_2, \cdots, \boldsymbol{\alpha}_r$ 满足：

（1）$\boldsymbol{\alpha}_1, \boldsymbol{\alpha}_2, \cdots, \boldsymbol{\alpha}_r$ 线性无关；

（2）V 中每个向量都可以由 $\boldsymbol{\alpha}_1, \boldsymbol{\alpha}_2, \cdots, \boldsymbol{\alpha}_r$ 线性表示.

则称 $\boldsymbol{\alpha}_1, \boldsymbol{\alpha}_2, \cdots, \boldsymbol{\alpha}_r$ 为 V 的一个基，r 称为向量空间 V 的维数，记为 $\dim(V)=r$，并称 V 为 r 维向量空间.

根据上一小节的结论，如果 V_1, V_2 都是向量空间且 $V_1 \subseteq V_2$，易得：

（1）$\dim(V_1) \leqslant \dim(V_2)$；

（2）若 $\dim(V_1)=\dim(V_2)$，则 $V_1=V_2$.

【例 3-20】 证明 $\mathbf{R}^n$ 中的单位向量 $\boldsymbol{\varepsilon}_1, \boldsymbol{\varepsilon}_2, \cdots, \boldsymbol{\varepsilon}_n$ 是 $\mathbf{R}^n$ 的一个基.

证明：由于 $\boldsymbol{\varepsilon}_1, \boldsymbol{\varepsilon}_2, \cdots, \boldsymbol{\varepsilon}_n$ 线性无关，且 $\mathbf{R}^n$ 中的任意一个向量可由 $\boldsymbol{\varepsilon}_1, \boldsymbol{\varepsilon}_2, \cdots, \boldsymbol{\varepsilon}_n$ 线性表示，由定义，$\boldsymbol{\varepsilon}_1, \boldsymbol{\varepsilon}_2, \cdots, \boldsymbol{\varepsilon}_n$ 是 $\mathbf{R}^n$ 的一个基. 这个基称为 $\mathbf{R}^n$ 的标准基.

关于向量空间的基、维数的定义，需要注意以下 5 点：

（1）只含有零向量的向量空间称为零维向量空间，因此它没有基.

（2）若把向量空间 V 看作向量组，那么 V 的基就是向量组的极大线性无关组，V 的维数就是向量组的秩.

（3）由于向量组的极大线性无关组的特点，一般地向量空间的基不唯一.

（4）若向量组 $\boldsymbol{\alpha}_1,\boldsymbol{\alpha}_2,\cdots,\boldsymbol{\alpha}_r$ 是向量空间 V 的一个基，则 V 可表示为

$$V=\{\boldsymbol{x}=\lambda_1\boldsymbol{\alpha}_1+\lambda_2\boldsymbol{\alpha}_2+\cdots+\lambda_r\boldsymbol{\alpha}_r \mid \lambda_1,\cdots,\lambda_r\in\mathbf{R}\}$$

或者说 $V=L(\boldsymbol{\alpha}_1,\boldsymbol{\alpha}_2,\cdots,\boldsymbol{\alpha}_r)$.

（5）V 的维数与 V 中向量的维数不是一个概念. 例如

$$V=\{(0,x_2,\cdots,x_n)^{\mathrm{T}} \mid x_2,\cdots,x_n\in\mathbf{R}\}$$

是一个 $n-1$ 维向量空间，但其中的向量都是 n 维的.

【例 3-21】 设 $\boldsymbol{\alpha}_1,\boldsymbol{\alpha}_2,\cdots,\boldsymbol{\alpha}_m$ 是 m 个 n 维向量，令

$$V=L(\boldsymbol{\alpha}_1,\boldsymbol{\alpha}_2,\cdots,\boldsymbol{\alpha}_m)$$

证明：V 的维数等于向量组 $\boldsymbol{\alpha}_1,\boldsymbol{\alpha}_2,\cdots,\boldsymbol{\alpha}_m$ 的秩.

证明：不妨设 $\boldsymbol{\alpha}_1,\boldsymbol{\alpha}_2,\cdots,\boldsymbol{\alpha}_r$ 是 $\boldsymbol{\alpha}_1,\boldsymbol{\alpha}_2,\cdots,\boldsymbol{\alpha}_m$ 的一个极大线性无关组，于是 $\boldsymbol{\alpha}_1,\boldsymbol{\alpha}_2,\cdots,\boldsymbol{\alpha}_m$ 与 $\boldsymbol{\alpha}_1,\boldsymbol{\alpha}_2,\cdots,\boldsymbol{\alpha}_r$ 等价，因此从例 3-19 知

$$L(\boldsymbol{\alpha}_1,\boldsymbol{\alpha}_2,\cdots,\boldsymbol{\alpha}_m)=L(\boldsymbol{\alpha}_1,\boldsymbol{\alpha}_2,\cdots,\boldsymbol{\alpha}_r)$$

而明显地 $\boldsymbol{\alpha}_1,\boldsymbol{\alpha}_2,\cdots,\boldsymbol{\alpha}_r$ 是 $L(\boldsymbol{\alpha}_1,\boldsymbol{\alpha}_2,\cdots,\boldsymbol{\alpha}_r)$ 的基，从而 $L(\boldsymbol{\alpha}_1,\boldsymbol{\alpha}_2,\cdots,\boldsymbol{\alpha}_r)$ 的维数为 r，就是说，V 的维数为 r，即等于向量组 $\boldsymbol{\alpha}_1,\boldsymbol{\alpha}_2,\cdots,\boldsymbol{\alpha}_m$ 的秩.

【例 3-22】 给定矩阵

$$\boldsymbol{A}=(\boldsymbol{\alpha}_1,\boldsymbol{\alpha}_2,\boldsymbol{\alpha}_3)=\begin{pmatrix}2&2&-1\\2&-1&2\\-1&2&2\end{pmatrix},\quad \boldsymbol{B}=(\boldsymbol{\beta}_1,\boldsymbol{\beta}_2)=\begin{pmatrix}1&4\\0&3\\-4&2\end{pmatrix}$$

证明：$\boldsymbol{A}$ 的列向量组 $\boldsymbol{\alpha}_1,\boldsymbol{\alpha}_2,\boldsymbol{\alpha}_3$ 是 $\mathbf{R}^3$ 的一个基，并把 $\boldsymbol{B}$ 的列向量 $\boldsymbol{\beta}_1,\boldsymbol{\beta}_2$ 用 $\boldsymbol{\alpha}_1,\boldsymbol{\alpha}_2,\boldsymbol{\alpha}_3$ 线性表示.

解： 对 $(A \mid B)$ 作初等行变换，化为行最简形

$$(\boldsymbol{A} \mid \boldsymbol{B})=\left(\begin{array}{ccc:cc}2&2&-1&1&4\\2&-1&2&0&3\\-1&2&2&-4&2\end{array}\right)\xrightarrow[r_1+r_3]{r_1+r_2}\left(\begin{array}{ccc:cc}1&1&1&-1&3\\2&-1&2&0&3\\-1&2&2&-4&2\end{array}\right)$$

$$\xrightarrow[r_3+r_1]{r_2-2r_1}\left(\begin{array}{ccc:cc}1&1&1&-1&3\\0&-3&0&2&-3\\0&3&3&-5&5\end{array}\right)\xrightarrow[r_3\div 3]{r_2\div(-3)}\left(\begin{array}{ccc:cc}1&1&1&-1&3\\0&1&0&-\dfrac{2}{3}&1\\0&1&1&-\dfrac{5}{3}&\dfrac{5}{3}\end{array}\right)$$

$$\xrightarrow{r_3-r_2}\left(\begin{array}{ccc:cc}1&0&0&\dfrac{2}{3}&\dfrac{4}{3}\\0&1&0&-\dfrac{2}{3}&1\\0&0&1&-1&\dfrac{2}{3}\end{array}\right)$$

从前三列知 $\boldsymbol{\alpha}_1,\boldsymbol{\alpha}_2,\boldsymbol{\alpha}_3$ 线性无关，从而是 $\mathbf{R}^3$ 的一个基. 另外得到从第四、第五列知

$$\boldsymbol{\beta}_1=\frac{2}{3}\boldsymbol{\alpha}_1-\frac{2}{3}\boldsymbol{\alpha}_2-\boldsymbol{\alpha}_3,\ \boldsymbol{\beta}_2=\frac{4}{3}\boldsymbol{\alpha}_1+\boldsymbol{\alpha}_2+\frac{2}{3}\boldsymbol{\alpha}_3$$

3.5 向量的内积与正交

3.5.1 内积的定义及性质

在向量空间中，向量之间的基本运算只有加法与数量乘法，统称为线性运算. 如果我们以几何空间中的向量作为向量空间理论的一个具体模型，那么就会发现向量的度量性质，如长度、夹角等，在前述向量空间的理论中没有得到反映. 但是向量的度量性质在许多问题中（其中包括几何问题）有着特殊的地位，因此有必要引入度量的概念. 向量的内积可以表示向量的长度与夹角等度量性质，而且有明显的代数性质，所以在向量空间抽象的讨论中，我们可用内积作为度量的基本概念.

我们首先回顾解析几何中内积的定义和性质：

设向量 $\boldsymbol{a},\boldsymbol{b}$ 的夹角为 $\theta(0\leqslant\theta\leqslant\pi)$，则 $\theta=<\boldsymbol{a},\boldsymbol{b}>$，称 $\boldsymbol{a}\cdot\boldsymbol{b}=|\boldsymbol{a}||\boldsymbol{b}|\cos\theta$ 为 $\boldsymbol{a}$ 与 $\boldsymbol{b}$ 的内积. 我们可得：

（1） $|\boldsymbol{a}|=\sqrt{\boldsymbol{a}\cdot\boldsymbol{a}}$；

（2） $\cos<\boldsymbol{a},\boldsymbol{b}>=\dfrac{\boldsymbol{a}\cdot\boldsymbol{b}}{|\boldsymbol{a}|\cdot|\boldsymbol{b}|}$，$0\leqslant<\boldsymbol{a},\boldsymbol{b}>\leqslant\pi$.

内积具有如下性质：

（1） $\boldsymbol{a}\cdot\boldsymbol{b}=\boldsymbol{b}\cdot\boldsymbol{a}$；

（2） $(\lambda\boldsymbol{a})\cdot\boldsymbol{b}=\boldsymbol{a}\cdot(\lambda\boldsymbol{b})=\lambda(\boldsymbol{a}\cdot\boldsymbol{b})$（$\lambda,\mu$ 为实数）；

（3） $(\boldsymbol{a}+\boldsymbol{b})\cdot\boldsymbol{c}=\boldsymbol{a}\cdot\boldsymbol{c}+\boldsymbol{b}\cdot\boldsymbol{c}$；

（4） 当 $\boldsymbol{a}\neq\mathbf{0}$ 时，$\boldsymbol{a}\cdot\boldsymbol{a}>0$.

另外，在直角坐标系下，$\boldsymbol{a}=(a_x,a_y,a_z)$ 与 $\boldsymbol{b}=(b_x,b_y,b_z)$ 的内积为

$$\boldsymbol{a}\cdot\boldsymbol{b}=a_xb_x+a_yb_y+a_zb_z$$

由上述的定义和性质出发，我们定义向量空间中的内积.

定义 3-18 设有 n 维向量

$$\boldsymbol{x}=\begin{pmatrix}x_1\\x_2\\\vdots\\x_n\end{pmatrix},\ \boldsymbol{y}=\begin{pmatrix}y_1\\y_2\\\vdots\\y_n\end{pmatrix}$$

称

$$[\boldsymbol{x},\boldsymbol{y}]=x_1y_1+x_2y_2+\cdots+x_ny_n$$

为向量 $\boldsymbol{x}$ 与 $\boldsymbol{y}$ 的内积.

这里需要注意：

（1） $n(n\geqslant4)$ 维向量的内积是 3 维向量数量积的推广，但是没有 3 维向量直观的几何意义.

（2）内积是向量的一种运算，如果 $\boldsymbol{x}$ 与 $\boldsymbol{y}$ 都是列向量，则内积可以用矩阵记号表示为 $[\boldsymbol{x},\boldsymbol{y}]=\boldsymbol{x}^{\mathrm{T}}\boldsymbol{y}$.

向量空间的内积具有以下运算性质：

（1）$[\boldsymbol{x},\boldsymbol{y}]=[\boldsymbol{y},\boldsymbol{x}]$；

（2）$[\lambda\boldsymbol{x},\boldsymbol{y}]=\lambda[\boldsymbol{y},\boldsymbol{x}]$；

（3）$[\boldsymbol{x}+\boldsymbol{y},\boldsymbol{z}]=[\boldsymbol{x},\boldsymbol{z}]+[\boldsymbol{y},\boldsymbol{z}]$；

（4）$[\boldsymbol{x},\boldsymbol{x}]\geqslant 0$，且当 $\boldsymbol{x}\neq\boldsymbol{0}$ 时有 $[\boldsymbol{x},\boldsymbol{x}]>0$.

这里 $\boldsymbol{x},\boldsymbol{y},\boldsymbol{z}$ 为 n 维向量，λ 为实数.

定义了内积的线性空间 V 称为欧几里得空间，简称欧氏空间. n 维欧氏空间仍记为 $\mathbf{R}^n$.

3.5.2 向量的长度与夹角

定义 3-19 设 $\boldsymbol{x}=(x_1,x_2,\cdots,x_n)^{\mathrm{T}}$，称

$$\|\boldsymbol{x}\|=\sqrt{[\boldsymbol{x},\boldsymbol{x}]}=\sqrt{x_1^2+x_2^2+\cdots+x_n^2}$$

为向量 $\boldsymbol{x}$ 的长度（或范数、模）.

向量的长度具有下述性质：

（1）非负性：$\|\boldsymbol{x}\|\geqslant 0$，当且仅当 $\boldsymbol{x}=0$ 时，$\|\boldsymbol{x}\|=0$；

（2）齐次性：$\|k\boldsymbol{x}\|=|k|\,\|\boldsymbol{x}\|$；

（3）Cauchy-Schwarz 不等式：$|[\boldsymbol{x},\boldsymbol{y}]|\leqslant\|\boldsymbol{x}\|\cdot\|\boldsymbol{y}\|$；

（4）三角不等式：$\|\boldsymbol{x}+\boldsymbol{y}\|\leqslant\|\boldsymbol{x}\|+\|\boldsymbol{y}\|$；

（5）$\big|\,\|\boldsymbol{x}\|-\|\boldsymbol{y}\|\,\big|\leqslant\|\boldsymbol{x}-\boldsymbol{y}\|\leqslant\|\boldsymbol{x}\|+\|\boldsymbol{y}\|$.

证明：（1）由定义知 $\|\boldsymbol{x}\|=\sqrt{x_1^2+x_2^2+\cdots+x_n^2}\geqslant 0$，若 $\|\boldsymbol{x}\|=0$，则 $\sqrt{x_1^2+x_2^2+\cdots+x_n^2}=0$，可知 $x_i=0(i=1,2,\cdots,n)$，则 $\boldsymbol{x}=\boldsymbol{0}$，反之亦然.

（2）$\|k\boldsymbol{x}\|=\sqrt{[k\boldsymbol{x},k\boldsymbol{x}]}=\sqrt{(kx_1)^2+(kx_2)^2+\cdots+(kx_n)^2}=|k|\sqrt{x_1^2+x_2^2+\cdots+x_n^2}=|k|\,\|\boldsymbol{x}\|$；

（3）当 $\boldsymbol{y}=\boldsymbol{0}$ 时，不等式显然成立. 现设 $\boldsymbol{y}\neq\boldsymbol{0}$，作向量 $\boldsymbol{z}=\boldsymbol{x}+t\boldsymbol{y}$，则对任何实数 t 有 $[\boldsymbol{z},\boldsymbol{z}]=[\boldsymbol{x}+t\boldsymbol{y},\boldsymbol{x}+t\boldsymbol{y}]\geqslant 0$，即

$$[\boldsymbol{x},\boldsymbol{x}]+2[\boldsymbol{x},\boldsymbol{y}]t+[\boldsymbol{y},\boldsymbol{y}]t^2\geqslant 0$$

这是关于 t 的二次三项式，t^2 的系数 $[\boldsymbol{y},\boldsymbol{y}]>0$，所以必有

$$[\boldsymbol{x},\boldsymbol{y}]^2-[\boldsymbol{x},\boldsymbol{x}][\boldsymbol{y},\boldsymbol{y}]\leqslant 0$$

移项开平方得到要证的不等式.

再证明等号成立的充分必要条件是 $\boldsymbol{x},\boldsymbol{y}$ 线性相关. 当 $\boldsymbol{x},\boldsymbol{y}$ 线性相关时，或者 $\boldsymbol{x}=\boldsymbol{0}$，或者 $\boldsymbol{y}=k\boldsymbol{x}$，无论哪种情况，都有

$$[\boldsymbol{x},\boldsymbol{y}]^2=[\boldsymbol{x},\boldsymbol{x}][\boldsymbol{y},\boldsymbol{y}]$$

反之，如果等号成立，则从上面的证明可知或者 $\boldsymbol{y}=\boldsymbol{0}$（这时 $\boldsymbol{x},\boldsymbol{y}$ 线性相关），或者从 $[\boldsymbol{x},\boldsymbol{x}]+2[\boldsymbol{x},\boldsymbol{y}]t+[\boldsymbol{y},\boldsymbol{y}]t^2=0$ 的判别式为 0 得到重根

$$t=-\frac{[\boldsymbol{x},\boldsymbol{y}]}{[\boldsymbol{y},\boldsymbol{y}]}$$

于是 $\boldsymbol{z}=\boldsymbol{x}+t\boldsymbol{y}=\boldsymbol{x}-\dfrac{[\boldsymbol{x},\boldsymbol{y}]}{[\boldsymbol{y},\boldsymbol{y}]}\boldsymbol{y}=\boldsymbol{0}$，就是 $\boldsymbol{x},\boldsymbol{y}$ 线性相关. 证毕.

（4）因为

$$\begin{aligned}\| \boldsymbol{x}+\boldsymbol{y} \|^2 &= [\boldsymbol{x}+\boldsymbol{y}, \boldsymbol{x}+\boldsymbol{y}] \\ &= [\boldsymbol{x}, \boldsymbol{x}] + 2[\boldsymbol{x}, \boldsymbol{y}] + [\boldsymbol{y}, \boldsymbol{y}] \\ &\leqslant [\boldsymbol{x}, \boldsymbol{x}] + 2\|\boldsymbol{x}\| \|\boldsymbol{y}\| + [\boldsymbol{y}, \boldsymbol{y}] \\ &= \|\boldsymbol{x}\|^2 + 2\|\boldsymbol{x}\| \|\boldsymbol{y}\| + \|\boldsymbol{y}\|^2 \\ &= (\|\boldsymbol{x}\| + \|\boldsymbol{y}\|)^2\end{aligned}$$

因此

$$\|\boldsymbol{x}+\boldsymbol{y}\| \leqslant \|\boldsymbol{x}\| + \|\boldsymbol{y}\|$$

（5）右边易得，因为

$$\|\boldsymbol{x}-\boldsymbol{y}\| = \|\boldsymbol{x}+(-\boldsymbol{y})\| \leqslant \|\boldsymbol{x}\| + \|-\boldsymbol{y}\| = \|\boldsymbol{x}\| + \|\boldsymbol{y}\|$$

左边分为两部分证明，因为

$$\|\boldsymbol{x}\| \leqslant \|(\boldsymbol{x}-\boldsymbol{y})+\boldsymbol{y}\| \leqslant \|\boldsymbol{x}-\boldsymbol{y}\| + \|\boldsymbol{y}\|$$

于是可以得到

$$\|\boldsymbol{x}\| - \|\boldsymbol{y}\| \leqslant \|\boldsymbol{x}-\boldsymbol{y}\|$$

及

$$\|\boldsymbol{y}\| \leqslant \|(\boldsymbol{y}-\boldsymbol{x})+\boldsymbol{x}\| \leqslant \|\boldsymbol{y}-\boldsymbol{x}\| + \|\boldsymbol{x}\| = \|\boldsymbol{x}-\boldsymbol{y}\| + \|\boldsymbol{x}\|$$

也就是

$$\|\boldsymbol{y}\| - \|\boldsymbol{x}\| \leqslant \|\boldsymbol{x}-\boldsymbol{y}\|$$

所以

$$\big|\, \|\boldsymbol{x}\| - \|\boldsymbol{y}\| \,\big| \leqslant \|\boldsymbol{x}-\boldsymbol{y}\|$$

长度为 1 的向量称为单位向量. 如果 $\boldsymbol{\alpha} \neq \boldsymbol{0}$，则由 $\|k\boldsymbol{\alpha}\| = |k| \|\boldsymbol{\alpha}\|$ 知，向量 $\dfrac{1}{\|\boldsymbol{\alpha}\|}\boldsymbol{\alpha}$ 是一个单位向量. 用向量 $\boldsymbol{\alpha}$ 的长度 $\|\boldsymbol{\alpha}\|$ 去除向量 $\boldsymbol{\alpha}$，得到一个与 $\boldsymbol{\alpha}$ 成比例的单位向量，通常称为把 $\boldsymbol{\alpha}$ 单位化.

定义 3-20 非零向量 $\boldsymbol{\alpha}, \boldsymbol{\beta}$ 的夹角 $<\boldsymbol{\alpha}, \boldsymbol{\beta}>$ 规定为

$$<\boldsymbol{\alpha}, \boldsymbol{\beta}> = \arccos \frac{[\boldsymbol{\alpha}, \boldsymbol{\beta}]}{\|\boldsymbol{\alpha}\| \|\boldsymbol{\beta}\|},\ 0 \leqslant <\boldsymbol{\alpha}, \boldsymbol{\beta}> \leqslant \pi$$

【例 3-23】 设 $\boldsymbol{\alpha} = (1, 2, 2, 3)$，$\boldsymbol{\beta} = (3, 1, 5, 1)$，求 $\|\boldsymbol{\alpha}\|$，$\|\boldsymbol{\beta}\|$，$[\boldsymbol{\alpha}, \boldsymbol{\beta}]$，$\boldsymbol{\alpha}$ 与 $\boldsymbol{\beta}$ 的夹角.

解： 设夹角为 θ，因为

$$\cos\theta = \frac{[\boldsymbol{\alpha}, \boldsymbol{\beta}]}{\|\boldsymbol{\alpha}\| \|\boldsymbol{\beta}\|} = \frac{18}{3\sqrt{2} \times 6} = \frac{\sqrt{2}}{2}$$

所以 $\theta = \dfrac{\pi}{4}$.

3.5.3 向量的正交

（1）正交的定义.

定义 3-21 如果向量 $\boldsymbol{\alpha}, \boldsymbol{\beta}$ 的内积为 0，即 $[\boldsymbol{\alpha}, \boldsymbol{\beta}] = 0$. 那么 $\boldsymbol{\alpha}, \boldsymbol{\beta}$ 称为正交或互相垂直，记为 $\boldsymbol{\alpha} \perp \boldsymbol{\beta}$.

显然，这里正交的定义与解析几何中对于正交的说法是一致的. 两个非零向量正交的

充分必要的条件是它们的夹角为$\frac{\pi}{2}$，只有零向量才与自己正交.

在欧几里得空间中同样有勾股定理，即当$\boldsymbol{\alpha}\perp\boldsymbol{\beta}$时

$$\|\boldsymbol{\alpha}+\boldsymbol{\beta}\|^2=\|\boldsymbol{\alpha}\|^2+\|\boldsymbol{\beta}\|^2$$

事实上

$$\begin{aligned}\|\boldsymbol{\alpha}+\boldsymbol{\beta}\|^2&=[\boldsymbol{\alpha}+\boldsymbol{\beta},\boldsymbol{\alpha}+\boldsymbol{\beta}]\\&=[\boldsymbol{\alpha},\boldsymbol{\alpha}]+2[\boldsymbol{\alpha},\boldsymbol{\beta}]+[\boldsymbol{\beta},\boldsymbol{\beta}]\\&=\|\boldsymbol{\alpha}\|^2+\|\boldsymbol{\beta}\|^2\end{aligned}$$

勾股定理可推广到多个向量的情形，即如果$\boldsymbol{\alpha}_1,\boldsymbol{\alpha}_2,\cdots,\boldsymbol{\alpha}_m$两两正交，那么

$$\|\boldsymbol{\alpha}_1+\boldsymbol{\alpha}_2+\cdots+\boldsymbol{\alpha}_m\|^2=\|\boldsymbol{\alpha}_1\|^2+\|\boldsymbol{\alpha}_2\|^2+\cdots+\|\boldsymbol{\alpha}_m\|^2$$

（2）正交向量组及其性质.

在空间解析几何中，我们通常选取两两正交的单位向量$\boldsymbol{i},\boldsymbol{j},\boldsymbol{k}$作为三维欧氏空间$\mathbf{R}^3$的基，即直角坐标系中坐标轴上的单位向量组. 它们的基本特征是

$$[\boldsymbol{i},\boldsymbol{i}]=[\boldsymbol{j},\boldsymbol{j}]=[\boldsymbol{k},\boldsymbol{k}]=1$$

$$[\boldsymbol{i},\boldsymbol{j}]=[\boldsymbol{j},\boldsymbol{k}]=[\boldsymbol{k},\boldsymbol{i}]=[\boldsymbol{i},\boldsymbol{k}]=[\boldsymbol{k},\boldsymbol{j}]=[\boldsymbol{j},\boldsymbol{i}]=0$$

由此，计算向量的内积、长度、夹角、距离等都归结为向量的坐标的计算，这给$\mathbf{R}^3$的讨论带来很大方便.

我们希望在上述讨论的基础上向n维欧氏空间进行推广，找到两两正交的单位向量组成的基. 为此，我们定义如下概念：

定义 3-22　欧氏空间V中一组非零的向量，如果它们两两正交，就称为正交向量组.

应该指出，按照定义 3-22，由单个非零向量所成的向量组也是正交向量组. 当然，以下讨论的正交向量组都是非空的. 正交向量组具有非常重要的性质：

性质 3-3　正交向量组是线性无关的.

证明：设$\boldsymbol{\alpha}_1,\boldsymbol{\alpha}_2,\cdots,\boldsymbol{\alpha}_m$是一正交向量组，$k_1,k_2,\cdots,k_m$是$m$个实数，且有

$$k_1\boldsymbol{\alpha}_1+k_2\boldsymbol{\alpha}_2+\cdots+k_m\boldsymbol{\alpha}_m=\mathbf{0}$$

用$\boldsymbol{\alpha}_i$与等式两边作内积，得

$$k_i[\boldsymbol{\alpha}_i,\boldsymbol{\alpha}_i]=0$$

由$\boldsymbol{\alpha}_i\neq\mathbf{0}$，有$[\boldsymbol{\alpha}_i,\boldsymbol{\alpha}_i]>0$，从而$k_i=0(i=1,2,\cdots,m)$，因此$\boldsymbol{\alpha}_1,\boldsymbol{\alpha}_2,\cdots,\boldsymbol{\alpha}_m$是线性无关的.

这个结果说明，在n维欧氏空间中，两两正交的非零向量不能超过n个. 这个事实的几何意义是清楚的. 例如，在平面上找不到三个两两垂直的非零向量；在空间中，找不到四个两两垂直的非零向量. 因此，从解析几何中看到，直角坐标系在图形度量性质的讨论中有特殊的地位. 在欧氏空间中，情况是相仿的.

（3）正交化.

一般地，n维欧氏空间的线性无关向量组$\boldsymbol{\alpha}_1,\boldsymbol{\alpha}_2,\cdots,\boldsymbol{\alpha}_m$不一定是正交组，但可以将它们改造成两两正交的向量组$\boldsymbol{\beta}_1,\boldsymbol{\beta}_2,\cdots,\boldsymbol{\beta}_m$. 这就是施密特(Schmidt)正交化方法.

定理 3-11　对n维欧氏空间V中任一线性无关向量组$\boldsymbol{\alpha}_1,\boldsymbol{\alpha}_2,\cdots,\boldsymbol{\alpha}_m$，都可找到$V$的一组正交向量组$\boldsymbol{\beta}_1,\boldsymbol{\beta}_2,\cdots,\boldsymbol{\beta}_m$，满足

$$L(\boldsymbol{\beta}_1,\boldsymbol{\beta}_2,\cdots,\boldsymbol{\beta}_i)=L(\boldsymbol{\alpha}_1,\boldsymbol{\alpha}_2,\cdots,\boldsymbol{\alpha}_i)\quad(i=1,2,\cdots,m)$$

作法如下

$$\boldsymbol{\beta}_1=\boldsymbol{\alpha}_1$$

$$\boldsymbol{\beta}_2=\boldsymbol{\alpha}_2-\frac{[\boldsymbol{\alpha}_2,\boldsymbol{\beta}_1]}{[\boldsymbol{\beta}_1,\boldsymbol{\beta}_1]}\boldsymbol{\beta}_1$$

$$\boldsymbol{\beta}_3=\boldsymbol{\alpha}_3-\frac{[\boldsymbol{\alpha}_3,\boldsymbol{\beta}_1]}{[\boldsymbol{\beta}_1,\boldsymbol{\beta}_1]}\boldsymbol{\beta}_1-\frac{[\boldsymbol{\alpha}_3,\boldsymbol{\beta}_2]}{[\boldsymbol{\beta}_2,\boldsymbol{\beta}_2]}\boldsymbol{\beta}_2$$

$$\cdots$$

$$\boldsymbol{\beta}_{i+1}=\boldsymbol{\alpha}_{i+1}-\sum_{k=1}^{i}\frac{[\boldsymbol{\alpha}_{i+1},\boldsymbol{\beta}_k]}{[\boldsymbol{\beta}_k,\boldsymbol{\beta}_k]}\boldsymbol{\beta}_k$$

$$\cdots$$

$$\boldsymbol{\beta}_m=\boldsymbol{\alpha}_m-\sum_{k=1}^{m-1}\frac{[\boldsymbol{\alpha}_m,\boldsymbol{\beta}_k]}{[\boldsymbol{\beta}_k,\boldsymbol{\beta}_k]}\boldsymbol{\beta}_k$$

$\boldsymbol{\beta}_1,\boldsymbol{\beta}_2,\cdots,\boldsymbol{\beta}_m$ 就满足所要求的条件.

【例 3-24】 用施密特正交化方法，将向量组

$$\boldsymbol{\alpha}_1=(1,1,1,1),\ \boldsymbol{\alpha}_2=(1,-1,0,4)$$

$$\boldsymbol{\alpha}_3=(3,5,1,-1),\ \boldsymbol{\alpha}_4=(2,3,-1,2)$$

正交化.

解： 取

$$\boldsymbol{\beta}_1=\boldsymbol{\alpha}_1=(1,1,1,1)$$

$$\begin{aligned}\boldsymbol{\beta}_2&=\boldsymbol{\alpha}_2-\frac{[\boldsymbol{\beta}_1,\boldsymbol{\alpha}_2]}{[\boldsymbol{\beta}_1,\boldsymbol{\beta}_1]}\boldsymbol{\beta}_1\\&=(1,-1,0,4)-\frac{1-1+0+4}{1+1+1+1}(1,1,1,1)\\&=(0,-2,-1,3)\end{aligned}$$

$$\begin{aligned}\boldsymbol{\beta}_3&=\boldsymbol{\alpha}_3-\frac{[\boldsymbol{\beta}_1,\boldsymbol{\alpha}_3]}{[\boldsymbol{\beta}_1,\boldsymbol{\beta}_1]}\boldsymbol{\beta}_1-\frac{[\boldsymbol{\beta}_2,\boldsymbol{\alpha}_3]}{[\boldsymbol{\beta}_2,\boldsymbol{\beta}_2]}\boldsymbol{\beta}_2\\&=(3,5,1,-1)-\frac{8}{4}(1,1,1,1)-\frac{-14}{14}(0,-2,-1,3)\\&=(1,1,-2,0)\end{aligned}$$

$$\begin{aligned}\boldsymbol{\beta}_4&=\boldsymbol{\alpha}_4-\frac{[\boldsymbol{\beta}_1,\boldsymbol{\alpha}_4]}{[\boldsymbol{\beta}_1,\boldsymbol{\beta}_1]}\boldsymbol{\beta}_1-\frac{[\boldsymbol{\beta}_2,\boldsymbol{\alpha}_4]}{[\boldsymbol{\beta}_2,\boldsymbol{\beta}_2]}\boldsymbol{\beta}_2-\frac{[\boldsymbol{\beta}_3,\boldsymbol{\alpha}_4]}{[\boldsymbol{\beta}_3,\boldsymbol{\beta}_3]}\boldsymbol{\beta}_3\\&=\left(-\frac{2}{3},\frac{10}{21},-\frac{2}{21},\frac{2}{7}\right)\end{aligned}$$

所得向量组 $\boldsymbol{\beta}_1,\boldsymbol{\beta}_2,\boldsymbol{\beta}_3,\boldsymbol{\beta}_4$ 为正交向量组.

3.5.4 标准正交基

（1）标准正交基的定义.

定义 3-23 在 n 维欧氏空间中，由 n 个向量组成的正交向量组称为正交基；由单位向量组成的正交基称为标准正交基（规范正交基）.

对一组正交基进行单位化就得到一组标准正交基. 例如，设

$$e_1=\begin{pmatrix}\frac{1}{\sqrt{2}}\\1/\sqrt{2}\\0\\0\end{pmatrix},\ e_2=\begin{pmatrix}\frac{1}{\sqrt{2}}\\-\frac{1}{\sqrt{2}}\\0\\0\end{pmatrix},\ e_3=\begin{pmatrix}0\\0\\\frac{1}{\sqrt{2}}\\\frac{1}{\sqrt{2}}\end{pmatrix},\ e_4=\begin{pmatrix}0\\0\\\frac{1}{\sqrt{2}}\\-\frac{1}{\sqrt{2}}\end{pmatrix}$$

由于

$$\begin{cases}[e_i, e_j]=0 & (i\neq j \text{ 且 } i, j=1, 2, 3, 4)\\ [e_i, e_j]=1 & (i=j \text{ 且 } i, j=1, 2, 3, 4)\end{cases}$$

所以 e_1, e_2, e_3, e_4 为 $\mathbf{R}^4$ 的一个标准正交基.

同理可知

$$\varepsilon_1=\begin{pmatrix}1\\0\\0\\0\end{pmatrix},\ \varepsilon_2=\begin{pmatrix}0\\1\\0\\0\end{pmatrix},\ \varepsilon_3=\begin{pmatrix}0\\0\\1\\0\end{pmatrix},\ \varepsilon_4=\begin{pmatrix}0\\0\\0\\1\end{pmatrix}$$

也为 $\mathbf{R}^4$ 的一个标准正交基.

（2）求标准正交基的方法.

设 $\alpha_1, \alpha_2, \cdots, \alpha_n$ 是 $\mathbf{R}^n$ 的一个基，我们可以用以下方法得到一个标准正交基：

1）用施密特正交化方法，将 $\alpha_1, \alpha_2, \cdots, \alpha_n$ 正交化，得到向量组 $\beta_1, \beta_2, \cdots, \beta_n$；

2）将 $\beta_1, \beta_2, \cdots, \beta_n$ 单位化. 取

$$e_1=\frac{\beta_1}{\|\beta_1\|},\ e_2=\frac{\beta_2}{\|\beta_2\|}, \cdots, e_n=\frac{\beta_n}{\|\beta_n\|}$$

$e_1, e_2, \cdots, e_n$ 就是 $\mathbf{R}^n$ 的标准正交基. 这个标准正交基还满足

$$L(e_1, e_2, \cdots, e_n)=L(\alpha_1, \alpha_2, \cdots, \alpha_n)\quad (i=1, 2, \cdots, n)$$

对于例 3-24 中已经求得的

$$\beta_1=(1, 1, 1, 1),\ \beta_2=(0, -2, -1, 3)$$

$$\beta_3=(1, 1, -2, 0),\ \beta_4=\left(-\frac{2}{3}, \frac{10}{21}, -\frac{2}{21}, \frac{2}{7}\right)$$

单位化得到 $\mathbf{R}^4$ 的标准正交基

$$e_1=\frac{\beta_1}{\|\beta_1\|}=\left(\frac{1}{2}, \frac{1}{2}, \frac{1}{2}, \frac{1}{2}\right)$$

$$e_2=\frac{\beta_2}{\|\beta_2\|}=\left(0, -\frac{2}{\sqrt{14}}, -\frac{1}{\sqrt{14}}, \frac{3}{\sqrt{14}}\right)$$

$$e_3=\frac{\beta_3}{\|\beta_3\|}=\left(\frac{1}{\sqrt{6}}, \frac{1}{\sqrt{6}}, -\frac{2}{\sqrt{6}}, 0\right)$$

$$e_4=\frac{\beta_4}{\|\beta_4\|}=\frac{1}{\sqrt{336}}(-14, 10, -2, 6)$$

定理 3-12　n 维欧氏空间中任一正交向量组都能扩充成一组正交基.

证明：设 $\boldsymbol{\alpha}_1, \boldsymbol{\alpha}_2, \cdots, \boldsymbol{\alpha}_m$ 是一个正交向量组，我们对 $n-m$ 作数学归纳法.

1）当 $n-m=0$ 时，$\boldsymbol{\alpha}_1, \boldsymbol{\alpha}_2, \cdots, \boldsymbol{\alpha}_m$ 就是一组正交基.

2）假设 $n-m=k$ 时定理成立，也就是说，可以找到向量 $\boldsymbol{\beta}_1, \boldsymbol{\beta}_2, \cdots, \boldsymbol{\beta}_k$，使得

$$\boldsymbol{\alpha}_1, \boldsymbol{\alpha}_2, \cdots, \boldsymbol{\alpha}_m, \boldsymbol{\beta}_1, \boldsymbol{\beta}_2, \cdots, \boldsymbol{\beta}_k$$

成为一组正交基.

3）现在来看 $n-m=k+1$ 的情形. 因为 $m<n$，所以一定有向量 $\boldsymbol{\beta}$ 不能被 $\boldsymbol{\alpha}_1, \boldsymbol{\alpha}_2, \cdots, \boldsymbol{\alpha}_m$ 线性表示，作向量

$$\boldsymbol{\alpha}_{m+1}=\boldsymbol{\beta}-k_1\boldsymbol{\alpha}_1-k_2\boldsymbol{\alpha}_2-\cdots-k_m\boldsymbol{\alpha}_m$$

这里 $k_1, k_2, \cdots, k_m$ 是待定的系数. 用 $\boldsymbol{\alpha}_i$ 与 $\boldsymbol{\alpha}_{m+1}$ 作内积，得

$$[\boldsymbol{\alpha}_i, \boldsymbol{\alpha}_{m+1}]=[\boldsymbol{\beta}, \boldsymbol{\alpha}_i]-k_i[\boldsymbol{\alpha}_i, \boldsymbol{\alpha}_i] \quad (i=1, 2, \cdots, m)$$

取

$$k_i=\frac{[\boldsymbol{\beta}, \boldsymbol{\alpha}_i]}{[\boldsymbol{\alpha}_i, \boldsymbol{\alpha}_i]} \quad (i=1, 2, \cdots, m)$$

有

$$[\boldsymbol{\alpha}_i, \boldsymbol{\alpha}_{m+1}]=0 \quad (i=1, 2, \cdots, m)$$

由 $\boldsymbol{\beta}$ 的选择可知，$\boldsymbol{\alpha}_{m+1}\neq\mathbf{0}$. 因此 $\boldsymbol{\alpha}_1, \boldsymbol{\alpha}_2, \cdots, \boldsymbol{\alpha}_m, \boldsymbol{\alpha}_{m+1}$ 是一正交向量组，根据归纳法假定，$\boldsymbol{\alpha}_1, \boldsymbol{\alpha}_2, \cdots, \boldsymbol{\alpha}_m, \boldsymbol{\alpha}_{m+1}$ 可以扩充成一组正交基.

【例 3-25】　设 $\boldsymbol{a}_1=\begin{pmatrix}1\\2\\-1\end{pmatrix}$，$\boldsymbol{a}_2=\begin{pmatrix}-1\\3\\1\end{pmatrix}$，$\boldsymbol{a}_3=\begin{pmatrix}4\\-1\\0\end{pmatrix}$，试用施密特正交化过程把这组向量规范正交化.

解：取 $\boldsymbol{b}_1=\boldsymbol{a}_1$，令：

$$\boldsymbol{b}_2=\boldsymbol{a}_2-\frac{[\boldsymbol{a}_2, \boldsymbol{b}_1]}{\|\boldsymbol{b}_1\|^2}\boldsymbol{b}_1=\begin{pmatrix}-1\\3\\1\end{pmatrix}-\frac{4}{6}\begin{pmatrix}1\\2\\-1\end{pmatrix}=\frac{5}{3}\begin{pmatrix}-1\\1\\1\end{pmatrix}$$

$$\boldsymbol{b}_3=\boldsymbol{a}_3-\frac{[\boldsymbol{a}_3, \boldsymbol{b}_1]}{\|\boldsymbol{b}_1\|^2}\boldsymbol{b}_1-\frac{[\boldsymbol{a}_3, \boldsymbol{b}_2]}{\|\boldsymbol{b}_2\|^2}\boldsymbol{b}_2$$

$$=\begin{pmatrix}4\\-1\\0\end{pmatrix}-\frac{1}{3}\begin{pmatrix}1\\2\\-1\end{pmatrix}+\frac{5}{3}\begin{pmatrix}-1\\1\\1\end{pmatrix}=2\begin{pmatrix}1\\0\\1\end{pmatrix}$$

再把它们单位化，取

$$\boldsymbol{e}_1=\frac{\boldsymbol{b}_1}{\|\boldsymbol{b}_1\|}=\frac{1}{\sqrt{6}}\begin{pmatrix}1\\2\\-1\end{pmatrix},\ \boldsymbol{e}_2=\frac{\boldsymbol{b}_2}{\|\boldsymbol{b}_2\|}=\frac{1}{\sqrt{3}}\begin{pmatrix}-1\\1\\1\end{pmatrix},\ \boldsymbol{e}_3=\frac{\boldsymbol{b}_3}{\|\boldsymbol{b}_3\|}=\frac{1}{\sqrt{2}}\begin{pmatrix}1\\0\\1\end{pmatrix}$$

$\boldsymbol{e}_1, \boldsymbol{e}_2, \boldsymbol{e}_3$ 即合所求.

我们可以从向量投影的角度理解 Schmidt 正交化方法. 如图 3-3 所示，令 $\boldsymbol{b}_1=\boldsymbol{a}_1$，$\boldsymbol{c}_2$ 为 $\boldsymbol{a}_2$ 在 $\boldsymbol{b}_1$ 上的投影向量，即

$$c_2=\left[a_2,\frac{b_1}{\|b_1\|}\right]\frac{b_1}{\|b_1\|}=\frac{[a_2,b_1]}{\|b_1\|^2}b_1$$

再令 $\boldsymbol{b}_2=\boldsymbol{a}_2-\boldsymbol{c}_2$，$\boldsymbol{c}_3$ 为 $\boldsymbol{a}_3$ 在平行于 $\boldsymbol{b}_1, \boldsymbol{b}_2$ 的平面上的投影向量，由于 $\boldsymbol{b}_1\perp\boldsymbol{b}_2$，则 $\boldsymbol{c}_3$ 等于 $\boldsymbol{a}_3$ 分别在 $\boldsymbol{b}_1, \boldsymbol{b}_2$ 上的投影向量 $\boldsymbol{c}_{31}$ 与 $\boldsymbol{c}_{32}$ 之和，即

$$\boldsymbol{c}_3=\boldsymbol{c}_{31}+\boldsymbol{c}_{32}=\frac{[\boldsymbol{a}_3,\boldsymbol{b}_1]}{\|\boldsymbol{b}_1\|^2}\boldsymbol{b}_1+\frac{[\boldsymbol{a}_3,\boldsymbol{b}_2]}{\|\boldsymbol{b}_2\|^2}\boldsymbol{b}_2,\quad \boldsymbol{b}_3=\boldsymbol{a}_3-\boldsymbol{c}_3$$

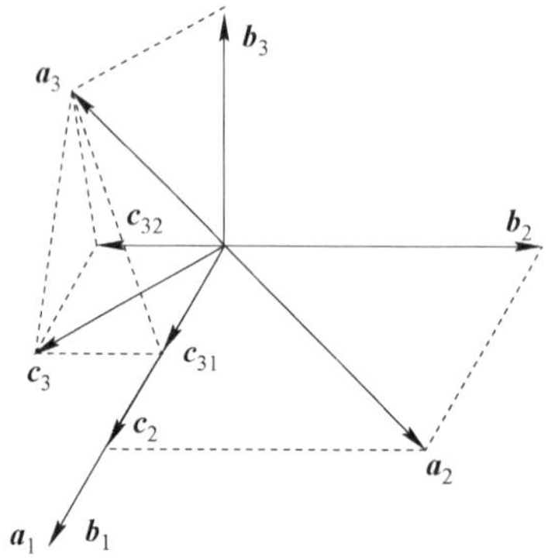

彩色原图

图 3-3 Schmidt 正交化

【例 3-26】 已知 $\boldsymbol{\alpha}_1=\begin{pmatrix}1\\1\\1\end{pmatrix}$，求非零向量 $\boldsymbol{\alpha}_2, \boldsymbol{\alpha}_3$ 使得 $\boldsymbol{\alpha}_1, \boldsymbol{\alpha}_2, \boldsymbol{\alpha}_3$ 两两正交.

解： $\boldsymbol{\alpha}_2, \boldsymbol{\alpha}_3$ 应满足方程 $[\boldsymbol{\alpha}_1, \boldsymbol{x}]=0$ 即

$$x_1+x_2+x_3=0$$

求它的基础解系得到

$$\boldsymbol{\xi}_1=\begin{pmatrix}1\\0\\-1\end{pmatrix},\quad \boldsymbol{\xi}_2=\begin{pmatrix}0\\1\\-1\end{pmatrix}$$

把基础解系正交化，即合所求. 即取

$$\boldsymbol{\alpha}_2=\boldsymbol{\xi}_1=\begin{pmatrix}1\\0\\-1\end{pmatrix},\quad \boldsymbol{\alpha}_3=\boldsymbol{\xi}_2-\frac{[\boldsymbol{\xi}_1,\boldsymbol{\xi}_2]}{[\boldsymbol{\xi}_1,\boldsymbol{\xi}_1]}\boldsymbol{\xi}_1=\begin{pmatrix}0\\1\\-1\end{pmatrix}-\frac{1}{2}\begin{pmatrix}1\\0\\-1\end{pmatrix}=\frac{1}{2}\begin{pmatrix}-1\\2\\-1\end{pmatrix}$$

3.5.5 正交矩阵与正交变换

定义 3-24 n 阶实数矩阵 $\boldsymbol{A}$ 称为正交矩阵，如果 $\boldsymbol{AA}^{\mathrm{T}}=\boldsymbol{E}$.

在平面直角坐标系 xOy 中，将两个坐标轴同时绕原点旋转 θ 角（逆时针为正，顺时针为负），坐标变换公式为

$$\begin{pmatrix}x\\y\end{pmatrix}=\begin{pmatrix}\cos\theta & -\sin\theta\\ \sin\theta & \cos\theta\end{pmatrix}\begin{pmatrix}u\\v\end{pmatrix}$$

矩阵$\begin{pmatrix} \cos\theta & -\sin\theta \\ \sin\theta & \cos\theta \end{pmatrix}$是正交矩阵.

定理 3-13　正交矩阵有以下性质：

（1）若 $\boldsymbol{A}$ 为正交矩阵，则 $\boldsymbol{A}^{-1}=\boldsymbol{A}^{\mathrm{T}}$；

（2）若 $\boldsymbol{A}$ 为正交矩阵，则 $\boldsymbol{A}\boldsymbol{A}^{\mathrm{T}}=\boldsymbol{A}^{\mathrm{T}}\boldsymbol{A}=\boldsymbol{E}$；

（3）若 $\boldsymbol{A}$ 为正交矩阵，则 $\boldsymbol{A}^{-1}$也是正交矩阵；

（4）若 $\boldsymbol{A}$ 为正交矩阵，则 $|\boldsymbol{A}|=\pm 1$；

（5）两个正交矩阵的乘积还是正交矩阵；

（6）若 $\boldsymbol{A}$ 为正交矩阵，则 $\boldsymbol{A}^*$ 也是正交矩阵.

定理 3-14　$\boldsymbol{A}$ 为正交矩阵的充分必要条件是 $\boldsymbol{A}$ 的列（行）向量都是单位向量且两两正交（即 $\boldsymbol{A}$ 的列（行）向量组是 $\mathbf{R}^n$ 的标准正交基）.

证明：

$$\boldsymbol{A}\boldsymbol{A}^{\mathrm{T}}=\boldsymbol{E} \Leftrightarrow \begin{pmatrix} a_{11} & a_{12} & \cdots & a_{1n} \\ a_{21} & a_{22} & \cdots & a_{2n} \\ \vdots & \vdots & & \vdots \\ a_{n1} & a_{n2} & \cdots & a_{nn} \end{pmatrix}\begin{pmatrix} a_{11} & a_{21} & \cdots & a_{n1} \\ a_{12} & a_{22} & \cdots & a_{n2} \\ \vdots & \vdots & & \vdots \\ a_{1n} & a_{2n} & \cdots & a_{nn} \end{pmatrix}=\boldsymbol{E}$$

$$\Leftrightarrow \begin{pmatrix} \boldsymbol{\alpha}_1 \\ \boldsymbol{\alpha}_2 \\ \vdots \\ \boldsymbol{\alpha}_n \end{pmatrix}(\boldsymbol{\alpha}_1^{\mathrm{T}}, \boldsymbol{\alpha}_2^{\mathrm{T}}, \cdots, \boldsymbol{\alpha}_n^{\mathrm{T}})=\boldsymbol{E}$$

$$\Leftrightarrow \begin{pmatrix} \boldsymbol{\alpha}_1\boldsymbol{\alpha}_1^{\mathrm{T}} & \boldsymbol{\alpha}_1\boldsymbol{\alpha}_2^{\mathrm{T}} & \cdots & \boldsymbol{\alpha}_1\boldsymbol{\alpha}_n^{\mathrm{T}} \\ \boldsymbol{\alpha}_2\boldsymbol{\alpha}_1^{\mathrm{T}} & \boldsymbol{\alpha}_2\boldsymbol{\alpha}_2^{\mathrm{T}} & \cdots & \boldsymbol{\alpha}_2\boldsymbol{\alpha}_n^{\mathrm{T}} \\ \vdots & \vdots & & \vdots \\ \boldsymbol{\alpha}_n\boldsymbol{\alpha}_1^{\mathrm{T}} & \boldsymbol{\alpha}_n\boldsymbol{\alpha}_2^{\mathrm{T}} & \cdots & \boldsymbol{\alpha}_n\boldsymbol{\alpha}_n^{\mathrm{T}} \end{pmatrix}=\boldsymbol{E}$$

$$\Leftrightarrow \boldsymbol{\alpha}_i\boldsymbol{\alpha}_j^{\mathrm{T}}=\delta_{ij}=\begin{cases} 1, & \text{当 } i=j \\ 0, & \text{当 } i\neq j \end{cases} \quad (i, j=1, 2, \cdots, n)$$

这里 $\boldsymbol{\alpha}_i\boldsymbol{\alpha}_j^{\mathrm{T}}$ 就是$[\boldsymbol{\alpha}_i, \boldsymbol{\alpha}_j]$. 这就证明了 $\boldsymbol{A}$ 为正交矩阵的充分必要条件是 $\boldsymbol{A}$ 的行向量都是单位向量且两两正交. 关于列的结论类似可证.

【例 3-27】　判别下列矩阵是否为正交阵.

（1）$\begin{pmatrix} 1 & -\frac{1}{2} & \frac{1}{3} \\ -\frac{1}{2} & 1 & \frac{1}{2} \\ \frac{1}{3} & \frac{1}{2} & -1 \end{pmatrix}$；（2）$\begin{pmatrix} \frac{1}{9} & -\frac{8}{9} & -\frac{4}{9} \\ -\frac{8}{9} & \frac{1}{9} & -\frac{4}{9} \\ -\frac{4}{9} & -\frac{4}{9} & \frac{7}{9} \end{pmatrix}$.

解：(1) 考察矩阵的第一列和第二列，由于

$$1\times\left(-\frac{1}{2}\right)+\left(-\frac{1}{2}\right)\times 1+\frac{1}{3}\times\frac{1}{2}\neq 0$$

所以它不是正交矩阵.

（2）由于

$$\begin{pmatrix} \frac{1}{9} & -\frac{8}{9} & -\frac{4}{9} \\ -\frac{8}{9} & \frac{1}{9} & -\frac{4}{9} \\ -\frac{4}{9} & -\frac{4}{9} & \frac{7}{9} \end{pmatrix}\begin{pmatrix} \frac{1}{9} & -\frac{8}{9} & -\frac{4}{9} \\ -\frac{8}{9} & \frac{1}{9} & -\frac{4}{9} \\ -\frac{4}{9} & -\frac{4}{9} & \frac{7}{9} \end{pmatrix}^{\mathrm{T}} = \begin{pmatrix} 1 & 0 & 0 \\ 0 & 1 & 0 \\ 0 & 0 & 1 \end{pmatrix}$$

所以它是正交矩阵.

定义 3-25 若 $\boldsymbol{P}$ 为正交矩阵，则线性变换 $\boldsymbol{y}=\boldsymbol{P}\boldsymbol{x}$ 称为正交变换.

性质 3-4 正交变换保持向量的长度不变.

证明：设 $\boldsymbol{y}=\boldsymbol{P}\boldsymbol{x}$ 为正交变换，则

$$\|\boldsymbol{y}\| = \sqrt{\boldsymbol{y}^{\mathrm{T}}\boldsymbol{y}} = \sqrt{(\boldsymbol{x}^{\mathrm{T}}\boldsymbol{P}^{\mathrm{T}})(\boldsymbol{P}\boldsymbol{x})} = \sqrt{\boldsymbol{x}^{\mathrm{T}}(\boldsymbol{P}^{\mathrm{T}}\boldsymbol{P})\boldsymbol{x}} = \sqrt{\boldsymbol{x}^{\mathrm{T}}\boldsymbol{x}} = \|\boldsymbol{x}\|$$

所以正交变换保持向量的长度不变.

正交变换的其他重要性质主要有：

（1）正交变换保持向量的内积不变，即 $[\boldsymbol{P}\boldsymbol{x}, \boldsymbol{P}\boldsymbol{x}] = [\boldsymbol{x}, \boldsymbol{x}]$；

（2）正交变换保持向量的夹角不变，即 $\langle \boldsymbol{P}\boldsymbol{x}, \boldsymbol{P}\boldsymbol{y}\rangle = \langle \boldsymbol{x}, \boldsymbol{y}\rangle$；

（3）正交变换把 $\mathbf{R}^n$ 中的一个规范正交基变成规范正交基.

事实上，保持任意两个非零向量夹角不变的线性变换不一定是正交变换. 设 $\boldsymbol{P}=k\boldsymbol{E}$，$k\neq\pm1$，则线性变换 $\boldsymbol{z}=\boldsymbol{P}\boldsymbol{x}$ 保持夹角不变（不是正交变换）

$$\begin{aligned}\cos\langle \boldsymbol{P}\boldsymbol{x}, \boldsymbol{P}\boldsymbol{y}\rangle &= \frac{[\boldsymbol{P}\boldsymbol{x}, \boldsymbol{P}\boldsymbol{y}]}{\|\boldsymbol{P}\boldsymbol{x}\|\|\boldsymbol{P}\boldsymbol{y}\|} = \frac{[k\boldsymbol{x}, k\boldsymbol{y}]}{\|k\boldsymbol{x}\|\|k\boldsymbol{y}\|} \\ &= \frac{k^2[\boldsymbol{x}, \boldsymbol{y}]}{k^2\|\boldsymbol{x}\|\|\boldsymbol{y}\|} = \frac{[\boldsymbol{x}, \boldsymbol{y}]}{\|\boldsymbol{x}\|\|\boldsymbol{y}\|} = \cos\langle \boldsymbol{x}, \boldsymbol{y}\rangle\end{aligned}$$

特别地，把正交向量变成正交向量的线性变换不一定是正交变换.

【例 3-28】 设 $a, b, c, x, y, z\in\mathbf{R}$，若

$$\begin{cases} a^2+b^2+c^2=25 \\ x^2+y^2+z^2=36 \\ ax+by+cz=30 \end{cases}$$

求 $\dfrac{a+b+c}{x+y+z}$ 的值.

解：设 $\boldsymbol{\alpha}=(a, b, c)$，$\boldsymbol{\beta}=(x, y, z)$ 是欧氏空间 $\mathbf{R}^3$ 的两个向量. 已知条件表明

$$[\boldsymbol{\alpha}, \boldsymbol{\alpha}]=25,\ [\boldsymbol{\beta}, \boldsymbol{\beta}]=36,\ [\boldsymbol{\alpha}, \boldsymbol{\beta}]=30$$

这意味着

$$[\boldsymbol{\alpha}, \boldsymbol{\beta}]^2 = [\boldsymbol{\alpha}, \boldsymbol{\alpha}][\boldsymbol{\beta}, \boldsymbol{\beta}]$$

由 3.5.1 节可知，此等式成立的充分必要条件是：$\boldsymbol{\alpha}, \boldsymbol{\beta}$ 线性相关. 因此，可以设 $\boldsymbol{\beta}=k\boldsymbol{\alpha}$，其中 k 是一个实数，即 $x=ka$, $y=kb$, $z=kc$，从而，由

$$30=ax+by+cz=k(a^2+b^2+c^2)=25k$$

得 $k=1.2$，所以

$$\frac{a+b+c}{x+y+z}=\frac{a+b+c}{ka+kb+kc}=\frac{1}{k}=\frac{5}{6}$$

本章习题

1. 把向量 $\boldsymbol{\beta}$ 表示成向量 $\boldsymbol{\alpha}_1, \boldsymbol{\alpha}_2, \boldsymbol{\alpha}_3, \boldsymbol{\alpha}_4$ 的线性组合：

（1）$\boldsymbol{\beta}=(1, 2, 1, 1), \boldsymbol{\alpha}_1=(1, 1, 1, 1), \boldsymbol{\alpha}_2=(1, 1, -1, -1)$，$\boldsymbol{\alpha}_3=(1, -1, 1, -1), \boldsymbol{\alpha}_4=(1, -1, -1, 1)$；

（2）$\boldsymbol{\beta}=(0, 0, 0, 1), \boldsymbol{\alpha}_1=(1, 1, 0, 1), \boldsymbol{\alpha}_2=(2, 1, 3, 1)$，$\boldsymbol{\alpha}_3=(1, 1, 0, 0), \boldsymbol{\alpha}_4=(0, 1, -1, -1)$.

2. 已知向量组 $\boldsymbol{\alpha}_1=(1, 1, 1), \boldsymbol{\alpha}_2=(0, 1, 1), \boldsymbol{\alpha}_3=(0, 0, 1)$，问 $\boldsymbol{\beta}=(1, 2, 3)$ 能否由 $\boldsymbol{\alpha}_1, \boldsymbol{\alpha}_2, \boldsymbol{\alpha}_3$ 线性表示？若能表示，则求对应的表达式.

3. 设向量组 $\boldsymbol{\alpha}_1=(1, 2, 3), \boldsymbol{\alpha}_2=(2, 1, 6), \boldsymbol{\alpha}_3=(3, 4, a)$，问 a 取何值时，$\boldsymbol{\alpha}_1, \boldsymbol{\alpha}_2, \boldsymbol{\alpha}_3$ 线性相关，a 取何值时，$\boldsymbol{\alpha}_1, \boldsymbol{\alpha}_2, \boldsymbol{\alpha}_3$ 线性无关？

4. 若向量组 $\boldsymbol{\alpha}_1, \boldsymbol{\alpha}_2, \boldsymbol{\alpha}_3$ 线性无关，证明：$\boldsymbol{\alpha}_1+\boldsymbol{\alpha}_2, \boldsymbol{\alpha}_2+\boldsymbol{\alpha}_3, \boldsymbol{\alpha}_3+\boldsymbol{\alpha}_1$ 也线性无关.

5. 证明：如果向量 $\boldsymbol{\beta}$ 可以由向量组 $\boldsymbol{\alpha}_1, \boldsymbol{\alpha}_2, \cdots, \boldsymbol{\alpha}_m$ 线性表示，则表示方式唯一的充分必要条件是 $\boldsymbol{\alpha}_1, \boldsymbol{\alpha}_2, \cdots, \boldsymbol{\alpha}_m$ 线性无关.

6. 证明：设向量组 $\boldsymbol{\alpha}_1, \boldsymbol{\alpha}_2, \cdots, \boldsymbol{\alpha}_m$ 线性无关，则向量组 $\boldsymbol{\alpha}_1+\boldsymbol{\alpha}_2, \boldsymbol{\alpha}_2+\boldsymbol{\alpha}_3, \cdots, \boldsymbol{\alpha}_m+\boldsymbol{\alpha}_1$ 线性无关的充分必要条件是 m 为奇数.

7. 求下列向量组的秩，并求一个极大无关组：

（1）$\boldsymbol{\alpha}_1=(1, 1, 0), \boldsymbol{\alpha}_2=(0, 2, 0), \boldsymbol{\alpha}_3=(0, 0, 3)$；

（2）$\boldsymbol{\alpha}_1=(1, 2, 1, 3), \boldsymbol{\alpha}_2=(4, -1, -5, -6), \boldsymbol{\alpha}_3=(1, -3, -4, -7)$.

8. 证明：若向量组 $\boldsymbol{\alpha}_1, \boldsymbol{\alpha}_2, \cdots, \boldsymbol{\alpha}_m$ 可由向量组 $\boldsymbol{\beta}_1, \boldsymbol{\beta}_2, \cdots, \boldsymbol{\beta}_m$ 线性表示，则 $r(\boldsymbol{\alpha}_1, \boldsymbol{\alpha}_2, \cdots, \boldsymbol{\alpha}_m)\leqslant r(\boldsymbol{\beta}_1, \boldsymbol{\beta}_2, \cdots, \boldsymbol{\beta}_m)$.

9. 证明：秩为 r 的向量组中任意 r 个线性无关的向量都构成它的一个极大线性无关组.

10. 证明：如果向量组 $\boldsymbol{\alpha}_1, \boldsymbol{\alpha}_2, \cdots, \boldsymbol{\alpha}_m$ 与向量组 $\boldsymbol{\alpha}_1, \boldsymbol{\alpha}_2, \cdots, \boldsymbol{\alpha}_m, \boldsymbol{\beta}$ 有相同的秩，则 $\boldsymbol{\beta}$ 可以由 $\boldsymbol{\alpha}_1, \boldsymbol{\alpha}_2, \cdots, \boldsymbol{\alpha}_m$ 线性表示.

11. 设向量组 $\boldsymbol{\alpha}_1, \boldsymbol{\alpha}_2, \cdots, \boldsymbol{\alpha}_s$ 的秩为 r，在其中任取 m 个向量 $\boldsymbol{\alpha}_{i_1}, \boldsymbol{\alpha}_{i_2}, \cdots, \boldsymbol{\alpha}_{i_m}$，证明：此向量组的秩不小于 $r+m-s$.

12. 下列集合是否为向量空间，为什么？

（1）第一个分量是整数的一切 n 维向量所组成的集合；

（2）$V=\{(x_1, x_2, \cdots, x_n) \mid x_1+x_2+\cdots+x_n=1\}$；

（3）$V=\{(x_1, x_2, \cdots, x_n) \mid x_1+x_2+\cdots+x_n=0\}$.

13. 设 U 是 $\mathbf{R}^n$ 的一个 r 维子空间，$\boldsymbol{\alpha}_1, \boldsymbol{\alpha}_2, \cdots, \boldsymbol{\alpha}_r$ 是 U 中 r 个向量．证明：如果 U 中的每一个向量都可以由 $\boldsymbol{\alpha}_1, \boldsymbol{\alpha}_2, \cdots, \boldsymbol{\alpha}_r$ 线性表示，则 $\boldsymbol{\alpha}_1, \boldsymbol{\alpha}_2, \cdots, \boldsymbol{\alpha}_r$ 是 U 的一个基.

14. 设 $\boldsymbol{\alpha}=(1, 2, 2, -2), \boldsymbol{\beta}=(4, 2, -1, 2)$，求 $[\boldsymbol{\alpha}, \boldsymbol{\beta}]$，$\|\boldsymbol{\alpha}\|$，$\|\boldsymbol{\beta}\|$.

15. 验证向量组 $\boldsymbol{\alpha}_1=\left(\frac{6}{7}, -\frac{3}{7}, \frac{2}{7}\right), \boldsymbol{\alpha}_2=\left(\frac{2}{7}, \frac{6}{7}, \frac{3}{7}\right), \boldsymbol{\alpha}_3=\left(-\frac{3}{7}, -\frac{2}{7}, \frac{6}{7}\right)$ 是 $\mathbf{R}^3$ 中的一组标准正交基，并求向量 $\boldsymbol{\alpha}=(5, 4, 3)$ 在该基下的坐标.

16. 证明：如果 $\boldsymbol{A}$ 是 n 阶对称矩阵，$\boldsymbol{T}$ 是 n 阶正交矩阵，则 $\boldsymbol{T}^{-1}\boldsymbol{A}\boldsymbol{T}$ 是对称矩阵.

17. 证明：如果正交矩阵 $\boldsymbol{A}$ 是上三角矩阵，则 $\boldsymbol{A}$ 一定是对角矩阵，并且其主对角元是 1 或−1.

18. 求解向量方程 $2\boldsymbol{x}+3\boldsymbol{\beta}=\boldsymbol{\gamma}+4\boldsymbol{x}$，其中 $\boldsymbol{\beta}=(1, 0, 1), \boldsymbol{\gamma}=(3, 2, -1)$.

19. 设 $\boldsymbol{\alpha}_1, \boldsymbol{\alpha}_2, \cdots, \boldsymbol{\alpha}_n$ 是一组 n 维向量，证明它们线性无关的充分必要条件是任一 n 维向量都可由它们线

性表示.

20. 求下列向量组的秩，并求一个极大无关组：

（1）$\boldsymbol{\alpha}_1=(1, 2, -1, 4)$，$\boldsymbol{\alpha}_2=(9, 100, 10, 4)$，$\boldsymbol{\alpha}_3=(-2, -4, 2, -8)$；

（2）$\boldsymbol{\alpha}_1=(1, 1, 0)$，$\boldsymbol{\alpha}_2=(0, 2, 0)$, $\boldsymbol{\alpha}_3=(0, 0, 3)$；

（3）$\boldsymbol{\alpha}_1=(1, 2, 1, 3)$，$\boldsymbol{\alpha}_2=(4, -1, -5, -6)$，$\boldsymbol{\alpha}_3=(1, -3, -4, -7)$.

21. 设 $\boldsymbol{\alpha}_1, \boldsymbol{\alpha}_2, \cdots, \boldsymbol{\alpha}_n$ 是 $\mathbf{R}^n$ 的一组基，证明：

（1）若 $\boldsymbol{\alpha}\in\mathbf{R}^n$，均有$[\boldsymbol{\alpha}, \boldsymbol{\alpha}_i]=0(i=1, 2, \cdots, n)$，则 $\boldsymbol{\alpha}=\mathbf{0}$;

（2）若 $\boldsymbol{\alpha}, \boldsymbol{\beta}\in\mathbf{R}^n$，均有$[\boldsymbol{\alpha}, \boldsymbol{\alpha}_i]=[\boldsymbol{\beta}, \boldsymbol{\alpha}_i](i=1, 2, \cdots, n)$，则 $\boldsymbol{\alpha}=\boldsymbol{\beta}$.

22. 设 $\boldsymbol{A}$ 是 $n\times m$ 矩阵，$\boldsymbol{B}$ 是 $m\times n$ 矩阵，$n<m$，$\boldsymbol{E}$ 是 n 阶单位阵，若 $\boldsymbol{AB}=\boldsymbol{E}$，试证 $\boldsymbol{B}$ 的列向量组线性无关.

23. 将 $\mathbf{R}^3$ 的一组基 $\boldsymbol{\alpha}_1=(1, 1, 1)$, $\boldsymbol{\alpha}_2=(0, 1, 1)$, $\boldsymbol{\alpha}_3=(1, 0, 1)$ 转换为标准正交基，并求 $\boldsymbol{\beta}=(1, -1, 0)$ 在此标准正交基下的坐标.

24. 已知矩阵 $\boldsymbol{A}=\begin{pmatrix}1 & 2 & -2\\ 2 & 1 & 2\\ 3 & 0 & 4\end{pmatrix}$，向量 $\boldsymbol{\alpha}=\begin{pmatrix}a\\ 1\\ 1\end{pmatrix}$，且 $\boldsymbol{A\alpha}$ 与 $\boldsymbol{\alpha}$ 线性相关，求参数 a.

25. 已知向量组 $\boldsymbol{\alpha}_1, \boldsymbol{\alpha}_2, \cdots, \boldsymbol{\alpha}_s$ 线性无关，又 $\boldsymbol{\alpha}=\boldsymbol{\alpha}_1+\boldsymbol{\alpha}_2+\cdots+\boldsymbol{\alpha}_s$，证明：$\boldsymbol{\alpha}-\boldsymbol{\alpha}_1, \boldsymbol{\alpha}-\boldsymbol{\alpha}_2, \cdots, \boldsymbol{\alpha}-\boldsymbol{\alpha}_s$ 线性无关.

4 线性方程组

1. 掌握线性方程组的消元法.

2. 掌握齐次线性方程组存在非零解和非齐次线性方程组有解的判别定理，会求解线性方程组.

3. 理解线性方程组解的结构，理解通解的概念. 掌握线性方程组通解的计算方法.

线性方程组可能有唯一解、无穷多解或无解. 例如方程组$\begin{cases}x_1+x_2=1\\x_1-x_2=0\end{cases}$有唯一解 $x_1=x_2=\frac{1}{2}$；方程组$\begin{cases}x_1+x_2=1\\2x_1+2x_2=2\end{cases}$有无穷多解；而方程组$\begin{cases}x_1+x_2=1\\x_1+x_2=2\end{cases}$无解.

本章将详细讨论线性方程组解的相关问题.

4.1 线性方程组的消元法

4.1.1 线性方程组的几种表示形式

线性方程组的一般形式为

$$\begin{cases}a_{11}x_1+a_{12}x_2+\cdots+a_{1n}x_n=b_1\\a_{21}x_1+a_{22}x_2+\cdots+a_{2n}x_n=b_2\\\qquad\cdots\\a_{m1}x_1+a_{m2}x_2+\cdots+a_{mn}x_n=b_m\end{cases}\tag{4-1}$$

其中 $x_1, x_2, \cdots, x_n$ 代表 n 个未知量，m 是方程的个数，$a_{ij}(i=1, 2, \cdots, m;\ j=1, 2, \cdots, n)$ 称为方程组的系数，$b_i(i=1, 2, \cdots, m)$ 称为常数项. 未知量的个数 n 与方程的个数 m 不一定相等. 系数 a_{ij} 的第一个指标 i 表示它在第 i 个方程，第二个指标 j 表示它是 x_j 系数.

记

$$\overline{\boldsymbol{A}}=(\boldsymbol{A}\mid\boldsymbol{b})=\left(\begin{array}{cccc:c}a_{11}&a_{12}&\cdots&a_{1n}&b_1\\a_{21}&a_{22}&\cdots&a_{2n}&b_2\\\vdots&\vdots&&\vdots&\vdots\\a_{m1}&a_{m2}&\cdots&a_{mn}&b_m\end{array}\right)$$

称 $\boldsymbol{A}$ 为方程组（4-1）的系数矩阵，$\overline{\boldsymbol{A}}$ 为方程组（4-1）的增广矩阵.

引入向量

$$\boldsymbol{\alpha}_1=\begin{pmatrix}a_{11}\\a_{21}\\\vdots\\a_{m1}\end{pmatrix},\ \boldsymbol{\alpha}_2=\begin{pmatrix}a_{12}\\a_{22}\\\vdots\\a_{m2}\end{pmatrix},\cdots,\ \boldsymbol{\alpha}_n=\begin{pmatrix}a_{1n}\\a_{2n}\\\vdots\\a_{mn}\end{pmatrix}$$

即令

$$\boldsymbol{A}=(\boldsymbol{\alpha}_1\quad\boldsymbol{\alpha}_2\quad\cdots\quad\boldsymbol{\alpha}_n)$$

则方程组（4-1）可改写为向量方程

$$x_1\boldsymbol{\alpha}_1+x_2\boldsymbol{\alpha}_2+\cdots+x_n\boldsymbol{\alpha}_n=\boldsymbol{b} \tag{4-2}$$

显然，以下提法等价：

（1）线性方程组（4-1）有解；

（2）向量 $\boldsymbol{b}$ 可以由向量组 $\boldsymbol{\alpha}_1,\boldsymbol{\alpha}_2,\cdots,\boldsymbol{\alpha}_n$ 线性表示；

（3）向量组 $\boldsymbol{\alpha}_1,\boldsymbol{\alpha}_2,\cdots,\boldsymbol{\alpha}_n$ 与向量组 $\boldsymbol{\alpha}_1,\boldsymbol{\alpha}_2,\cdots,\boldsymbol{\alpha}_n,\boldsymbol{b}$ 等价；

（4）系数矩阵 $\boldsymbol{A}$ 与增广矩阵 $\overline{\boldsymbol{A}}=(\boldsymbol{A}\mid\boldsymbol{b})$ 有相同的秩.

在 4.2 节中，我们将把（4）作为线性方程组有解判别定理.

4.1.2 线性方程组的解

方程组（4-1）的一个解是指由 n 个数 $k_1,k_2,\cdots,k_n$ 组成的有序数组$(k_1,k_2,\cdots,k_n)$，当 $x_1,x_2,\cdots,x_n$ 分别用 $k_1,k_2,\cdots,k_n$ 代入后，方程组（4-1）中每个等式都变成恒等式. 方程组（4-1）的解的全体称为它的解集合. 解方程组实际上就是找出它全部的解，或者说，求出它的解集合. 如果两个方程组有相同的解集合，它们就称为同解的.

显然，如果知道了一个线性方程组的全部系数和常数项，那么这个线性方程组就基本上确定了. 确切地说，线性方程组（4-1）的每一个方程对应着一个向量

$$\boldsymbol{\beta}_1=(a_{11},a_{12},\cdots,a_{1n},b_1)$$
$$\boldsymbol{\beta}_2=(a_{21},a_{22},\cdots,a_{2n},b_2)$$
$$\cdots$$
$$\boldsymbol{\beta}_m=(a_{m1},a_{m2},\cdots,a_{mn},b_m)$$

因此方程组（4-1）可以用矩阵

$$\overline{\boldsymbol{A}}=\begin{pmatrix}\boldsymbol{\beta}_1\\\boldsymbol{\beta}_2\\\vdots\\\boldsymbol{\beta}_m\end{pmatrix}=\begin{pmatrix}a_{11}&a_{12}&\cdots&a_{1n}&b_1\\a_{21}&a_{22}&\cdots&a_{2n}&b_2\\\vdots&\vdots&&\vdots&\vdots\\a_{m1}&a_{m2}&\cdots&a_{mn}&b_m\end{pmatrix}$$

来表示. 这就是方程组（4-1）的增广矩阵.

若令

$$\boldsymbol{\alpha}_1=(a_{11},a_{12},\cdots,a_{1n},b_1)$$
$$\boldsymbol{\alpha}_2=(a_{21},a_{22},\cdots,a_{2n},b_2)$$
$$\cdots$$

$$\boldsymbol{\alpha}_s=(a_{s1}, a_{s2}, \cdots, a_{sn}, b_s)$$

则可用向量组 $\boldsymbol{A}$: $\boldsymbol{\alpha}_1, \boldsymbol{\alpha}_2, \cdots, \boldsymbol{\alpha}_s$ 来表示方程组（4-1）或称向量组 $\boldsymbol{A}$ 是由方程组（4-1）所确定的向量组；反之，若给定向量组 $\boldsymbol{A}$，则可唯一地确定线性方程组，也即线性方程组与向量组一一对应.

4.1.3 解线性方程组的消元法

（1）引例.

【例 4-1】 用消元法解线性方程组

$$\begin{cases}2x_1+2x_2+3x_3=1\\ x_1-x_2=2\\ -x_1+2x_2+x_3=-2\end{cases} \tag{4-3}$$

解：用消元法求解，其步骤如下：

交换方程组（4-3）中的前两个方程，得

$$\begin{cases}x_1-x_2=2\\ 2x_1+2x_2+3x_3=1\\ -x_1+2x_2+x_3=-2\end{cases} \tag{4-4}$$

方程组（4-4）第一个方程乘以−2 加到第二个方程，第一个方程乘以 1 加到第三个方程，得

$$\begin{cases}x_1-x_2=2\\ 4x_2+3x_3=-3\\ x_2+x_3=0\end{cases} \tag{4-5}$$

交换方程组（4-5）的第二个方程与第三个方程，得

$$\begin{cases}x_1-x_2=2\\ x_2+x_3=0\\ 4x_2+3x_3=-3\end{cases} \tag{4-6}$$

方程组（4-6）的第二个方程乘以−4 加到第三个方程，得

$$\begin{cases}x_1-x_2=2\\ x_2+x_3=0\\ -x_3=-3\end{cases} \tag{4-7}$$

方程组（4-7）的第三个方程加到第二个方程，得

$$\begin{cases}x_1-x_2=2\\ x_2=-3\\ -x_3=-3\end{cases} \tag{4-8}$$

方程组（4-8）第二个方程加到第一个方程，第三个方程乘以−1 得

$$\begin{cases}x_1=-1\\x_2=-3\\x_3=3\end{cases}\tag{4-9}$$

式（4-9）就是方程组的解.

例 4-1 中所用的消元法的过程，实际上是对方程组施行如下的运算或变换：

1）一个方程的两端乘以一个不等于零的数；

2）一个方程的两端乘以同一个数后加到另一个方程上去；

3）交换两个方程在方程组中的位置.

定义 4-1　上述三类变换统称为线性方程组的初等变换.

消元的过程就是反复施行初等变换的过程. 下面证明，初等变换总是把方程组变成同解方程组.

证明：只证变换 2）对于方程组（4-1）进行第二种初等变换. 为简便起见，不妨把第二个方程的 k 倍加到第一个方程得到新方程组

$$\begin{cases}(a_{11}+ka_{21})x_1+(a_{12}+ka_{22})x_2+\cdots+(a_{1n}+ka_{2n})x_n=b_1+kb_2\\a_{21}x_1+a_{22}x_2+\cdots+a_{2n}x_n=b_2\\\cdots\\a_{m1}x_1+a_{m2}x_2+\cdots+a_{mn}x_n=b_m\end{cases}\tag{4-10}$$

现在设$(c_1, c_2, \cdots, c_n)$是方程组（4-1）的任一解. 因方程组（4-1）与方程组（4-10）的后 $m-1$ 个方程是一样的，所以$(c_1, c_2, \cdots, c_n)$满足方程组（4-10）的后 $m-1$ 个方程. 又$(c_1, c_2, \cdots, c_n)$满足方程组（4-1）的前两个方程

$$a_{11}c_1+a_{12}c_2+\cdots+a_{1n}c_n=b_1$$
$$a_{21}c_1+a_{22}c_2+\cdots+a_{2n}c_n=b_2$$

把第二式的两边乘以 k，再与第一式相加，即为

$$(a_{11}+ka_{21})c_1+(a_{12}+ka_{22})c_2+\cdots+(a_{1n}+ka_{2n})c_n=b_1+kb_2$$

故$(c_1, c_2, \cdots, c_n)$又满足方程组（4-10）的第一个方程，因而是方程组（4-10）的解. 类似地可证方程组（4-10）的任一解也是方程组（4-1）的解. 这就证明了方程组（4-1）与方程组（4-10）是同解的.

（2）用消元法解一般线性方程组.

对于方程组（4-1），首先检查 x_1 的系数. 如果 x_1 的系数全为 0，那么方程组（4-1）对 x_1 没有任何限制，x_1 就可以取任意值，而方程组（4-1）可以看作 $x_2, x_3, \cdots, x_n$ 的方程组来解. 如果 x_1 的系数不全为 0，那么利用初等变换 3），可以设 $a_{11}\neq 0$，利用初等变换 2），分别把第一个方程的$-\dfrac{a_{i1}}{a_{11}}$倍加到第 i 个方程$(i=1, 2, \cdots, s)$. 于是方程组（4-1）就变成

$$\begin{cases}a_{11}x_1+a_{12}x_2+\cdots+a_{1n}x_n=b_1\\\qquad a'_{22}x_2+\cdots+a'_{2n}x_n=b'_2\\\qquad\cdots\\\qquad a'_{m2}x_2+\cdots+a'_{mn}x_n=b'_m\end{cases}\tag{4-11}$$

其中

$$a'_{ij}=a_{ij}-\frac{a_{i1}}{a_{11}}a_{1j}\quad (i=2,\cdots,m;j=2,\cdots,n)$$

这样，解方程组（4-1）的问题就归结为解方程组

$$\begin{cases}a'_{22}x_2+\cdots+a'_{2n}x_n=b'_2\\ \cdots\\ a'_{m2}x_2+\cdots+a'_{mn}x_n=b'_m\end{cases}\tag{4-12}$$

的问题. 显然，方程组（4-12）的一个解，代入方程组（4-11）的第一个方程就定出 x_1 的值，这就得出方程组（4-11）的一个解；而方程组（4-11）的解显然都是方程组（4-12）的解. 这就是说，方程组（4-11）有解的充分必要条件为方程组（4-12）有解，而方程组（4-11）与方程组（4-1）是同解的，因而，方程组（4-1）有解的充分必要条件为方程组（4-12）有解.

对方程组（4-12）再按上面的考虑进行变换，一步步进行下去，最后就得到一个阶梯形方程组. 为了讨论起来方便，不妨设所得的方程组为

$$\begin{cases}c_{11}x_1+c_{12}x_2+\cdots+c_{1r}x_r+\cdots+c_{1n}x_n=d_1\\ \qquad c_{22}x_2+\cdots+c_{2r}x_r+\cdots+c_{2n}x_n=d_2\\ \qquad\qquad\cdots\\ \qquad\qquad c_{rr}x_r+\cdots+c_{rn}x_n=d_r\\ \qquad\qquad\qquad 0=d_{r+1}\\ \qquad\qquad\qquad 0=0\\ \qquad\qquad\cdots\\ \qquad\qquad\qquad 0=0\end{cases}\tag{4-13}$$

其中 $c_{ii}\neq 0(i=1,2,\cdots,r)$. 方程组（4-13）中的“$0=0$”这样一些恒等式可能不出现，也可能出现，这时去掉它们也不影响方程组（4-13）的解. 而且方程组（4-1）与方程组（4-13）是同解的.

下面讨论方程组（4-13）的解的情况.

如果方程组（4-13）中有方程 $0=d_{r+1}$，而 $d_{r+1}\neq 0$. 这时不管 $x_1,x_2,\cdots,x_n$ 取什么值都不能使它成为等式. 故方程组（4-13）无解，因而方程组（4-1）无解.

当 $d_{r+1}=0$ 或方程组（4-13）中根本没有“$0=0$”的方程时，分两种情形：

情形一：$r=n$. 这时阶梯形方程组为

$$\begin{cases}c_{11}x_1+c_{12}x_2+\cdots+c_{1n}x_n=d_1\\ \qquad c_{22}x_2+\cdots+c_{2n}x_n=d_2\\ \qquad\qquad\cdots\\ \qquad\qquad c_{nn}x_n=d_n\end{cases}\tag{4-14}$$

其中 $c_{ii}\neq 0(i=1,2,\cdots,n)$. 由最后一个方程开始，$x_n,x_{n-1},\cdots,x_1$ 的值就可以逐个地唯一地确定了. 此时方程组有唯一的解.

情形二：$r<n$. 这时阶梯形方程组为

$$\begin{cases} c_{11}x_1+c_{12}x_2+\cdots+c_{1r}x_r+c_{1,\,r+1}x_{r+1}+\cdots+c_{1n}x_n=d_1 \\ \qquad c_{22}x_2+\cdots+c_{2r}x_r+c_{2,\,r+1}x_{r+1}+\cdots+c_{2n}x_n=d_2 \\ \qquad\qquad \cdots \\ \qquad\qquad c_{rr}x_r+c_{r,\,r+1}x_{r+1}+\cdots+c_{rn}x_n=d_r \end{cases}$$

其中 $c_{ii}\neq 0(i=1,2,\cdots,r)$. 把它变形，得

$$\begin{cases} c_{11}x_1+c_{12}x_2+\cdots+c_{1r}x_r=d_1-c_{1,\,r+1}x_{r+1}-\cdots-c_{1n}x_n \\ \qquad c_{22}x_2+\cdots+c_{2r}x_r=d_2-c_{2,\,r+1}x_{r+1}-\cdots-c_{2n}x_n \\ \qquad\qquad \cdots \\ \qquad\qquad c_{rr}x_r=d_r-c_{r,\,r+1}x_{r+1}-\cdots-c_{rn}x_n \end{cases}$$

由此可见，任给 $x_{r+1},\cdots,x_n$ 一组值，就唯一地确定 $x_1,x_2,\cdots,x_r$ 的值，也就是得到方程组的一组解. 一般地，由上式我们可以把 $x_1,x_2,\cdots,x_r$ 通过 $x_{r+1},\cdots,x_n$ 表示出来，这样一组表达式称为方程组（4-1）的一般解，而 $x_{r+1},\cdots,x_n$ 称为一组自由未知量.

【例 4-2】 用消元法把线性方程组

$$\begin{cases} 2x_1-x_2+3x_3=1 \\ 4x_1-2x_2+5x_3=4 \\ 2x_1-x_2+4x_3=0 \end{cases}$$

化成阶梯形方程，并由此判断方程组是否有解，若有解，求出其解.

解：经过一系列初等变换后，它化为

$$\begin{cases} 2x_1-x_2+3x_3=1 \\ -x_3=2 \\ 0=1 \end{cases}$$

所以该方程组无解.

用消元法解线性方程组的整个过程，总结起来说就是首先用初等变换化线性方程组为阶梯形方程组，把最后的一些恒等式“0 = 0”（如果出现的话）去掉. 如果剩下的方程当中最后一个等式是零等于一个非零的数，那么方程组无解，否则有解. 在有解的情况下，如果阶梯形方程组中方程的个数 r 等于未知量的个数 n，那么方程组有唯一的解；如果阶梯形方程组中方程的个数 r 小于未知量的个数 n，那么方程组就有无穷多个解.

把以上结果应用到齐次线性方程组，就有如下定理.

定理 4-1 在齐次线性方程组

$$\begin{cases} a_{11}x_1+a_{12}x_2+\cdots+a_{1n}x_n=0 \\ a_{21}x_1+a_{22}x_2+\cdots+a_{2n}x_n=0 \\ \qquad \cdots \\ a_{m1}x_1+a_{m2}x_2+\cdots+a_{mn}x_n=0 \end{cases}$$

中，如果 $m<n$，那么它必有非零解.

证明：显然，方程组在化成阶梯形方程组之后，方程的个数不会超过原方程组中方程的个数，即

$$r\leqslant m<n$$

由 $r<n$ 得知，它的解不是唯一的，因而必有非零解.

（3）消元法的几何解释.

接下来，我们来研究消元法的几何意义. 以三元线性方程组为例. 设有三元线性方程组

$$\begin{cases}a_{11}x+a_{12}y+a_{13}z=b_1\\a_{21}x+a_{22}y+a_{23}z=b_2\\a_{31}x+a_{32}y+a_{33}z=b_3\end{cases}$$

并设其有唯一解 $x=a, y=b, z=c$.

我们知道，三元线性方程在几何上表示一个平面，因此，上述线性方程组的几何意义是：这三个平面交于一点 $P(a, b, c)$. 从另外一个角度来说，也就是，过空间点 $P(a, b, c)$ 可以作无穷多个平面，从这无穷多个平面中任选三个就可以确定空间点 P. 而在这些平面中以平面 $x=a, y=b, z=c$ 的方程最简单，它们的位置也最特殊，因为它们平行于三个坐标面.

由此可看出消元法的几何意义是：从给定平面出发，逐步用过点 $P(a, b, c)$ 的位置较特殊的平面的方程取代方程组中的方程，直到方程组中的方程是过点 $P(a, b, c)$ 所作的所有平面中方程最简单的三个为止.

4.1.4　线性方程组与矩阵

如果知道了一个线性方程组的全部系数和常数项，那么这个线性方程组就确定了. 确切地说，线性方程组

$$\begin{cases}a_{11}x_1+a_{12}x_2+\cdots+a_{1n}x_n=b_1\\a_{21}x_1+a_{22}x_2+\cdots+a_{2n}x_n=b_2\\\cdots\\a_{m1}x_1+a_{m2}x_2+\cdots+a_{mn}x_n=b_m\end{cases}$$

可以用下面的矩阵

$$\overline{\boldsymbol{A}}=\begin{pmatrix}a_{11}&a_{12}&\cdots&a_{1n}&b_1\\a_{21}&a_{22}&\cdots&a_{2n}&b_2\\\vdots&\vdots&&\vdots&\vdots\\a_{m1}&a_{m2}&\cdots&a_{mn}&b_m\end{pmatrix}$$

来表示，即对于给定的线性方程组可唯一地确定矩阵 $\overline{\boldsymbol{A}}$；反之给定矩阵 $\overline{\boldsymbol{A}}$ 可唯一地确定线性方程组. 这也就是说，线性方程组与矩阵一一对应. $\overline{\boldsymbol{A}}$ 就是方程组的增广矩阵.

显然，用初等变换化方程组成阶梯形方程组就相当于用初等行变换化增广矩阵为阶梯形矩阵. 因此，解线性方程组的第一步工作可以通过矩阵来进行. 从化成的阶梯形矩阵就可以判别方程组有解还是无解，在有解的情形，再回到阶梯形方程组去求解.

【例 4-3】 用矩阵的初等行变换法判断方程组是否有解

$$\begin{cases}4x_1+2x_2-x_3=2\\3x_1-x_2+2x_3=10\\11x_1+3x_2=8\end{cases}$$

解：对增广矩阵施行初等行变换

$$\overline{\boldsymbol{A}}=\begin{pmatrix}4&2&-1&2\\3&-1&2&10\\11&3&0&8\end{pmatrix}\to\begin{pmatrix}1&3&-3&-8\\0&-10&11&34\\0&0&0&-6\end{pmatrix}$$

从最后一行看出方程组无解.

4.2 线性方程组有解判别定理

4.2.1 线性方程组有解判别定理

定理 4-2 线性方程组（4-1）有解的充分必要条件为它的系数矩阵

$$\boldsymbol{A}=\begin{pmatrix}a_{11}&a_{12}&\cdots&a_{1n}\\a_{21}&a_{22}&\cdots&a_{2n}\\\vdots&\vdots&&\vdots\\a_{m1}&a_{m2}&\cdots&a_{mn}\end{pmatrix}$$

与增广矩阵

$$\overline{\boldsymbol{A}}=\begin{pmatrix}a_{11}&a_{12}&\cdots&a_{1n}&b_1\\a_{21}&a_{22}&\cdots&a_{2n}&b_2\\\vdots&\vdots&&\vdots&\vdots\\a_{m1}&a_{m2}&\cdots&a_{mn}&b_m\end{pmatrix}$$

有相同的秩.

证明：必要性. 设线性方程组（4-1）有解，即 $\boldsymbol{b}$ 可以经向量组 $\boldsymbol{\alpha}_1,\boldsymbol{\alpha}_2,\cdots,\boldsymbol{\alpha}_n$ 线性表示. 由此立即推出，向量组 $\boldsymbol{\alpha}_1,\boldsymbol{\alpha}_2,\cdots,\boldsymbol{\alpha}_n$ 与 $\boldsymbol{\alpha}_1,\boldsymbol{\alpha}_2,\cdots,\boldsymbol{\alpha}_n,\boldsymbol{b}$ 等价，因而有相同的秩. 这两个向量组分别是矩阵 $\boldsymbol{A}$ 与 $\overline{\boldsymbol{A}}$ 的列向量组. 因此，矩阵 $\boldsymbol{A}$ 与 $\overline{\boldsymbol{A}}$ 有相同的秩.

充分性. 设矩阵 $\boldsymbol{A}$ 与 $\overline{\boldsymbol{A}}$ 有相同的秩，即它们的列向量组 $\boldsymbol{\alpha}_1,\boldsymbol{\alpha}_2,\cdots,\boldsymbol{\alpha}_n$ 与 $\boldsymbol{\alpha}_1,\boldsymbol{\alpha}_2,\cdots,\boldsymbol{\alpha}_n,\boldsymbol{b}$ 有相同的秩，令它们的秩为 r，那么 $\boldsymbol{\alpha}_1,\boldsymbol{\alpha}_2,\cdots,\boldsymbol{\alpha}_n$ 中的极大线性无关组就是由 r 个向量组成，不妨设 $\boldsymbol{\alpha}_1,\boldsymbol{\alpha}_2,\cdots,\boldsymbol{\alpha}_r$ 是它的一个极大线性无关组. 显然 $\boldsymbol{\alpha}_1,\boldsymbol{\alpha}_2,\cdots,\boldsymbol{\alpha}_r$ 也是 $\boldsymbol{\alpha}_1,\boldsymbol{\alpha}_2,\cdots,\boldsymbol{\alpha}_r,\boldsymbol{b}$ 的一个极大线性无关组，因此向量 $\boldsymbol{b}$ 可以经 $\boldsymbol{\alpha}_1,\boldsymbol{\alpha}_2,\cdots,\boldsymbol{\alpha}_r$ 线性表示，当然可以经 $\boldsymbol{\alpha}_1,\boldsymbol{\alpha}_2,\cdots,\boldsymbol{\alpha}_n$ 线性表示. 因此，方程组（4-1）有解.

这个判别条件与消元法是一致的. 我们知道，用消元法解线性方程组（4-1）的第一步就是用初等行变换把增广矩阵 $\overline{\boldsymbol{A}}$ 化成阶梯形. 这个阶梯形矩阵在适当调动前 n 列的顺序之后可能有两种情形：

情形一：

$$\begin{pmatrix} c_{11} & c_{12} & \cdots & c_{1r} & \cdots & c_{1n} & d_1 \\ 0 & c_{22} & \cdots & c_{2r} & \cdots & c_{2n} & d_2 \\ \vdots & \vdots & & \vdots & & \vdots & \vdots \\ 0 & 0 & \cdots & c_{rr} & \cdots & c_{rn} & d_r \\ 0 & 0 & \cdots & 0 & \cdots & 0 & d_{r+1} \\ 0 & 0 & \cdots & 0 & \cdots & 0 & 0 \\ \vdots & \vdots & & \vdots & & \vdots & \vdots \\ 0 & 0 & \cdots & 0 & \cdots & 0 & 0 \end{pmatrix}$$

情形二：

$$\begin{pmatrix} c_{11} & c_{12} & \cdots & c_{1r} & \cdots & c_{1n} & d_1 \\ 0 & c_{22} & \cdots & c_{2r} & \cdots & c_{2n} & d_2 \\ \vdots & \vdots & & \vdots & & \vdots & \vdots \\ 0 & 0 & \cdots & c_{rr} & \cdots & c_{rn} & d_r \\ 0 & 0 & \cdots & 0 & \cdots & 0 & 0 \\ 0 & 0 & \cdots & 0 & \cdots & 0 & 0 \\ \vdots & \vdots & & \vdots & & \vdots & \vdots \\ 0 & 0 & \cdots & 0 & \cdots & 0 & 0 \end{pmatrix}$$

其中 $c_{ii} \neq 0(i=1, 2, \cdots, r)$，$d_{r+1} \neq 0$.

对于情形一，我们说原方程组无解，而对于情形二，我们说原方程组有解. 实际上，把这个阶梯形矩阵中最后一列去掉，那就是线性方程组（4-1）的系数矩阵 $\boldsymbol{A}$ 经过初等行变换所化成的阶梯形. 也就是说，当系数矩阵与增广矩阵的秩相等时，方程组有解；当增广矩阵的秩等于系数矩阵的秩加 1 时，方程组无解.

以上的说明也可以认为是判别定理的另一个证明.

定理 4-3 （解的个数定理）设线性方程组（4-1）有解，即其系数矩阵与增广矩阵有相同的秩 r，那么：

（1）当 $r=n$（方程组所含未知量个数）时，方程组（4-1）有唯一解；

（2）当 $r<n$ 时，方程组（4-1）有无穷多解.

4.2.2 一般线性方程组的解法

根据克拉默法则，可以得到一般线性方程组的一个解法. 这个解法有时在理论上是有用的.

设线性方程组（4-1）有解，矩阵 $\boldsymbol{A}$ 与 $\overline{\boldsymbol{A}}$ 的秩都等于 r，而 D 是矩阵 $\boldsymbol{A}$ 的一个不为 0 的 r 阶子式（当然它也是 $\overline{\boldsymbol{A}}$ 的一个不为 0 的子式），为了方便起见，不妨设 D 位于 $\boldsymbol{A}$ 的左上角. 显然，在这种情况下，$\overline{\boldsymbol{A}}$ 的前 r 行就是一个极大线性无关组，第 $r+1$，$\cdots$，m 行都可以经它们线性表示. 因此，方程组（4-1）与

$$\begin{cases}a_{11}x_1+a_{12}x_2+\cdots+a_{1n}x_n=b_1\\a_{21}x_1+a_{22}x_2+\cdots+a_{2n}x_n=b_2\\\quad\cdots\\a_{r1}x_1+a_{r2}x_2+\cdots+a_{rn}x_n=b_r\end{cases}\tag{4-15}$$

同解.

当 $r=n$ 时，由克拉默法则，方程组（4-15）有唯一解，也就是方程组（4-1）有唯一解.

当 $r<n$ 时，将方程组（4-15）改写为

$$\begin{cases}a_{11}x_1+\cdots+a_{1r}x_r=b_1-a_{1,r+1}x_{r+1}-\cdots-a_{1n}x_n\\a_{21}x_1+\cdots+a_{2r}x_r=b_2-a_{2,r+1}x_{r+1}-\cdots-a_{2n}x_n\\\quad\cdots\\a_{r1}x_1+\cdots+a_{rr}x_r=b_r-a_{r,r+1}x_{r+1}-\cdots-a_{rn}x_n\end{cases}\tag{4-16}$$

方程组（4-16）作为以 $x_1, x_2, \cdots, x_r$ 为变量的一个方程组，它的系数行列式 $D\neq0$. 由克拉默法则，对于 $x_{r+1}, \cdots, x_n$ 的任意一组值，方程组（4-16），也就是方程组（4-1），都有唯一解. $x_{r+1}, \cdots, x_n$ 就是方程组（4-1）的一组自由未知量. 对方程组（4-16）用克拉默法则，可以解出 $x_1, x_2, \cdots, x_r$

$$\begin{cases}x_1=d_1'+c_{1,r+1}'x_{r+1}+\cdots+c_{1n}'x_n\\\quad\cdots\\x_r=d_r'+c_{r,r+1}'x_{r+1}+\cdots+c_{rn}'x_n\end{cases}\tag{4-17}$$

方程组（4-17）就是方程组（4-1）的一般解.

上述一般线性方程组的求解方法，可归纳成以下步骤：

（1）求保留方程组. 所谓保留方程组就是把原方程组中多余的方程去掉后剩下来的方程构成的方程组. 求保留方程组的方法是：若向量组 $\boldsymbol{\alpha}_1, \boldsymbol{\alpha}_2, \cdots, \boldsymbol{\alpha}_s$ 线性无关，则原方程组中没有多余的方程，其保留方程组就是它本身；若向量组 $\boldsymbol{\alpha}_1, \boldsymbol{\alpha}_2, \cdots, \boldsymbol{\alpha}_s$ 线性相关，则原方程组中有多余的方程，其保留方程组由向量组 $\boldsymbol{\alpha}_1, \boldsymbol{\alpha}_2, \cdots, \boldsymbol{\alpha}_s$ 的一个极大线性无关组所对应的方程组成，保留方程组中方程的个数为向量组 $\boldsymbol{\alpha}_1, \boldsymbol{\alpha}_2, \cdots, \boldsymbol{\alpha}_s$ 的秩. 设向量组 $\boldsymbol{\alpha}_1, \boldsymbol{\alpha}_2, \cdots, \boldsymbol{\alpha}_s$ 的秩为 r.

（2）在保留方程组中找出 r 个未知量，使它们的系数行列式不为 0. 把这 r 个未知量作为非自由未知量，剩下的 $n-r$ 个未知量作为自由未知量，并把保留方程组变形：非自由未知量留在左边，自由未知量移到方程的右边.

（3）把自由未知量看作已知数，用克拉默法则解出非自由未知量即得方程组的一般解.

【例 4-4】 解线性方程组

$$\begin{cases}x_1+x_2-x_3-x_4+x_5=0\\2x_1+2x_2+x_3+x_5=1\\3x_1+3x_2-x_4+2x_5=1\\x_1+x_2+2x_3+x_4=1\end{cases}$$

解：首先判别方程组是否有解. 把方程组的增广矩阵化为行阶梯形

$$\overline{A}=\begin{pmatrix}1&1&-1&-1&1&0\\2&2&1&0&1&1\\3&3&0&-1&2&1\\1&1&2&1&0&1\end{pmatrix}\xrightarrow{\text{初等行变换}}\begin{pmatrix}1&1&-1&-1&1&0\\0&0&3&2&-1&1\\0&0&0&0&0&0\\0&0&0&0&0&0\end{pmatrix}$$

因为系数矩阵和增广矩阵的秩均为 2，所以方程组有解. 它的一个同解方程组是

$$\begin{cases}x_1+x_2-x_3-x_4+x_5=0\\3x_3+2x_4-x_5=1\end{cases}$$

把 x_1, x_5 取作非自由未知量，x_2, x_3, x_4 当作自由未知量，并把方程组变形成

$$\begin{cases}x_1+x_5=-x_2+x_3+x_4\\-x_5=1-3x_3-2x_4\end{cases}$$

解之得方程组的一般解为

$$\begin{cases}x_1=1-x_2-2x_3-x_4\\x_5=-1+3x_3+2x_4\end{cases}$$

【例 4-5】 讨论 λ 为何值时，线性方程组

$$\begin{cases}\lambda x_1+x_2+x_3=1\\x_1+\lambda x_2+x_3=\lambda\\x_1+x_2+\lambda x_3=\lambda^2\end{cases}$$

无解，有唯一解，有无穷多解？并且在有无穷多个解时，求出它的一般解.

解：这个线性方程组的增广矩阵为 $\overline{A}=\begin{pmatrix}\lambda&1&1&1\\1&\lambda&1&\lambda\\1&1&\lambda&\lambda^2\end{pmatrix}$，对增广矩阵作初等行变换

$$\overline{A}\to\begin{pmatrix}1&1&\lambda&\lambda^2\\1&\lambda&1&\lambda\\\lambda&1&1&1\end{pmatrix}\to\begin{pmatrix}1&1&\lambda&\lambda^2\\0&\lambda-1&1-\lambda&\lambda-\lambda^2\\0&1-\lambda&1-\lambda^2&1-\lambda^3\end{pmatrix}$$

$$\to\begin{pmatrix}1&1&\lambda&\lambda^2\\0&\lambda-1&1-\lambda&\lambda-\lambda^2\\0&0&2-\lambda-\lambda^2&1+\lambda-\lambda^2-\lambda^3\end{pmatrix}$$

$$\to\begin{pmatrix}1&1&\lambda&\lambda^2\\0&\lambda-1&1-\lambda&\lambda(1-\lambda)\\0&0&(\lambda-1)(\lambda+2)&(\lambda-1)(\lambda+1)^2\end{pmatrix}$$

可见：

（1）当 $\lambda=-2$ 时，$\operatorname{rank}(\overline{A})=3$，$\operatorname{rank}(A)=2$，此时所给线性方程组无解；

（2）当 $\lambda=1$ 时，$\operatorname{rank}(\overline{A})=\operatorname{rank}(A)=1<3$，此时所给线性方程组有无穷多解. 又由

$$\overline{A}\to\begin{pmatrix}1&1&1&1\\0&0&0&0\\0&0&0&0\end{pmatrix}$$

得所给线性方程组等价于方程组 $x_1+x_2+x_3=1$. 它的一般解为

$$x_1=1-x_2-x_3$$

其中 x_2, x_3 为自由未知量.

（3）当 $\lambda\neq 1, -2$ 时，$\text{rank}(\overline{\boldsymbol{A}})=\text{rank}(\boldsymbol{A})=3$，此时所给线性方程组有唯一解.

$$x_1=-\frac{\lambda+1}{\lambda+2},\ x_2=\frac{1}{\lambda+2},\ x_3=\frac{(\lambda+1)^2}{\lambda+2}$$

又解（利用克拉默法则）：

方程组的系数矩阵的行列式

$$D=\begin{vmatrix}\lambda & 1 & 1\\ 1 & \lambda & 1\\ 1 & 1 & \lambda\end{vmatrix}=(\lambda-1)^2(\lambda+2)$$

由此可知：

（1）当 $\lambda\neq 1$ 且 $\lambda\neq -2$ 时，$D\neq 0$，这时方程组有唯一解.

$$D_1=\begin{vmatrix}1 & 1 & 1\\ \lambda & \lambda & 1\\ \lambda^2 & 1 & \lambda\end{vmatrix}=-(\lambda-1)^2(\lambda+1)$$

$$D_2=\begin{vmatrix}\lambda & 1 & 1\\ 1 & \lambda & 1\\ 1 & \lambda^2 & \lambda\end{vmatrix}=(\lambda-1)^2$$

$$D_3=\begin{vmatrix}\lambda & 1 & 1\\ 1 & \lambda & \lambda\\ 1 & 1 & \lambda^2\end{vmatrix}=(\lambda-1)^2\ (\lambda+1)^2$$

所以

$$x_1=-\frac{\lambda+1}{\lambda+2},\ x_2=\frac{1}{\lambda+2},\ x_3=\frac{(\lambda+1)^2}{\lambda+2}$$

（2）当 $\lambda=1, -2$ 时，$D=0$. 这时又分两种情况：

1）若 $\lambda=1$，则三个方程相同，即所给线性方程组就是 $x_1+x_2+x_3=1$，这时方程组有无穷多解，其一般解为 $x_1=1-x_2-x_3$，其中，x_2, x_3 为自由未知量.

2）若 $\lambda=-2$，则所给线性方程组为

$$\begin{cases}-2x_1+x_2+x_3=1\\ x_1-2x_2+x_3=-2\\ x_1+x_2-2x_3=4\end{cases}$$

由

$$\overline{\boldsymbol{A}}=\begin{pmatrix}-2 & 1 & 1 & 1\\ 1 & -2 & 1 & -2\\ 1 & 1 & -2 & 4\end{pmatrix}\to\begin{pmatrix}1 & 1 & -2 & 4\\ 1 & -2 & 1 & -2\\ 0 & 0 & 0 & 3\end{pmatrix}$$

得 $\text{rank}(\overline{\boldsymbol{A}})\neq\text{rank}(\boldsymbol{A})$，所以此时所给方程组无解.

4.2.3 齐次线性方程组的解

如果线性方程组（4-1）的常数项 $b_1=b_2=\cdots=b_m=0$，那么对应的线性方程组

$$\begin{cases}a_{11}x_1+a_{12}x_2+\cdots+a_{1n}x_n=0\\a_{21}x_1+a_{22}x_2+\cdots+a_{2n}x_n=0\\\qquad\cdots\\a_{m1}x_1+a_{m2}x_2+\cdots+a_{mn}x_n=0\end{cases}\tag{4-18}$$

称为齐次线性方程组，如果线性方程组（4-1）的常数项不全为0，则称它为非齐次线性方程组.

将一个非齐次线性方程组的常数项都换成0，其余的不变，这样得到的齐次线性方程组称为原非齐次线性方程组的导出方程组，简称为导出组. 非齐次线性方程组和它的导出组的解的结构有很密切的联系.

显然，$x_1=0, x_2=0, \cdots, x_n=0$ 是方程组（4-18）的一个解，这个解称为（4-18）的零解，而方程组（4-18）的其他的解（如果还有的话）称为（4-18）的非零解.

可见，齐次线性方程组总是有解的. 我们关心的是齐次线性方程组是否有非零解. 根据定理4-3，我们立即可得：

定理 4-4 齐次线性方程组有非零解的充分必要条件是：它的系数矩阵的秩小于方程组所含未知量的个数.

推论 4-1 如果齐次线性方程组（4-18）的方程个数 m 小于方程组所含未知量的个数 n，则这个方程组必有非零解.

推论 4-2 如果齐次线性方程组（4-18）的方程个数 m 等于方程组所含未知量的个数 n，那么这个方程组有非零解的充分必要条件是它的系数行列式等于0.

推论4-2也是克拉默法则的直接推论.

4.3 线性方程组解的结构

在解决了线性方程组有解的判别条件之后，我们进一步来讨论线性方程组解的结构. 所谓解的结构就是解与解之间的关系. 在方程组的解是唯一的情况下，没有结构问题. 然而，在有多个解的情况下，情况要复杂得多. 下面我们将证明，方程组在有无穷多解时全部的解都可以用有限多个解表示出来.

4.3.1 齐次线性方程组解的结构

方程组（4-18）用矩阵的形式可以改写为

$$\boldsymbol{Ax}=\mathbf{0}\tag{4-19}$$

对于齐次线性方程组（4-19），由它的所有解构成的集合，称为解集.

从本小节开始，我们把方程组的解写成列向量. 即如果

$$x_1=k_1,\ x_2=k_2,\ \cdots,\ x_n=k_n$$

是方程组（4-19）的解，则称

$$\boldsymbol{\eta}=\begin{pmatrix}k_1\\k_2\\\vdots\\k_n\end{pmatrix}$$

是方程组（4-19）的解向量.

（1）解的性质.

性质 4-1 方程组（4-19）的两个解的和还是方程组的解.

证明：设

$$\boldsymbol{\xi}_1=\begin{pmatrix}k_1\\k_2\\\vdots\\k_n\end{pmatrix}\text{和 }\boldsymbol{\xi}_2=\begin{pmatrix}l_1\\l_2\\\vdots\\l_n\end{pmatrix}$$

是方程组（4-19）的两个解，就是说

$$\boldsymbol{A\xi}_1=\mathbf{0},\ \boldsymbol{A\xi}_2=\mathbf{0}$$

因此得到

$$\boldsymbol{A}(\boldsymbol{\xi}_1+\boldsymbol{\xi}_2)=\boldsymbol{A\xi}_1+\boldsymbol{A\xi}_2=\mathbf{0}$$

这说明 $\boldsymbol{x}=\boldsymbol{\xi}_1+\boldsymbol{\xi}_2$ 也是 $\boldsymbol{Ax}=\mathbf{0}$ 的解.

性质 4-2 方程组（4-19）的解的常数倍还是方程组（4-19）的解.

证明：设 $\boldsymbol{\xi}$ 是方程组（4-19）的解，即有

$$\boldsymbol{A\xi}=\mathbf{0}$$

设 k 为一常数，则有

$$\boldsymbol{A}(k\boldsymbol{\xi})=k\boldsymbol{A}(\boldsymbol{\xi})=k\mathbf{0}=\mathbf{0}$$

这说明 $\boldsymbol{x}=k\boldsymbol{\xi}$ 也是 $\boldsymbol{Ax}=\mathbf{0}$ 的解.

由性质 4-1 和性质 4-2 得到，齐次线性方程组（4-19）的有限个解的线性组合还是方程组（4-19）的解. 因此有：

定理 4-5 n 元齐次线性方程组（4-19）的解的集合 S 是一个向量空间，称为方程组（4-19）的解空间.

我们以三元齐次线性方程组为例来解释这两个性质的几何意义. 三元齐次线性方程组中的每个方程表示一个过原点的平面. 于是方程组的解，也就是这些平面的交，如果不只是原点的话，就是一条过原点的直线或一个过原点的平面. 以原点为起点、而终点在这样的直线或平面上的向量显然具有上述性质.

（2）解的结构问题的提出.

对于齐次线性方程组，由它的两个性质即得，解的线性组合还是方程组的解. 这个性质说明，如果找到了方程组的几个解，那么这些解的所有可能的线性组合就给出了很多的解. 基于这个事实，我们要问：齐次线性方程组的全部解是否能够通过它的有限的几个解的线性组合给出来？回答是肯定的. 为此，我们引入下面的定义.

定义 4-2 齐次线性方程组（4-19）的一组解 $\boldsymbol{\eta}_1, \boldsymbol{\eta}_2, \cdots, \boldsymbol{\eta}_t$ 称为方程组（4-19）的一个基础解系，如果：

1）方程组（4-19）的任一解都能表示成 $\boldsymbol{\eta}_1, \boldsymbol{\eta}_2, \cdots, \boldsymbol{\eta}_t$ 的线性组合；

2）$\boldsymbol{\eta}_1, \boldsymbol{\eta}_2, \cdots, \boldsymbol{\eta}_t$ 线性无关.

应该注意，n 元齐次线性方程组（4-19）有非零解时，它的解空间的一个基称为方程组（4-19）的一个基础解系.

（3）基础解系的存在性与求法.

定理 4-6 在齐次线性方程组有非零解的情形下，它有基础解系，并且基础解系所含解的个数等于 $n-r$，这里 $r=\text{rank}(\boldsymbol{A})$ 表示系数矩阵的秩（以下将看到 $n-r$，也就是自由未知量的个数）.

定理的证明事实上就是一个具体找基础解系的方法.

证明：由于方程组（4-19）的系数矩阵的秩为 r，不妨设左上角的 r 阶子式不等于 0. 于是系数矩阵 $\boldsymbol{A}$ 可经初等行变换化成

$$\boldsymbol{A}_1=\begin{pmatrix} 1 & \cdots & 0 & b_{11} & \cdots & b_{1,n-r} \\ \vdots & & \vdots & \vdots & & \vdots \\ 0 & \cdots & 1 & b_{r1} & \cdots & b_{r,n-r} \\ 0 & \cdots & 0 & 0 & \cdots & 0 \\ \vdots & & \vdots & \vdots & & \vdots \\ 0 & \cdots & 0 & 0 & \cdots & 0 \end{pmatrix}$$

与之对应，方程组（4-19）可以改写成

$$\begin{cases} x_1=-b_{11}x_{r+1}-\cdots-b_{1,n-r}x_n \\ x_2=-b_{21}x_{r+1}-\cdots-b_{2,n-r}x_n \\ \qquad\cdots \\ x_r=-b_{r1}x_{r+1}-\cdots-b_{r,n-r}x_n \end{cases} \tag{4-20}$$

由于 $\text{rank}(\boldsymbol{A}_1)=\text{rank}(\boldsymbol{A})$，所以方程组（4-20）与方程组（4-19）同解.

如果 $r=n$，那么方程组（4-20）的右边没有自由未知量，从而方程组（4-20）的右边全为 0，因此方程组只有零解. 当然也就不存在基础解系.

当 $r<n$ 时，给定自由未知量 $x_{r+1}, \cdots, x_n$ 的任意一组值，通过方程（4-20）就可求出唯一一组 $x_1, \cdots, x_r$ 的值，从而得到方程组（4-19）的一个解.

现在取 $x_{r+1}, \cdots, x_n$ 为以下一组值：

$$\begin{pmatrix} x_{r+1} \\ x_{r+2} \\ \vdots \\ x_n \end{pmatrix}=\begin{pmatrix} 1 \\ 0 \\ \vdots \\ 0 \end{pmatrix}, \begin{pmatrix} 0 \\ 1 \\ \vdots \\ 0 \end{pmatrix}, \cdots, \begin{pmatrix} 0 \\ 0 \\ \vdots \\ 1 \end{pmatrix} \tag{4-21}$$

由方程组（4-20）依次得到

$$\begin{pmatrix} x_1 \\ \vdots \\ x_r \end{pmatrix} = \begin{pmatrix} -b_{11} \\ \vdots \\ -b_{r1} \end{pmatrix}, \begin{pmatrix} -b_{12} \\ \vdots \\ -b_{r2} \end{pmatrix}, \cdots, \begin{pmatrix} -b_{1,n-r} \\ \vdots \\ -b_{r,n-r} \end{pmatrix}$$

从而求得方程组（4-20）也就是方程组（4-19）的 $n-r$ 个解

$$\boldsymbol{\xi}_1 = \begin{pmatrix} -b_{11} \\ \vdots \\ -b_{r1} \\ 1 \\ 0 \\ \vdots \\ 0 \end{pmatrix}, \boldsymbol{\xi}_2 = \begin{pmatrix} -b_{12} \\ \vdots \\ -b_{r2} \\ 0 \\ 1 \\ \vdots \\ 0 \end{pmatrix}, \cdots, \boldsymbol{\xi}_{n-r} = \begin{pmatrix} -b_{1,n-r} \\ \vdots \\ -b_{r,n-r} \\ 0 \\ 0 \\ \vdots \\ 1 \end{pmatrix} \tag{4-22}$$

下面证明 $\boldsymbol{\xi}_1, \boldsymbol{\xi}_2, \cdots, \boldsymbol{\xi}_{n-r}$ 是齐次线性方程组（4-19）的一个基础解系.

首先，由于 $n-r$ 个 $n-r$ 维向量

$$\begin{pmatrix} 1 \\ 0 \\ \vdots \\ 0 \end{pmatrix}, \begin{pmatrix} 0 \\ 1 \\ \vdots \\ 0 \end{pmatrix}, \cdots, \begin{pmatrix} 0 \\ 0 \\ \vdots \\ 1 \end{pmatrix}$$

线性无关，所以 $n-r$ 个 n 维向量 $\boldsymbol{\xi}_1, \boldsymbol{\xi}_2, \cdots, \boldsymbol{\xi}_{n-r}$ 也线性无关.

再证明方程组（4-19）的任一解都可由 $\boldsymbol{\xi}_1, \boldsymbol{\xi}_2, \cdots, \boldsymbol{\xi}_{n-r}$ 线性表示. 设任一解为

$$\boldsymbol{\xi} = \begin{pmatrix} c_1 \\ \vdots \\ c_r \\ c_{r+1} \\ c_{r+2} \\ \vdots \\ c_n \end{pmatrix}$$

做 $\boldsymbol{\xi}_1, \boldsymbol{\xi}_2, \cdots, \boldsymbol{\xi}_{n-r}$ 的线性组合

$$\boldsymbol{\eta} = c_{r+1}\boldsymbol{\xi}_1 + c_{r+2}\boldsymbol{\xi}_2 + \cdots + c_n\boldsymbol{\xi}_{n-r}$$

由于 $\boldsymbol{\xi}_1, \boldsymbol{\xi}_2, \cdots, \boldsymbol{\xi}_{n-r}$ 是方程组（4-19）的解，故 $\boldsymbol{\eta}$ 也是方程组（4-19）的解. 比较 $\boldsymbol{\xi}$ 和 $\boldsymbol{\eta}$ 知，它们的后 $n-r$ 个分量完全相同. 又因为它们都满足方程组（4-20），所以前 $n-r$ 个分量也完全相同，因此 $\boldsymbol{\xi} = \boldsymbol{\eta}$，即

$$\boldsymbol{\xi} = c_{r+1}\boldsymbol{\xi}_1 + c_{r+2}\boldsymbol{\xi}_2 + \cdots + c_n\boldsymbol{\xi}_{n-r}$$

这就证明了方程组（4-19）的任一解都能表成 $\boldsymbol{\xi}_1, \boldsymbol{\xi}_2, \cdots, \boldsymbol{\xi}_{n-r}$ 的线性组合.

至此，已证明了 $\boldsymbol{\xi}_1, \boldsymbol{\xi}_2, \cdots, \boldsymbol{\xi}_{n-r}$ 是齐次线性方程组（4-19）的一个基础解系.

说明：1）这里的证明是构造性的，证明过程给出了基础解系的求法；2）基础解系不是唯一的. 若对 $(x_{r+1}, x_{r+2}, \cdots, x_n)^{\mathrm{T}}$ 给出另外 $n-r$ 个线性无关的向量，就会求出另一个基础解系；3）任一个线性无关且与某一基础解系等价的向量组都是基础解系.

【例 4-6】 证明任何一个线性无关且与某一个基础解系等价的向量组都是基础解系.

证明：设 $\boldsymbol{\eta}_1, \boldsymbol{\eta}_2, \cdots, \boldsymbol{\eta}_{n-r}$是方程组（4-19）的一个基础解系，向量组 $\boldsymbol{\alpha}_1, \boldsymbol{\alpha}_2, \cdots, \boldsymbol{\alpha}_t$ 线性无关且与 $\boldsymbol{\eta}_1, \boldsymbol{\eta}_2, \cdots, \boldsymbol{\eta}_{n-r}$等价. 下面来证明 $\boldsymbol{\alpha}_1, \boldsymbol{\alpha}_2, \cdots, \boldsymbol{\alpha}_t$ 是方程组（4-19）的基础解系.

因为 $\boldsymbol{\alpha}_1, \boldsymbol{\alpha}_2, \cdots, \boldsymbol{\alpha}_t$ 与 $\boldsymbol{\eta}_1, \boldsymbol{\eta}_2, \cdots, \boldsymbol{\eta}_{n-r}$等价且它们都是线性无关的，所以有

1）$t=n-r$；

2）$\boldsymbol{\alpha}_1, \boldsymbol{\alpha}_2, \cdots, \boldsymbol{\alpha}_t$ 可经 $\boldsymbol{\eta}_1, \boldsymbol{\eta}_2, \cdots, \boldsymbol{\eta}_{n-r}$线性表示.

由 2）可得

$$\boldsymbol{\alpha}_i=c_1\boldsymbol{\eta}_1+c_2\boldsymbol{\eta}_2+\cdots+c_{n-r}\boldsymbol{\eta}_{n-r} \quad (i=1, 2, \cdots, t)$$

这就是说 $\boldsymbol{\alpha}_1, \boldsymbol{\alpha}_2, \cdots, \boldsymbol{\alpha}_t$ 也是方程组（4-19）的解.

综上，若 $\operatorname{rank}(\boldsymbol{A})=n$，则齐次线性方程组（4-19）只有零解，从而没有基础解系；若 $\operatorname{rank}(\boldsymbol{A})=r<n$，则方程组（4-19）有包含 $n-r$ 个解向量的基础解系. 若 $\boldsymbol{\xi}_1, \boldsymbol{\xi}_2, \cdots, \boldsymbol{\xi}_{n-r}$是齐次线性方程组（4-19）的一个基础解系，则方程组（4-19）的任一解可表示为

$$\boldsymbol{x}=k_1\boldsymbol{\xi}_1+k_2\boldsymbol{\xi}_2+\cdots+k_{n-r}\boldsymbol{\xi}_{n-r} \tag{4-23}$$

其中 $k_1, k_2, \cdots, k_{n-r}$是任意常数. 式（4-23）称式（4-19）的一般解或通解.

【例 4-7】 求齐次线性方程组

$$\begin{cases} x_1+x_2-x_3-x_4=0 \\ 2x_1-5x_2+3x_3+2x_4=0 \\ 7x_1-7x_2+3x_3+x_4=0 \end{cases}$$

的基础解系与通解.

解：对系数矩阵 $\boldsymbol{A}$ 作初等行变换，变为行最简矩阵，有

$$\boldsymbol{A}=\begin{pmatrix} 1 & 1 & -1 & -1 \\ 2 & -5 & 3 & 2 \\ 7 & -7 & 3 & 1 \end{pmatrix} \to \begin{pmatrix} 1 & 0 & -\dfrac{2}{7} & -\dfrac{3}{7} \\ 0 & 1 & -\dfrac{5}{7} & -\dfrac{4}{7} \\ 0 & 0 & 0 & 0 \end{pmatrix}$$

便得

$$\begin{cases} x_1=\dfrac{2}{7}x_3+\dfrac{3}{7}x_4 \\ x_2=\dfrac{5}{7}x_3+\dfrac{4}{7}x_4 \end{cases}$$

令 $\begin{pmatrix} x_3 \\ x_4 \end{pmatrix}=\begin{pmatrix} 1 \\ 0 \end{pmatrix}, \begin{pmatrix} 0 \\ 1 \end{pmatrix}$，对应有 $\begin{pmatrix} x_1 \\ x_2 \end{pmatrix}=\begin{pmatrix} \dfrac{2}{7} \\ \dfrac{5}{7} \end{pmatrix}, \begin{pmatrix} \dfrac{3}{7} \\ \dfrac{4}{7} \end{pmatrix}$. 即得基础解系

$$\boldsymbol{\xi}_1=\begin{pmatrix} \dfrac{2}{7} \\ \dfrac{5}{7} \\ 1 \\ 0 \end{pmatrix}, \boldsymbol{\xi}_2=\begin{pmatrix} \dfrac{3}{7} \\ \dfrac{4}{7} \\ 0 \\ 1 \end{pmatrix}$$

于是所求通解为

$$\begin{pmatrix} x_1 \\ x_2 \\ x_3 \\ x_4 \end{pmatrix} = c_1 \begin{pmatrix} \frac{2}{7} \\ \frac{5}{7} \\ 1 \\ 0 \end{pmatrix} + c_2 \begin{pmatrix} \frac{3}{7} \\ \frac{4}{7} \\ 0 \\ 1 \end{pmatrix} \quad (c_1, c_2 \in \mathbf{R})$$

定理 4-7 设 $\boldsymbol{A}$ 是 $s\times n$ 矩阵，则

$$\text{rank}(\boldsymbol{A}^{\text{T}}\boldsymbol{A}) = \text{rank}(\boldsymbol{A}\boldsymbol{A}^{\text{T}}) = \text{rank}(\boldsymbol{A})$$

证明：如果能证明 n 元齐次线性方程组$(\boldsymbol{A}^{\text{T}}\boldsymbol{A})x=\mathbf{0}$ 与 $\boldsymbol{Ax}=\mathbf{0}$ 同解，则它们的解空间一致，从而解空间的维数相同，即

$$n-\text{rank}(\boldsymbol{A}^{\text{T}}\boldsymbol{A}) = n-\text{rank}(\boldsymbol{A})$$

由此推出

$$\text{rank}(\boldsymbol{A}^{\text{T}}\boldsymbol{A}) = \text{rank}(\boldsymbol{A})$$

首先，设 $\boldsymbol{\eta}$ 是 $\boldsymbol{Ax}=\mathbf{0}$ 的解，则 $\boldsymbol{A\eta}=\mathbf{0}$，于是

$$(\boldsymbol{A}^{\text{T}}\boldsymbol{A})\boldsymbol{\eta} = \boldsymbol{A}^{\text{T}}(\boldsymbol{A\eta}) = \boldsymbol{A}^{\text{T}}\mathbf{0} = \mathbf{0}$$

这说明 $\boldsymbol{\eta}$ 也是$(\boldsymbol{A}^{\text{T}}\boldsymbol{A})x=\mathbf{0}$ 的解.

反之，设 $\boldsymbol{\delta}$ 是$(\boldsymbol{A}^{\text{T}}\boldsymbol{A})x=\mathbf{0}$ 的解，即有$(\boldsymbol{A}^{\text{T}}\boldsymbol{A})\delta=\mathbf{0}$，此式两边左乘 $\boldsymbol{\delta}^{\text{T}}$，得到

$$\boldsymbol{\delta}^{\text{T}}(\boldsymbol{A}^{\text{T}}\boldsymbol{A})\delta = \mathbf{0}$$

就是

$$(\boldsymbol{A\delta})^{\text{T}}(\boldsymbol{A\delta}) = \mathbf{0} \tag{4-24}$$

设

$$\boldsymbol{A\delta} = \begin{pmatrix} c_1 \\ c_2 \\ \vdots \\ c_s \end{pmatrix}$$

则由式（4-24）得

$$(c_1 \quad c_2 \quad \cdots \quad c_s)\begin{pmatrix} c_1 \\ c_2 \\ \vdots \\ c_s \end{pmatrix} = 0$$

即 $c_1^2+c_2^2+\cdots+c_s^2=0$. 由于 $c_1, c_2, \cdots, c_s$ 都是实数，所以 $c_1=c_2=\cdots c_s=0$，即 $\boldsymbol{A\delta}=\mathbf{0}$，即 $\boldsymbol{\delta}$ 也是 $\boldsymbol{Ax}=\mathbf{0}$ 的解. 综上，已证明了方程组$(\boldsymbol{A}^{\text{T}}\boldsymbol{A})x=\mathbf{0}$ 与 $\boldsymbol{Ax}=\mathbf{0}$ 同解. 所以 $\text{rank}(\boldsymbol{A}^{\text{T}}\boldsymbol{A}) = \text{rank}(\boldsymbol{A})$.

同样

$$\text{rank}(\boldsymbol{A}\boldsymbol{A}^{\text{T}}) = \text{rank}(\boldsymbol{A}^{\text{T}}) = \text{rank}(\boldsymbol{A})$$

4.3.2 非齐次线性方程组解的结构

（1）非齐次线性方程组与其导出组.

方程组（4-1）用矩阵的形式可以改写为

$$\boldsymbol{A}\boldsymbol{x}=\boldsymbol{b} \tag{4-25}$$

若令 $b_1=b_2=\cdots=b_m=0$，即令 $\boldsymbol{b}=\boldsymbol{0}$，就得到齐次方程组（4-19）.

方程组（4-25）的解与它的导出组（4-19）的解之间具有如下关系：

性质 4-3 线性方程组（4-25）的两个解的差是它的导出组（4-19）的解.

证明：设 $\boldsymbol{\xi}_1$ 和 $\boldsymbol{\xi}_2$ 是方程组（4-25）的解，即有 $\boldsymbol{A}\boldsymbol{\xi}_1=\boldsymbol{b},\boldsymbol{A}\boldsymbol{\xi}_2=\boldsymbol{b}$，由此得

$$\boldsymbol{A}(\boldsymbol{\xi}_1-\boldsymbol{\xi}_2)=\boldsymbol{A}\boldsymbol{\xi}_1-\boldsymbol{A}\boldsymbol{\xi}_2=\boldsymbol{b}-\boldsymbol{b}=\boldsymbol{0}$$

这说明 $\boldsymbol{x}=\boldsymbol{\xi}_1-\boldsymbol{\xi}_2$ 是方程组（4-19）的解.

性质 4-4 线性方程组（4-25）的一个解与它的导出组（4-19）的一个解之和还是式（4-25）的一个解.

证明：设 $\boldsymbol{\eta}$ 是方程组（4-25）的解，$\boldsymbol{\xi}$ 是其导出组（4-19）的解，即有 $\boldsymbol{A}\boldsymbol{\eta}=\boldsymbol{b},\boldsymbol{A}\boldsymbol{\xi}=\boldsymbol{0}$. 于是

$$\boldsymbol{A}(\boldsymbol{\xi}+\boldsymbol{\eta})=\boldsymbol{A}\boldsymbol{\xi}+\boldsymbol{A}\boldsymbol{\eta}=\boldsymbol{b}-\boldsymbol{0}=\boldsymbol{b}$$

这说明 $\boldsymbol{x}=\boldsymbol{\xi}+\boldsymbol{\eta}$ 是方程组（4-25）的解.

（2）非齐次线性方程组解的结构.

定理 4-8 如果 $\boldsymbol{\gamma}_0$ 是方程组（4-25）的一个特解，那么方程组（4-25）的任一个解 $\boldsymbol{\gamma}$ 都可以表示成

$$\boldsymbol{\gamma}=\boldsymbol{\gamma}_0+\boldsymbol{\eta} \tag{4-26}$$

其中 $\boldsymbol{\eta}$ 是导出方程组（4-19）的一个解. 因此，对于方程组（4-25）的任一个特解 $\boldsymbol{\gamma}_0$，当 $\boldsymbol{\eta}$ 取遍它的导出组的全部解时，方程组（4-26）就给出方程组（4-25）的全部解.

证明：把 $\boldsymbol{\gamma}$ 写成

$$\boldsymbol{\gamma}=\boldsymbol{\gamma}_0+(\boldsymbol{\gamma}-\boldsymbol{\gamma}_0)$$

由上面的性质，$\boldsymbol{\gamma}-\boldsymbol{\gamma}_0$ 是导出组（4-19）的一个解，令

$$\boldsymbol{\gamma}-\boldsymbol{\gamma}_0=\boldsymbol{\eta}$$

就得到定理的结论. 既然式（4-25）的任一个解都能表示成式（4-26）的形式，由性质 4-4，在 $\boldsymbol{\eta}$ 取遍式（4-19）的全部解的时候

$$\boldsymbol{\gamma}=\boldsymbol{\gamma}_0+\boldsymbol{\eta}$$

就取遍式（4-25）的全部解.

式（4-25）的一个具体的解叫作特解. 于是我们可以得到非齐次线性方程组的一般解.

设 $\boldsymbol{\gamma}_0$ 是非齐次线性方程组的一个特解，$\boldsymbol{\eta}_1,\boldsymbol{\eta}_2,\cdots,\boldsymbol{\eta}_{n-r}$ 是它的导出组的一个基础解系，则它的任一个解 $\boldsymbol{\eta}$ 可表示为

$$\boldsymbol{\eta}=\boldsymbol{\gamma}_0+k_1\boldsymbol{\eta}_1+k_2\boldsymbol{\eta}_2+\cdots+k_{n-r}\boldsymbol{\eta}_{n-r}$$

称为非齐次线性方程组的一般解或通解.

由定理 4-8 容易得出以下推论.

推论 4-3 在非齐次线性方程组有解的条件下，解是唯一的当且仅当它的导出组只有零解.

证明：充分性. 如果方程组（4-25）有两个不同的解，那么它的差就是导出组的一个非零解. 因此，如果导出组只有零解，那么方程组有唯一解.

必要性. 如果导出组有非零解，那么这个解与方程组（4-25）的一个解（因为它有解）的和就是方程组（4-25）的另一个解，也就是说，方程组（4-25）不止一个解. 所以，如果方程组（4-25）有唯一解，那么它的导出组只有零解.

【例 4-8】 求解方程组

$$\begin{cases} x_1-x_2-x_3+x_4=0 \\ x_1-x_2+x_3-3x_4=1 \\ x_1-x_2-2x_3+3x_4=-\dfrac{1}{2} \end{cases}$$

解：对增广矩阵 $\overline{\boldsymbol{A}}$ 施行初等行变换

$$\overline{\boldsymbol{A}}=\begin{pmatrix} 1 & -1 & -1 & 1 & 0 \\ 1 & -1 & 1 & -3 & 1 \\ 1 & -1 & -2 & 3 & -\dfrac{1}{2} \end{pmatrix} \to \begin{pmatrix} 1 & -1 & 0 & -1 & \dfrac{1}{2} \\ 0 & 0 & 1 & -2 & \dfrac{1}{2} \\ 0 & 0 & 0 & 0 & 0 \end{pmatrix}$$

可见 $\operatorname{rank}(\boldsymbol{A})=\operatorname{rank}(\overline{\boldsymbol{A}})=2$，故方程组有解，并有

$$\begin{cases} x_1=x_2+x_4+\dfrac{1}{2} \\ x_3=2x_4+\dfrac{1}{2} \end{cases}$$

取 $x_2=x_4=0$，则 $x_1=x_3=\dfrac{1}{2}$，即得方程组的一个解

$$\boldsymbol{\gamma}_0=\begin{pmatrix} \dfrac{1}{2} \\ 0 \\ \dfrac{1}{2} \\ 0 \end{pmatrix}$$

导出组化为$\begin{cases} x_1=x_2+x_4 \\ x_3=2x_4 \end{cases}$，在其中取$\begin{pmatrix} x_2 \\ x_4 \end{pmatrix}=\begin{pmatrix} 1 \\ 0 \end{pmatrix}$及$\begin{pmatrix} 0 \\ 1 \end{pmatrix}$，则$\begin{pmatrix} x_1 \\ x_3 \end{pmatrix}=\begin{pmatrix} 1 \\ 0 \end{pmatrix}$及$\begin{pmatrix} 1 \\ 2 \end{pmatrix}$. 于是得导出组的基础解系

$$\boldsymbol{\xi}_1=\begin{pmatrix}1\\1\\0\\0\end{pmatrix},\ \boldsymbol{\xi}_2=\begin{pmatrix}1\\0\\2\\1\end{pmatrix}$$

于是所求通解为

$$\begin{pmatrix}x_1\\x_2\\x_3\\x_4\end{pmatrix}+\begin{pmatrix}\frac{1}{2}\\0\\\frac{1}{2}\\0\end{pmatrix}=c_1\begin{pmatrix}1\\1\\0\\0\end{pmatrix}+c_2\begin{pmatrix}1\\0\\2\\1\end{pmatrix}\quad(c_1,c_2\in\mathbf{R})$$

【例 4-9】 研究方程组

$$\begin{cases}kx_1+x_2+x_3=5\\3x_1+2x_2+kx_3=18-5k\\x_2+2x_3=2\end{cases}$$

问：k 取何值时方程组有唯一解；k 取何值时方程组有无穷多解或无解；有无穷多解时求出通解.

解：

方法一： 对增广矩阵 $\overline{\boldsymbol{A}}$ 施行初等行变换

$$\overline{\boldsymbol{A}}=(\boldsymbol{A}\mid\boldsymbol{b})=\left(\begin{array}{ccc|c}k&1&1&5\\3&2&k&18-5k\\0&1&2&2\end{array}\right)\to\left(\begin{array}{ccc|c}3&2&k&18-5k\\k&1&1&5\\0&1&2&2\end{array}\right)$$

$$\to\left(\begin{array}{ccc|c}3&2&k&18-5k\\0&1-\frac{2}{3}k&1-\frac{k^2}{3}&5-\frac{k}{3}(18-5k)\\0&1&2&2\end{array}\right)$$

$$\to\left(\begin{array}{ccc|c}3&2&k&18-5k\\0&0&1-\frac{k^2}{3}-2\left(1-\frac{2}{3}k\right)&5-\frac{k}{3}(18-5k)-2\left(1-\frac{2}{3}k\right)\\0&1&2&2\end{array}\right)$$

$$\to\left(\begin{array}{ccc|c}3&2&k&18-5k\\0&1&2&2\\0&0&\frac{4}{3}k-\frac{1}{3}k^2-1&\frac{5}{3}k^2-\frac{14}{3}k+3\end{array}\right)$$

1）$\frac{4}{3}k-\frac{1}{3}k^2-1\neq0$，即当 $k\neq1$ 且 $k\neq3$ 时，$\operatorname{rank}(\boldsymbol{A})=\operatorname{rank}(\boldsymbol{A}\mid\boldsymbol{b})=n=3$，方程组有唯一解；

2）当 $k=1$ 时，$\operatorname{rank}(\boldsymbol{A})=\operatorname{rank}(\boldsymbol{A}\mid\boldsymbol{b})=2<3$，有无穷多解；

3）当 $k=3$ 时，$\mathrm{rank}(\boldsymbol{A})\neq\mathrm{rank}(\boldsymbol{A}\,\vdots\,\boldsymbol{b})$，无解.

方法二：利用克拉默法则

$$D=\begin{vmatrix}k&1&1\\3&2&k\\0&1&2\end{vmatrix}=-(k-1)(k-3)$$

1）当 $D\neq0$ 时，即 $k\neq1$ 且 $k\neq3$ 时，方程组有唯一解；

2）当 $k=1$ 时

$$(\boldsymbol{A}\,\vdots\,\boldsymbol{b})=\left(\begin{array}{ccc:c}1&1&1&5\\3&2&1&13\\0&1&2&2\end{array}\right)\rightarrow\left(\begin{array}{ccc:c}1&0&-1&3\\0&1&2&2\\0&0&0&0\end{array}\right)$$

方程组有无穷多解

$$\begin{cases}x_1=3+x_3\\x_2=2-2x_3\end{cases}$$

即

$$\begin{pmatrix}x_1\\x_2\\x_3\end{pmatrix}=\begin{pmatrix}3\\2\\0\end{pmatrix}+c\begin{pmatrix}1\\-2\\1\end{pmatrix}$$

3）当 $k=3$ 时

$$(\boldsymbol{A}\,\vdots\,\boldsymbol{b})=\left(\begin{array}{ccc:c}3&1&1&5\\3&2&3&3\\0&1&2&2\end{array}\right)\rightarrow\left(\begin{array}{ccc:c}3&1&1&5\\0&1&2&-2\\0&0&0&4\end{array}\right)$$

$\mathrm{rank}(\boldsymbol{A})<\mathrm{rank}(\boldsymbol{A}\,\vdots\,\boldsymbol{b})$，方程组无解.

本章习题

1. 若行向量组 $\boldsymbol{\alpha}_1,\boldsymbol{\alpha}_2,\cdots,\boldsymbol{\alpha}_m$ 与行向量组 $\boldsymbol{\beta}_1,\boldsymbol{\beta}_2,\cdots,\boldsymbol{\beta}_m$ 等价，则它们所对应的方程组是否同解，为什么？

2. 求下列齐次线性方程组的通解和一个基础解系：

（1）$\begin{cases}3x_1+2x_2-5x_3+4x_4=0\\3x_1-x_2+3x_3-3x_4=0\\3x_1+5x_2-13x_3+11x_4=0\end{cases}$　　（2）$\begin{cases}x_1-3x_2+x_3-2x_4=0\\-5x_1+x_2-2x_3+3x_4=0\\-x_1-11x_2+2x_3-5x_4=0\\3x_1+5x_2+x_4=0\end{cases}$

3. λ 应满足什么条件才能使下列齐次线性方程组只有零解？

$$\begin{cases}\lambda x_1+x_2+x_3=0\\x_1+\lambda x_2+x_3=0\\x_1+x_2+x_3=0\end{cases}$$

4. 设 $\boldsymbol{A}_1$ 是 $s\times n$ 矩阵 $\boldsymbol{A}=(a_{ij})$ 的前 $s-1$ 行组成的子矩阵. 证明：如果以 $\boldsymbol{A}_1$ 为系数矩阵的齐次线性方程组的解都是方程 $a_{s1}x_1+a_{s2}x_2+\cdots+a_{sn}x_n=0$ 的解，则 $\boldsymbol{A}$ 的第 s 行可以由 $\boldsymbol{A}$ 的前 $s-1$ 行线性表示.

5. 设 $\boldsymbol{A}$ 为 n 阶方阵，且 $\mathrm{rank}(\boldsymbol{A})=n-1$，$\boldsymbol{\alpha}_1,\boldsymbol{\alpha}_2$ 是 $\boldsymbol{Ax}=\boldsymbol{b}$ 的两个不同解，求 $\boldsymbol{Ax}=\boldsymbol{0}$ 的通解.

6. 解下列非齐次线性方程组：

(1) $\begin{cases}4x_1+2x_2-x_3=2\\3x_1-x_2+2x_3=10\\11x_1+3x_3=8\end{cases}$　　(2) $\begin{cases}2x_1+x_2-x_3+x_4=1\\x_1+2x_2+x_3-x_4=2\\x_1+x_2+2x_3+x_4=3\end{cases}$

(3) $\begin{cases}x_1-x_2+2x_3+4x_4=2\\2x_1+x_2-x_3+x_4=1\\x_1-4x_2+7x_3+11x_4=5\end{cases}$　　(4) $\begin{cases}x_1+x_2-3x_4+x_5=2\\x_1-x_2+2x_3-x_4=1\\4x_1-2x_2+6x_3+3x_4-4x_5=8\\2x_1+4x_2-2x_3+4x_4-7x_5=9\end{cases}$

7. 设非齐次线性方程组 $\boldsymbol{Ax}=\boldsymbol{b}$ 的系数矩阵的秩为 r, $\boldsymbol{\eta}_1,\boldsymbol{\eta}_2,\cdots,\boldsymbol{\eta}_{n-r+1}$ 是它的 $n-r+1$ 个线性无关的解，证明：它的任一解可表示为

$$\boldsymbol{x}=k_1\boldsymbol{\eta}_1+k_2\boldsymbol{\eta}_2+\cdots+k_{n-r+1}\boldsymbol{\eta}_{n-r+1}(\text{其中 } k_1+k_2+\cdots+k_{n-r+1}=1)$$

8. 已知四元方程组 $\boldsymbol{Ax}=\boldsymbol{b}$ 的三个解是 $\boldsymbol{\xi}_1,\boldsymbol{\xi}_2,\boldsymbol{\xi}_3$，且 $\boldsymbol{\xi}_1=(1,2,3,4)^{\mathrm{T}}$, $\boldsymbol{\xi}_2+\boldsymbol{\xi}_3=(3,5,7,9)^{\mathrm{T}}$, $\mathrm{rank}(\boldsymbol{A})=3$，求方程组的通解.

9. λ 取何值时，线性方程组

$$\begin{cases}(2\lambda+1)x_1-\lambda x_2+(\lambda+1)x_3=\lambda-1\\(\lambda-2)x_1+(\lambda-1)x_2+(\lambda-2)x_3=\lambda\\(2\lambda-1)x_1+(\lambda-1)x_2+(2\lambda-1)x_3=\lambda\end{cases}$$

有唯一解、无解、无穷多解？在无穷多解时，求其通解.

10. 证明：$\mathrm{rank}(\boldsymbol{AB})\leqslant\min(\mathrm{rank}(\boldsymbol{A}),\mathrm{rank}(\boldsymbol{B}))$.

11. 设齐次线性方程组

$$\begin{cases}a_{11}x_1+a_{12}x_2+\cdots+a_{1n}x_n=0\\a_{21}x_1+a_{22}x_2+\cdots+a_{2n}x_n=0\\\cdots\\a_{n1}x_1+a_{n2}x_2+\cdots+a_{nn}x_n=0\end{cases}$$

的系数矩阵 $\boldsymbol{A}$ 的秩为 $n-1$. 证明：这个方程组的全部解向量是

$$k(A_{i1},A_{i2},\cdots,A_{in})^{\mathrm{T}}$$

其中 A_{ij} 表示元素 a_{ij} 对应的代数余子式，且至少有一个非零，k 为任意常数.

12. 若齐次线性方程组 $\boldsymbol{Ax}=\boldsymbol{0}$ 的解都是 $\boldsymbol{Bx}=\boldsymbol{0}$ 的解，则 $\mathrm{rank}(\boldsymbol{A})\geqslant\mathrm{rank}(\boldsymbol{B})$.

5 方阵的特征值与特征向量

1. 理解矩阵特征值、特征向量的概念、性质和求解方法.

2. 理解相似矩阵的概念、性质以及矩阵可相似对角化的条件，了解哈密顿-凯莱（Hamilton-Caylay）定理.

3. 掌握实对称矩阵的特征值和特征向量的性质，掌握正交变换矩阵的求法.

4. 了解方阵对角化在多项式计算、常微分方程、空间解析几何中的应用.

5.1 特征值与特征向量的概念

5.1.1 特征值与特征向量的概念

定义 5-1 设 $\boldsymbol{A}$ 是 n 阶方阵. 如果对于数 λ，存在非零列向量 $\boldsymbol{x}$，使得

$$\boldsymbol{A}\boldsymbol{x}=\lambda\boldsymbol{x}$$

那么 λ 称为矩阵 $\boldsymbol{A}$ 的特征值，$\boldsymbol{x}$ 称为矩阵 $\boldsymbol{A}$ 的属于特征值 λ 的特征向量.

这里需要注意：

（1）$\boldsymbol{A}$ 是方阵，特征向量 $\boldsymbol{x}\neq\boldsymbol{0}$.

（2）特征值 λ 可以是实数，也可以是复数.

（3）特征值 λ 对应的特征向量不唯一.

事实上，若 $\boldsymbol{x}$ 是 $\boldsymbol{A}$ 的属于特征值 λ 的特征向量，则非零向量 $k\boldsymbol{x}(k\neq 0)$ 也是 $\boldsymbol{A}$ 的属于特征值 λ 的特征向量. 即

$$\boldsymbol{A}(k\boldsymbol{x})=k\boldsymbol{A}\boldsymbol{x}=k(\lambda\boldsymbol{x})=\lambda(k\boldsymbol{x})$$

（4）n 阶方阵 $\boldsymbol{A}$ 的特征值，就是使齐次线性方程组$(\boldsymbol{A}-\lambda\boldsymbol{E})\boldsymbol{x}=\boldsymbol{0}$ 有非零解的 λ 值，即满足方程 $|\boldsymbol{A}-\lambda\boldsymbol{E}|=0$ 的 λ 都是方阵 $\boldsymbol{A}$ 的特征值.

如果令 $\boldsymbol{A}=(a_{ij})$，那么有

$$|\boldsymbol{A}-\lambda\boldsymbol{E}|=0 \Leftrightarrow \begin{vmatrix} a_{11}-\lambda & a_{12} & \cdots & a_{1n} \\ a_{21} & a_{22}-\lambda & \cdots & a_{2n} \\ \vdots & \vdots & & \vdots \\ a_{n1} & a_{n2} & \cdots & a_{nn}-\lambda \end{vmatrix}=0$$

我们把这个以 λ 为未知量的一元 n 次方程称为矩阵 $\boldsymbol{A}$ 的特征方程. 其左端 $|\boldsymbol{A}-\lambda\boldsymbol{E}|$ 是 λ 的 n 次多项式，记作 $f(\lambda)$，称为矩阵 $\boldsymbol{A}$ 的特征多项式. 即 $f(\lambda)=|\boldsymbol{A}-\lambda\boldsymbol{E}|$.

矩阵 $\boldsymbol{A}$ 的特征值与特征量的求解过程：

（1）求出矩阵 $\boldsymbol{A}$ 的全部特征值 $\lambda_1, \lambda_2, \cdots, \lambda_k$；

（2）对于每个特征值 λ，求出齐次线性方程组

$$(\boldsymbol{A}-\lambda\boldsymbol{E})\begin{pmatrix}x_1\\x_2\\\vdots\\x_n\end{pmatrix}=\mathbf{0}$$

的一个基础解系

$$\boldsymbol{\eta}_1,\boldsymbol{\eta}_2,\cdots,\boldsymbol{\eta}_{n-r}$$

令

$$\boldsymbol{x}=k_1\boldsymbol{\eta}_1+k_2\boldsymbol{\eta}_2+\cdots+k_{n-r}\boldsymbol{\eta}_{n-r}$$

则 $\boldsymbol{x}\neq\mathbf{0}$ 时，$\boldsymbol{x}$ 就是矩阵 $\boldsymbol{A}$ 的属于特征值 λ 的特征向量.

【例 5-1】 求矩阵

$$\boldsymbol{A}=\begin{pmatrix}3&-1\\-1&3\end{pmatrix}$$

的特征值与特征向量.

解： $\boldsymbol{A}$ 的特征多项式为

$$|\boldsymbol{A}-\lambda\boldsymbol{E}|=\begin{vmatrix}3-\lambda&-1\\-1&3-\lambda\end{vmatrix}=(\lambda-4)(\lambda-2)$$

所以 $\boldsymbol{A}$ 的特征值为 $\lambda_1=2,\lambda_2=4$. 对于 $\lambda_1=2$，对应的特征向量应满足

$$\begin{pmatrix}3-2&-1\\-1&3-2\end{pmatrix}\begin{pmatrix}x_1\\x_2\end{pmatrix}=\begin{pmatrix}0\\0\end{pmatrix}$$

即 $x_1=x_2$. 所以对应的特征向量可以取为$\boldsymbol{p}_1=\begin{pmatrix}1\\1\end{pmatrix}$；对于 $\lambda_2=4$，对应的特征向量应满足

$$\begin{pmatrix}3-4&-1\\-1&3-4\end{pmatrix}\begin{pmatrix}x_1\\x_2\end{pmatrix}=\begin{pmatrix}0\\0\end{pmatrix}$$

即 $x_1=-x_2$. 所以对应的特征向量可以取为$\boldsymbol{p}_2=\begin{pmatrix}-1\\1\end{pmatrix}$.

【例 5-2】 求矩阵

$$\boldsymbol{A}=\begin{pmatrix}-1&1&0\\-4&3&0\\1&0&2\end{pmatrix}$$

的特征值与特征向量.

解： $\boldsymbol{A}$ 的特征多项式为

$$|\boldsymbol{A}-\lambda\boldsymbol{E}|=\begin{vmatrix}-1-\lambda&1&0\\-4&3-\lambda&0\\1&0&2-\lambda\end{vmatrix}=(2-\lambda)(1-\lambda)^2$$

所以 $\boldsymbol{A}$ 的特征值为 $\lambda_1=2$，$\lambda_2=\lambda_3=1$. 解方程$(\boldsymbol{A}-2\boldsymbol{E})\boldsymbol{x}=\mathbf{0}$，即

$$\begin{pmatrix}-3&1&0\\-4&1&0\\1&0&0\end{pmatrix}\boldsymbol{x}=\mathbf{0}$$

得到 $\boldsymbol{A}$ 的属于特征值 $\lambda_1=2$ 的特征向量$\boldsymbol{p}_1=\begin{pmatrix}0\\0\\1\end{pmatrix}$，$k\boldsymbol{p}_1(k\neq0)$ 为全部特征向量. 解方程 $(\boldsymbol{A}-\boldsymbol{E})\boldsymbol{x}=\mathbf{0}$，即

$$\begin{pmatrix}-2&1&0\\-4&2&0\\1&0&1\end{pmatrix}\boldsymbol{x}=\mathbf{0}$$

得到 $\boldsymbol{A}$ 的属于特征值 $\lambda_2=\lambda_3=1$ 的特征向量 $\boldsymbol{p}_2=\begin{pmatrix}-1\\-2\\1\end{pmatrix}$，$k\boldsymbol{p}_2(k\neq0)$ 为全部特征向量.

【例 5-3】 设 $\boldsymbol{A}$ 是 n 阶方阵，其特征多项式为

$$f_A(\lambda)=|\boldsymbol{A}-\lambda\boldsymbol{E}|=\lambda^n+a_{n-1}\lambda^{n-1}+\cdots+a_1\lambda+a_0$$

求 $\boldsymbol{A}^{\mathrm{T}}$ 的特征多项式.

解：$\boldsymbol{A}^{\mathrm{T}}$ 的特征多项式为

$$\begin{aligned}f_{A^{\mathrm{T}}}(\lambda)&=|\boldsymbol{A}^{\mathrm{T}}-\lambda\boldsymbol{E}|=|(\boldsymbol{A}-\lambda\boldsymbol{E})^{\mathrm{T}}|=|\boldsymbol{A}-\lambda\boldsymbol{E}|\\&=\lambda^n+a_{n-1}\lambda^{n-1}+\cdots+a_1\lambda+a_0\end{aligned}$$

5.1.2 特征值与特征向量的性质

性质 5-1 矩阵 $\boldsymbol{A}$ 与 $\boldsymbol{A}^{\mathrm{T}}$ 有相同的特征值.

性质 5-2 若 λ 是矩阵 $\boldsymbol{A}$ 的特征值，$\boldsymbol{\xi}$ 是 $\boldsymbol{A}$ 的属于 λ 的特征向量，则：

（1）$k\lambda$ 是 $k\boldsymbol{A}$ 的特征值(k 是任意常数)；

（2）λ^m 是 $\boldsymbol{A}^m$ 的特征值(m 是正整数)；

（3）$\boldsymbol{A}$ 可逆时 λ^{-1}是$\boldsymbol{A}^{-1}$的特征值；

（4）设 $\varphi(x)=a_nx^n+a_{n-1}x^{n-1}+\cdots+a_1x+a_0$，则 $\varphi(\lambda)$ 是 $\varphi(\boldsymbol{A})$ 的特征值.

这里仅就性质 5-2 中（2）和（3）给出证明.

证明：（2）因为 $\boldsymbol{Ax}=\lambda\boldsymbol{x}$，所以

$$\boldsymbol{A}(\boldsymbol{Ax})=\boldsymbol{A}(\lambda\boldsymbol{x})=\lambda(\boldsymbol{Ax})=\lambda(\lambda\boldsymbol{x})\Rightarrow\boldsymbol{A}^2\boldsymbol{x}=\lambda^2\boldsymbol{x}$$

再继续施行上述步骤 $m-2$ 次，就得到 $\boldsymbol{A}^m\boldsymbol{x}=\lambda^m\boldsymbol{x}$，故 λ^m 是矩阵 $\boldsymbol{A}^m$ 的特征值，且 $\boldsymbol{x}$ 是 $\boldsymbol{A}^m$ 对应于 λ^m 的特征向量.

（3）当 $\boldsymbol{A}$ 可逆时，由 $\boldsymbol{Ax}=\lambda\boldsymbol{x}$ 可得

$$\boldsymbol{x}=\boldsymbol{A}^{-1}(\boldsymbol{Ax})=\boldsymbol{A}^{-1}(\lambda\boldsymbol{x})=\lambda\boldsymbol{A}^{-1}\boldsymbol{x}$$

如果 $\lambda=0$，则 $\boldsymbol{x}=\mathbf{0}$，这与 $\boldsymbol{x}\neq\mathbf{0}$ 矛盾，所以 $\lambda\neq0$，于是有

$$\boldsymbol{A}^{-1}\boldsymbol{x}=\lambda^{-1}\boldsymbol{x}$$

故 λ^{-1}是矩阵 $\boldsymbol{A}^{-1}$的特征值，且 $\boldsymbol{x}$ 是 $\boldsymbol{A}^{-1}$对应于 λ^{-1}的特征向量.

性质 5-3 设 n 阶方阵 $\boldsymbol{A}=(a_{ij})$ 的特征值为 $\lambda_1, \lambda_2, \cdots, \lambda_n$($k$ 重特征值算作 k 个特征值)，

则有

（1）$\lambda_1\lambda_2\cdots\lambda_n=|\boldsymbol{A}|$；

（2）$\lambda_1+\lambda_2+\cdots+\lambda_n=a_{11}+a_{22}+\cdots+a_{nn}$.

证明：当 $\lambda_1, \lambda_2, \cdots, \lambda_n$ 是 $\boldsymbol{A}$ 的特征值时，$\boldsymbol{A}$ 的特征多项式为

$$|\boldsymbol{A}-\lambda\boldsymbol{E}|=(-1)^n(\lambda-\lambda_1)(\lambda-\lambda_2)\cdots(\lambda-\lambda_n) \tag{5-1}$$

另外，$\boldsymbol{A}$ 的特征多项式应该为

$$|\boldsymbol{A}-\lambda\boldsymbol{E}|=\begin{vmatrix} a_{11}-\lambda & a_{12} & \cdots & a_{1n} \\ a_{21} & a_{22}-\lambda & \cdots & a_{2n} \\ \vdots & \vdots & & \vdots \\ a_{n1} & a_{n2} & \cdots & a_{nn}-\lambda \end{vmatrix}$$

其中有一项是主对角线上 n 个元素的乘积

$$(a_{11}-\lambda)(a_{22}-\lambda)\cdots(a_{nn}-\lambda)$$

而其他各项至多含有主对角线上的 $n-2$ 个元素. 所以特征多项式的次数大于 $n-2$ 的项只出现在$(a_{11}-\lambda)(a_{22}-\lambda)\cdots(a_{nn}-\lambda)$里. 求得

$$|\boldsymbol{A}-\lambda\boldsymbol{E}|=(-1)^n[\lambda^n-(a_{11}+a_{22}+\cdots+a_{nn})\lambda^{n-1}+\cdots+(-1)^n|\boldsymbol{A}|] \tag{5-2}$$

比较式（5-1）和式（5-2）的 $n-1$ 次项和常数项就得到

$$\begin{cases}\lambda_1+\lambda_2+\cdots\lambda_n=a_{11}+a_{22}+\cdots+a_{nn} \\ |\boldsymbol{A}|=\lambda_1\lambda_2\cdots\lambda_n\end{cases}$$

推论 5-1 n 阶方阵 $\boldsymbol{A}$ 可逆的充分必要条件是 $\boldsymbol{A}$ 的特征值均为非零数.

定义 5-2 方阵 $\boldsymbol{A}=(a_{ij})$ 的主对角线元素的和 $a_{11}+a_{22}+\cdots+a_{nn}$ 称为 $\boldsymbol{A}$ 的迹，记作 $tr(\boldsymbol{A})$. 于是，$\mathrm{tr}(\boldsymbol{A})=\lambda_1+\lambda_2+\cdots+\lambda_n$.

【例 5-4】 已知三阶方阵 $\boldsymbol{A}$ 的特征值为 1, −2 和 3，求 $|\boldsymbol{A}|$ 和 $\boldsymbol{A}^*$ 的特征值.

解： 由已知，$|\boldsymbol{A}|=-6$. 若 λ 是 $\boldsymbol{A}$ 的特征值，则存在 $\boldsymbol{x}\neq\boldsymbol{0}$ 使得 $\boldsymbol{A}\boldsymbol{x}=\lambda\boldsymbol{x}$. 两边左乘 $\boldsymbol{A}^*$ 得到

$$|\boldsymbol{A}|\boldsymbol{x}=\boldsymbol{A}^*(\boldsymbol{A}\boldsymbol{x})=\lambda(\boldsymbol{A}^*\boldsymbol{x})$$

由此得到

$$\boldsymbol{A}^*\boldsymbol{x}=\frac{|\boldsymbol{A}|}{\lambda}\boldsymbol{x}$$

从而$\dfrac{|\boldsymbol{A}|}{\lambda}$是 $\boldsymbol{A}^*$ 的特征值，即−6, 3, −2.

特别地，设 $\boldsymbol{A}$ 是 n 阶方阵，则：

（1）若 $\boldsymbol{A}^2=\boldsymbol{E}$，则 $\boldsymbol{A}$ 的特征值为±1；

（2）若 $\boldsymbol{A}^2=\boldsymbol{A}$，则 $\boldsymbol{A}$ 的特征值只能是 1 或 0；

（3）若 $\boldsymbol{A}^2=\boldsymbol{0}$，则 $\boldsymbol{A}$ 的特征值只能是 0.

注意，$\boldsymbol{A}$ 的属于同一特征值 λ 的特征向量的非零线性组合仍是 $\boldsymbol{A}$ 的属于特征值 λ 的特征向量.

性质 5-4 矩阵 $\boldsymbol{A}$ 的属于不同特征值的特征向量是线性无关的.

证明：对特征值的个数作数学归纳法.

由于特征向量是不为 $\mathbf{0}$ 的，所以单个的特征向量必然线性无关. 现在设属于 k 个不同特征值的特征向量线性无关，我们证明属于 $k+1$ 个不同的特征值 $\lambda_1, \lambda_2, \cdots, \lambda_{k+1}$ 的特征向量 $\boldsymbol{\xi}_1, \boldsymbol{\xi}_2, \cdots, \boldsymbol{\xi}_{k+1}$ 也线性无关.

假设有关系式

$$a_1\boldsymbol{\xi}_1+a_2\boldsymbol{\xi}_2+\cdots+a_k\boldsymbol{\xi}_k+a_{k+1}\boldsymbol{\xi}_{k+1}=\mathbf{0} \tag{5-3}$$

成立. 等式两端乘以 λ_{k+1}，得

$$a_1\lambda_{k+1}\boldsymbol{\xi}_1+a_2\lambda_{k+1}\boldsymbol{\xi}_2+\cdots+a_k\lambda_{k+1}\boldsymbol{\xi}_k+a_{k+1}\lambda_{k+1}\boldsymbol{\xi}_{k+1}=\mathbf{0} \tag{5-4}$$

式（5-3）两端同时左乘矩阵 $\boldsymbol{A}$，得

$$a_1\lambda_1\boldsymbol{\xi}_1+a_2\lambda_2\boldsymbol{\xi}_2+\cdots+a_k\lambda_k\boldsymbol{\xi}_k+a_{k+1}\lambda_{k+1}\boldsymbol{\xi}_{k+1}=\mathbf{0} \tag{5-5}$$

式（5-5）减去式（5-4）得

$$a_1(\lambda_1-\lambda_{k+1})\boldsymbol{\xi}_1+\cdots+a_{k+1}(\lambda_k-\lambda_{k+1})\boldsymbol{\xi}_k=\mathbf{0}$$

根据归纳法假设，$\boldsymbol{\xi}_1, \boldsymbol{\xi}_2, \cdots, \boldsymbol{\xi}_k$ 线性无关，于是

$$a_i(\lambda_i-\lambda_{k+1})=0 \quad (i=1, 2, \cdots, k)$$

但 $\lambda_i-\lambda_{k+1}\neq 0(i\leqslant k)$，所以

$$a_i=0 \quad (i=1, 2, \cdots, k)$$

这时式（5-3）变成 $a_{k+1}\boldsymbol{\xi}_{k+1}=\mathbf{0}$，又因为 $\boldsymbol{\xi}_{k+1}\neq\mathbf{0}$，所以只有 $a_{k+1}=0$. 所以 $\boldsymbol{\xi}_1, \boldsymbol{\xi}_2, \cdots, \boldsymbol{\xi}_{k+1}$ 线性无关.

性质 5-5 如果 $\lambda_1, \lambda_2, \cdots, \lambda_k$ 是矩阵 $\boldsymbol{A}$ 的不同特征值，而 $\boldsymbol{\xi}_{i1}, \boldsymbol{\xi}_{i2}, \cdots, \boldsymbol{\xi}_{ir_i}$ 是属于特征值 $\lambda_i(i=1, 2, \cdots, k)$ 的线性无关的特征向量，那么向量组 $\boldsymbol{\xi}_{11}, \cdots, \boldsymbol{\xi}_{1r_1}, \cdots, \boldsymbol{\xi}_{k1}, \cdots, \boldsymbol{\xi}_{kr_k}$ 也线性无关.

证明：首先，$\boldsymbol{A}$ 的属于同一特征值 λ 的特征向量的非零线性组合仍是 $\boldsymbol{A}$ 的属于特征值 λ 的特征向量. 于是假设存在数 $a_{11}, \cdots, a_{1r_1}, \cdots, a_{k1}, \cdots, a_{kr_k}$ 使得

$$a_{11}\boldsymbol{\xi}_{11}+\cdots+a_{ir_1}\boldsymbol{\xi}_{ir_1}+\cdots+a_{k1}\boldsymbol{\xi}_{k1}+\cdots+a_{kr_k}\boldsymbol{\xi}_{kr_k}=\mathbf{0} \tag{5-6}$$

令

$$\boldsymbol{\eta}_i=a_{i1}\boldsymbol{\xi}_{i1}+\cdots+a_{ir}\boldsymbol{\xi}_{ir_i} \quad (i=1, 2, \cdots, k)$$

则式（5-6）就是

$$\boldsymbol{\eta}_1+\cdots+\boldsymbol{\eta}_k=\mathbf{0}$$

由上所述，若某个 $\boldsymbol{\eta}_i\neq\mathbf{0}$，则 $\boldsymbol{\eta}_i$ 是 $\boldsymbol{A}$ 的属于特征值 λ_i 的特征向量. 因为 $\lambda_1, \lambda_2, \cdots, \lambda_k$ 互不相同，所以由性质 5-4（属于不同特征值的特征向量是线性无关）知，必有 $\boldsymbol{\eta}_i=\mathbf{0}(i=1, 2, \cdots, k)$，即

$$a_{i1}\boldsymbol{\xi}_{i1}+a_{ir}\boldsymbol{\xi}_{i2}+\cdots+a_{ir}\boldsymbol{\xi}_{ir_i}=\mathbf{0} \quad (i=1, 2, \cdots, k)$$

而 $\boldsymbol{\xi}_{i1}, \cdots, \boldsymbol{\xi}_{ir_i}$ 线性无关，所以

$$a_{i1}=\cdots=a_{ir_i}=0 \quad (i=1, 2, \cdots, k)$$

即向量组 $\boldsymbol{\xi}_{11}, \cdots, \boldsymbol{\xi}_{ir_1}, \cdots, \boldsymbol{\xi}_{k1}, \cdots, \boldsymbol{\xi}_{kr_k}$ 线性无关.

特别需要注意的是，矩阵的同一个特征向量不能属于不同的特征值. 这是因为，如果特征向量 $\boldsymbol{x}$ 同时是 $\boldsymbol{A}$ 的属于特征值 λ_1, λ_2 的$(\lambda_1\neq\lambda_2)$的特征向量，即有

$$\boldsymbol{Ax}=\lambda_1\boldsymbol{x}，\boldsymbol{Ax}=\lambda_2\boldsymbol{x}$$

于是有

$$\lambda_1 \boldsymbol{x}=\lambda_2 \boldsymbol{x}$$

即

$$(\lambda_1-\lambda_2)\boldsymbol{x}=\boldsymbol{0}$$

由于 $\lambda_1-\lambda_2\neq 0$，则 $\boldsymbol{x}=\boldsymbol{0}$，与定义矛盾.

5.2 相似矩阵与方阵对角化

5.2.1 相似矩阵的概念与性质

定义 5-3 设 $\boldsymbol{A},\boldsymbol{B}$ 是两个 n 阶矩阵，如果存在 n 阶可逆矩阵 $\boldsymbol{P}$，使得 $\boldsymbol{P}^{-1}\boldsymbol{AP}=\boldsymbol{B}$，就称 $\boldsymbol{A}$ 与 $\boldsymbol{B}$ 相似，记作 $\boldsymbol{A}\sim\boldsymbol{B}$. 对 $\boldsymbol{A}$ 进行运算 $\boldsymbol{P}^{-1}\boldsymbol{AP}$ 称为对 $\boldsymbol{A}$ 进行相似变换，可逆矩阵 $\boldsymbol{P}$ 称为把 $\boldsymbol{A}$ 变成 $\boldsymbol{B}$ 的相似变换矩阵.

相似是矩阵之间的一种关系，这种关系具有下面三个性质：

(1) 反身性：$\boldsymbol{A}\sim\boldsymbol{A}$. 这是因为 $\boldsymbol{A}=\boldsymbol{E}^{-1}\boldsymbol{AE}$.

(2) 对称性：如果 $\boldsymbol{A}\sim\boldsymbol{B}$，那么 $\boldsymbol{B}\sim\boldsymbol{A}$.

证明：如果 $\boldsymbol{A}\sim\boldsymbol{B}$，那么就有 $\boldsymbol{T}$ 使 $\boldsymbol{B}=\boldsymbol{T}^{-1}\boldsymbol{AT}$. 令 $\boldsymbol{Y}=\boldsymbol{T}^{-1}$，$\boldsymbol{A}=\boldsymbol{TBT}^{-1}=\boldsymbol{Y}^{-1}\boldsymbol{BY}$，所以 $\boldsymbol{B}\sim\boldsymbol{A}$.

(3) 传递性：如果 $\boldsymbol{A}\sim\boldsymbol{B}$，$\boldsymbol{B}\sim\boldsymbol{C}$，那么 $\boldsymbol{A}\sim\boldsymbol{C}$.

证明：已知有 $\boldsymbol{X},\boldsymbol{Y}$ 使 $\boldsymbol{B}=\boldsymbol{X}^{-1}\boldsymbol{AX},\boldsymbol{C}=\boldsymbol{Y}^{-1}\boldsymbol{BY}$. 令 $\boldsymbol{Z}=\boldsymbol{XY}$，就有 $\boldsymbol{C}=\boldsymbol{Y}^{-1}\boldsymbol{X}^{-1}\boldsymbol{AXY}=\boldsymbol{Z}^{-1}\boldsymbol{AZ}$，因此 $\boldsymbol{A}\sim\boldsymbol{C}$.

矩阵的相似运算有下面的性质.

(1) 若 $\boldsymbol{B}_1=\boldsymbol{X}^{-1}\boldsymbol{A}_1\boldsymbol{X}$，$\boldsymbol{B}_2=\boldsymbol{X}^{-1}\boldsymbol{A}_2\boldsymbol{X}$，则 $\boldsymbol{B}_1+\boldsymbol{B}_2=\boldsymbol{X}^{-1}(\boldsymbol{A}_1+\boldsymbol{A}_2)\boldsymbol{X}$，$\boldsymbol{B}_1\boldsymbol{B}_2=\boldsymbol{X}^{-1}(\boldsymbol{A}_1\boldsymbol{A}_2)\boldsymbol{X}$.

(2) 若矩阵 $\boldsymbol{A}$ 与矩阵 $\boldsymbol{B}$ 相似，且矩阵 $\boldsymbol{A}$ 可逆，则矩阵 $\boldsymbol{B}$ 也可逆，且 $\boldsymbol{A}^{-1}$ 与 $\boldsymbol{B}^{-1}$ 相似.

证明：因为矩阵 $\boldsymbol{A}$ 与矩阵 $\boldsymbol{B}$ 相似，即存在可逆矩阵 $\boldsymbol{X}$，使得 $\boldsymbol{B}=\boldsymbol{X}^{-1}\boldsymbol{AX}$，于是

$$|\boldsymbol{B}|=|\boldsymbol{X}^{-1}\boldsymbol{AX}|=|\boldsymbol{X}^{-1}||\boldsymbol{A}||\boldsymbol{X}|=|\boldsymbol{A}|$$

所以，当 $|\boldsymbol{A}|\neq 0$ 时，必有 $|\boldsymbol{B}|\neq 0$，即 $\boldsymbol{A}$ 可逆时，$\boldsymbol{B}$ 也可逆. 设 $\boldsymbol{X}$ 为可逆矩阵，且 $\boldsymbol{B}=\boldsymbol{X}^{-1}\boldsymbol{AX}$，则

$$\boldsymbol{B}^{-1}=(\boldsymbol{X}^{-1}\boldsymbol{AX})^{-1}=\boldsymbol{X}^{-1}\boldsymbol{A}^{-1}\boldsymbol{X}$$

即 $\boldsymbol{A}^{-1}$ 与 $\boldsymbol{B}^{-1}$ 相似.

(3) 若矩阵 $\boldsymbol{A}$ 与 $\boldsymbol{B}$ 相似，k 是常数，m 是正整数

$$g(x)=a_0x^m+a_1x^{m-1}+\cdots+a_m$$

则 $k\boldsymbol{A}$ 与 $k\boldsymbol{B}$ 相似；$\boldsymbol{A}^m$ 与 $\boldsymbol{B}^m$ 相似；$g(\boldsymbol{A})$ 与 $g(\boldsymbol{B})$ 相似.

性质 5-6 相似矩阵具有相同的秩.

证明：设 $\boldsymbol{A}$ 与 $\boldsymbol{B}$ 相似，即有 $\boldsymbol{P}^{-1}\boldsymbol{AP}=\boldsymbol{B}$. 由于 $\boldsymbol{P}$ 和 $\boldsymbol{P}^{-1}$ 都可逆，所以

$$\operatorname{rank}(\boldsymbol{B})=\operatorname{rank}(\boldsymbol{P}^{-1}\boldsymbol{AP})=\operatorname{rank}(\boldsymbol{A})$$

定理 5-1 相似矩阵有相同的特征多项式，从而有相同的特征值.

证明：设 $\boldsymbol{A}$ 与 $\boldsymbol{B}$ 相似，则有 $\boldsymbol{P}^{-1}\boldsymbol{AP}=\boldsymbol{B}$，于是

$$\begin{aligned}|\boldsymbol{B}-\lambda\boldsymbol{E}|&=|\boldsymbol{P}^{-1}\boldsymbol{AP}-\boldsymbol{P}^{-1}(\lambda\boldsymbol{E})\boldsymbol{P}|\\&=|\boldsymbol{P}^{-1}(\boldsymbol{A}-\lambda\boldsymbol{E})\boldsymbol{P}|\end{aligned}$$

$$=|P^{-1}||A-\lambda E||P|$$
$$=|A-\lambda E|$$

性质 5-7 相似矩阵有相同的行列式、相同的迹.

注意：相似矩阵有相同的特征值，但有相同特征值的矩阵不一定相似. 例如

$$A=\begin{pmatrix}1&0&0\\0&1&0\\0&0&1\end{pmatrix},\ B=\begin{pmatrix}1&1&1\\0&1&1\\0&0&1\end{pmatrix}$$

其中 $|A-\lambda E|=(1-\lambda)^3$，$|B-\lambda E|=(1-\lambda)^3$，矩阵 A 与 B 的特征值都是：$\lambda_1=\lambda_2=\lambda_3=1$，但 A 与 B 不相似.

【例 5-5】 若方阵 A 与 B 相似，P 是可逆矩阵，且 $P^{-1}AP=B$，如果 x_0 是 B 的属于特征值 λ_0 的特征向量，则 Px_0 是 A 的属于特征值 λ_0 的特征向量.

证明：由题意有，$Bx_0=\lambda_0 x_0$，由 $P^{-1}AP=B$，可得 $AP=PB$，右乘 x_0 得到

$$A(Px_0)=PBx_0=\lambda_0(Px_0)$$

即 Px_0 是 A 的属于特征值 λ_0 的特征向量.

性质 5-8 若 n 阶方阵 A 与对角阵 $\Lambda=\begin{pmatrix}\lambda_1&&&\\&\lambda_2&&\\&&\ddots&\\&&&\lambda_n\end{pmatrix}$ 相似，则 $\lambda_1, \lambda_2, \cdots, \lambda_n$ 是 A 的 n 个特征值.

证明

$$|A-\lambda E|=|\Lambda-\lambda E|=\begin{vmatrix}\lambda_1-\lambda&&&\\&\lambda_2-\lambda&&\\&&\ddots&\\&&&\lambda_n-\lambda\end{vmatrix}=(\lambda_1-\lambda)(\lambda_2-\lambda)\cdots(\lambda_n-\lambda)$$

由此知 $\lambda_1, \lambda_2, \cdots, \lambda_n$ 是 A 的 n 个特征值.

我们还可以利用对角矩阵计算矩阵多项式. 例如：若 $A=PBP^{-1}$，则

$$A^k=PBP^{-1}PBP^{-1}\cdots PBP^{-1}=PB^kP^{-1}$$

那么 A 的多项式

$$\begin{aligned}\varphi(A)&=a_0A^n+a_1A^{n-1}+\cdots+a_{n-1}A+a_nE\\&=a_0PB^nP^{-1}+a_1PB^{n-1}P^{-1}+\cdots+a_{n-1}PBP^{-1}+a_nPEP^{-1}\\&=P(a_0B^n+a_1B^{n-1}+\cdots+a_{n-1}B+a_nE)P^{-1}\\&=P\varphi(B)P^{-1}\end{aligned}$$

特别地，若可逆矩阵 P 使 $P^{-1}AP=\Lambda$ 为对角矩阵，则 $A^k=P\Lambda^kP^{-1}$，$\varphi(A)=P\varphi(\Lambda)P^{-1}$. 其中

$$\Lambda=\begin{pmatrix}\lambda_1^k&&&\\&\lambda_2^k&&\\&&\ddots&\\&&&\lambda_n^k\end{pmatrix},\ \varphi(\Lambda)=\begin{pmatrix}\varphi(\lambda_1)&&&\\&\varphi(\lambda_2)&&\\&&\ddots&\\&&&\varphi(\lambda_n)\end{pmatrix}$$

因此，利用上述结论可以很方便地计算矩阵 $\boldsymbol{A}$ 的多项式 $\varphi(\boldsymbol{A})$.

【例 5-6】 已知 $\boldsymbol{A}=\begin{pmatrix}2&0&0\\0&0&1\\0&1&x\end{pmatrix}$ 与 $\boldsymbol{B}=\begin{pmatrix}2&0&0\\0&y&0\\0&0&-1\end{pmatrix}$ 相似，求 x, y.

解：因为 $\boldsymbol{A}$ 与 $\boldsymbol{B}$ 相似，故 $\boldsymbol{A}$ 与 $\boldsymbol{B}$ 有相同的特征值 $2, y, -1$，根据特征值的性质，有 $2+0+x=2+y+(-1)$，且 $|\boldsymbol{A}|=-2y$，又因为 $|\boldsymbol{A}|=-2$，所以 $x=0, y=1$.

定理 5-2 （哈密顿-凯莱（Hamilton-Caylay）定理）设 $\boldsymbol{A}$ 是一个 $n\times n$ 矩阵，

$$f_{\boldsymbol{A}}(\lambda)=|\boldsymbol{A}-\lambda\boldsymbol{E}|$$

是 $\boldsymbol{A}$ 的特征多项式，则

$$f_{\boldsymbol{A}}(\boldsymbol{A})=\boldsymbol{A}^n-(a_{11}+a_{22}+\cdots+a_{nn})\boldsymbol{A}^{n-1}+\cdots+(-1)^n|\boldsymbol{A}|\boldsymbol{E}=\boldsymbol{0}$$

证明：设 $\boldsymbol{B}(\lambda)$ 是 $\boldsymbol{A}-\lambda\boldsymbol{E}$ 的伴随矩阵，由行列式的性质，有

$$\boldsymbol{B}(\lambda)(\boldsymbol{A}-\lambda\boldsymbol{E})=|\boldsymbol{A}-\lambda\boldsymbol{E}|\boldsymbol{E}=f_{\boldsymbol{A}}(\lambda)\boldsymbol{E}$$

因为矩阵 $\boldsymbol{B}(\lambda)$ 的元素是 $|\boldsymbol{A}-\lambda\boldsymbol{E}|$ 的各个代数余子式，都是 λ 的多项式，其次数不超过 $n-1$. 因此，由矩阵的运算性质，$\boldsymbol{B}(\lambda)$ 可以写成

$$\boldsymbol{B}(\lambda)=\lambda^{n-1}\boldsymbol{B}_0+\lambda^{n-2}\boldsymbol{B}_1+\cdots+\boldsymbol{B}_{n-1}$$

其中 $\boldsymbol{B}_0, \boldsymbol{B}_1, \cdots, \boldsymbol{B}_{n-1}$ 都是 $n\times n$ 的矩阵. 再设

$$f_{\boldsymbol{A}}(\lambda)=\lambda^n+a_1\lambda^{n-1}+\cdots+a_{n-1}\lambda+a_n$$

则

$$f_{\boldsymbol{A}}(\lambda)\boldsymbol{E}=\lambda^n\boldsymbol{E}+a_1\lambda^{n-1}\boldsymbol{E}+\cdots+a_{n-1}\lambda\boldsymbol{E}+a_n\boldsymbol{E}$$

而

$$\begin{aligned}\boldsymbol{B}(\lambda)(\boldsymbol{A}-\lambda\boldsymbol{E})&=(\lambda^{n-1}\boldsymbol{B}_0+\lambda^{n-2}\boldsymbol{B}_1+\cdots+\boldsymbol{B}_{n-1})(\boldsymbol{A}-\lambda\boldsymbol{E})\\&=\lambda^n\boldsymbol{B}_0+\lambda^{n-1}(\boldsymbol{B}_1-\boldsymbol{B}_0\boldsymbol{A})+\lambda^{n-2}(\boldsymbol{B}_2-\boldsymbol{B}_1\boldsymbol{A})+\cdots\\&\quad+\lambda(\boldsymbol{B}_{n-1}-\boldsymbol{B}_{n-2}\boldsymbol{A})-\boldsymbol{B}_{n-1}\boldsymbol{A}\end{aligned}$$

又因为

$$\boldsymbol{B}(\lambda)(\boldsymbol{A}-\lambda\boldsymbol{E})=|\boldsymbol{A}-\lambda\boldsymbol{E}|\boldsymbol{E}=f_{\boldsymbol{A}}(\lambda)\boldsymbol{E}$$

从而比较上述两式，得

$$\begin{cases}\boldsymbol{B}_0=\boldsymbol{E}\\\boldsymbol{B}_1-\boldsymbol{B}_0\boldsymbol{A}=a_1\boldsymbol{E}\\\boldsymbol{B}_2-\boldsymbol{B}_1\boldsymbol{A}=a_2\boldsymbol{E}\\\qquad\cdots\\\boldsymbol{B}_{n-1}-\boldsymbol{B}_{n-2}\boldsymbol{A}=a_{n-1}\boldsymbol{E}\\-\boldsymbol{B}_{n-1}\boldsymbol{A}=a_n\boldsymbol{E}\end{cases}$$

以 $\boldsymbol{A}^n, \boldsymbol{A}^{n-1}, \cdots, \boldsymbol{A}, \boldsymbol{E}$ 依次从右边乘上式中的第一式，第二式，…，第 n 式，第 $n+1$ 式，得

$$\begin{cases} \boldsymbol{B}_0\boldsymbol{A}^n = \boldsymbol{E}\boldsymbol{A}^n = \boldsymbol{A}^n \\ \boldsymbol{B}_1\boldsymbol{A}^{n-1} - \boldsymbol{B}_0\boldsymbol{A}^n = a_1\boldsymbol{E}\boldsymbol{A}^{n-1} = a_1\boldsymbol{A}^{n-1} \\ \boldsymbol{B}_2\boldsymbol{A}^{n-2} - \boldsymbol{B}_1\boldsymbol{A}^{n-1} = a_2\boldsymbol{E}\boldsymbol{A}^{n-2} = a_2\boldsymbol{A}^{n-2} \\ \qquad\cdots \\ \boldsymbol{B}_{n-1}\boldsymbol{A} - \boldsymbol{B}_{n-2}\boldsymbol{A}^2 = a_{n-1}\boldsymbol{E}\boldsymbol{A} = a_{n-1}\boldsymbol{A} \\ -\boldsymbol{B}_{n-1}\boldsymbol{A} = a_n\boldsymbol{E} \end{cases}$$

把上式中的 $n+1$ 个式子加起来，左边变成 0，右边即为 $f_{\boldsymbol{A}}(\boldsymbol{A})$，故 $f_{\boldsymbol{A}}(A)=0$.

又证：前面已经得到

$$\begin{cases} \boldsymbol{B}_0 = \boldsymbol{E} \\ \boldsymbol{B}_1 - \boldsymbol{B}_0\boldsymbol{A} = a_1\boldsymbol{E} \\ \boldsymbol{B}_2 - \boldsymbol{B}_1\boldsymbol{A} = a_2\boldsymbol{E} \\ \qquad\cdots \\ \boldsymbol{B}_{n-1} - \boldsymbol{B}_{n-2}\boldsymbol{A} = a_{n-1}\boldsymbol{E} \\ -\boldsymbol{B}_{n-1}\boldsymbol{A} = a_n\boldsymbol{E} \end{cases} \tag{5-7}$$

由前面 n 个式子可以解出 $\boldsymbol{B}_0, \boldsymbol{B}_1, \cdots, \boldsymbol{B}_{n-1}$，即

$$\begin{cases} \boldsymbol{B}_0 = \boldsymbol{E} \\ \boldsymbol{B}_1 = \boldsymbol{B}_0\boldsymbol{A} + a_1\boldsymbol{E} = \boldsymbol{A} + a_1\boldsymbol{E} \\ \boldsymbol{B}_2 = \boldsymbol{B}_1\boldsymbol{A} + a_2\boldsymbol{E} = \boldsymbol{A}^2 + a_1\boldsymbol{A} + a_2\boldsymbol{E}, \\ \boldsymbol{B}_3 = \boldsymbol{B}_2\boldsymbol{A} + a_3\boldsymbol{E} = \boldsymbol{A}^3 + a_1\boldsymbol{A}^2 + a_2\boldsymbol{A} + a_3\boldsymbol{E} \\ \qquad\cdots \\ \boldsymbol{B}_{n-1} = \boldsymbol{B}_{n-2}\boldsymbol{A} + a_{n-1}\boldsymbol{E} = \boldsymbol{A}^{n-1} + a_1\boldsymbol{A}^{n-2} + \cdots + a_{n-2}\boldsymbol{A} + a_{n-1}\boldsymbol{E} \end{cases} \tag{5-8}$$

以式（5-8）中的 $\boldsymbol{B}_{n-1}\boldsymbol{A}$ 代入式（5-7）的最后一个式，得

$$\boldsymbol{A}^n + a_1\boldsymbol{A}^{n-1} + \cdots + a_{n-1}\boldsymbol{A} + a_n\boldsymbol{E} = \boldsymbol{0}$$

即 $f_{\boldsymbol{A}}(\boldsymbol{A}) = \boldsymbol{0}$.

5.2.2 矩阵的可对角化条件

定义 5-4 对于 n 阶矩阵 $\boldsymbol{A}$，如果存在可逆矩阵 $\boldsymbol{P}$，使得 $\boldsymbol{P}^{-1}\boldsymbol{A}\boldsymbol{P} = \boldsymbol{\Lambda}$ 为对角阵，则称矩阵 A 可对角化.

定理 5-3 n 阶矩阵 $\boldsymbol{A}$ 可对角化的充分必要条件是矩阵 $\boldsymbol{A}$ 有 n 个线性无关的特征向量.

证明：假设存在可逆阵 $\boldsymbol{P}$，使 $\boldsymbol{P}^{-1}\boldsymbol{A}\boldsymbol{P} = \boldsymbol{\Lambda}$ 为对角阵，把 $\boldsymbol{P}$ 用其列向量表示为 $\boldsymbol{P} = (\boldsymbol{p}_1, \boldsymbol{p}_2, \cdots, \boldsymbol{p}_n)$. 由 $\boldsymbol{P}^{-1}\boldsymbol{A}\boldsymbol{P} = \boldsymbol{\Lambda}$，得 $\boldsymbol{A}\boldsymbol{P} = \boldsymbol{P}\boldsymbol{\Lambda}$，即

$$\boldsymbol{A}(\boldsymbol{p}_1, \boldsymbol{p}_2, \cdots, \boldsymbol{p}_n) = (\boldsymbol{p}_1, \boldsymbol{p}_2, \cdots, \boldsymbol{p}_n)\begin{pmatrix} \lambda_1 & & & \\ & \lambda_2 & & \\ & & \ddots & \\ & & & \lambda_n \end{pmatrix}$$

$$=(\lambda_1\boldsymbol{p}_1, \lambda_2\boldsymbol{p}_2, \cdots, \lambda_n\boldsymbol{p}_n)$$

所以

$$\boldsymbol{A}(\boldsymbol{p}_1, \boldsymbol{p}_2, \cdots, \boldsymbol{p}_n)=(\lambda_1\boldsymbol{p}_1, \lambda_2\boldsymbol{p}_2, \cdots, \lambda_n\boldsymbol{p}_n)$$

于是有

$$\boldsymbol{A}\boldsymbol{p}_i=\lambda_i\boldsymbol{p}_i \quad (i=1, 2, \cdots, n)$$

可见 λ_i 是 $\boldsymbol{A}$ 的特征值，而 $\boldsymbol{P}$ 的列向量 $\boldsymbol{p}_i$ 就是 $\boldsymbol{A}$ 的对应于特征值 λ_i 是的特征向量. 又由于 $\boldsymbol{P}$ 可逆，所以 $\boldsymbol{p}_1, \boldsymbol{p}_2, \cdots, \boldsymbol{p}_n$ 线性无关.

反之，设 $\boldsymbol{A}$ 有 n 个线性无关的特征向量 $\boldsymbol{p}_1, \boldsymbol{p}_2, \cdots, \boldsymbol{p}_n$，由于 $\boldsymbol{A}$ 恰好有 n 个特征值，这 n 个特征向量与它们对应. 用这 n 个特征向量可以构成矩阵 $\boldsymbol{P}=(\boldsymbol{p}_1, \boldsymbol{p}_2, \cdots, \boldsymbol{p}_n)$，满足 $\boldsymbol{AP}=\boldsymbol{P\Lambda}$，即 $\boldsymbol{P}^{-1}\boldsymbol{AP}=\boldsymbol{\Lambda}$，就是 $\boldsymbol{A}$ 可对角化.

若 n 阶矩阵 $\boldsymbol{A}$ 可对角化，求可逆矩阵 $\boldsymbol{P}$ 与对角矩阵 $\boldsymbol{\Lambda}$，使得 $\boldsymbol{P}^{-1}\boldsymbol{AP}=\boldsymbol{\Lambda}$ 为对角阵的步骤为：

（1）求出 $n\times n$ 矩阵 $\boldsymbol{A}$ 的全部特征值.

（2）对每个特征值求线性无关的特征向量.

（3）如果线性无关的特征向量为 n 个，则可断定 $\boldsymbol{A}$ 可对角化，相似于

$$\boldsymbol{\Lambda}=\begin{pmatrix}\lambda_1 & & & \\ & \lambda_2 & & \\ & & \ddots & \\ & & & \lambda_n\end{pmatrix}$$

对角线上为 $\boldsymbol{A}$ 的全部特征值（有些可相同）.

（4）构造 $\boldsymbol{P}$: $\boldsymbol{P}$ 的第 i 列就是 $\boldsymbol{A}$ 的属于 λ_i 的特征向量.

定理 5-4　设 $\boldsymbol{A}$ 是 $n\times n$ 方阵，如果 $\boldsymbol{A}$ 的特征多项式有 n 个不同的根，则 $\boldsymbol{A}$ 可对角化.

证明：设 $\lambda_1, \lambda_2, \cdots, \lambda_n$ 是 $\boldsymbol{A}$ 的 n 个不同的特征值，于是必有分别属于它们的特征向量 $\boldsymbol{\alpha}_1, \boldsymbol{\alpha}_2, \cdots, \boldsymbol{\alpha}_n$，我们知道 $\boldsymbol{\alpha}_1, \boldsymbol{\alpha}_2, \cdots, \boldsymbol{\alpha}_n$ 线性无关，因此 $\boldsymbol{A}$ 可对角化.

推论 5-2　在复数范围内，如果方阵 $\boldsymbol{A}$ 的特征多项式的根都是单根，则 $\boldsymbol{A}$ 可对角化.

定理 5-5　n 阶矩阵 $\boldsymbol{A}$ 可对角化的充分必要条件是：对每个 k 重特征值 λ 有

$$\operatorname{rank}(\boldsymbol{A}-\lambda\boldsymbol{E})=n-k$$

定理 5-5 也可以表述为：n 阶矩阵 $\boldsymbol{A}$ 可对角化的充分必要条件是：对每个 k 重特征值 λ 有 k 个线性无关的特征向量，即

$$\operatorname{rank}(\boldsymbol{A}-\lambda\boldsymbol{E})=n-k$$

证明：必要性. 若 n 阶矩阵 $\boldsymbol{A}$ 可对角化，则 $\boldsymbol{A}$ 有 n 个线性无关的特征向量，把其中属于特征值 $\lambda_i(i=1, \cdots, t)$ 的线性无关特征向量放在一起就是

$$\boldsymbol{\alpha}_{11}, \cdots, \boldsymbol{\alpha}_{1s_1}, \cdots, \boldsymbol{\alpha}_{t1}, \cdots, \boldsymbol{\alpha}_{ts_t} \qquad (s_1+\cdots+s_t=n)$$

记 $\boldsymbol{P}=(\boldsymbol{\alpha}_{11}, \cdots, \boldsymbol{\alpha}_{1s_1}, \cdots, \boldsymbol{\alpha}_{t1}, \cdots, \boldsymbol{\alpha}_{ts_t})$，则

$$\boldsymbol{AP}=\boldsymbol{P}\operatorname{diag}(\lambda_1, \cdots\lambda_1, \cdots, \lambda_t, \cdots, \lambda_t)$$

又因 $\boldsymbol{P}$ 是可逆矩阵，有

$$\boldsymbol{P}^{-1}\boldsymbol{AP}=\operatorname{diag}(\lambda_1, \cdots\lambda_1, \cdots, \lambda_t, \cdots, \lambda_t)$$

充分性：令 $\lambda_1, \cdots, \lambda_t$ 是 $\boldsymbol{A}$ 的一切不同的特征值，它们的重数分别为 $s_1, \cdots, s_t, s_1+\cdots$

$+s_t=n$. 由题设，$n-\mathrm{rank}(\boldsymbol{A}-\lambda_i\boldsymbol{E})=s_i(i=1,2,\cdots,t)$. 所以$(\boldsymbol{A}-\lambda_i\boldsymbol{E})\boldsymbol{x}=\boldsymbol{0}$ 的一个基础解系恰含 s_i 个向量，这些向量是矩阵 $\boldsymbol{A}$ 的属于 λ_i 的线性无关的特征向量. 由性质 5-5，矩阵 $\boldsymbol{A}$ 共有 $s_1+\cdots+s_t=n$ 个线性无关的特征向量，所以 $\boldsymbol{A}$ 可对角化.

【例 5-7】 已知 $\boldsymbol{\xi}=\begin{pmatrix}1\\1\\-1\end{pmatrix}$是矩阵

$$\boldsymbol{A}=\begin{pmatrix}0&-1&2\\5&a&3\\-1&b&-4\end{pmatrix}$$

的一个特征向量.（1）确定 a,b 的值；（2）$\boldsymbol{A}$ 是否可对角化？说明理由.

解：（1）设 $\boldsymbol{\xi}$ 与特征值 λ 对应，由题设，有

$$(\boldsymbol{A}-\lambda\boldsymbol{E})\boldsymbol{\xi}=\begin{pmatrix}-\lambda&-1&2\\5&a-\lambda&3\\-1&b&-4-\lambda\end{pmatrix}\begin{pmatrix}1\\1\\-1\end{pmatrix}=\begin{pmatrix}0\\0\\0\end{pmatrix}$$

这相当于

$$\begin{cases}\lambda-1-2=0\\5+a-\lambda-3=0\\-1+b+4+\lambda=0\end{cases}$$

这是关于 λ,a,b 的线性方程组，解之得 $\lambda=-3,a=-5,b=0$.

（2）由上一步得 $\boldsymbol{A}=\begin{pmatrix}0&-1&2\\5&-5&3\\-1&0&-4\end{pmatrix}$，于是

$$\begin{aligned}|\boldsymbol{A}-\lambda\boldsymbol{E}|&=\begin{pmatrix}-\lambda&-1&2\\5&-5-\lambda&3\\-1&0&-4-\lambda\end{pmatrix}\\&=-(\lambda^3+9\lambda^2+27\lambda+27)\\&=-(\lambda+3)^3\end{aligned}$$

因此 $\lambda=-3$ 是 $\boldsymbol{A}$ 的三重特征值. 然而

$$\boldsymbol{A}+3\boldsymbol{E}=\begin{pmatrix}3&-1&2\\5&-2&3\\-1&0&1\end{pmatrix}\to\begin{pmatrix}1&0&1\\0&1&1\\0&0&0\end{pmatrix}$$

这时，$\mathrm{rank}(\boldsymbol{A}+3\boldsymbol{E})=2$，因此 $\boldsymbol{A}$ 只有一个线性无关的特征向量，从而 $\boldsymbol{A}$ 不可对角化.

【例 5-8】 矩阵

$$\boldsymbol{A}=\begin{pmatrix}4&6&0\\-3&-5&0\\-3&-6&1\end{pmatrix}$$

能否对角化？若能对角化，则求出可逆矩阵 $\boldsymbol{P}$ 使 $\boldsymbol{P}^{-1}\boldsymbol{A}\boldsymbol{P}$ 为对角阵.

解：

$$|\boldsymbol{A}-\lambda\boldsymbol{E}|=\begin{vmatrix}4-\lambda & 6 & 0\\ -3 & -5-\lambda & 0\\ -3 & -6 & 1-\lambda\end{vmatrix}=-(\lambda-1)^2(\lambda+2)$$

所以 $\boldsymbol{A}$ 的全部特征值为 $\lambda_1=\lambda_2=1,\lambda_3=-2$. 将 $\lambda_1=\lambda_2=1$ 代入 $(\boldsymbol{A}-\lambda\boldsymbol{E})\boldsymbol{x}=\boldsymbol{0}$ 得方程组

$$\begin{cases}3x_1+6x_2=0\\ -3x_1-6x_2=0\\ -3x_1-6x_2=0\end{cases}$$

求解该方程组，得基础解系为

$$\boldsymbol{\xi}_1=\begin{pmatrix}-2\\1\\0\end{pmatrix},\ \boldsymbol{\xi}_2=\begin{pmatrix}0\\0\\1\end{pmatrix}$$

将 $\lambda_3=-2$ 代入 $(\boldsymbol{A}-\lambda\boldsymbol{E})\boldsymbol{x}=\boldsymbol{0}$，求解该方程组，得基础解系为

$$\boldsymbol{\xi}_3=\begin{pmatrix}-1\\1\\1\end{pmatrix}$$

由于 $\boldsymbol{\xi}_1,\boldsymbol{\xi}_2,\boldsymbol{\xi}_3$ 线性无关，所以 $\boldsymbol{A}$ 可对角化. 令

$$\boldsymbol{P}=(\boldsymbol{\xi}_1,\boldsymbol{\xi}_2,\boldsymbol{\xi}_3)=\begin{pmatrix}-2 & 0 & -1\\ 1 & 0 & 1\\ 0 & 1 & 1\end{pmatrix}$$

则有

$$\boldsymbol{P}^{-1}\boldsymbol{A}\boldsymbol{P}=\begin{pmatrix}1 & 0 & 0\\ 0 & 1 & 0\\ 0 & 0 & -2\end{pmatrix}$$

注意：此时若令

$$\boldsymbol{P}=(\boldsymbol{\xi}_1,\boldsymbol{\xi}_2,\boldsymbol{\xi}_3)=\begin{pmatrix}-1 & -2 & 0\\ 1 & 1 & 0\\ 1 & 0 & 1\end{pmatrix}$$

则有

$$\boldsymbol{P}^{-1}\boldsymbol{A}\boldsymbol{P}=\begin{pmatrix}-2 & 0 & 0\\ 0 & 1 & 0\\ 0 & 0 & 1\end{pmatrix}$$

即矩阵 $\boldsymbol{P}$ 的列向量和对角矩阵中特征值的位置要相互对应.

【例 5-9】 若二阶实方阵 $\boldsymbol{A}$ 的行列式 $|\boldsymbol{A}|<0$，则 $\boldsymbol{A}$ 可以对角化.

证明：设方阵 $\boldsymbol{A}$ 的特征值是 λ_1,λ_2，有 $\lambda_1\lambda_2=|\boldsymbol{A}|<0$，因此 $\boldsymbol{A}$ 有两个实特征值，并且一正一负，即 $\boldsymbol{A}$ 有两个不同特征值，一定可以对角化.

5.3　实对称矩阵的对角化

5.3.1　实对称矩阵的特征值和特征向量

在矩阵理论、二次型理论、控制系统稳定性理论和一些经济学模型中，经常遇到实对称矩阵. 实对称矩阵的一个重要性质是它一定能够对角化.

定理 5-6　实对称矩阵的特征值都是实数.

证明：设 $\boldsymbol{A}$ 是 n 阶实对称矩阵，λ_0 是 $\boldsymbol{A}$ 的特征值，于是有非零向量

$$\boldsymbol{\xi}=\begin{pmatrix}x_1\\x_2\\\vdots\\x_n\end{pmatrix}$$

满足 $\boldsymbol{A\xi}=\lambda_0\boldsymbol{\xi}$. 令

$$\bar{\boldsymbol{\xi}}=\begin{pmatrix}\bar{x}_1\\\bar{x}_2\\\vdots\\\bar{x}_n\end{pmatrix}$$

其中$\bar{x}_i$ 是 x_i 的共轭复数，则$\overline{\boldsymbol{A\xi}}=\bar{\lambda}_0\bar{\boldsymbol{\xi}}$. 考察等式

$$\bar{\boldsymbol{\xi}}^{\mathrm{T}}(\boldsymbol{A\xi})=\bar{\boldsymbol{\xi}}^{\mathrm{T}}\boldsymbol{A}^{\mathrm{T}}\boldsymbol{\xi}=(\boldsymbol{A}\,\bar{\boldsymbol{\xi}})^{\mathrm{T}}\boldsymbol{\xi}=(\overline{\boldsymbol{A\xi}})^{\mathrm{T}}\boldsymbol{\xi}$$

其左边为 $\lambda_0\,\bar{\boldsymbol{\xi}}^{\mathrm{T}}\xi$，右边为$\bar{\lambda}_0\,\bar{\boldsymbol{\xi}}^{\mathrm{T}}\boldsymbol{\xi}$. 因此

$$\lambda_0\,\bar{\boldsymbol{\xi}}^{\mathrm{T}}\boldsymbol{\xi}=\bar{\lambda}_0\,\bar{\boldsymbol{\xi}}^{\mathrm{T}}\boldsymbol{\xi}$$

又因为 $\boldsymbol{\xi}$ 是非零向量，满足

$$\bar{\boldsymbol{\xi}}^{\mathrm{T}}\boldsymbol{\xi}=\bar{x}_1x_1+\bar{x}_2x_2+\cdots+\bar{x}_nx_n\neq 0$$

所以 $\lambda_0=\bar{\lambda}_0$，即 λ_0 是一个实数.

由定理 5-6 可知，由于对称矩阵 $\boldsymbol{A}$ 的特征值 λ_i 为实数，所以齐次线性方程组$(\boldsymbol{A}-\lambda_i\boldsymbol{E})\boldsymbol{x}=\boldsymbol{0}$ 是实系数方程组，由 $|\boldsymbol{A}-\lambda_i\boldsymbol{E}|=0$ 知必有实的基础解系，从而对应的特征向量可以取实向量.

定理 5-7　设 $\boldsymbol{A}$ 是一个 n 阶实对称矩阵，则 $\boldsymbol{A}$ 的属于不同特征值的特征向量彼此正交.

证明：设 λ,μ 是 $\boldsymbol{A}$ 的两个不同的特征值，$\boldsymbol{\alpha},\boldsymbol{\beta}$ 分别是属于 λ,μ 的特征向量，即

$$\boldsymbol{A\alpha}=\lambda\boldsymbol{\alpha},\quad \boldsymbol{A\beta}=\mu\boldsymbol{\beta}$$

于是

$$\begin{aligned}\lambda[\boldsymbol{\alpha},\boldsymbol{\beta}]&=[\lambda\boldsymbol{\alpha},\boldsymbol{\beta}]=[\boldsymbol{A\alpha},\boldsymbol{\beta}]=(\boldsymbol{A\alpha})^{\mathrm{T}}\boldsymbol{\beta}=\boldsymbol{\alpha}^{\mathrm{T}}\boldsymbol{A}^{\mathrm{T}}\boldsymbol{\beta}\\&=\boldsymbol{\alpha}^{\mathrm{T}}\boldsymbol{A\beta}=[\boldsymbol{\alpha},\boldsymbol{A\beta}]=[\boldsymbol{\alpha},\mu\boldsymbol{\beta}]=\mu[\boldsymbol{\alpha},\boldsymbol{\beta}]\end{aligned}$$

因为 $\lambda\neq\mu$，所以$[\boldsymbol{\alpha},\boldsymbol{\beta}]=0$，即 $\boldsymbol{\alpha},\boldsymbol{\beta}$ 正交.

定理 5-8　设 $\boldsymbol{A}$ 为 n 阶实对称矩阵，λ 是 $\boldsymbol{A}$ 的 r 重特征值（即 λ 是 $\boldsymbol{A}$ 的特征方程的 r 重根)，则矩阵 $\boldsymbol{A}-\lambda\boldsymbol{E}$ 的秩

$$\operatorname{rank}(\boldsymbol{A}-\lambda\boldsymbol{E})=n-r$$

从而 $\boldsymbol{A}$ 的对应于特征值 λ 的线性无关的特征向量恰好有 r 个（证明略）.

推论 5-3 实对称矩阵必相似于一个对角阵.

定理 5-9 设 $\boldsymbol{A}$ 为 n 阶实对称矩阵，则存在 n 阶正交矩阵 $\boldsymbol{P}$，使

$$\boldsymbol{P}^{-1}\boldsymbol{A}\boldsymbol{P}=\boldsymbol{P}^{\mathrm{T}}\boldsymbol{A}\boldsymbol{P}=\begin{pmatrix}\lambda_1 & & \\ & \ddots & \\ & & \lambda_n\end{pmatrix}$$

其中 $\lambda_1, \cdots, \lambda_n$ 为 $\boldsymbol{A}$ 的全部特征值.

证明：对阶数 n 用数学归纳法.

当 $n=1$ 时，定理显然成立.

假设对 $n-1$ 阶实对称矩阵定理成立，设 $\boldsymbol{A}$ 为 n 阶实对称矩阵，λ_1 是 $\boldsymbol{A}$ 的一个特征值，$\boldsymbol{\xi}_1$ 是 $\boldsymbol{A}$ 的属于 λ_1 的特征向量.

取 $\boldsymbol{\gamma}_1=\dfrac{1}{|\boldsymbol{\xi}_1|}\boldsymbol{\xi}_1$，则 $\boldsymbol{A}\boldsymbol{\gamma}_1=\lambda_1\boldsymbol{\gamma}_1$，将 $\boldsymbol{\gamma}_1$ 扩充为 $\mathbf{R}^n$ 的规范正交基 $\boldsymbol{\gamma}_1, \boldsymbol{\gamma}_2, \cdots, \boldsymbol{\gamma}_n$. 设

$$\boldsymbol{A}\boldsymbol{\gamma}_i=t_{1i}\boldsymbol{\gamma}_1+t_{2i}\boldsymbol{\gamma}_2+\cdots+t_{ni}\boldsymbol{\gamma}_n \quad (i=2, 3, \cdots, n)$$

令 $\boldsymbol{T}_1=(\boldsymbol{\gamma}_1, \boldsymbol{\gamma}_2, \cdots, \boldsymbol{\gamma}_n)$，则 $\boldsymbol{T}_1$ 是 n 阶正交矩阵，且

$$\boldsymbol{A}(\boldsymbol{\gamma}_1, \boldsymbol{\gamma}_2, \cdots, \boldsymbol{\gamma}_n)=\boldsymbol{A}\boldsymbol{T}_1=(\boldsymbol{\gamma}_1, \boldsymbol{\gamma}_2, \cdots, \boldsymbol{\gamma}_n)\begin{pmatrix}\lambda_1 & t_{12} & \cdots & t_{1n}\\ 0 & t_{22} & \cdots & t_{2n}\\ \vdots & \vdots & & \vdots\\ 0 & t_{n2} & \cdots & t_{nn}\end{pmatrix}$$

因此

$$\boldsymbol{T}_1^{-1}\boldsymbol{A}\boldsymbol{T}_1=\boldsymbol{T}_1^{\mathrm{T}}\boldsymbol{A}\boldsymbol{T}_1=\begin{pmatrix}\lambda_1 & t_{12} & \cdots & t_{1n}\\ 0 & t_{22} & \cdots & t_{2n}\\ \vdots & \vdots & & \vdots\\ 0 & t_{n2} & \cdots & t_{nn}\end{pmatrix}=\boldsymbol{B}$$

从上式左边看，$\boldsymbol{B}$ 是对称矩阵，所以有 $t_{12}=t_{13}=\cdots=t_{1n}=0$. 设

$$\boldsymbol{B}_1=\begin{pmatrix}t_{22} & t_{23} & \cdots & t_{2n}\\ t_{32} & t_{33} & \cdots & t_{3n}\\ \vdots & \vdots & & \vdots\\ t_{n2} & t_{n3} & \cdots & t_{nn}\end{pmatrix}$$

则 $\boldsymbol{B}_1$ 是 $n-1$ 阶对称矩阵. 由归纳假设，存在 $n-1$ 阶正交矩阵 $\boldsymbol{T}_2$，使

$$\boldsymbol{T}_2^{-1}\boldsymbol{B}_1\boldsymbol{T}_2=\boldsymbol{T}_2^{\mathrm{T}}\boldsymbol{B}_1\boldsymbol{T}_2=\operatorname{diag}(\lambda_2, \lambda_3, \cdots, \lambda_n)$$

易知 $\boldsymbol{T}_3=\begin{pmatrix}1 & 0\\ 0 & \boldsymbol{T}_2\end{pmatrix}$ 是 n 阶正交矩阵，并且

$$\boldsymbol{T}_3^{-1}\boldsymbol{B}\boldsymbol{T}_3=\boldsymbol{T}_3^{\mathrm{T}}\boldsymbol{B}\boldsymbol{T}_3=\operatorname{diag}(\lambda_1, \lambda_2, \cdots, \lambda_n)$$

于是

$$\boldsymbol{T}_3^{-1}\boldsymbol{B}\boldsymbol{T}_3=\boldsymbol{T}_3^{\mathrm{T}}\boldsymbol{T}_1^{\mathrm{T}}\boldsymbol{A}\boldsymbol{T}_1\boldsymbol{T}_3=(\boldsymbol{T}_1\boldsymbol{T}_3)^{\mathrm{T}}\boldsymbol{A}(\boldsymbol{T}_1\boldsymbol{T}_3)$$

令 $\boldsymbol{T}=\boldsymbol{T}_1\boldsymbol{T}_3$，则 $\boldsymbol{T}$ 为 n 阶正交矩阵，且

$$\boldsymbol{T}^{-1}\boldsymbol{A}\boldsymbol{T}=\boldsymbol{T}^{\mathrm{T}}\boldsymbol{A}\boldsymbol{T}=\mathrm{diag}(\lambda_1,\lambda_2,\cdots,\lambda_n)$$

设 $\boldsymbol{T}=(\boldsymbol{\xi}_1,\boldsymbol{\xi}_2,\cdots,\boldsymbol{\xi}_n)$，则

$$\boldsymbol{T}^{-1}\boldsymbol{A}\boldsymbol{T}=\mathrm{diag}(\lambda_1,\lambda_2,\cdots,\lambda_n)\Leftrightarrow\boldsymbol{A}\boldsymbol{\xi}_1=\lambda_1\boldsymbol{\xi}_1,\cdots,\boldsymbol{A}\boldsymbol{\xi}_n=\lambda_n\boldsymbol{\xi}_n$$

因此 $\lambda_1,\lambda_2,\cdots,\lambda_n$ 是 $\boldsymbol{A}$ 的全部特征值.

5.3.2 正交变换矩阵的求法

下面来看看在给定一个实对称矩阵 $\boldsymbol{A}$ 之后，按什么办法求正交矩阵 $\boldsymbol{P}$ 使 $\boldsymbol{P}^{\mathrm{T}}\boldsymbol{A}\boldsymbol{P}$ 成对角形.

对式

$$\boldsymbol{P}^{-1}\boldsymbol{A}\boldsymbol{P}=\boldsymbol{P}^{\mathrm{T}}\boldsymbol{A}\boldsymbol{P}=\begin{pmatrix}\lambda_1 & & & \\ & \lambda_2 & & \\ & & \ddots & \\ & & & \lambda_n\end{pmatrix}$$

等号两边同时左乘矩阵 $\boldsymbol{P}$ 得到

$$\boldsymbol{A}\boldsymbol{P}=\boldsymbol{P}\begin{pmatrix}\lambda_1 & & & \\ & \lambda_2 & & \\ & & \ddots & \\ & & & \lambda_n\end{pmatrix}\tag{5-9}$$

将 $\boldsymbol{P}$ 按列分块 $\boldsymbol{P}=(\boldsymbol{p}_1,\boldsymbol{p}_2,\cdots,\boldsymbol{p}_n)$ 则式（5-9）就是

$$\boldsymbol{A}(\boldsymbol{p}_1,\boldsymbol{p}_2,\cdots,\boldsymbol{p}_n)=(\boldsymbol{p}_1,\boldsymbol{p}_2,\cdots,\boldsymbol{p}_n)\begin{pmatrix}\lambda_1 & & & \\ & \lambda_2 & & \\ & & \ddots & \\ & & & \lambda_n\end{pmatrix}$$

也就是

$$(\boldsymbol{A}\boldsymbol{p}_1,\boldsymbol{A}\boldsymbol{p}_2,\cdots,\boldsymbol{A}\boldsymbol{p}_n)=(\lambda_1\boldsymbol{p}_1,\lambda_2\boldsymbol{p}_2,\cdots,\lambda_n\boldsymbol{p}_n)$$

即 $\boldsymbol{A}\boldsymbol{p}_1=\lambda_1\boldsymbol{p}_1,\cdots,\boldsymbol{A}\boldsymbol{p}_n=\lambda_n\boldsymbol{p}_n$，所以 $\lambda_1,\lambda_2,\cdots,\lambda_n$ 是 $\boldsymbol{A}$ 的全部特征值，$\boldsymbol{P}$ 的第 i 列恰是 $\boldsymbol{A}$ 的属于特征值 λ_i 的特征向量.

根据上面的讨论，求正交矩阵 $\boldsymbol{P}$ 的步骤如下：

（1）求出 $\boldsymbol{A}$ 的特征值.

（2）对于每个 λ_i，解齐次线性方程组

$$(\boldsymbol{A}-\lambda_i\boldsymbol{E})\begin{pmatrix}x_1\\x_2\\\vdots\\x_n\end{pmatrix}=\boldsymbol{0}$$

求出一个基础解系，并单位正交化为 $\boldsymbol{\gamma}_{i1},\boldsymbol{\gamma}_{i2},\cdots,\boldsymbol{\gamma}_{ik_i}$.

（3）因为 $\lambda_1, \lambda_2, \cdots, \lambda_r$ 两两不同，所以根据

$$\boldsymbol{\gamma}_{11}, \cdots, \boldsymbol{\gamma}_{1k_1}, \cdots, \boldsymbol{\gamma}_{r1}, \cdots, \boldsymbol{\gamma}_{rk_r}$$

是标准正交组，且恰好 n 个. 令 $\boldsymbol{P}=(\boldsymbol{\gamma}_{11}, \boldsymbol{\gamma}_{12}, \cdots, \boldsymbol{\gamma}_{1k_1}, \cdots, \boldsymbol{\gamma}_{r1}, \boldsymbol{\gamma}_{r2}\cdots, \boldsymbol{\gamma}_{rk_r})$，则 $\boldsymbol{P}$ 即为所求.

5.3.3　举例

【例 5-10】　已知矩阵

$$\boldsymbol{A}=\begin{pmatrix} 0 & 1 & 1 & -1 \\ 1 & 0 & -1 & 1 \\ 1 & -1 & 0 & 1 \\ -1 & 1 & 1 & 0 \end{pmatrix}$$

求一正交矩阵 $\boldsymbol{T}$ 使 $\boldsymbol{T}^{\mathrm{T}}\boldsymbol{A}\boldsymbol{T}$ 成为对角形.

解：先求 $\boldsymbol{A}$ 的特征值

$$|\boldsymbol{A}-\lambda\boldsymbol{E}|=\begin{vmatrix} -\lambda & 1 & 1 & -1 \\ 1 & -\lambda & -1 & 1 \\ 1 & -1 & -\lambda & 1 \\ -1 & 1 & 1 & -\lambda \end{vmatrix}=(\lambda-1)^3(\lambda+3)$$

所以 $\boldsymbol{A}$ 的特征值为：$\lambda_1=\lambda_2=\lambda_3=1$，$\lambda_4=-3$.

然后，求属于 1 的特征向量. 把 $\lambda=1$ 代入$(\boldsymbol{A}-\lambda\boldsymbol{E})\boldsymbol{x}=\boldsymbol{0}$ 得到

$$\begin{cases} -x_1+x_2+x_3-x_4=0 \\ x_1-x_2-x_3+x_4=0 \\ x_1-x_2-x_3+x_4=0 \\ -x_1+x_2+x_3-x_4=0 \end{cases} \tag{5-10}$$

求得基础解系为

$$\begin{cases} \boldsymbol{\alpha}_1=(1, 1, 0, 0)^{\mathrm{T}} \\ \boldsymbol{\alpha}_2=(1, 0, 1, 0)^{\mathrm{T}} \\ \boldsymbol{\alpha}_3=(-1, 0, 0, 1)^{\mathrm{T}} \end{cases}$$

将其正交化，得

$$\begin{cases} \boldsymbol{\beta}_1=\boldsymbol{\alpha}_1=(1, 1, 0, 0)^{\mathrm{T}} \\ \boldsymbol{\beta}_2=\boldsymbol{\alpha}_2-\dfrac{[\boldsymbol{\alpha}_2, \boldsymbol{\beta}_1]}{[\boldsymbol{\beta}_1, \boldsymbol{\beta}_1]}\boldsymbol{\beta}_1=\left(\dfrac{1}{2}, -\dfrac{1}{2}, 1, 0\right)^{\mathrm{T}} \\ \boldsymbol{\beta}_3=\boldsymbol{\alpha}_3-\dfrac{[\boldsymbol{\alpha}_3, \boldsymbol{\beta}_1]}{[\boldsymbol{\beta}_1, \boldsymbol{\beta}_1]}\boldsymbol{\beta}_1-\dfrac{[\boldsymbol{\alpha}_3, \boldsymbol{\beta}_2]}{[\boldsymbol{\beta}_2, \boldsymbol{\beta}_2]}\boldsymbol{\beta}_2=\left(-\dfrac{1}{3}, \dfrac{1}{3}, \dfrac{1}{3}, 1\right)^{\mathrm{T}} \end{cases}$$

再单位化，得

$$\begin{cases}\boldsymbol{\eta}_1=\left(\frac{1}{\sqrt{2}},\frac{1}{\sqrt{2}},0,0\right)^{\mathrm{T}}\\ \boldsymbol{\eta}_2=\left(\frac{1}{\sqrt{6}},\frac{1}{\sqrt{6}},\frac{2}{\sqrt{6}},0\right)^{\mathrm{T}}\\ \boldsymbol{\eta}_3=\left(-\frac{1}{\sqrt{12}},\frac{1}{\sqrt{12}},\frac{1}{\sqrt{12}},\frac{3}{\sqrt{12}}\right)^{\mathrm{T}}\end{cases}$$

这是属于三重特征值 1 的三个标准正交的特征向量.

再求属于−3 的特征向量. 将 $\lambda=-3$ 代入式$(\boldsymbol{A}-\lambda\boldsymbol{E})\boldsymbol{x}=\boldsymbol{0}$，得

$$\begin{cases}3x_1+x_2+x_3-x_4=0\\ x_1+3x_2-x_3+x_4=0\\ x_1-x_2+3x_3+x_4=0\\ -x_1+x_2+x_3+3x_4=0\end{cases}$$

求得基础解系为$(1,-1,-1,1)^{\mathrm{T}}$，将其单位化，得

$$\boldsymbol{\eta}_4=\left(\frac{1}{\sqrt{2}},-\frac{1}{\sqrt{2}},-\frac{1}{\sqrt{2}},\frac{1}{\sqrt{2}}\right)^{\mathrm{T}}$$

特征向量 $\boldsymbol{\eta}_1,\boldsymbol{\eta}_2,\boldsymbol{\eta}_3,\boldsymbol{\eta}_4$ 构成 $\mathbf{R}^4$ 的一组标准正交基，所求的正交矩阵为

$$\boldsymbol{T}=\begin{pmatrix}\frac{1}{\sqrt{2}} & \frac{1}{\sqrt{6}} & -\frac{1}{\sqrt{12}} & \frac{1}{\sqrt{2}}\\ \frac{1}{\sqrt{2}} & -\frac{1}{\sqrt{6}} & \frac{1}{\sqrt{12}} & -\frac{1}{\sqrt{2}}\\ 0 & \frac{2}{\sqrt{6}} & \frac{1}{\sqrt{12}} & -\frac{1}{\sqrt{2}}\\ 0 & 0 & \frac{3}{\sqrt{12}} & \frac{1}{\sqrt{2}}\end{pmatrix}$$

且 $\boldsymbol{T}^{-1}\boldsymbol{A}\boldsymbol{T}=\mathrm{diag}(1,1,1,-3)$.

【例 5-11】 设 $f(x)=x^3-3x^2+3x-1$，且

$$\boldsymbol{A}=\begin{pmatrix}0 & -2 & 2\\ -2 & -3 & 4\\ 2 & 4 & -3\end{pmatrix}$$

求正交矩阵 $\boldsymbol{P}$ 及对角矩阵 $\boldsymbol{\Lambda}$，使 $\boldsymbol{P}^{-1}f(\boldsymbol{A})\boldsymbol{P}=\boldsymbol{\Lambda}$.

解： 由于 $|\boldsymbol{A}-\lambda\boldsymbol{E}|=-(\lambda-1)^2(\lambda+8)$，则 $\boldsymbol{A}$ 的特征值为

$$\lambda_1=\lambda_2=1,\ \lambda_3=-8$$

$\boldsymbol{A}$ 的特征向量为

$$\boldsymbol{p}_1=\frac{1}{\sqrt{5}}\begin{pmatrix}-2\\ 1\\ 0\end{pmatrix},\ \boldsymbol{p}_2=\frac{1}{\sqrt{45}}\begin{pmatrix}2\\ 4\\ 5\end{pmatrix},\ \boldsymbol{p}_3=\frac{1}{3}\begin{pmatrix}-1\\ -2\\ 2\end{pmatrix}$$

令

$$
\boldsymbol{P}=\begin{pmatrix} -\frac{2}{\sqrt{5}} & \frac{2}{\sqrt{45}} & -\frac{1}{3} \\ \frac{1}{\sqrt{5}} & \frac{4}{\sqrt{45}} & -\frac{2}{3} \\ 0 & \frac{4}{\sqrt{45}} & \frac{2}{3} \end{pmatrix}
$$

则

$$
\boldsymbol{P}^{-1}\boldsymbol{A}\boldsymbol{P}=\begin{pmatrix} 1 & 0 & 0 \\ 0 & 1 & 0 \\ 0 & 0 & -8 \end{pmatrix}
$$

于是

$$
\boldsymbol{P}^{-1}f(\boldsymbol{A})\boldsymbol{P}=f(\boldsymbol{P}^{-1}\boldsymbol{A}\boldsymbol{P})=\begin{pmatrix} 0 & 0 & 0 \\ 0 & 0 & 0 \\ 0 & 0 & -729 \end{pmatrix}
$$

即

$$
\boldsymbol{\Lambda}=\begin{pmatrix} 0 & 0 & 0 \\ 0 & 0 & 0 \\ 0 & 0 & -729 \end{pmatrix}
$$

应该指出，在定理 5-9 中，对于正交矩阵 $\boldsymbol{T}$，我们还可以进一步要求 $|\boldsymbol{T}|=1$. 事实上，如果求得的正交矩阵 $\boldsymbol{T}$ 的行列式为-1，那么取

$$
\boldsymbol{S}=\begin{pmatrix} -1 & & & & \\ & 1 & & & \\ & & 1 & & \\ & & & \ddots & \\ & & & & 1 \end{pmatrix}
$$

令 $\boldsymbol{T}_1=\boldsymbol{T}\boldsymbol{S}$，则 $\boldsymbol{T}_1$ 是正交矩阵，而且 $|\boldsymbol{T}_1|=|\boldsymbol{T}||\boldsymbol{S}|=1$，显然 $\boldsymbol{T}^{-1}\boldsymbol{A}\boldsymbol{T}=\boldsymbol{T}^{\mathrm{T}}\boldsymbol{A}\boldsymbol{T}$.

5.4 方阵对角化的应用

5.4.1 计算矩阵多项式

设 $\boldsymbol{A}$ 为方阵，且

$$
\varphi(x)=a_n x^n+a_{n-1}x^{n-1}+\cdots+a_1 x+a_0
$$

规定

$$
\varphi(\boldsymbol{A})=a_n\boldsymbol{A}^n+a_{n-1}\boldsymbol{A}^{n-1}+\cdots+a_1\boldsymbol{A}+a_0\boldsymbol{E}
$$

由前面的结果知，若 λ 是矩阵 $\boldsymbol{A}$ 的特征值，则 $\varphi(\lambda)$ 是 $\varphi(\boldsymbol{A})$ 的特征值. 进而，如果 $\boldsymbol{A}$ 与 $\boldsymbol{B}$ 相似，则存在可逆矩阵 $\boldsymbol{P}$ 使得 $\boldsymbol{A}=\boldsymbol{PBP}^{-1}$，于是 $\boldsymbol{A}^k=\boldsymbol{PB}^k\boldsymbol{P}^{-1}$，那么

$$\varphi(\boldsymbol{A})=\boldsymbol{P}\varphi(\boldsymbol{B})\boldsymbol{P}^{-1}$$

特别地，如果 $\boldsymbol{A}=\boldsymbol{A}_{m\times m}$ 可对角化，取对角阵

$$\boldsymbol{\Lambda}=\begin{pmatrix}\lambda_1 & & & \\ & \lambda_2 & & \\ & & \ddots & \\ & & & \lambda_m\end{pmatrix}\quad(\lambda_1,\lambda_2,\cdots,\lambda_m\text{ 是 }\boldsymbol{A}\text{ 的全部特征值})$$

使得 $\boldsymbol{P}^{-1}\boldsymbol{AP}=\boldsymbol{\Lambda}$，就得到

$$\varphi(\boldsymbol{A})=\boldsymbol{P}\varphi(\boldsymbol{\Lambda})\boldsymbol{P}^{-1}=\boldsymbol{P}\begin{pmatrix}\varphi(\lambda_1) & & & \\ & \varphi(\lambda_2) & & \\ & & \ddots & \\ & & & \varphi(\lambda_m)\end{pmatrix}\boldsymbol{P}^{-1}$$

【例 5-12】 设 $\varphi(x)=5x^4+3x^2-4x+2$

$$\boldsymbol{A}=\begin{pmatrix}-2 & 1 & 1\\ 0 & 2 & 0\\ -4 & 1 & 3\end{pmatrix}$$

求 $\varphi(\boldsymbol{A})$.

解： 先求 $\boldsymbol{A}$ 的特征值与特征向量. 求 $\boldsymbol{A}$ 的特征值为 $\lambda_1=-1,\lambda_2=\lambda_3=2$，相应的特征向量为

$$\boldsymbol{p}_1=\begin{pmatrix}1\\0\\1\end{pmatrix},\ \boldsymbol{p}_2=\begin{pmatrix}0\\1\\-1\end{pmatrix},\ \boldsymbol{p}_3=\begin{pmatrix}1\\0\\4\end{pmatrix}$$

令

$$\boldsymbol{P}=(\boldsymbol{p}_1,\boldsymbol{p}_2,\boldsymbol{p}_3)=\begin{pmatrix}1 & 1 & 1\\ 0 & 1 & 0\\ 1 & -1 & 4\end{pmatrix}$$

就得到

$$\boldsymbol{P}^{-1}\boldsymbol{AP}=\boldsymbol{\Lambda}=\begin{pmatrix}-1 & & \\ & 2 & \\ & & 2\end{pmatrix}$$

再根据 $\varphi(\boldsymbol{A})=\boldsymbol{P}\varphi(\boldsymbol{\Lambda})\boldsymbol{P}^{-1}=\boldsymbol{P}\begin{pmatrix}\varphi(\lambda_1) & & & \\ & \varphi(\lambda_2) & & \\ & & \ddots & \\ & & & \varphi(\lambda_m)\end{pmatrix}\boldsymbol{P}^{-1}$ 计算即可（此处省略）.

5.4.2 矩阵对角化在常微分方程的应用

齐次线性常微分方程组的一般形式为

$$\begin{cases}\dfrac{dx_1}{dt}=a_{11}x_1+\cdots+a_{1n}x_n\\ \qquad\cdots\\ \dfrac{dx_n}{dt}=a_{n1}x_1+\cdots+a_{nn}x_n\end{cases}$$

利用矩阵向量可写为

$$\begin{pmatrix}\dfrac{dx_1}{dt}\\ \dfrac{dx_2}{dt}\\ \vdots\\ \dfrac{dx_n}{dt}\end{pmatrix}=\begin{pmatrix}a_{11}&a_{12}&\cdots&a_{1n}\\ a_{21}&a_{22}&\cdots&a_{2n}\\ \vdots&\vdots&&\vdots\\ a_{n1}&a_{n2}&\cdots&a_{nn}\end{pmatrix}\begin{pmatrix}x_1\\ x_2\\ \vdots\\ x_n\end{pmatrix}$$

可简化为$\dfrac{d\boldsymbol{x}}{dt}=\boldsymbol{Ax}$，若 $\boldsymbol{A}$ 可对角化，即有 $\boldsymbol{P}$ 使

$$\boldsymbol{P}^{-1}\boldsymbol{AP}=\begin{pmatrix}\lambda_1&&&\\ &\lambda_2&&\\ &&\ddots&\\ &&&\lambda_n\end{pmatrix}$$

则令 $\boldsymbol{y}=\boldsymbol{P}^{-1}\boldsymbol{x}$，方程$\dfrac{d\boldsymbol{x}}{dt}=\boldsymbol{Ax}$ 化为 $\boldsymbol{P}\dfrac{d\boldsymbol{y}}{dt}=\boldsymbol{APy}$，就是$\dfrac{d\boldsymbol{y}}{dt}=\boldsymbol{P}^{-1}\boldsymbol{AP}y$，即

$$\frac{d\boldsymbol{y}}{dt}=\begin{pmatrix}\lambda_1&&&\\ &\lambda_2&&\\ &&\ddots&\\ &&&\lambda_n\end{pmatrix}\begin{pmatrix}y_1\\ y_2\\ \vdots\\ y_n\end{pmatrix}$$

从而

$$\begin{cases}\dfrac{dy_1}{dt}=\lambda_1y_1\\ \quad\cdots\\ \dfrac{dy_n}{dt}=\lambda_ny_n\end{cases}$$

解得

$$y_i=c_i\mathrm{e}^{\lambda_i t}\quad(i=1,2,\cdots,n)$$

从而

$$\begin{pmatrix} x_1 \\ x_2 \\ \vdots \\ x_n \end{pmatrix} = \boldsymbol{P} \begin{pmatrix} c_1 e^{\lambda_1 t} \\ c_2 e^{\lambda_2 t} \\ \vdots \\ c_n e^{\lambda_n t} \end{pmatrix}$$

【例 5-13】 求解微分方程

$$\begin{cases} \dfrac{dx_1}{dt} = 5x_1 - 4x_2 - 7x_3 \\ \dfrac{dx_2}{dt} = -6x_1 + 7x_2 + 11x_3 \\ \dfrac{dx_3}{dt} = 6x_1 - 6x_2 - 10x_3 \end{cases}$$

解： 系数矩阵的特征多项式

$$|\boldsymbol{A} - \lambda \boldsymbol{E}| = -(\lambda - 1)(\lambda + 1)(\lambda - 2)$$

属于 1, -1, 2 的特征向量为

$$\begin{pmatrix} 1 \\ 1 \\ 0 \end{pmatrix}, \begin{pmatrix} 1 \\ -2 \\ 2 \end{pmatrix}, \begin{pmatrix} 1 \\ -1 \\ 1 \end{pmatrix}$$

令

$$\boldsymbol{P} = \begin{pmatrix} 1 & 1 & 1 \\ 1 & -2 & -1 \\ 0 & 2 & 1 \end{pmatrix}$$

则所给方程的通解为

$$\begin{pmatrix} x_1 \\ x_2 \\ x_n \end{pmatrix} = \begin{pmatrix} 1 & 1 & 1 \\ 1 & -2 & -1 \\ 0 & 2 & 1 \end{pmatrix} \begin{pmatrix} c_1 e^{t} \\ c_2 e^{-t} \\ c_3 e^{2t} \end{pmatrix}$$

即

$$\begin{cases} x_1 = c_1 e^{t} + c_2 e^{-t} + c_3 e^{2t} \\ x_2 = c_1 e^{t} - 2c_2 e^{-t} - c_3 e^{2t} \\ x_3 = 2c_2 e^{-t} + c_3 e^{2t} \end{cases}$$

5.4.3 二次曲面的化简

最后我们指出，这一节的结果可以应用到几何上化简直角坐标系下二次曲面的方程，以及讨论二次曲面的分类.

在直角坐标系下，二次曲面的一般方程是

$$a_{11}x^2 + a_{22}y^2 + a_{33}z^2 + 2a_{12}xy + 2a_{13}xz + 2a_{23}yz + 2b_1x + 2b_2y + 2b_3z + d = 0 \qquad (5\text{-}11)$$

令

$$A=\begin{pmatrix}a_{11}&a_{12}&a_{13}\\a_{12}&a_{22}&a_{23}\\a_{13}&a_{23}&a_{33}\end{pmatrix},\quad X=\begin{pmatrix}x\\y\\z\end{pmatrix},\quad B=\begin{pmatrix}b_1\\b_2\\b_3\end{pmatrix}$$

则式（5-11）可以写成

$$X^{\mathrm{T}}AX+2B^{\mathrm{T}}X+d=0$$

经过转轴，取坐标变换公式为

$$\begin{pmatrix}x\\y\\z\end{pmatrix}=\begin{pmatrix}c_{11}&c_{12}&c_{13}\\c_{12}&c_{22}&c_{23}\\c_{13}&c_{23}&c_{33}\end{pmatrix}\begin{pmatrix}x_1\\y_1\\z_1\end{pmatrix}$$

或者 $X=CX_1$，其中 C 为正交矩阵且 $|C|=1$. 在新坐标系中，曲面方程就是

$$X_1^{\mathrm{T}}(C^{\mathrm{T}}AC)X_1+2(B^{\mathrm{T}}C)X_1+d=0$$

根据上面的结果，有行列式为 1 的正交矩阵 C 使

$$C^{\mathrm{T}}AC=\begin{pmatrix}\lambda_1&&\\&\lambda_2&\\&&\lambda_3\end{pmatrix}$$

这就是说，可以做一个转轴，使曲面在新坐标系中的方程为

$$\lambda_1x_1^2+\lambda_2y_1^2+\lambda_3z_1^2+2b_1^*x_1+2b_2^*y_1+2b_3^*z_1+d=0$$

其中

$$(b_1^*,b_2^*,b_3^*)=(b_1,b_2,b_3)C$$

这时，再按照 $\lambda_1,\lambda_2,\lambda_3$ 是否为 0 的情况，作适当的移轴与转轴就可以把曲面的方程化成标准方程. 例如，当 $\lambda_1,\lambda_2,\lambda_3$ 全不为 0 时，作移轴

$$\begin{cases}x_1=x_2-\dfrac{b_1^*}{\lambda_1}\\y_1=y_2-\dfrac{b_2^*}{\lambda_2}\\z_1=z_2-\dfrac{b_3^*}{\lambda_3}\end{cases}$$

于是曲面方程化为

$$\lambda_1x_2^2+\lambda_2y_2^2+\lambda_3z_2^2+d^*=0$$

其中

$$d^*=d-\frac{(b_1^*)^2}{\lambda_1}-\frac{(b_2^*)^2}{\lambda_2}-\frac{(b_3^*)^2}{\lambda_3}$$

【例 5-14】 把下列二次曲面的方程化为标准形，并确定曲面的形状.

$$x^2+y^2+5z^2-6xy-2xz+2yz-6x+6y-6z+10=0$$

解： 方程中的二次型部分的矩阵为

$$A=\begin{pmatrix}1&-3&-1\\-3&1&1\\-1&1&5\end{pmatrix}$$

接下来求正交矩阵 C，使 $C^{T}AC$ 成对角形．为此，先求 A 的特征值.

$$|A-\lambda E|=\begin{vmatrix}1-\lambda&\lambda-3&\lambda-1\\-3&1-\lambda&1\\-1&1&5-\lambda\end{vmatrix}=(6-\lambda)(\lambda-3)(\lambda+2)$$

所以 A 的三个特征值为 $\lambda_1=-2, \lambda_2=3, \lambda_3=6$，当 $\lambda_1=-2$ 时，解方程组$(A-\lambda_1 E)x=\mathbf{0}$，即

$$\begin{pmatrix}3&-3&-1\\-3&3&1\\-1&1&7\end{pmatrix}\begin{pmatrix}x_1\\x_2\\x_3\end{pmatrix}=\mathbf{0}$$

得 $p_1=\begin{pmatrix}1\\1\\0\end{pmatrix}$，当 $\lambda_2=3$ 时，解方程组$(A-\lambda_2 E)x=\mathbf{0}$，即

$$\begin{pmatrix}-2&-3&-1\\-3&-2&1\\-1&1&2\end{pmatrix}\begin{pmatrix}x_1\\x_2\\x_3\end{pmatrix}=\mathbf{0}$$

得 $p_2=\begin{pmatrix}1\\-1\\1\end{pmatrix}$，当 $\lambda_3=6$ 时，解方程组$(A-\lambda_3 E)x=\mathbf{0}$，即

$$\begin{pmatrix}-5&-3&-1\\-3&-5&1\\-1&1&-1\end{pmatrix}\begin{pmatrix}x_1\\x_2\\x_3\end{pmatrix}=\mathbf{0}$$

得 $p_3=\begin{pmatrix}-1\\1\\2\end{pmatrix}$，显然，$p_1,p_2,p_3$ 两两正交．记

$$e_1=\frac{1}{\|p_1\|}p_1=\frac{1}{\sqrt{2}}\begin{pmatrix}1\\1\\0\end{pmatrix},\quad e_2=\frac{1}{\|p_2\|}p_2=\frac{1}{\sqrt{3}}\begin{pmatrix}1\\-1\\1\end{pmatrix},\quad e_3=\frac{1}{\|p_3\|}p_3=\frac{1}{\sqrt{6}}\begin{pmatrix}-1\\1\\2\end{pmatrix}$$

再令

$$C=(e_1,e_2,e_3)=\begin{pmatrix}\frac{1}{\sqrt{2}}&\frac{1}{\sqrt{3}}&-\frac{1}{\sqrt{6}}\\\frac{1}{\sqrt{2}}&-\frac{1}{\sqrt{3}}&\frac{1}{\sqrt{6}}\\0&\frac{1}{\sqrt{3}}&\frac{2}{\sqrt{6}}\end{pmatrix}$$

则 $\boldsymbol{C}$ 为正交矩阵，且有

$$\boldsymbol{C}^{-1}\boldsymbol{A}\boldsymbol{C}=\boldsymbol{\Lambda}=\begin{pmatrix}-2&&\\&3&\\&&6\end{pmatrix}$$

由于

$$(-3,3,-3)\begin{pmatrix}\frac{1}{\sqrt{2}}&\frac{1}{\sqrt{3}}&-\frac{1}{\sqrt{6}}\\\frac{1}{\sqrt{2}}&-\frac{1}{\sqrt{3}}&\frac{1}{\sqrt{6}}\\0&\frac{1}{\sqrt{3}}&\frac{2}{\sqrt{6}}\end{pmatrix}=(0,-3\sqrt{3},0)$$

所以作转轴 $\boldsymbol{X}=\boldsymbol{C}\boldsymbol{X}_1$ 后，曲面

$$x^2+y^2+5z^2-6xy-2xz+2yz-6x+6y-6z+10=0$$

在新坐标系中的方程就是

$$-2x_1^2+3y_1^2+6z_1^2-6\sqrt{3}\,y_1+10=0$$

变形得

$$2x_1^2-3(y_1-\sqrt{3})^2-6z_1^2=1$$

最后作移轴

$$\begin{cases}x_1=x_2\\y_1=y_2+\sqrt{3}\\z_1=z_2\end{cases}$$

于是曲面方程就化成标准方程

$$2x_2^2-3y_2^2-6z_2^2=1$$

由此可知，方程所表示的曲面为双叶双曲面.

本章习题

1. 求矩阵 $\boldsymbol{A}$ 的全部特征值和特征向量：

（1）$\boldsymbol{A}=\begin{pmatrix}2&2&-2\\2&5&-4\\-2&-4&5\end{pmatrix}$　　（2）$\boldsymbol{A}=\begin{pmatrix}2&-1&2\\5&-3&3\\-1&0&-2\end{pmatrix}$

（3）$\boldsymbol{A}=\begin{pmatrix}0&\frac{1}{2}&\frac{1}{2}\\1&-\frac{1}{2}&\frac{1}{2}\\1&-\frac{1}{2}&\frac{1}{2}\end{pmatrix}$

2. 已知三阶矩阵 $\boldsymbol{A}$ 的特征值为 1, −1, 2，又矩阵 $\boldsymbol{B}=\boldsymbol{A}^3-5\boldsymbol{A}^2$，求 $\boldsymbol{B}$ 的特征值.

3. 证明：方阵 $\boldsymbol{A}$ 与 $\boldsymbol{A}^{\mathrm{T}}$ 有相同的特征多项式，从而它们有相同的特征值.

4. 已知

$$A=\begin{pmatrix}1&-1&1\\2&4&-2\\-3&-3&5\end{pmatrix},\ B=\begin{pmatrix}\lambda&0&0\\0&2&0\\0&0&2\end{pmatrix}$$

且 A 与 B 相似，求 λ.

5. 如果二阶矩阵

$$A=\begin{pmatrix}7&12\\y&x\end{pmatrix},\ B=\begin{pmatrix}1&3\\2&4\end{pmatrix}$$

相似，求 x 与 y 的值.

6. 矩阵$\begin{pmatrix}2&-1&2\\5&-3&3\\-1&0&-2\end{pmatrix}$是否与对角矩阵相似，为什么？

7. 已知矩阵

$$A=\begin{pmatrix}5&-3&2\\6&-4&4\\4&-4&5\end{pmatrix}$$

求可逆矩阵 P，使得 $P^{-1}AP$ 为对角矩阵，并利用这个结果计算 A^5.

8. 用可逆矩阵将下列实对称矩阵化为标准形，并写出可逆矩阵 P：

（1）$A=\begin{pmatrix}2&-2&0\\-2&1&-2\\0&-2&0\end{pmatrix}$　　（2）$A=\begin{pmatrix}1&2&4\\2&-2&2\\4&2&1\end{pmatrix}$

9. 用正交矩阵将下列实对称矩阵化为标准形，并写出正交矩阵 Q：

（1）$A=\begin{pmatrix}2&2&-2\\2&5&-4\\-2&-4&5\end{pmatrix}$　　（2）$A=\begin{pmatrix}2&-2&0\\-2&1&-2\\0&-2&0\end{pmatrix}$

10. 设三阶矩阵 A 的特征值为 $\lambda_1=2, \lambda_2=-2, \lambda_3=1$，对应的特征向量依次为

$$p_1=\begin{pmatrix}0\\1\\1\end{pmatrix},\ p_2=\begin{pmatrix}1\\1\\1\end{pmatrix},\ p_3=\begin{pmatrix}1\\1\\0\end{pmatrix}$$

求 A.

11. 设 A, B 是 n 阶实对称矩阵，并且 $AB=BA$. 证明：存在一个 n 阶正交矩阵 T，使得 $T^{-1}AT$ 与 $T^{-1}BT$ 都为对角矩阵.

12. 设多项式 $f(x)=2x^5-5x^2+1$，且

$$P=\begin{pmatrix}2&3\\1&2\end{pmatrix},\ P^{-1}AP=\begin{pmatrix}1&0\\0&-1\end{pmatrix}$$

求 $f(A)$.

13. 设 A 为 n 阶方阵，$A^k=O$（k 为自然数），试证明 A 的特征值均为 0.

14. 设矩阵

$$A=\begin{pmatrix}3&2&-2\\-k&-1&k\\4&2&-3\end{pmatrix}$$

问当 k 为何值时，存在可逆矩阵 P，使得 $P^{-1}AP$ 为对角矩阵？并且求出 P 和相应的对角矩阵.

15. 设矩阵 A 与 B 相似，且

$$A=\begin{pmatrix}1&-1&1\\2&4&-2\\-3&-3&a\end{pmatrix},\ B=\begin{pmatrix}2&0&0\\0&2&0\\0&0&b\end{pmatrix}$$

（1）求 a, b 的值；

（2）求可逆矩阵 $\boldsymbol{P}$，使 $\boldsymbol{P}^{-1}\boldsymbol{AP}=\boldsymbol{B}$.

16. 设 $\boldsymbol{A}=(a_{ij})_{n\times n}$是主对角线上元素全为 2 的上三角矩阵，且存在 $a_{ij}\neq 0(i<j)$，问 $\boldsymbol{A}$ 是否与对角矩阵相似？

17. 三阶矩阵 $\boldsymbol{A}$ 与对角矩阵 $\boldsymbol{\Lambda}=\operatorname{diag}(\lambda_1, \lambda_2, \lambda_3)$ 相似，证明

$$(\boldsymbol{A}-\lambda_1\boldsymbol{E})(\boldsymbol{A}-\lambda_2\boldsymbol{E})(\boldsymbol{A}-\lambda_3\boldsymbol{E})=\boldsymbol{O}$$

18. 设 $\boldsymbol{A}$ 为三阶矩阵，$\boldsymbol{\alpha}_1, \boldsymbol{\alpha}_2, \boldsymbol{\alpha}_3$ 为线性无关的三维列向量，且满足

$$\boldsymbol{A\alpha}_1=\boldsymbol{\alpha}_1+\boldsymbol{\alpha}_2+\boldsymbol{\alpha}_3, \boldsymbol{A\alpha}_2=2\boldsymbol{\alpha}_2+\boldsymbol{\alpha}_3, \boldsymbol{A\alpha}_3=2\boldsymbol{\alpha}_2+3\boldsymbol{\alpha}_3$$

（1）求矩阵 $\boldsymbol{B}$，使 $\boldsymbol{A}(\boldsymbol{\alpha}_1, \boldsymbol{\alpha}_2, \boldsymbol{\alpha}_3)=(\boldsymbol{\alpha}_1, \boldsymbol{\alpha}_2, \boldsymbol{\alpha}_3)\boldsymbol{B}$；

（2）求矩阵 $\boldsymbol{A}$ 的特征值；

（3）求一个可逆矩阵 $\boldsymbol{P}$，使得 $\boldsymbol{P}^{-1}\boldsymbol{AP}$ 为对角矩阵.

19. 设 $\boldsymbol{A}$ 为三阶实对称矩阵，且满足 $\boldsymbol{A}^2+\boldsymbol{A}-2\boldsymbol{E}=\boldsymbol{O}$，已知向量

$$\boldsymbol{\alpha}_1=\begin{pmatrix}0\\1\\0\end{pmatrix}, \quad \boldsymbol{\alpha}_2=\begin{pmatrix}1\\0\\1\end{pmatrix}$$

是 $\boldsymbol{A}$ 对应于特征值 $\lambda=1$ 的特征向量，求 $\boldsymbol{A}^n$.

6 二 次 型

1. 理解二次型、线性变换、合同矩阵的概念.

2. 了解二次型标准形、规范性的概念，能够熟练运用非退化线性变换化二次型为标准形.

3. 理解正定二次型的定义，掌握实二次型正定性的判别方法.

在解析几何中，为了便于研究二次曲线

$$ax^2+2bxy+cy^2=f \tag{6-1}$$

的几何性质，我们可以选择适当的角度 θ，作转轴（反时针方向转轴）

$$\begin{cases} x=x'\cos\theta-y'\sin\theta \\ y=x'\sin\theta+y'\cos\theta \end{cases} \tag{6-2}$$

把方程化为标准形

$$mx'^2+ny'^2=1$$

式（6-1）的左边是一个二次多项式，从代数学的观点看，化标准形的过程就是通过变量的线性变换式（6-2）化简一个二次齐次多项式，使它只含有平方项. 这样一个问题，在许多理论问题或实际问题中常会遇到. 现在我们把这类问题一般化，讨论 n 个变量的二次齐次多项式的化简问题.

6.1 二次型及其矩阵表示

6.1.1 二次型的定义及矩阵表示

定义 6-1 一个 $x_1, x_2, \cdots, x_n$ 的二次齐次多项式

$$f(x_1, x_2, \cdots, x_n)=a_{11}x_1^2+2a_{12}x_1x_2+2a_{13}x_1x_3+\cdots+2a_{1n}x_1x_n+$$
$$a_{22}x_2^2+2a_{23}x_2x_3+\cdots+2a_{2n}x_2x_n+\cdots+a_{nn}x_n^2$$

称为 $\mathbf{R}$ 上的一个 n 元二次型，简称二次型.

例如

$$f(x, y)=x^2+4xy+5y^2$$
$$f(x, y, z)=2x^2+y^2+xz+yz$$
$$f(x_1, x_2, x_3, x_4)=x_1x_2+x_2x_3+x_2x_4$$

都是二次型. 而

$$f(x, y)=x^2+y^2+5$$
$$f(x, y)=2x^2-y^2+2x$$

不是二次型.

设有二次型

$$f(x_1, x_2, \cdots, x_n)=a_{11}x_1^2+2a_{12}x_1x_2+2a_{13}x_1x_3+\cdots+2a_{1n}x_1x_n+ a_{22}x_2^2+2a_{23}x_2x_3+\cdots+2a_{2n}x_2x_n+\cdots+a_{nn}x_n^2$$

取 $a_{ij}=a_{ji}$，则

$$2a_{ij}x_ix_j=a_{ij}x_ix_j+a_{ji}x_ix_j$$

所以上面的二次型可以写成

$$\begin{aligned} f(x_1, x_2, \cdots, x_n) &= a_{11}x_1^2+a_{12}x_1x_2+\cdots+a_{1n}x_1x_n+ \\ &\quad a_{21}x_2x_1+a_{22}x_2^2+\cdots+a_{2n}x_2x_n+ \\ &\quad \cdots \\ &\quad a_{n1}x_nx_1+a_{n2}x_nx_2\cdots+a_{nn}x_n^2 \\ &= \sum_{i=1}^{n}\sum_{j=1}^{n}a_{ij}x_ix_j \end{aligned}$$

把上式的系数排成一个 $n\times n$ 矩阵

$$\boldsymbol{A}=\begin{pmatrix} a_{11} & a_{12} & \cdots & a_{1n} \\ a_{21} & a_{22} & \cdots & a_{2n} \\ \vdots & \vdots & & \vdots \\ a_{n1} & a_{n2} & \cdots & a_{nn} \end{pmatrix}$$

称为二次型的矩阵. 因为 $a_{ij}=a_{ji}(i, j=1, 2, \cdots, n)$，所以 $\boldsymbol{A}=\boldsymbol{A}^{\mathrm{T}}$.

因此，二次型的矩阵都是对称矩阵. 令

$$\boldsymbol{X}=\begin{pmatrix} x_1 \\ x_2 \\ \vdots \\ x_n \end{pmatrix}$$

就得到

$$\begin{aligned} f &= \sum_{i=1}^{n}\sum_{j=1}^{n}a_{ij}x_ix_j=\boldsymbol{X}^{\mathrm{T}}\boldsymbol{A}\boldsymbol{X} \\ &=(x_1, x_2, \cdots, x_n)\begin{pmatrix} a_{11} & a_{12} & \cdots & a_{1n} \\ a_{21} & a_{22} & \cdots & a_{2n} \\ \vdots & \vdots & & \vdots \\ a_{n1} & a_{n2} & \cdots & a_{nn} \end{pmatrix}\begin{pmatrix} x_1 \\ x_2 \\ \vdots \\ x_n \end{pmatrix} \\ &=(x_1, x_2, \cdots, x_n)\begin{pmatrix} a_{11}x_1+a_{12}x_2+\cdots+a_{1n}x_n \\ a_{21}x_1+a_{22}x_2+\cdots+a_{2n}x_n \\ \cdots \\ a_{n1}x_1+a_{n2}x_2+\cdots+a_{nn}x_n \end{pmatrix} \\ &= \sum_{i=1}^{n}\sum_{j=1}^{n}a_{ij}x_ix_j \end{aligned}$$

所以二次型可表示成 $f(x_1, x_2, \cdots, x_n)=\boldsymbol{X}^{\mathrm{T}}\boldsymbol{A}\boldsymbol{X}$. 这即为二次型的矩阵表示形式.

依据这样的分析可以得到，二次型的矩阵 $\boldsymbol{A}$ 的元素，当 $i\neq j$ 时，$a_{ij}=a_{ji}$ 正是它的 x_ix_j

项系数的一半，而 a_{ii} 是 x_i^2 项的系数，因此二次型和它的矩阵是相互唯一决定的，由此还能得到如下结论：

若二次型

$$f(x_1, x_2, \cdots, x_n) = \boldsymbol{X}^{\mathrm{T}}\boldsymbol{A}\boldsymbol{X} = \boldsymbol{X}^{\mathrm{T}}\boldsymbol{B}\boldsymbol{X}$$

满足 $\boldsymbol{A}=\boldsymbol{A}^{\mathrm{T}}, \boldsymbol{B}=\boldsymbol{B}^{\mathrm{T}}$，则 $\boldsymbol{A}=\boldsymbol{B}$.

注意：在二次型 $f=\boldsymbol{X}^{\mathrm{T}}\boldsymbol{A}\boldsymbol{X}$ 中，对称矩阵 $\boldsymbol{A}$ 称为二次型 f 的矩阵，也把二次型 f 称为对称矩阵 $\boldsymbol{A}$ 的二次型，同时对称矩阵 $\boldsymbol{A}$ 的秩称为二次型 f 的秩.

【例 6-1】 已知二次型

$$f(x_1, x_2, x_3, x_4) = x_1^2-3x_2^2+x_3^2-4x_4^2-2x_1x_2+4x_1x_3-6x_1x_4-8x_2x_3-4x_2x_4$$

写出二次型的矩阵 $\boldsymbol{A}$.

解：设 $f=\boldsymbol{X}^{\mathrm{T}}\boldsymbol{A}\boldsymbol{X}$，则

$$\boldsymbol{A}=\begin{pmatrix} 1 & -1 & 2 & -3 \\ -1 & -3 & -4 & -2 \\ 2 & -4 & 1 & 0 \\ -3 & -2 & 0 & -4 \end{pmatrix}$$

【例 6-2】 把二次型写成矩阵形式：

（1）$f(x_1, x_2, x_3) = x_1^2+2x_2^2-2x_1x_2+3x_2x_3$；

（2）$f(x_1, x_2, x_3, x_4) = x_1^2+2x_2^2+7x_4^2-2x_1x_2-2x_2x_3+4x_3x_4$.

解：（1）

$$f=(x_1, x_2, x_3)\begin{pmatrix} 1 & -1 & 0 \\ -1 & 2 & \frac{3}{2} \\ 0 & \frac{3}{2} & 0 \end{pmatrix}\begin{pmatrix} x_1 \\ x_2 \\ x_3 \end{pmatrix}$$

（2）

$$f=(x_1, x_2, x_3, x_4)\begin{pmatrix} 1 & -1 & 0 & 0 \\ -1 & 2 & -1 & 0 \\ 0 & -1 & 0 & 2 \\ 0 & 0 & 2 & 7 \end{pmatrix}\begin{pmatrix} x_1 \\ x_2 \\ x_3 \\ x_4 \end{pmatrix}$$

6.1.2 线性变换

定义 6-2 设 $x_1, x_2, \cdots, x_n$；$y_1, y_2, \cdots, y_n$ 是两组变量，一组关系式

$$\begin{cases} x_1 = c_{11}y_1+c_{12}y_2+\cdots+c_{1n}y_n \\ x_2 = c_{21}y_1+c_{22}y_2+\cdots+c_{2n}y_n \\ \qquad\cdots \\ x_n = c_{n1}y_1+c_{n2}y_2+\cdots+c_{nn}y_n \end{cases} \tag{6-3}$$

称为由 $x_1, x_2, \cdots, x_n$ 到 $y_1, y_2, \cdots, y_n$ 的一个线性变换，或简称线性变换. 如果系数行列式

$$\begin{vmatrix} c_{11} & c_{12} & \cdots & c_{1n} \\ c_{21} & c_{22} & \cdots & c_{2n} \\ \vdots & \vdots & & \vdots \\ c_{n1} & c_{n2} & \cdots & c_{nn} \end{vmatrix}$$

可逆，那么称线性变换为非退化的.

例如，6.1 节中的坐标旋转公式

$$\begin{cases} x = x'\cos\theta - y'\sin\theta \\ y = x'\sin\theta + y'\cos\theta \end{cases}$$

是一个线性变换，且系数行列式 $\begin{vmatrix} \cos\theta & -\sin\theta \\ \sin\theta & \cos\theta \end{vmatrix} = 1 \neq 0$，所以它是非退化的.

令

$$\boldsymbol{C} = \begin{pmatrix} c_{11} & c_{12} & \cdots & c_{1n} \\ c_{21} & c_{22} & \cdots & c_{2n} \\ \vdots & \vdots & & \vdots \\ c_{n1} & c_{n2} & \cdots & c_{nn} \end{pmatrix}, \quad \boldsymbol{Y} = \begin{pmatrix} y_1 \\ y_2 \\ \vdots \\ y_n \end{pmatrix}$$

于是线性变换式（6-3）可以写成

$$\begin{pmatrix} x_1 \\ x_2 \\ \vdots \\ x_n \end{pmatrix} = \begin{pmatrix} c_{11} & c_{12} & \cdots & c_{1n} \\ c_{21} & c_{22} & \cdots & c_{2n} \\ \vdots & \vdots & & \vdots \\ c_{n1} & c_{n2} & \cdots & c_{nn} \end{pmatrix} \begin{pmatrix} y_1 \\ y_2 \\ \vdots \\ y_n \end{pmatrix}$$

或者 $\boldsymbol{X} = \boldsymbol{CY}$.

性质 6-1 线性变换可以将二次型变成二次型.

证明：设有二次型 $f(x_1, x_2, \cdots, x_n) = \boldsymbol{X}^{\mathrm{T}}\boldsymbol{AX}$ 和线性变换 $\boldsymbol{X} = \boldsymbol{CY}$，则

$$f = \boldsymbol{X}^{\mathrm{T}}\boldsymbol{AX} = (\boldsymbol{CY})^{\mathrm{T}}\boldsymbol{A}(\boldsymbol{CY}) = \boldsymbol{Y}^{\mathrm{T}}\boldsymbol{C}^{\mathrm{T}}\boldsymbol{ACY} = \boldsymbol{Y}^{\mathrm{T}}(\boldsymbol{C}^{\mathrm{T}}\boldsymbol{AC})\boldsymbol{Y}$$

又因为 $(\boldsymbol{C}^{\mathrm{T}}\boldsymbol{AC})^{\mathrm{T}} = (\boldsymbol{C}^{\mathrm{T}}\boldsymbol{A}^{\mathrm{T}}\boldsymbol{C}^{\mathrm{T}})^{\mathrm{T}} = \boldsymbol{C}^{\mathrm{T}}\boldsymbol{AC}$，所以 f 还是一个二次型.

6.1.3 合同矩阵

从前面的分析中可以得到，经过一个非退化的线性变换，二次型还是变成二次型. 本节来讨论变换前后的二次型的矩阵之间的关系.

设 $f(x_1, x_2, \cdots, x_n) = \boldsymbol{X}^{\mathrm{T}}\boldsymbol{AX}$，其中 $\boldsymbol{A} = \boldsymbol{A}^{\mathrm{T}}$，是一个二次型，作非退化线性变换 $\boldsymbol{X} = \boldsymbol{CY}$. 得到一个关于 $y_1, y_2, \cdots, y_n$ 的二次型 $\boldsymbol{Y}^{\mathrm{T}}\boldsymbol{BY}$. 接下来研究矩阵 $\boldsymbol{B}$ 与 $\boldsymbol{A}$ 的关系. 由于

$$f = \boldsymbol{X}^{\mathrm{T}}\boldsymbol{AX} = (\boldsymbol{CY})^{\mathrm{T}}\boldsymbol{A}(\boldsymbol{CY}) = \boldsymbol{Y}^{\mathrm{T}}\boldsymbol{C}^{\mathrm{T}}\boldsymbol{ACY} = \boldsymbol{Y}^{\mathrm{T}}(\boldsymbol{C}^{\mathrm{T}}\boldsymbol{AC})\boldsymbol{Y} = \boldsymbol{Y}^{\mathrm{T}}\boldsymbol{BY}$$

又因为已证得矩阵 $\boldsymbol{C}^{\mathrm{T}}\boldsymbol{AC}$ 是对称的，因此有 $\boldsymbol{B} = \boldsymbol{C}^{\mathrm{T}}\boldsymbol{AC}$. 这就是线性变换前后两个二次型的矩阵的关系.

定义 6-3 $n \times n$ 矩阵 $\boldsymbol{A}$、$\boldsymbol{B}$ 称为合同的，如果有可逆的 $n \times n$ 矩阵 $\boldsymbol{C}$，使 $\boldsymbol{B} = \boldsymbol{C}^{\mathrm{T}}\boldsymbol{AC}$. $\boldsymbol{A}$ 与 $\boldsymbol{B}$ 合同记作 $\boldsymbol{A} \simeq \boldsymbol{B}$.

合同是矩阵之间的一种关系，具有以下性质：

(1) 反身性：任意矩阵 $\boldsymbol{A}$ 都与自身合同.

证明：显然 $\boldsymbol{A}=\boldsymbol{E}^{\mathrm{T}}\boldsymbol{A}\boldsymbol{E}$，即 $\boldsymbol{A}\simeq\boldsymbol{A}$.

(2) 对称性：如果 $\boldsymbol{A}$ 与 $\boldsymbol{B}$ 合同，那么 $\boldsymbol{B}$ 与 $\boldsymbol{A}$ 合同.

证明：若 $\boldsymbol{B}=\boldsymbol{C}^{\mathrm{T}}\boldsymbol{A}\boldsymbol{C}$，则 $\boldsymbol{A}=(\boldsymbol{C}^{-1})^{\mathrm{T}}\boldsymbol{B}\boldsymbol{C}^{-1}$.

(3) 传递性：如果 $\boldsymbol{A}_1$ 与 $\boldsymbol{A}_2$ 合同，$\boldsymbol{A}_2$ 与 $\boldsymbol{A}_3$ 合同，那么 $\boldsymbol{A}_1$ 与 $\boldsymbol{A}_3$ 合同.

证明：若 $\boldsymbol{A}_2=\boldsymbol{C}_1^{\mathrm{T}}\boldsymbol{A}_1\boldsymbol{C}_1, \boldsymbol{A}_3=\boldsymbol{C}_2^{\mathrm{T}}\boldsymbol{A}_2\boldsymbol{C}_2$，则 $\boldsymbol{A}_3=\boldsymbol{C}_2^{\mathrm{T}}(\boldsymbol{C}_1^{\mathrm{T}}\boldsymbol{A}_1\boldsymbol{C}_1)\boldsymbol{C}_2=(\boldsymbol{C}_1\boldsymbol{C}_2)^{\mathrm{T}}\boldsymbol{A}_1(\boldsymbol{C}_1\boldsymbol{C}_2)$.

因此，经过非退化的线性变换，新二次型的矩阵与原二次型的矩阵是合同的. 这样，我们就把二次型的变换通过矩阵表示了出来，为后文的讨论提供了有力的工具.

需要指出，在变换二次型时，我们要求所作的线性变换是非退化的. 从几何上看，这一点是自然的，因为坐标变换一定是非退化的. 一般地，当线性变换 $\boldsymbol{X}=\boldsymbol{C}\boldsymbol{Y}$ 是非退化时，有 $\boldsymbol{Y}=\boldsymbol{C}^{-1}\boldsymbol{X}$ 成立，这也是一个线性变换，它把所得的二次型还原. 这样就使我们可以从所得二次型的性质推知原二次型的一些性质.

6.2 用非退化线性变换化一般二次型为标准形

6.2.1 标准形的定义

定义 6-4 二次型 $f(x_1, x_2, \cdots, x_n)$ 经过非退化线性变换 $\boldsymbol{X}=\boldsymbol{C}\boldsymbol{Y}$ 所变成的如下只含平方项

$$d_1y_1^2+d_2y_2^2+\cdots+d_ny_n^2$$

形式的二次型称为二次型 $f(x_1, x_2, \cdots, x_n)$ 的标准形.

本节我们要讨论的问题是如何用非退化的线性变换把二次型变成标准形.

6.2.2 配方法及其证明

定理 6-1 任意一个二次型都可以经过非退化的线性变换变成标准形.

证明：首先我们对变量的个数 n 作归纳法.

对于 $n=1$，二次型即为 $f(x_1)=a_{11}x_1^2$，它已经是标准形了，结论显然成立.

现假设对 $n-1$ 元的二次型，定理的结论成立. 再设

$$f(x_1, x_2, \cdots, x_n)=\sum_{i=1}^{n}\sum_{j=1}^{n}a_{ij}x_ix_j \quad (a_{ij}=a_{ji})$$

下面我们分三种情形来讨论：

(1) $a_{ii}(i=1, 2, \cdots, n)$ 中至少有一个不为 0，不妨设 $a_{11}\neq 0$，这时

$$\begin{aligned}f(x_1, x_2, \cdots, x_n)&=a_{11}x_1^2+\sum_{j=2}^{n}a_{1j}x_1x_j+\sum_{i=2}^{n}a_{i1}x_ix_1+\sum_{i=2}^{n}\sum_{j=2}^{n}a_{ij}x_ix_j\\&=a_{11}x_1^2+2\sum_{j=2}^{n}a_{1j}x_1x_j+\sum_{i=2}^{n}\sum_{j=2}^{n}a_{ij}x_ix_j\\&=a_{11}\left(x_1+\sum_{j=2}^{n}a_{11}^{-1}a_{1j}x_j\right)^2-a_{11}^{-1}\left(\sum_{j=2}^{n}a_{1j}x_j\right)^2+\sum_{i=2}^{n}\sum_{j=2}^{n}a_{ij}x_ix_j\end{aligned}$$

$$=a_{11}(x_1+\sum_{j=2}^{n}a_{11}^{-1}a_{1j}x_j)^2+\sum_{i=2}^{n}\sum_{j=2}^{n}b_{ij}x_ix_j$$

其中

$$a_{11}x_1^2+2\sum_{j=2}^{n}a_{1j}x_1x_j=a_{11}x_1^2+2x_1\sum_{j=2}^{n}a_{1j}x_j$$
$$=a_{11}(x_1^2+2x_1a_{11}^{-1}\sum_{j=2}^{n}a_{1j}x_j)$$
$$=a_{11}(x_1^2+2x_1a_{11}^{-1}\sum_{j=2}^{n}a_{1j}x_j+(a_{11}^{-1}\sum_{j=2}^{n}a_{1j}x_j)^2)-a_{11}^{-1}(\sum_{j=2}^{n}a_{1j}x_j)^2$$
$$=a_{11}(x_1+\sum_{j=2}^{n}a_{11}^{-1}a_{1j}x_j)^2-a_{11}^{-1}(\sum_{j=2}^{n}a_{1j}x_j)^2$$

这里

$$\sum_{i=2}^{n}\sum_{j=2}^{n}b_{ij}x_ix_j=-a_{11}^{-1}(\sum_{j=2}^{n}a_{1j}x_j)^2+\sum_{i=2}^{n}\sum_{j=2}^{n}a_{ij}x_ix_j$$

是一个 $x_2, x_3, \cdots, x_n$ 的二次型. 令

$$\begin{cases} y_1=x_1+\sum_{j=2}^{n}a_{11}^{-1}a_{1j}x_j \\ y_2=x_2 \\ \qquad\cdots \\ y_n=x_n \end{cases}$$

即

$$\begin{cases} x_1=y_1-\sum_{j=2}^{n}a_{11}^{-1}a_{1j}y_j \\ x_2=y_2 \\ \qquad\cdots \\ x_n=y_n \end{cases}$$

因为此变换的矩阵为

$$\boldsymbol{C}_1=\begin{pmatrix} 1 & -a_{11}^{-1}a_{12} & \cdots & -a_{11}^{-1}a_{1n} \\ 0 & 1 & \cdots & 0 \\ \vdots & \vdots & & \vdots \\ 0 & 0 & \cdots & 1 \end{pmatrix}$$

且

$$|\boldsymbol{C}_1|=1\neq 0$$

所以这是一个非退化线性变换，可写为

$$\boldsymbol{X}=\boldsymbol{C}_1\boldsymbol{Y}$$

它使 f 变为

$$f=a_{11}y_1^2+\sum_{i=2}^{n}\sum_{j=2}^{n}b_{ij}y_iy_j$$

由归纳法假设，对

$$f=\sum_{i=2}^{n}\sum_{j=2}^{n}b_{ij}y_iy_j$$

有非退化线性变换

$$\begin{cases}y_2=c_{22}z_2+c_{23}z_3+\cdots+c_{2n}z_n\\y_3=c_{32}z_2+c_{33}z_3+\cdots+c_{3n}z_n\\\qquad\cdots\\y_n=c_{n2}z_2+c_{n3}z_3+\cdots+c_{nn}z_n\end{cases}$$

能使它变成标准形

$$f=d_2z_2^2+d_3z_3^2+\cdots+d_nz_n^2$$

于是非退化线性变换

$$\begin{cases}y_1=z_1\\y_2=c_{22}z_2+\cdots+c_{2n}z_n\\\qquad\cdots\\y_n=c_{n2}z_2+\cdots+c_{nn}z_n\end{cases}\tag{6-4}$$

就使 f 变成 $f=a_{11}z_1^2+d_2z_2^2+d_3z_3^2+\cdots+d_nz_n^2$.

记

$$\boldsymbol{C}_2=\begin{pmatrix}1&0&\cdots&0\\0&c_{22}&\cdots&c_{2n}\\\vdots&\vdots&&\vdots\\0&c_{n2}&\cdots&c_{nn}\end{pmatrix}$$

式（6-4）就可以表示为 $\boldsymbol{Y}=\boldsymbol{C}_2\boldsymbol{Z}$.

由上面的证明我们可以得到这样一个结论：

经过非退化线性变换

$$\boldsymbol{X}=(\boldsymbol{C}_1\boldsymbol{C}_2)\boldsymbol{Z}$$

就使 f 变成

$$f=a_{11}z_1^2+d_2z_2^2+d_3z_3^2+\cdots+d_nz_n^2$$

根据归纳法原理，此时定理得证.

（2）所有 $a_{ii}=0$，但是至少有一个 $a_{1j}\neq 0(j>1)$. 不失一般性，设 $a_{12}\neq 0$. 令

$$\begin{cases}x_1=z_1+z_2\\x_2=z_1-z_2\\x_3=z_3\\\quad\cdots\\x_n=z_n\end{cases}$$

此时变换的矩阵为

$$C=\begin{pmatrix}1&1&0&\cdots&0\\1&-1&0&\cdots&0\\0&0&1&\cdots&0\\\vdots&\vdots&\vdots&&\vdots\\0&0&0&\cdots&1\end{pmatrix}$$

且 $|C|=-2\neq 0$，所以这是一个非退化线性变换，且使

$$\begin{aligned}f(x_1,x_2,\cdots,x_n)&=2a_{12}x_1x_2+\cdots\\&=2a_{12}(z_1+z_2)(z_1-z_2)+\cdots\\&=2a_{12}z_1^2-2a_{12}z_2^2+\cdots\end{aligned}$$

这时上式右端是 $z_1,z_2,\cdots z_n$ 的二次型，且 z_1^2 的系数不为 0，属于第一种情况，定理成立.

（3） $a_{11}=a_{12}=\cdots=a_{1n}=0$.

由对称性，有

$$a_{21}=a_{31}=\cdots=a_{n1}=0$$

这时

$$f(x_1,x_2,\cdots,x_n)=\sum_{i=2}^{n}\sum_{j=2}^{n}a_{ij}x_ix_j$$

是 $n-1$ 元二次型，根据归纳法假设，它能用非退化线性变换变成标准形.

于是我们完成了定理的证明.

不难看出，标准形的矩阵是对角矩阵

$$d_1x_1^2+d_2x_2^2+\cdots+d_nx_n^2=(x_1,x_2,\cdots,x_n)\begin{pmatrix}d_1&0&\cdots&0\\0&d_2&\cdots&0\\\vdots&\vdots&&\vdots\\0&0&\cdots&d_n\end{pmatrix}\begin{pmatrix}x_1\\x_2\\\vdots\\x_n\end{pmatrix}$$

反之，矩阵为对角形的二次型就只含平方项. 按 6.1 节的讨论，经过非退化的线性变换，二次型的矩阵化为一个合同的矩阵，因此，从矩阵的角度，定理 6-1 可以叙述为：

定理 6-2 任意一个对称矩阵都合同于一对角矩阵.

定理 6-2 意味着对于任意一个对称矩阵 $\boldsymbol{A}$，都可以找到一个可逆矩阵 $\boldsymbol{C}$，使得 $\boldsymbol{C}^{\mathrm{T}}\boldsymbol{A}\boldsymbol{C}$ 成为对角矩阵.

【例 6-3】 通过非退化的线性变换把二次型

$$f(x_1,x_2,x_3)=x_1x_2-2x_1x_3+4x_2x_3$$

化成标准形.

解：由于 f 不含平方项，可先作线性变换

$$\begin{cases}x_1=y_1+y_2\\x_2=y_1-y_2\\x_3=y_3\end{cases}$$

得

$$\begin{aligned}f&=(y_1+y_2)(y_1-y_2)-2(y_1+y_2)y_3+4(y_1-y_2)y_3\\&=y_1^2+2y_1y_3-y_2^2-6y_2y_3\\&=(y_1+y_3)^2-y_3^2-y_2^2-6y_2y_3\end{aligned}$$

再令

$$\begin{cases}z_1=y_1+y_3\\z_2=y_2\\z_3=y_3\end{cases}$$

即

$$\begin{cases}y_1=z_1-z_3\\y_2=z_2\\y_3=z_3\end{cases}$$

可得

$$\begin{aligned}f&=z_1^2-z_2^2-6z_2z_3-z_3^2\\&=z_1^2-(z_2+3z_3)^2+8z_3^2\end{aligned}$$

最后令

$$\begin{cases}u_1=z_1\\u_2=z_2+3z_3\\u_3=z_3\end{cases}$$

即

$$\begin{cases}z_1=u_1\\z_2=u_2-3u_3\\z_3=u_3\end{cases}$$

得到

$$f=u_1^2-u_2^2+8u_3^2$$

相应的非退化线性变换是

$$\begin{cases}x_1=u_1+u_2-4u_3\\x_2=u_1-u_2+2u_3\\x_3=u_3\end{cases}$$

6.2.3 配方法的矩阵形式

前文的配方法的过程，可以用矩阵写出来. 接下来我们按前面的每一种情形的顺序写出相应的矩阵.

情形一：$a_{11}\neq 0$.

此时线性变换为

$$\begin{cases}x_1=y_1-\sum\limits_{j=2}^{n}a_{11}^{-1}a_{1j}y_j\\x_2=y_2\\\qquad\cdots\\x_n=y_n\end{cases}$$

相应的矩阵为

$$C_1=\begin{pmatrix}1 & -a_{11}^{-1}a_{12} & \cdots & -a_{11}^{-1}a_{1n}\\0 & 1 & \cdots & 0\\\vdots & \vdots & & \vdots\\0 & 0 & \cdots & 1\end{pmatrix}$$

则上述线性变换相应于对 $\boldsymbol{A}$ 作合同变换

$$\boldsymbol{A}\to\boldsymbol{C}_1^{\mathrm{T}}\boldsymbol{A}\boldsymbol{C}_1$$

为了计算 $\boldsymbol{C}_1^{\mathrm{T}}\boldsymbol{A}\boldsymbol{C}_1$，可令

$$\boldsymbol{\alpha}=(a_{12},\cdots,a_{1n}),\ \boldsymbol{A}_1=\begin{pmatrix}a_{22} & \cdots & a_{2n}\\\vdots & & \vdots\\a_{n2} & \cdots & a_{nn}\end{pmatrix}$$

将 $\boldsymbol{A}$ 和 $\boldsymbol{C}_1$ 写成分块矩阵

$$\boldsymbol{A}=\begin{pmatrix}a_{11} & \boldsymbol{\alpha}\\\boldsymbol{\alpha}^{\mathrm{T}} & \boldsymbol{A}_1\end{pmatrix},\quad \boldsymbol{C}_1=\begin{pmatrix}1 & -a_{11}^{-1}\boldsymbol{\alpha}\\\boldsymbol{O} & \boldsymbol{E}_{n-1}\end{pmatrix}$$

其中 $\boldsymbol{\alpha}^{\mathrm{T}}$ 为 $\boldsymbol{\alpha}$ 的转置，$\boldsymbol{E}_{n-1}$ 为 $n-1$ 阶单位矩阵，于是

$$\begin{aligned}\boldsymbol{C}_1^{\mathrm{T}}\boldsymbol{A}\boldsymbol{C}_1&=\begin{pmatrix}1 & \boldsymbol{O}\\-a_{11}^{-1}\boldsymbol{\alpha}^{\mathrm{T}} & \boldsymbol{E}_{n-1}\end{pmatrix}\begin{pmatrix}a_{11} & \boldsymbol{\alpha}\\\boldsymbol{\alpha}^{\mathrm{T}} & \boldsymbol{A}_1\end{pmatrix}\begin{pmatrix}1 & -a_{11}^{-1}\boldsymbol{\alpha}\\\boldsymbol{O} & \boldsymbol{E}_{n-1}\end{pmatrix}\\&=\begin{pmatrix}a_{11} & \boldsymbol{\alpha}\\\boldsymbol{O} & \boldsymbol{A}_1-a_{11}^{-1}\boldsymbol{\alpha}^{\mathrm{T}}\boldsymbol{\alpha}\end{pmatrix}\begin{pmatrix}1 & -a_{11}^{-1}\boldsymbol{\alpha}\\\boldsymbol{O} & \boldsymbol{E}_{n-1}\end{pmatrix}\\&=\begin{pmatrix}a_{11} & \boldsymbol{O}\\\boldsymbol{O} & \boldsymbol{A}_1-a_{11}^{-1}\boldsymbol{\alpha}^{\mathrm{T}}\boldsymbol{\alpha}\end{pmatrix}\end{aligned}$$

其中矩阵 $\boldsymbol{A}_1-a_{11}^{-1}\boldsymbol{\alpha}^{\mathrm{T}}\boldsymbol{\alpha}$ 是一个 $n-1$ 阶对称矩阵. 由归纳法假设，存在 $n-1$ 阶可逆矩阵 $\boldsymbol{G}$ 使

$$\boldsymbol{G}^{\mathrm{T}}(\boldsymbol{A}_1-a_{11}^{-1}\boldsymbol{\alpha}^{\mathrm{T}}\boldsymbol{\alpha})\boldsymbol{G}=\boldsymbol{D}$$

为对角形. 令

$$\boldsymbol{C}_2=\begin{pmatrix}1 & \boldsymbol{O}\\\boldsymbol{O} & \boldsymbol{G}\end{pmatrix}$$

于是

$$\boldsymbol{C}_2^{\mathrm{T}}\boldsymbol{C}_1^{\mathrm{T}}\boldsymbol{A}\boldsymbol{C}_1\boldsymbol{C}_2=\begin{pmatrix}1 & \boldsymbol{O}\\\boldsymbol{O} & \boldsymbol{G}^{\mathrm{T}}\end{pmatrix}\begin{pmatrix}a_{11} & \boldsymbol{O}\\\boldsymbol{O} & \boldsymbol{A}_1-a_{11}^{-1}\boldsymbol{\alpha}^{\mathrm{T}}\boldsymbol{\alpha}\end{pmatrix}\begin{pmatrix}1 & \boldsymbol{O}\\\boldsymbol{O} & \boldsymbol{G}\end{pmatrix}=\begin{pmatrix}a_{11} & \boldsymbol{O}\\\boldsymbol{O} & \boldsymbol{D}\end{pmatrix}$$

这是一个对角矩阵. 于是我们想要的可逆矩阵为

$$\boldsymbol{C}=\boldsymbol{C}_1\boldsymbol{C}_2$$

情形二：$a_{11}=0$ 但有一个 $a_{ii}\neq0$.

此时，只要把 $\boldsymbol{A}$ 的第一行与第 i 行互换，再把第一列与第 i 列互换，就归结成情形一，根据初等矩阵与初等变换的关系，取

$$
C_1 = p(1,i) = \begin{pmatrix} 0 & 0 & \cdots & 0 & 1 & 0 & \cdots & 0 \\ 0 & 1 & \cdots & 0 & 0 & 0 & \cdots & 0 \\ \vdots & \vdots & & \vdots & \vdots & \vdots & & \vdots \\ 0 & 0 & \cdots & 1 & 0 & 0 & \cdots & 0 \\ 1 & 0 & \cdots & 0 & 0 & 0 & \cdots & 0 \\ 0 & 0 & \cdots & 0 & 0 & 1 & \cdots & 0 \\ \vdots & \vdots & & \vdots & \vdots & \vdots & & \vdots \\ 0 & 0 & \cdots & 0 & 0 & 0 & \cdots & 1 \end{pmatrix} \leftarrow i \text{ 行}
$$

$\uparrow$

i 列

显然 $\boldsymbol{P}(1,i)^{\mathrm{T}}=\boldsymbol{P}(1,i)$. 矩阵 $\boldsymbol{C}_1^{\mathrm{T}}\boldsymbol{A}\boldsymbol{C}_1=\boldsymbol{P}(1,i)\boldsymbol{A}\boldsymbol{P}(1,i)$ 就是把 $\boldsymbol{A}$ 的第一行与第 i 行互换，再把第一列与第 i 列互换的结果. 因此，$\boldsymbol{C}_1^{\mathrm{T}}\boldsymbol{A}\boldsymbol{C}_1$ 左上角第一个元素就是 a_{ii}，这样就归结到第一种情形.

情形三：$a_{ii}=0(i=1,2,\cdots,n)$，但有一 $a_{1j}\neq 0(j\neq 1)$ 与上一种情形类似，作合同变换

$$
\boldsymbol{P}(2,j)^{\mathrm{T}}\boldsymbol{A}\boldsymbol{P}(2,j)
$$

可以把 a_{1j}换到第一行第二列的位置，这样就变成了配方法中的第二种情况. 与那里的线性变换相对应，取

$$
\boldsymbol{C}_1=\begin{pmatrix} 1 & 1 & 0 & \cdots & 0 \\ 1 & -1 & 0 & \cdots & 0 \\ 0 & 0 & 1 & \cdots & 0 \\ \vdots & \vdots & \vdots & & \vdots \\ 0 & 0 & 0 & \cdots & 1 \end{pmatrix}
$$

于是 $\boldsymbol{C}_1^{\mathrm{T}}\boldsymbol{A}\boldsymbol{C}_1$ 的左上角就是

$$
\begin{pmatrix} 2a_{12} & 0 \\ 0 & -2a_{12} \end{pmatrix}
$$

也就归结到第一种情形.

情形四：$a_{1j}=0(j=1,2,\cdots,n)$.

由对称性，$a_{j1}=0(j=1,2,\cdots,n)$，于是

$$
\boldsymbol{A}=\begin{pmatrix} 0 & \boldsymbol{O} \\ \boldsymbol{O} & \boldsymbol{A}_1 \end{pmatrix}
$$

$\boldsymbol{A}_1$ 是 $n-1$ 阶对称矩阵. 由归纳法假设，有 $n-1$ 阶可逆矩阵 $\boldsymbol{G}$ 使 $\boldsymbol{G}^{\mathrm{T}}\boldsymbol{A}_1\boldsymbol{G}=\boldsymbol{D}$ 成对角形. 取 $\boldsymbol{C}=\begin{pmatrix} 1 & \boldsymbol{O} \\ \boldsymbol{O} & \boldsymbol{G} \end{pmatrix}$，$\boldsymbol{C}^{\mathrm{T}}\boldsymbol{A}\boldsymbol{C}$ 就成为对角形.

【例 6-4】 用配方法化二次型

$$
f(x_1,x_2,x_3)=2x_1x_2+2x_1x_3-6x_2x_3
$$

为标准形.

解：该二次型对应的矩阵为

$$A=\begin{pmatrix}0&1&1\\1&0&-3\\1&-3&0\end{pmatrix}$$

因为 $a_{11}=a_{22}=a_{33}=0$，但 $a_{12}\neq 0$，故属于情形三. 取

$$C_1=\begin{pmatrix}1&1&0\\1&-1&0\\0&0&1\end{pmatrix}$$

$$A_1=C_1^{\mathrm{T}}AC_1=\begin{pmatrix}1&1&0\\1&-1&0\\0&0&1\end{pmatrix}\begin{pmatrix}0&1&1\\1&0&-3\\1&-3&0\end{pmatrix}\begin{pmatrix}1&1&0\\1&-1&0\\0&0&1\end{pmatrix}=\begin{pmatrix}2&0&-2\\0&-2&4\\-2&4&0\end{pmatrix}$$

取

$$C_2=\begin{pmatrix}1&0&1\\0&1&0\\0&0&1\end{pmatrix}$$

$$A_2=C_2^{\mathrm{T}}A_1C_2=\begin{pmatrix}1&0&0\\0&1&0\\1&0&1\end{pmatrix}\begin{pmatrix}2&0&-2\\0&-2&4\\-2&4&0\end{pmatrix}\begin{pmatrix}1&0&1\\0&1&0\\0&0&1\end{pmatrix}=\begin{pmatrix}2&0&0\\0&-2&4\\0&4&-2\end{pmatrix}$$

再取

$$C_3=\begin{pmatrix}1&0&0\\0&1&2\\0&0&1\end{pmatrix}$$

$$A_3=C_3^{\mathrm{T}}A_2C_3=\begin{pmatrix}1&0&0\\0&1&0\\0&2&1\end{pmatrix}\begin{pmatrix}2&0&0\\0&-2&4\\0&4&-2\end{pmatrix}\begin{pmatrix}1&0&0\\0&1&2\\0&0&1\end{pmatrix}=\begin{pmatrix}2&0&0\\0&-2&0\\0&0&6\end{pmatrix}$$

A_3 已是对角矩阵，因此令

$$C=C_1C_2C_3=\begin{pmatrix}1&1&0\\1&-1&0\\0&0&1\end{pmatrix}\begin{pmatrix}1&0&1\\0&1&0\\0&0&1\end{pmatrix}\begin{pmatrix}1&0&0\\0&1&2\\0&0&1\end{pmatrix}=\begin{pmatrix}1&1&3\\1&-1&-1\\0&0&1\end{pmatrix}$$

就有

$$C^{\mathrm{T}}AC=\begin{pmatrix}2&0&0\\0&-2&0\\0&0&6\end{pmatrix}$$

作非退化线性变换 $X=CY$，即得

$$f=2y_1^2-2y_2^2+6y_3^2$$

6.2.4 初等变换法

接下来再来讨论化二次型为标准形的初等变换法.

由本节定理 6-2 知，对任意一个对称矩阵 A 都可以找到一个可逆矩阵 C 使 $C^{\mathrm{T}}AC$ 成为对角矩阵. 由于 C 可逆，由第 2 章定理 2-7 知，存在初等矩阵 $P_1, P_2, \cdots, P_k$ 有

$$C=P_1P_2\cdots P_k$$

于是有

$$P_k^{\mathrm{T}}\cdots P_2^{\mathrm{T}}P_1^{\mathrm{T}}AP_1P_2\cdots P_k$$

即

$$C^{\mathrm{T}}AC=P_k^{\mathrm{T}}(\cdots(P_2^{\mathrm{T}}(P_1^{\mathrm{T}}AP_1)P_2)\cdots)P_k$$

为对角矩阵. 这说明, 任意一个实对称矩阵 A, 可以经过一系列相同类型的初等行、列变换化为对角形矩阵. 这里的相同类型的初等行、列变换指的是每对 A 进行一次行变换, 都要紧接着对 A 进行一次相同类型的列变换.

又因为

$$C=P_1P_2\cdots P_k=EP_1P_2\cdots P_k$$

所以, 对 A 作的列变换同样施加于 E, 即得变换矩阵 C. 因此从上面的分析中可以得到初等变换法化二次型为标准形的方法.

将二次型的矩阵 A 与单位矩阵 E 构造矩阵 M

$$M=\begin{pmatrix}A\\E\end{pmatrix}$$

对 M 作相同类型的初等行、列变换, 直到 M 中的子块 A 成为对角矩阵, 则 M 中原来对应于 E 的部分即为线性变换矩阵. 对角矩阵的主对角线上的元素即为标准形的系数. 具体如下

$$\begin{pmatrix}A\\E\end{pmatrix}\xrightarrow{\text{成对初等行列变换}}\begin{pmatrix}B\\C\end{pmatrix}$$

即

$$\begin{pmatrix}C^{\mathrm{T}}A\\E\end{pmatrix}C=\begin{pmatrix}C^{\mathrm{T}}AC\\C\end{pmatrix}=\begin{pmatrix}B\\C\end{pmatrix}$$

【例 6-5】 用初等变换法化二次型

$$f(x_1,x_2,x_3)=2x_1x_2+2x_1x_3-6x_2x_3$$

为标准形.

解: 该二次型对应的矩阵为

$$A=\begin{pmatrix}0&1&1\\1&0&-3\\1&-3&0\end{pmatrix}$$

构造矩阵 B

$$B=\begin{pmatrix}0&1&1\\1&0&-3\\1&-3&0\\\hdashline 1&0&0\\0&1&0\\0&0&1\end{pmatrix}$$

对 B 进行初等变换, 得到

$$\boldsymbol{B}=\begin{pmatrix}2&0&0\\0&-2&0\\0&0&6\\\hdashline 1&-1&3\\1&1&-1\\0&0&1\end{pmatrix}$$

所以二次型的标准形为

$$f=2y_1^2-2y_2^2+6y_3^2$$

所用线性变换为

$$\begin{cases}x_1=y_1-y_2+3y_3\\x_2=y_1+y_2-y_3\\x_3=y_3\end{cases}$$

推导细节如下

$$\begin{pmatrix}\boldsymbol{A}\\\boldsymbol{E}\end{pmatrix}=\begin{pmatrix}0&1&1\\1&0&-3\\1&-3&0\\\hdashline 1&0&0\\0&1&0\\0&0&1\end{pmatrix}\xrightarrow[\text{加到第 1 列}]{\text{第 2 列}}\begin{pmatrix}1&1&1\\1&0&-3\\-2&-3&0\\\hdashline 1&0&0\\1&1&0\\0&0&1\end{pmatrix}\xrightarrow[\text{加到第 1 行}]{\text{第 2 行}}\begin{pmatrix}2&1&-2\\1&0&-3\\-2&-3&0\\\hdashline 1&0&0\\1&1&0\\0&0&1\end{pmatrix}$$

$$\xrightarrow[\text{加到第 2 列}]{\text{第 1 列的}-\frac{1}{2}\text{倍}}\begin{pmatrix}2&0&-2\\1&-\frac{1}{2}&-3\\-2&-2&0\\\hdashline 1&-\frac{1}{2}&0\\1&\frac{1}{2}&0\\0&0&1\end{pmatrix}\xrightarrow[\text{加到第 2 行}]{\text{第 1 行的}\left(-\frac{1}{2}\right)\text{倍}}\begin{pmatrix}2&0&-2\\0&-\frac{1}{2}&-2\\-2&-2&0\\\hdashline 1&-\frac{1}{2}&0\\1&\frac{1}{2}&0\\0&0&1\end{pmatrix}$$

$$\xrightarrow[\text{加到第 3 列}]{\text{第 1 列的}(-3)\text{倍}}\begin{pmatrix}2&0&0\\0&-\frac{1}{2}&-2\\-2&-2&-2\\\hdashline 1&-\frac{1}{2}&1\\1&\frac{1}{2}&1\\0&0&1\end{pmatrix}\xrightarrow[\text{加到第 3 行}]{\text{第 1 行的}(-1)\text{倍}}\begin{pmatrix}2&0&0\\0&-\frac{1}{2}&-2\\0&-2&-2\\\hdashline 1&-\frac{1}{2}&1\\1&\frac{1}{2}&1\\0&0&1\end{pmatrix}$$

$$\xrightarrow{\text{第 2 列乘以 2}} \begin{pmatrix} 2 & 0 & 0 \\ 0 & -1 & -2 \\ 0 & -4 & -2 \\ \hdashline 1 & -1 & 1 \\ 1 & 1 & 1 \\ 0 & 0 & 1 \end{pmatrix} \xrightarrow{\text{第 2 行乘以 2}} \begin{pmatrix} 2 & 0 & 0 \\ 0 & -2 & -4 \\ 0 & -4 & -2 \\ \hdashline 1 & -1 & 1 \\ 1 & 1 & 1 \\ 0 & 0 & 1 \end{pmatrix}$$

$$\xrightarrow[\text{加到第 3 列}]{\text{第 2 列的}(-2)\text{倍}} \begin{pmatrix} 2 & 0 & 0 \\ 0 & -2 & 0 \\ 0 & -4 & 6 \\ \hdashline 1 & -1 & 3 \\ 1 & 1 & -1 \\ 0 & 0 & 1 \end{pmatrix} \xrightarrow[\text{加到第 3 行}]{\text{第 2 行的}(-2)\text{倍}} \begin{pmatrix} 2 & 0 & 0 \\ 0 & -2 & 0 \\ 0 & 0 & 6 \\ \hdashline 1 & -1 & 3 \\ 1 & 1 & -1 \\ 0 & 0 & 1 \end{pmatrix}$$

一般地，二次型的标准形是不唯一的，但标准形中系数不为 0 的平方项的个数是唯一确定的，它等于二次型的秩. 不仅如此，在本章第 3 节我们还将证明一个非常重要的结果：标准形中系数为正的平方项的个数和系数为负的平方项的个数也分别是唯一确定的，即惯性定律.

6.2.5 用正交变换化二次型为标准形

考虑二次型

$$f(\boldsymbol{x})=\boldsymbol{x}^{\mathrm{T}}\boldsymbol{A}\boldsymbol{x} \tag{6-5}$$

其中 $\boldsymbol{x}\in\mathbf{R}^n$，$\boldsymbol{A}$ 是对称矩阵.

由于对任意实对称矩阵 $\boldsymbol{A}$，总有正交矩阵 $\boldsymbol{P}$ 使 $\boldsymbol{P}^{-1}\boldsymbol{A}\boldsymbol{P}=\boldsymbol{\Lambda}$ 即 $\boldsymbol{P}^{\mathrm{T}}\boldsymbol{A}\boldsymbol{P}=\boldsymbol{\Lambda}$. 把此结论应用于二次型，有如下定理.

定理 6-3 任给二次型 $f(\boldsymbol{x})=\boldsymbol{x}^{\mathrm{T}}\boldsymbol{A}\boldsymbol{x}$，总有正交变换 $\boldsymbol{x}=\boldsymbol{P}\boldsymbol{y}$，使 f 化成标准形

$$f=\lambda_1y_1^2+\lambda_2y_2^2+\cdots+\lambda_ny_n^2$$

其中 $\lambda_1, \lambda_2, \cdots, \lambda_n$ 是 f 的矩阵 $\boldsymbol{A}=(a_{ij})$ 的特征值.

证明：根据 5. 3. 2 节正交矩阵对角化方法, 可以得到矩阵 $\boldsymbol{P}$. 将 $\boldsymbol{x}=\boldsymbol{P}\boldsymbol{y}$ 代入 $f=\boldsymbol{x}^{\mathrm{T}}\boldsymbol{A}\boldsymbol{x}$，得到

$$f=(\boldsymbol{P}\boldsymbol{y})^{\mathrm{T}}\boldsymbol{A}(\boldsymbol{P}\boldsymbol{y})=\boldsymbol{y}^{\mathrm{T}}(\boldsymbol{P}^{\mathrm{T}}\boldsymbol{A}\boldsymbol{P})\boldsymbol{y}=\boldsymbol{y}^{\mathrm{T}}\boldsymbol{\Lambda}\boldsymbol{y}$$

其中 $\boldsymbol{\Lambda}$ 为对角矩阵. 如果

$$\boldsymbol{\Lambda}=\begin{pmatrix} \lambda_1 & & & \\ & \lambda_2 & & \\ & & \ddots & \\ & & & \lambda_n \end{pmatrix}$$

则上式化为

$$f=\lambda_1y_1^2+\lambda_2y_2^2+\cdots+\lambda_ny_n^2$$

即已将 f 化为了标准形.

结合第 5 章实对称矩阵的对角化知识，用正交变换化二次型为标准形的具体步骤可以

总结如下：

（1）将二次型表示成矩阵形式 $f=\boldsymbol{x}^{\mathrm{T}}\boldsymbol{A}\boldsymbol{x}$，求出 $\boldsymbol{A}$.

（2）求出 $\boldsymbol{A}$ 的所有特征值 $\lambda_1, \lambda_2, \cdots, \lambda_n$.

（3）求出对应于特征值的特征向量 $\boldsymbol{\xi}_1, \boldsymbol{\xi}_2, \cdots, \boldsymbol{\xi}_n$.

（4）将特征向量 $\boldsymbol{\xi}_1, \boldsymbol{\xi}_2, \cdots, \boldsymbol{\xi}_n$ 正交化，单位化，得 $\boldsymbol{\eta}_1, \boldsymbol{\eta}_2, \cdots, \boldsymbol{\eta}_n$，记 $\boldsymbol{P}=(\boldsymbol{\eta}_1, \boldsymbol{\eta}_2, \cdots, \boldsymbol{\eta}_n)$.

（5）作正交变换 $\boldsymbol{x}=\boldsymbol{P}\boldsymbol{y}$，则得 f 的标准形 $f=\lambda_1 y_1^2+\cdots+\lambda_n y_n^2$.

【例 6-6】 通过正交变换 $x=\boldsymbol{P}y$ 将二次型

$$f=17x_1^2+14x_2^2+14x_3^2-4x_1x_2-4x_1x_3-8x_2x_3$$

化为标准形.

解：写出对应的二次型矩阵，计算特征多项式

$$\boldsymbol{A}=\begin{pmatrix}17 & -2 & -2\\ -2 & 14 & -4\\ -2 & -4 & 14\end{pmatrix}$$

$$|\boldsymbol{A}-\lambda\boldsymbol{E}|=\begin{vmatrix}17-\lambda & -2 & -2\\ -2 & 14-\lambda & -4\\ -2 & -4 & 14-\lambda\end{vmatrix}=-(\lambda-18)^2(\lambda-9)$$

从而得到特征值

$$\lambda_1=9,\ \lambda_2=\lambda_3=18$$

将 $\lambda_1=9$ 代入 $(\boldsymbol{A}-\lambda\boldsymbol{E})\boldsymbol{x}=\boldsymbol{0}$ 求解得到特征向量

$$\boldsymbol{\xi}_1=\begin{pmatrix}\frac{1}{2}\\ 1\\ 1\end{pmatrix}$$

将 $\lambda_2=\lambda_3=18$ 代入 $(\boldsymbol{A}-\lambda\boldsymbol{E})\boldsymbol{x}=\boldsymbol{0}$ 求解得到线性无关特征向量

$$\boldsymbol{\xi}_2=\begin{pmatrix}-2\\ 1\\ 0\end{pmatrix},\ \boldsymbol{\xi}_3=\begin{pmatrix}-2\\ 0\\ 1\end{pmatrix}$$

将特征向量正交化

$$\boldsymbol{\alpha}_1=\boldsymbol{\xi}_1,\ \boldsymbol{\alpha}_2=\boldsymbol{\xi}_2,\ \boldsymbol{\alpha}_3=\boldsymbol{\xi}_3-\frac{(\boldsymbol{\alpha}_2, \boldsymbol{\xi}_3)}{(\boldsymbol{\alpha}_2, \boldsymbol{\alpha}_2)}\boldsymbol{\alpha}_2$$

得正交向量组

$$\boldsymbol{\alpha}_1=\begin{pmatrix}\frac{1}{2}\\ 1\\ 1\end{pmatrix},\ \boldsymbol{\alpha}_2=\begin{pmatrix}-2\\ 1\\ 0\end{pmatrix},\ \boldsymbol{\alpha}_3=\begin{pmatrix}-\frac{2}{5}\\ -\frac{4}{5}\\ 1\end{pmatrix}$$

将正交向量组单位化，令

$$\boldsymbol{\eta}_i=\frac{\boldsymbol{\alpha}_i}{\|\boldsymbol{\alpha}_i\|}\quad(i=1,2,3)$$

即

$$\boldsymbol{\eta}_1=\begin{pmatrix}\frac{1}{3}\\\frac{2}{3}\\\frac{2}{3}\end{pmatrix},\ \boldsymbol{\eta}_2=\begin{pmatrix}-\frac{2}{\sqrt{5}}\\\frac{1}{\sqrt{5}}\\0\end{pmatrix},\ \boldsymbol{\eta}_3=\begin{pmatrix}-\frac{2}{\sqrt{45}}\\-\frac{4}{\sqrt{45}}\\\frac{5}{\sqrt{45}}\end{pmatrix}$$

得正交矩阵

$$\boldsymbol{P}=\begin{pmatrix}\frac{1}{3}&-\frac{2}{\sqrt{5}}&-\frac{2}{\sqrt{45}}\\\frac{2}{3}&\frac{1}{\sqrt{5}}&-\frac{4}{\sqrt{45}}\\\frac{2}{3}&0&\frac{5}{\sqrt{45}}\end{pmatrix}$$

于是所求正交变换为

$$\begin{pmatrix}x_1\\x_2\\x_3\end{pmatrix}=\begin{pmatrix}\frac{1}{3}&-\frac{2}{\sqrt{5}}&-\frac{2}{\sqrt{45}}\\\frac{2}{3}&\frac{1}{\sqrt{5}}&-\frac{4}{\sqrt{45}}\\\frac{2}{3}&0&\frac{5}{\sqrt{45}}\end{pmatrix}\begin{pmatrix}y_1\\y_2\\y_3\end{pmatrix}$$

且有 $f=9y_1^2+18y_2^2+18y_3^2$.

【例 6-7】 设

$$f(x_1,x_2,x_3)=5x_1^2+5x_2^2+cx_3^2-2x_1x_2+6x_1x_3-6x_2x_3$$

秩$(f)=2$.

（1）求 c；

（2）用正交变换化 $f(x_1,x_2,x_3)$ 为标准形；

（3）$f(x_1,x_2,x_3)=1$ 表示哪类二次曲面？

解：（1）f 的矩阵 $\boldsymbol{A}=\begin{pmatrix}5&-1&3\\-1&5&-3\\3&-3&c\end{pmatrix}$，因为秩$(f)=2$，所以有

$$\text{rank}\boldsymbol{A}=2\Rightarrow\det\boldsymbol{A}=0\Rightarrow c=3$$

（2）$\boldsymbol{A}$ 的特征多项式为

$$|\boldsymbol{A}-\lambda \boldsymbol{E}|=\begin{vmatrix}5-\lambda & -1 & 3\\ -1 & 5-\lambda & -3\\ 3 & -3 & 3-\lambda\end{vmatrix}\xlongequal{r_1+r_2}\begin{vmatrix}4-\lambda & 4-\lambda & 0\\ -1 & 5-\lambda & -3\\ 3 & -3 & 3-\lambda\end{vmatrix}$$

$$\xlongequal{c_2-c_1}\begin{vmatrix}4-\lambda & 0 & 0\\ -1 & 6-\lambda & -3\\ 3 & -6 & 3-\lambda\end{vmatrix}=-\lambda(\lambda-4)(\lambda-9)$$

所以 $\boldsymbol{A}$ 的特征值为 $\lambda_1=0, \lambda_2=4, \lambda_3=9$.

特征向量为

$$\boldsymbol{p}_1=\begin{pmatrix}-1\\1\\2\end{pmatrix}, \boldsymbol{p}_2=\begin{pmatrix}1\\1\\0\end{pmatrix}, \boldsymbol{p}_3=\begin{pmatrix}1\\-1\\1\end{pmatrix}$$

显然三个特征向量两两正交，将 $\boldsymbol{p}_1,\boldsymbol{p}_2,\boldsymbol{p}_3$ 单位化后，得到正交矩阵

$$\boldsymbol{P}=\begin{pmatrix}-\frac{1}{\sqrt{6}} & \frac{1}{\sqrt{2}} & \frac{1}{\sqrt{3}}\\ \frac{1}{\sqrt{6}} & \frac{1}{\sqrt{2}} & -\frac{1}{\sqrt{3}}\\ \frac{2}{\sqrt{6}} & 0 & \frac{1}{\sqrt{3}}\end{pmatrix}$$

因此，在正交变换 $\boldsymbol{x}=\boldsymbol{P}\boldsymbol{y}$ 下，原二次型的标准形为 $f=4y_2^2+9y_3^2$.

（3）$f(x_1, x_2, x_3)=1 \Leftrightarrow 4y_2^2+9y_3^2=1$，所以 $f(x_1, x_2, x_3)=1$ 表示椭圆柱面.

实二次型的化简问题，在理论和实际中经常遇到，通过在二次型和对称矩阵之间建立一一对应的关系，将二次型的化简转化为将对称矩阵化为对角矩阵.

6.3 惯性定律 典范形

对于求二次型 $2x_1x_2+2x_1x_3-6x_2x_3$ 的标准形的问题，前面用配方法和初等变换法研究过，经过线性变换

$$\begin{pmatrix}x_1\\x_2\\x_3\end{pmatrix}=\begin{pmatrix}1 & 1 & 3\\ 1 & -1 & -1\\ 0 & 0 & 1\end{pmatrix}\begin{pmatrix}w_1\\w_2\\w_3\end{pmatrix}$$

变成的标准形为

$$2w_1^2-2w_2^2+6w_3^2$$

可以验证，该二次型经过线性变换

$$\begin{pmatrix}x_1\\x_2\\x_3\end{pmatrix}=\begin{pmatrix}1 & -\frac{1}{2} & 1\\ 1 & \frac{1}{2} & -\frac{1}{3}\\ 0 & 0 & \frac{1}{3}\end{pmatrix}\begin{pmatrix}y_1\\y_2\\y_3\end{pmatrix}$$

就得到另一个标准形

$$2y_1^2-\frac{1}{2}y_2^2+\frac{2}{3}y_3^2$$

这就说明，二次型的标准形不是唯一的，而与所作的非退化线性变换有关. 但有一点是肯定的，即在一个二次型的标准形中，系数不为零的平方项的个数是唯一确定的，与所作的线性变换无关. 这是因为，经过非退化线性变换二次型的矩阵变成了一个与之合同的矩阵. 由本节定理可以得到，合同的矩阵有相同的秩. 这就是说，经过非退化线性变换之后，二次型矩阵的秩是不变的. 标准形的矩阵是对角矩阵，而对角矩阵的秩就等于它对角线上不为零的元素的个数. 这也就证明了标准形中，系数不为零的平方项的个数是唯一确定的.

在本节中，我们要进一步研究唯一性的问题.

6.3.1 复数范围内的情形

设$f(x_1, x_2, \cdots, x_n)$是一个复系数的二次型. 由定理 6-1 知，$f(x_1, x_2, \cdots, x_n)$经过一适当的非退化线性变换后变成标准形. 不妨假设它的标准形是

$$d_1y_1^2+d_2y_2^2+\cdots+d_ry_r^2 \quad (d_i\neq 0,\ i=1, 2, \cdots, r)$$

其中，r 是$f(x_1, x_2, \cdots, x_n)$的矩阵的秩. 因为复数总可以开平方，所以我们再作一次非退化线性变换

$$\begin{cases} y_1=\dfrac{1}{\sqrt{d_1}}z_1 \\ \quad\cdots \\ y_r=\dfrac{1}{\sqrt{d_r}}z_r \\ y_{r+1}=z_{r+1} \\ \quad\cdots \\ y_n=z_n \end{cases}$$

$$d_1y_1^2+d_2y_2^2+\cdots+d_ry_r^2 \quad (d_i\neq 0,\ i=1, 2, \cdots, r)$$

就变成

$$z_1^2+z_2^2+\cdots+z_r^2 \tag{6-6}$$

式（6-6）称为复二次型$f(x_1, x_2, \cdots, x_n)$的规范形（或典范形）. 显然规范形完全被原二次型矩阵的秩所决定，因此有如下定理.

定理 6-4 任意一个复系数的二次型，经过一个适当的非退化线性变换可以变成规范形，且规范形是唯一的.

定理 6-4 也可表述为：

定理 6-4′ 任一复数的对称矩阵合同于一个形式为

$$\begin{pmatrix} 1 & & & & & \\ & \ddots & & & & \\ & & 1 & & & \\ & & & 0 & & \\ & & & & \ddots & \\ & & & & & 0 \end{pmatrix}$$

的对角矩阵.

从而有，两个复数对称矩阵合同的充分必要条件是它们的秩相等.

6.3.2 实数范围内的情形

设$f(x_1, x_2, \cdots, x_n)$是一个实系数的二次型. 由定理 6-1 知$f(x_1, x_2, \cdots, x_n)$经过一适当的非退化线性替换，可变成标准形

$$d_1y_1^2+\cdots+d_py_p^2-d_{p+1}y_{p+1}^2-\cdots-d_ry_r^2$$

其中 $d_i>0(i=1, \cdots, r)$；r 是$f(x_1, x_2, \cdots, x_n)$的秩. 因为在实数范围内，正实数总可以开平方，所以再作一非退化线性变换

$$\begin{cases} y_1=\dfrac{1}{\sqrt{d_1}}z_1 \\ \quad\cdots \\ y_r=\dfrac{1}{\sqrt{d_r}}z_r \\ y_{r+1}=z_{r+1} \\ \quad\cdots \\ y_n=z_n \end{cases}$$

二次型 $d_1y_1^2+\cdots+d_py_p^2-d_{p+1}y_{p+1}^2-\cdots-d_ry_r^2$ 就变成

$$z_1^2+\cdots+z_p^2-z_{p+1}^2-\cdots-z_r^2 \tag{6-7}$$

称式（6-7）为实二次型$f(x_1, x_2, \cdots, x_n)$的规范形. 显然该规范形完全被 r, p 这两个数所决定. 对于实系数二次型的规范形，我们有以下定理.

定理 6-5 （惯性定理）任意一个实数范围内的二次型，经过适当的非退化线性变换可以变成规范形，且规范形是唯一的.

证明：定理的前一半已经证明，下面就来证唯一性.

设实二次型f经过非退化线性变换 $\boldsymbol{X}=\boldsymbol{BY}$ 化成规范形

$$f=y_1^2+\cdots+y_p^2-y_{p+1}^2-\cdots-y_r^2$$

而经过非退化线性变换 $\boldsymbol{X}=\boldsymbol{CZ}$ 也化成规范形

$$f=z_1^2+\cdots+z_q^2-z_{q+1}^2-\cdots-z_r^2$$

现在来证明 $p=q$.

用反证法. 假设 $p>q$. 由以上假设，我们有

$$y_1^2+y_2^2+\cdots+y_p^2-y_{p+1}^2-\cdots-y_r^2=z_1^2+z_2^2+\cdots+z_q^2-z_{q+1}^2-\cdots-z_r^2 \tag{6-8}$$

其中

$$\boldsymbol{Z}=\boldsymbol{C}^{-1}\boldsymbol{BY}$$

令

$$\boldsymbol{C}^{-1}\boldsymbol{B}=\boldsymbol{G}=\begin{pmatrix} g_{11} & g_{12} & \cdots & g_{1n} \\ g_{21} & g_{22} & \cdots & g_{2n} \\ \vdots & \vdots & & \vdots \\ g_{n1} & g_{n2} & \cdots & g_{nn} \end{pmatrix}$$

则有

$$\begin{cases} z_1 = g_{11}y_1 + g_{12}y_2 + \cdots + g_{1n}y_n \\ z_2 = g_{21}y_1 + g_{22}y_2 + \cdots + g_{2n}y_n \\ \qquad\cdots \\ z_n = g_{n1}y_1 + g_{n2}y_2 + \cdots + g_{nn}y_n \end{cases}$$

为了从等式（6-8）中找到矛盾，令 $y_{p+1} = \cdots = y_n = 0$，$z_1 = \cdots = z_q = 0$，于是可得关于 $y_1, \cdots, y_p, y_{p+1}, \cdots, y_n$ 的齐次线性方程组

$$\begin{cases} g_{11}y_1 + g_{12}y_2 + \cdots + g_{1n}y_n = 0 \\ \qquad\cdots \\ g_{q1}y_1 + g_{q2}y_2 + \cdots + g_{qn}y_n = 0 \\ y_{p+1} = 0 \\ \qquad\cdots \\ y_n = 0 \end{cases}$$

该方程组含有 n 个未知量，而含有

$$q + (n - p) = n - (p - q) < n$$

个方程，由定理 4-1 知它有非零解. 令

$$\begin{pmatrix} y_1 \\ \vdots \\ y_p \\ y_{p+1} \\ \vdots \\ y_n \end{pmatrix} = \begin{pmatrix} k_1 \\ \vdots \\ k_p \\ k_{p+1} \\ \vdots \\ k_n \end{pmatrix}$$

是一个非零解. 显然

$$k_{p+1} = \cdots = k_n = 0$$

这时，等式（6-8）的左边为

$$k_1^2 + k_2^2 + \cdots + k_p^2 > 0$$

而它的右边为

$$-z_{q+1}^2 - \cdots - z_r^2 \leqslant 0$$

这是一个矛盾，它说明假设 $p > q$ 是不对的. 因此就有 $p \leqslant q$.

同理可证 $q \leqslant p$，从而 $q = p$. 这就证明了规范形的唯一性.

对于矩阵，我们有类似的结论.

定理 6-6 任一个 n 阶实对称矩阵 $\boldsymbol{A}$ 都合同于一个如下形式的对角矩阵

$$\begin{pmatrix} \boldsymbol{E}_p & & \\ & -\boldsymbol{E}_{r-p} & \\ & & \boldsymbol{O} \end{pmatrix}$$

其中对角线上 1 的个数 p 及 -1 的个数 $r-p$ （r 为 $\boldsymbol{A}$ 的秩） 都是唯一确定的.

定义 6-5 在实二次型 $f(x_1, x_2, \cdots, x_n)$ 的规范形中，正平方项的个数 p 称为 $f(x_1, x_2, \cdots, x_n)$ 的正惯性指数；负平方项的个数 $r-p$ 称为 $f(x_1, x_2, \cdots, x_n)$ 的负惯性指数；它们的差 $p-(r-p)=2p-r$ 称为 $f(x_1, x_2, \cdots, x_n)$ 的符号差.

应该指出，虽然实二次型的标准形不是唯一的，但是由上面化成规范形的过程可以看出，标准形中系数为正的平方项的个数与规范形中正平方项的个数是一致的. 因此，惯性定理也可以叙述为：实二次型的标准形中系数为正的平方项的个数是唯一确定的，它等于正惯性指数，而系数为负的平方项的个数就等于负惯性指数.

把上述关于二次型的规范形的结论，对应到矩阵上来，就是：

定理 6-7 （1） 任一复对称矩阵 $\boldsymbol{A}$ 都合同于一个形如

$$\begin{pmatrix} 1 & & & & & \\ & \ddots & & & & \\ & & 1 & & & \\ & & & 0 & & \\ & & & & \ddots & \\ & & & & & 0 \end{pmatrix}$$

的对角矩阵，其中对角线上 1 的个数 r 等于 $\boldsymbol{A}$ 的秩.

（2） 任一实对称矩阵 $\boldsymbol{A}$ 都合同于一个形如

$$\begin{pmatrix} 1 & & & & & & & & \\ & \ddots & & & & & & & \\ & & 1 & & & & & & \\ & & & -1 & & & & & \\ & & & & \ddots & & & & \\ & & & & & -1 & & & \\ & & & & & & 0 & & \\ & & & & & & & \ddots & \\ & & & & & & & & 0 \end{pmatrix}$$

的对角矩阵，其中对角线上 1 的个数 p 及 -1 的个数 $r-p$ （$\boldsymbol{A}$ 是的秩） 都是唯一确定的，分别称为 $\boldsymbol{A}$ 的正、负惯性指数. $2p-r$ 称为 $\boldsymbol{A}$ 的符号差.

6.4 正定二次型

6.4.1 正定二次型的定义

在实二次型中，正定二次型占有特殊的地位. 因为正定二次型与正定矩阵在工程技术和最优化等问题中有着广泛的应用. 例如，在控制系统稳定性研究中就经常用到正定二次型. 讨论多元函数极值的充分条件也要用到它. 在这一节中，我们给出它的定义以及常用的判别条件.

（1）定义.

定义 6-6 实二次型$f(x_1, x_2, \cdots, x_n)$称为正定的，如果对于任意一组不全为零的实数$c_1, c_2, \cdots, c_n$都有

$$f(c_1, c_2, \cdots, c_n)>0$$

注意：显然对任何二次型都有$f(0, 0, \cdots, 0)=0$.

定义 6-6′ 对实二次型$f(\boldsymbol{x})=\boldsymbol{x}^{\mathrm{T}}\boldsymbol{A}\boldsymbol{x}$，如果对任何$\boldsymbol{x}\neq\boldsymbol{0}$都有$f(\boldsymbol{x})>0$，就称$f$为正定二次型.

例如：$f=x^2+4y^2+16z^2$为正定二次型；$f=-x_1^2-3x_2^2$不是正定二次型.

（2）两个基本结论.

1）实二次型$f(x_1, x_2, \cdots, x_n)=d_1x_1^2+d_2x_2^2+\cdots+d_nx_n^2$正定的充分必要条件是$d_i>0(i=1, 2, \cdots, n)$.

证明：充分性是显然的. 下面来证必要性，用反证法，设存在$d_i\leqslant 0$，于是取$x_i=1$，$x_j=0(i\neq j)$，则有

$$f(0, \cdots, 0, 1, 0, \cdots, 0)=d_i\leqslant 0$$

这与二次型正定相矛盾.

2）非退化实线性变换保持正定性不变.

证明：

设实二次型$f=\boldsymbol{X}^{\mathrm{T}}\boldsymbol{A}\boldsymbol{X}$是正定的，作非退化线性变换$\boldsymbol{X}=\boldsymbol{C}\boldsymbol{Y}$，所得二次型为

$$f=\boldsymbol{Y}^{\mathrm{T}}(\boldsymbol{C}^{\mathrm{T}}\boldsymbol{A}\boldsymbol{C})\boldsymbol{Y}$$

对任意的$\boldsymbol{Y}_0\neq\boldsymbol{0}$，相应的$\boldsymbol{X}_0=\boldsymbol{C}\boldsymbol{Y}_0\neq\boldsymbol{0}$. 因为如果$\boldsymbol{X}_0=\boldsymbol{0}$，则$\boldsymbol{Y}_0=\boldsymbol{C}^{-1}\boldsymbol{X}_0=\boldsymbol{0}$. 于是由$f=\boldsymbol{X}^{\mathrm{T}}\boldsymbol{A}\boldsymbol{X}$的正定性，即得

$$f=\boldsymbol{Y}_0^{\mathrm{T}}(\boldsymbol{C}^{\mathrm{T}}\boldsymbol{A}\boldsymbol{C})\boldsymbol{Y}_0=\boldsymbol{X}_0^{\mathrm{T}}\boldsymbol{A}\boldsymbol{X}_0>0$$

6.4.2 实二次型正定性的判别方法

（1）惯性指数法.

定理 6-8 n元实二次型$f(x_1, x_2, \cdots, x_n)$正定的充分必要条件是它的正惯性指数等于n.

证明：设二次型$f(x_1, x_2, \cdots, x_n)$经过非退化实线性变换变成标准形

$$d_1x_1^2+d_2x_2^2+\cdots+d_nx_n^2$$

由前面讨论的基本结论1）知，该标准形是正定的当且仅当$d_i>0(i=1, 2, \cdots, n)$，即正惯性指数为n. 再由基本结论2）即得.

定理6-8说明，正定二次型$f(x_1, x_2, \cdots, x_n)$的规范形为

$$y_1^2+y_2^2+\cdots+y_n^2$$

定义 6-7 实对称矩阵$\boldsymbol{A}$称为正定的，如果二次型$\boldsymbol{X}^{\mathrm{T}}\boldsymbol{A}\boldsymbol{X}$正定.

在矩阵理论中，我们用$\boldsymbol{A}>0$表示矩阵$\boldsymbol{A}$正定.

因为二次型$x_1^2+x_2^2+\cdots+x_n^2$的矩阵是单位矩阵$\boldsymbol{E}$，所以一个实对称矩阵是正定的当且仅当它与单位矩阵合同，由此得：

推论 6-1 实对称矩阵$\boldsymbol{A}$正定的充分必要条件是存在可逆矩阵$\boldsymbol{C}$，使得$\boldsymbol{A}=\boldsymbol{C}^{\mathrm{T}}\boldsymbol{C}$.

证明：设$\boldsymbol{A}$为实对称矩阵，则由定理6-8有

实对称矩阵$\boldsymbol{A}$正定$\Leftrightarrow$实二次型$\boldsymbol{X}^{\mathrm{T}}\boldsymbol{A}\boldsymbol{X}$正定

$\Leftrightarrow$实二次型 $\boldsymbol{X}^{\mathrm{T}}\boldsymbol{A}\boldsymbol{X}$ 的规范形是 $x_1^2+x_2^2+\cdots+x_n^2$

$\Leftrightarrow$矩阵 $\boldsymbol{A}$ 和 $\boldsymbol{E}$ 合同

$\Leftrightarrow$存在可逆矩阵 $\boldsymbol{C}$，使 $\boldsymbol{A}=\boldsymbol{C}^{\mathrm{T}}\boldsymbol{E}\boldsymbol{C}=\boldsymbol{C}^{\mathrm{T}}\boldsymbol{C}$

推论 6-2　正定矩阵的行列式大于零.

证明：设 $\boldsymbol{A}$ 是一正定矩阵，则由推论 6-1 知，存在可逆矩阵 $\boldsymbol{C}$，使

$$\boldsymbol{A}=\boldsymbol{C}^{\mathrm{T}}\boldsymbol{C}$$

两边取行列式，就有

$$|\boldsymbol{A}|=|\boldsymbol{C}^{\mathrm{T}}||\boldsymbol{C}|=|\boldsymbol{C}|^2>0$$

推论 6-3　实对称矩阵 $\boldsymbol{A}$ 正定的充分必要条件是它的特征值全为正.

【例 6-8】　证明：若 $\boldsymbol{A}$ 是正定矩阵，则 $\boldsymbol{A}^{-1}$也是正定的.

证明：由正定矩阵的定义知，正定矩阵是实对称矩阵，由推论 6-2 知，正定矩阵 $\boldsymbol{A}$ 是可逆的，且

$$(\boldsymbol{A}^{-1})^{\mathrm{T}}=(\boldsymbol{A}^{\mathrm{T}})^{-1}=\boldsymbol{A}^{-1}$$

所以 $\boldsymbol{A}^{-1}$也是实对称矩阵. 接下来证明 $\boldsymbol{A}^{-1}$正定.

对二次型 $\boldsymbol{X}^{\mathrm{T}}\boldsymbol{A}^{-1}\boldsymbol{X}$ 作非退化线性变换 $\boldsymbol{X}=\boldsymbol{A}\boldsymbol{Y}$，得

$$\boldsymbol{X}^{\mathrm{T}}\boldsymbol{A}^{-1}\boldsymbol{X}=\boldsymbol{Y}^{\mathrm{T}}\boldsymbol{A}^{\mathrm{T}}\boldsymbol{A}^{-1}\boldsymbol{A}\boldsymbol{Y}=\boldsymbol{Y}^{\mathrm{T}}\boldsymbol{A}\boldsymbol{Y}$$

由 $\boldsymbol{Y}^{\mathrm{T}}\boldsymbol{A}\boldsymbol{Y}$ 正定，知 $\boldsymbol{X}^{\mathrm{T}}\boldsymbol{A}^{-1}\boldsymbol{X}$ 也正定，故 $\boldsymbol{A}^{-1}$是正定矩阵.

【例 6-9】　用惯性指数法判断二元二次型

$$f(x_1,x_2,x_3)=x_1^2+x_2^2+x_3^2-x_1x_2+x_2x_3$$

是否是正定二次型.

解法一：配方法.

直接配方得

$$\begin{aligned}f(x_1,x_2,x_3)&=x_1^2+x_2^2+x_3^2-x_1x_2+x_2x_3\\&=\left(x_1-\frac{1}{2}x_2\right)^2+\frac{3}{4}\left(x_2+\frac{2}{3}x_3\right)^2+\frac{2}{3}x_3^2\end{aligned}$$

则其标准形为

$$y_1^2+\frac{3}{4}y_2^2+\frac{2}{3}y_3^2$$

因为正惯性指数 $p=3=n$，所以是正定的.

解法二：用初等变换法.

$$\begin{pmatrix}1&-\frac{1}{2}&0\\-\frac{1}{2}&1&\frac{1}{2}\\0&\frac{1}{2}&1\\\hdashline 1&0&0\\0&1&0\\0&0&1\end{pmatrix}\rightarrow\begin{pmatrix}1&0&0\\0&\frac{3}{4}&0\\0&0&\frac{2}{3}\\\hdashline 1&\frac{1}{2}&-\frac{1}{3}\\0&1&-\frac{2}{3}\\0&0&1\end{pmatrix}$$

则其标准形为

$$y_1^2+\frac{3}{4}y_2^2+\frac{2}{3}y_3^2$$

所作非退化线性变换为

$$\begin{pmatrix}x_1\\x_2\\x_3\end{pmatrix}=\begin{pmatrix}1&\frac{1}{2}&-\frac{1}{3}\\0&1&-\frac{2}{3}\\0&0&1\end{pmatrix}\begin{pmatrix}y_1\\y_2\\y_3\end{pmatrix}$$

因为正惯性指数 $p=3=n$，所以是正定的.

解法三：判断其矩阵的特征值全为正.

二次型的矩阵为 $\boldsymbol{A}=\begin{pmatrix}1&-\frac{1}{2}&0\\-\frac{1}{2}&1&\frac{1}{2}\\0&\frac{1}{2}&1\end{pmatrix}$，特征值为 $\lambda_1=1, \lambda_{2,3}=1\pm\frac{1}{\sqrt{2}}$，均为正值，所以 $\boldsymbol{A}$ 正定，即此二次型正定.

（2）顺序主子式法.

有时我们需要直接从二次型的矩阵来判别这个二次型是不是正定的，而不希望通过它的标准形或规范形. 下面来解决这个问题. 为此引入如下定义.

定义 6-8　子式

$$P_i=\begin{vmatrix}a_{11}&a_{12}&\cdots&a_{1i}\\a_{21}&a_{22}&\cdots&a_{2i}\\\vdots&\vdots&&\vdots\\a_{i1}&a_{i2}&\cdots&a_{ii}\end{vmatrix}\quad(i=1, 2, \cdots, n)$$

称为矩阵 $\boldsymbol{A}=(a_{ij})_{nn}$ 的顺序主子式.

基于顺序主子式的定义，我们给出实二次型正定的一种判定方法.

定理 6-9　实二次型

$$f(x_1, x_2, \cdots, x_n)=\sum_{i=1}^{n}\sum_{j=1}^{n}a_{ij}x_ix_j=\boldsymbol{X}^{\mathrm{T}}\boldsymbol{A}\boldsymbol{X}$$

正定的充分必要条件为矩阵 $\boldsymbol{A}$ 的 n 个顺序主子式全大于零.

证明：先证必要性. 设二次型

$$f(x_1, x_2, \cdots, x_n)=\sum_{i=1}^{n}\sum_{j=1}^{n}a_{ij}x_ix_j$$

是正定的. 对于每个 $k(k=1, 2, \cdots, n)$，令

$$f_k(x_1, x_2, \cdots, x_k)=\sum_{i=1}^{k}\sum_{j=1}^{k}a_{ij}x_ix_j$$

接下来证明 f_k 是一个 k 元的正定二次型. 对于任意一组不全为零的实数 $c_1, \cdots, c_k$ 有：

$$f_k(c_1, c_2, \cdots, c_k) = \sum_{i=1}^{k} \sum_{j=1}^{k} a_{ij}c_i c_j = f(c_1, c_2, \cdots, c_k, 0, \cdots, 0) > 0$$

因此$f_k(x_1, x_2, \cdots, x_k)$是正定的．由推论 6-2 知，$f_k$ 的矩阵的行列式

$$\begin{vmatrix} a_{11} & \cdots & a_{1k} \\ \vdots & & \vdots \\ a_{k1} & \cdots & a_{kk} \end{vmatrix} > 0 \quad (k=1, \cdots, n)$$

这就证明了矩阵 $\boldsymbol{A}$ 的顺序主子式全大于零．

再证充分性．设矩阵 $\boldsymbol{A}$ 的 n 个顺序主子式全大于零．对 n 作数学归纳法．当 $n=1$ 时

$$f(x_1) = a_{11}x_1^2$$

由条件 $a_{11}>0$ 显然有$f(x_1)$是正定的．假设充分性的论断对于 $n-1$ 元二次型已成立，现在来证 n 元的情形．设矩阵 $\boldsymbol{A}$ 的 n 个顺序主子式全大于零．

$$f_1(x_1, x_2, \cdots, x_{n-1}) = \sum_{i=1}^{n-1} \sum_{j=1}^{n-1} a_{ij}x_i x_j$$

是正定的，所以存在一个非退化线性变换

$$\begin{cases} x_1 = m_{11}y_1 + m_{12}y_2 + \cdots + m_{1,\, n-1}y_{n-1} \\ x_2 = m_{21}y_1 + m_{22}y_2 + \cdots + c_{2,\, n-1}y_{n-1} \\ \qquad \cdots \\ x_{n-1} = m_{n-1,\, 1}y_1 + m_{n-1,\, 2}y_2 + \cdots + m_{n-1,\, n-1}y_{n-1} \end{cases}$$

把f_1 变成

$$y_1^2 + y_2^2 + \cdots + y_{n-1}^2$$

于是作变换

$$\begin{cases} x_1 = m_{11}y_1 + m_{12}y_2 + \cdots + m_{1,\, n-1}y_{n-1} \\ x_2 = m_{21}y_1 + m_{22}y_2 + \cdots + c_{2,\, n-1}y_{n-1} \\ \qquad \cdots \\ x_{n-1} = m_{n-1,\, 1}y_1 + m_{n-1,\, 2}y_2 + \cdots + m_{n-1,\, n-1}y_{n-1} \\ x_n = y_n \end{cases} \tag{6-9}$$

它把f变为

$$g(y_1, y_2, \cdots, y_n) = y_1^2 + y_2^2 + \cdots + y_{n-1}^2 + 2c_{1n}y_1y_n + \cdots + 2c_{n-1,\, n}y_{n-1}y_n + c_{nn}y_n^2$$

其中 $c_{1n}, \cdots, c_{nn}$是适当的数．注意到

$$\begin{aligned} g(y_1, y_2, \cdots, y_n) &= (y_1 + c_{1n}y_n)^2 + \cdots + (y_{n-1} + c_{n-1,\, n}y_n)^2 \\ &\quad + c_{nn}y_n^2 - c_{1n}y_n^2 - \cdots - c_{n-1,\, n}y_n^2 \\ &= (y_1 + c_{1n}y_n)^2 + \cdots + (y_{n-1} + c_{n-1,\, n}y_n)^2 + dy_n^2 \end{aligned}$$

其中 $d = c_{nn} - c_{1n} - \cdots - c_{n-1,\, n}$是常数．故令

$$\begin{cases} y_1 + c_{1n}y_n = z_1 \\ \qquad \cdots \\ y_{n-1} + c_{n-1,\, n}y_n = z_{n-1} \\ y_n = z_n \end{cases}$$

即作变换

$$\begin{cases} y_1 = z_1 - c_{1n} z_n \\ \quad \cdots \\ y_{n-1} = z_{n-1} - c_{n-1,\,n} z_n \\ y_n = z_n \end{cases} \tag{6-10}$$

则 $g(y_1, y_2, \cdots, y_n)$ 变成

$$z_1^2 + z_2^2 + \cdots + z_{n-1}^2 + d z_n^2 \tag{6-11}$$

于是 $f(x_1, x_2, \cdots, x_n)$ 经过式（6-9）和式（6-10）就变成了式（6-11）. 要使最后这个二次型正定，只须 $d>0$. 把以上结果用矩阵写出，就是存在可逆矩阵 $\boldsymbol{Q}$ 使

$$\boldsymbol{Q}^{\mathrm{T}}\boldsymbol{A}\boldsymbol{Q} = \begin{pmatrix} 1 & & & \\ & \ddots & & \\ & & 1 & \\ & & & d \end{pmatrix}$$

两边取行列式，从 $|\boldsymbol{Q}^{\mathrm{T}}| = |\boldsymbol{Q}|$ 就得 $|\boldsymbol{Q}|^2 |\boldsymbol{A}| = d$. 由充分性假设，$|\boldsymbol{A}|>0$，又 $|\boldsymbol{Q}|^2>0$，所以 $d>0$，即式（6-11）正定，就是 f 正定. 因此充分性得证.

注：上述充分性证明用矩阵写出如下：

对 n 作数学归纳法：

当 $n=1$ 时

$$f(x_1) = a_{11} x_1^2$$

由条件 $a_{11}>0$ 显然有 $f(x_1)$ 是正定的.

假设充分性的论断对于 $n-1$ 元二次型已成立，现在来证 n 元的情形. 令

$$\boldsymbol{A}_1 = \begin{pmatrix} a_{11} & \cdots & a_{1,\,n-1} \\ \vdots & & \vdots \\ a_{n-1,\,1} & \cdots & a_{n-1,\,n-1} \end{pmatrix}, \quad \boldsymbol{\alpha} = \begin{pmatrix} a_{1n} \\ \vdots \\ a_{n-1,\,n} \end{pmatrix}$$

于是矩阵 $\boldsymbol{A}$ 可以分块成

$$\boldsymbol{A} = \begin{pmatrix} \boldsymbol{A}_1 & \boldsymbol{\alpha} \\ \boldsymbol{\alpha}^{\mathrm{T}} & a_{nn} \end{pmatrix}$$

既然 $\boldsymbol{A}$ 的顺序主子式全大于零，当然 $\boldsymbol{A}_1$ 的顺序主子式也全大于零. 由归纳法假设，$\boldsymbol{A}_1$ 是正定矩阵，换句话说，有可逆的 $n-1$ 阶矩阵 $\boldsymbol{G}$ 使

$$\boldsymbol{G}^{\mathrm{T}}\boldsymbol{A}_1\boldsymbol{G} = \boldsymbol{E}_{n-1}$$

这里 $\boldsymbol{E}_{n-1}$ 代表 $n-1$ 阶单位矩阵. 令

$$\boldsymbol{C}_1 = \begin{pmatrix} \boldsymbol{G} & \boldsymbol{O} \\ \boldsymbol{O} & 1 \end{pmatrix}$$

于是

$$\boldsymbol{C}_1^{\mathrm{T}}\boldsymbol{A}\boldsymbol{C}_1 = \begin{pmatrix} \boldsymbol{G}^{\mathrm{T}} & \boldsymbol{O} \\ \boldsymbol{O} & 1 \end{pmatrix} \begin{pmatrix} \boldsymbol{A}_1 & \boldsymbol{\alpha} \\ \boldsymbol{\alpha}^{\mathrm{T}} & a_{nn} \end{pmatrix} \begin{pmatrix} \boldsymbol{G} & \boldsymbol{O} \\ \boldsymbol{O} & 1 \end{pmatrix} = \begin{pmatrix} \boldsymbol{E}_{n-1} & \boldsymbol{G}^{\mathrm{T}}\boldsymbol{\alpha} \\ \boldsymbol{\alpha}^{\mathrm{T}}\boldsymbol{G} & a_{nn} \end{pmatrix}$$

注意到

$$\begin{pmatrix} \boldsymbol{E}_{n-1} & \boldsymbol{G}^{\mathrm{T}}\boldsymbol{\alpha} \\ \boldsymbol{\alpha}^{\mathrm{T}}\boldsymbol{G} & a_{nn} \\ \hdashline \boldsymbol{E}_{n-1} & \boldsymbol{O} \\ \boldsymbol{O} & 1 \end{pmatrix} \to \begin{pmatrix} \boldsymbol{E}_{n-1} & \boldsymbol{O} \\ \boldsymbol{\alpha}^{\mathrm{T}}\boldsymbol{G} & a_{nn}-\boldsymbol{\alpha}^{\mathrm{T}}\boldsymbol{G}\boldsymbol{G}^{\mathrm{T}}\boldsymbol{\alpha} \\ \hdashline \boldsymbol{E}_{n-1} & -\boldsymbol{G}^{\mathrm{T}}\boldsymbol{\alpha} \\ \boldsymbol{O} & 1 \end{pmatrix} \to \begin{pmatrix} \boldsymbol{E}_{n-1} & \boldsymbol{O} \\ \boldsymbol{O} & a_{nn}-\boldsymbol{\alpha}^{\mathrm{T}}\boldsymbol{G}\boldsymbol{G}^{\mathrm{T}}\boldsymbol{\alpha} \\ \hdashline \boldsymbol{E}_{n-1} & -\boldsymbol{G}^{\mathrm{T}}\boldsymbol{\alpha} \\ \boldsymbol{O} & 1 \end{pmatrix}$$

再令

$$\boldsymbol{C}_2 = \begin{pmatrix} \boldsymbol{E}_{n-1} & -\boldsymbol{G}^{\mathrm{T}}\boldsymbol{\alpha} \\ \boldsymbol{O} & 1 \end{pmatrix}$$

有

$$\boldsymbol{C}_2^{\mathrm{T}}\boldsymbol{C}_1^{\mathrm{T}}\boldsymbol{A}\boldsymbol{C}_1\boldsymbol{C}_2 = \begin{pmatrix} \boldsymbol{E}_{n-1} & \boldsymbol{O} \\ -\boldsymbol{\alpha}^{\mathrm{T}}\boldsymbol{G} & 1 \end{pmatrix}\begin{pmatrix} \boldsymbol{E}_{n-1} & \boldsymbol{G}^{\mathrm{T}}\boldsymbol{\alpha} \\ \boldsymbol{\alpha}^{\mathrm{T}}\boldsymbol{G} & a_{nn} \end{pmatrix}\begin{pmatrix} \boldsymbol{E}_{n-1} & -\boldsymbol{G}^{\mathrm{T}}\boldsymbol{\alpha} \\ \boldsymbol{O} & 1 \end{pmatrix} = \begin{pmatrix} \boldsymbol{E}_{n-1} & \boldsymbol{O} \\ \boldsymbol{O} & a_{nn}-\boldsymbol{\alpha}^{\mathrm{T}}\boldsymbol{G}\boldsymbol{G}^{\mathrm{T}}\boldsymbol{\alpha} \end{pmatrix}$$

于是令

$$\boldsymbol{C}=\boldsymbol{C}_1\boldsymbol{C}_2,\ a_{nn}-\boldsymbol{\alpha}^{\mathrm{T}}\boldsymbol{G}\boldsymbol{G}^{\mathrm{T}}\boldsymbol{\alpha}=a$$

就有

$$\boldsymbol{C}^{\mathrm{T}}\boldsymbol{A}\boldsymbol{C} = \begin{pmatrix} 1 & & & \\ & \ddots & & \\ & & 1 & \\ & & & a \end{pmatrix}$$

两边取行列式，得

$$|\boldsymbol{C}|^2|\boldsymbol{A}|=a$$

由条件 $|\boldsymbol{A}|>0$ 得 $a>0$. 这就说明，矩阵 $\boldsymbol{A}$ 与单位矩阵合同，所以 $\boldsymbol{A}$ 是正定矩阵，或者说二次型

$$f(x_1, x_2, \cdots, x_n)$$

是正定的. 充分性得证.

【例 6-10】 判别二次型

$$f(x_1, x_2, x_3, x_4)=x_1^2+3x_2^2+9x_3^2+19x_4^2-2x_1x_2+4x_1x_3+2x_1x_4-6x_2x_4-12x_3x_4$$

的正定性.

解：二次型的矩阵为

$$\begin{pmatrix} 1 & -1 & 2 & 1 \\ -1 & 3 & 0 & -3 \\ 2 & 0 & 9 & -6 \\ 1 & -3 & -6 & 19 \end{pmatrix}$$

它的顺序主子式分别为

$$P_1=|1|=1>0,\ P_2=\begin{vmatrix} 1 & -1 \\ -1 & 3 \end{vmatrix}=2>0$$

$$P_3=\begin{vmatrix}1&-1&2\\-1&3&0\\2&0&9\end{vmatrix}=6>0,\ P_4=\begin{vmatrix}1&-1&2&1\\-1&3&0&-3\\2&0&9&-6\\1&-3&-6&19\end{vmatrix}=24>0$$

由此可知二次型是正定的.

（3）实二次型的其他类型及其判别法.

定义 6-9 设$f(x_1, x_2, \cdots, x_n)$是实二次型，对于任意一组不全为零的实数 $c_1, c_2, \cdots, c_n$，如果都有$f(c_1, c_2, \cdots, c_n)<0$，那么$f(x_1, x_2, \cdots, x_n)$称为负定的；如果都有$f(c_1, c_2, \cdots, c_n)\geqslant 0$，那么$f(x_1, x_2, \cdots, x_n)$称为半正定的；如果都有$f(c_1, c_2, \cdots, c_n)\leqslant 0$，那么$f(x_1, x_2, \cdots, x_n)$称为半负定的；否则就称为不定的.

定理 6-10 对于实二次型

$$f(x_1, x_2, \cdots, x_n)=\boldsymbol{X}^{\mathrm{T}}\boldsymbol{A}\boldsymbol{X}$$

其中$\boldsymbol{A}$是实对称的，下列条件等价：

1） $f(x_1, x_2, \cdots, x_n)$是半正定的.

2）它的正惯性指数与秩相等.

3）有可逆实矩阵$\boldsymbol{C}$，使

$$\boldsymbol{C}^{\mathrm{T}}\boldsymbol{A}\boldsymbol{C}=\begin{pmatrix}d_1&&&\\&d_2&&\\&&\ddots&\\&&&d_n\end{pmatrix}$$

其中$d_i\geqslant 0(i=1, 2, \cdots, n)$.

4）有实矩阵$\boldsymbol{C}$使

$$\boldsymbol{A}=\boldsymbol{C}^{\mathrm{T}}\boldsymbol{C}$$

5）$\boldsymbol{A}$的所有主子式皆大于或等于零，主子式是指行标与列标相同的子式.

注意，在5）中，仅有顺序主子式大于或等于零是不能保证半正定性的. 比如

$$f(x_1, x_2)=-x_2^2=(x_1, x_2)\begin{pmatrix}0&0\\0&-1\end{pmatrix}\begin{pmatrix}x_1\\x_2\end{pmatrix}$$

就是一个反例.

对于负定和半负定二次型的判别有以下定理：

定理 6-11 对于实二次型

$$f(x_1, x_2, \cdots, x_n)=\boldsymbol{X}^{\mathrm{T}}\boldsymbol{A}\boldsymbol{X}$$

其中$\boldsymbol{A}$是实对称的，则：

1）$f(x_1, x_2, \cdots, x_n)$是负定的充分必要条件是它的负惯性指数等于n；

2）$f(x_1, x_2, \cdots, x_n)$是半负定的充分必要条件是它的负惯性指数等于秩.

$\boldsymbol{A}$负定与$-\boldsymbol{A}$正定是等价的. 所以实对称矩阵$\boldsymbol{A}$负定的充分必要条件是$\boldsymbol{A}$的奇数阶顺序主子式都小于零，$\boldsymbol{A}$的偶数阶顺序主子式都大于零.

【例 6-11】 判别二次型

$$f(x_1, x_2, x_3, x_4)=-5x_1^2-6x_2^2-4x_3^2+4x_1x_2+4x_1x_3$$

的正定性.

解：这个二次型的矩阵为

$$\boldsymbol{A}=\begin{pmatrix}-5 & 2 & 2\\ 2 & -6 & 0\\ 2 & 0 & -4\end{pmatrix}$$

于是

$$-\boldsymbol{A}=\begin{pmatrix}5 & -2 & -2\\ -2 & 6 & 0\\ -2 & 0 & 4\end{pmatrix}$$

$-\boldsymbol{A}$ 的各阶顺序主子式分别为

$$P_1=5>0,\ P_2=\begin{vmatrix}5 & -2\\ -2 & 6\end{vmatrix}=26>0,\ P_3=|-\boldsymbol{A}|=80>0$$

所以$-\boldsymbol{A}$ 正定，从而 $\boldsymbol{A}$ 负定，所以这个二次型为负定.

（4）正定矩阵的应用举例.

在本节的最后，我们来看一些正定矩阵的应用.

1）简单应用.

【例 6-12】 设 $\boldsymbol{A}$ 为 n 阶正定矩阵，$\boldsymbol{X}=(x_1, \cdots, x_n)^{\mathrm{T}}$，$\boldsymbol{X}\in\mathbf{R}^n$，$\boldsymbol{b}$ 是一固定的实 n 维列向量. 证明

$$p(\boldsymbol{X})=\frac{\boldsymbol{X}^{\mathrm{T}}\boldsymbol{A}\boldsymbol{X}}{2}-\boldsymbol{X}^{\mathrm{T}}\boldsymbol{b}$$

在 $\boldsymbol{X}_0=\boldsymbol{A}^{-1}\boldsymbol{b}$ 处取得最小值，且

$$p_{\min}=-\frac{1}{2}\boldsymbol{b}^{\mathrm{T}}\boldsymbol{A}^{-1}\boldsymbol{b}$$

本例是把一元二次函数的最小值问题推广到 n 元二次函数，其二次项部分是正定二次型.

证明：

证法一：当 $\boldsymbol{A}$ 为一阶正定矩阵时，$\boldsymbol{A}=(a)$，$a>0$，$\boldsymbol{X}=(x)^{\mathrm{T}}=x\in\mathbf{R}^1$

$$p(x)=\frac{1}{2}ax^2-bx$$

是一条抛物线，它在 $x=\dfrac{b}{a}$处取得最小值 $p_{\min}=-\dfrac{b^2}{2a}$.

欲证 $p(\boldsymbol{X}_0)$ 是 $p(\boldsymbol{X})$ 的最小值，只要证恒有 $p(\boldsymbol{X})-p(\boldsymbol{X}_0)\geqslant 0$. 由于 $\boldsymbol{X}_0=\boldsymbol{A}^{-1}\boldsymbol{b}$，即 $\boldsymbol{b}=\boldsymbol{A}\boldsymbol{X}_0$.

所以

$$\begin{aligned}p(\boldsymbol{X})-p(\boldsymbol{X}_0)&=\frac{1}{2}\boldsymbol{X}^{\mathrm{T}}\boldsymbol{A}\boldsymbol{X}-\boldsymbol{X}^{\mathrm{T}}\boldsymbol{b}-\frac{1}{2}\boldsymbol{X}_0^{\mathrm{T}}\boldsymbol{A}\boldsymbol{X}_0+\boldsymbol{X}_0^{\mathrm{T}}\boldsymbol{b}\\ &=\frac{1}{2}\boldsymbol{X}^{\mathrm{T}}\boldsymbol{A}\boldsymbol{X}-\boldsymbol{X}^{\mathrm{T}}(\boldsymbol{A}\boldsymbol{X}_0)-\frac{1}{2}\boldsymbol{X}_0^{\mathrm{T}}\boldsymbol{A}\boldsymbol{X}_0+\boldsymbol{X}_0^{\mathrm{T}}(\boldsymbol{A}\boldsymbol{X}_0)\\ &=\frac{1}{2}\boldsymbol{X}^{\mathrm{T}}\boldsymbol{A}\boldsymbol{X}-\boldsymbol{X}^{\mathrm{T}}\boldsymbol{A}\boldsymbol{X}_0+\frac{1}{2}\boldsymbol{X}_0^{\mathrm{T}}\boldsymbol{A}\boldsymbol{X}_0\end{aligned}$$

又因为 $\boldsymbol{X}^{\mathrm{T}}\boldsymbol{A}\boldsymbol{X}_0$ 是一阶矩阵（常数），所以

$$\begin{aligned}\boldsymbol{X}^{\mathrm{T}}\boldsymbol{A}\boldsymbol{X}_0 &= (\boldsymbol{X}^{\mathrm{T}}\boldsymbol{A}\boldsymbol{X}_0)^{\mathrm{T}} = \boldsymbol{X}_0^{\mathrm{T}}\boldsymbol{A}\boldsymbol{X}\\ &= \frac{1}{2}\boldsymbol{X}^{\mathrm{T}}\boldsymbol{A}\boldsymbol{X}_0 + \frac{1}{2}\boldsymbol{X}_0^{\mathrm{T}}\boldsymbol{A}\boldsymbol{X}\end{aligned}$$

于是

$$\begin{aligned}p(\boldsymbol{X}) - p(\boldsymbol{X}_0) &= \frac{1}{2}\boldsymbol{X}^{\mathrm{T}}\boldsymbol{A}\boldsymbol{X} - \boldsymbol{X}^{\mathrm{T}}\boldsymbol{A}\boldsymbol{X}_0 + \frac{1}{2}\boldsymbol{X}_0^{\mathrm{T}}\boldsymbol{A}\boldsymbol{X}_0\\ &= \frac{1}{2}\boldsymbol{X}^{\mathrm{T}}\boldsymbol{A}\boldsymbol{X} - \left(\frac{1}{2}\boldsymbol{X}^{\mathrm{T}}\boldsymbol{A}\boldsymbol{X}_0 + \frac{1}{2}\boldsymbol{X}_0^{\mathrm{T}}\boldsymbol{A}\boldsymbol{X}\right) + \frac{1}{2}\boldsymbol{X}_0^{\mathrm{T}}\boldsymbol{A}\boldsymbol{X}_0\\ &= \frac{1}{2}(\boldsymbol{X}^{\mathrm{T}}\boldsymbol{A}\boldsymbol{X} - \boldsymbol{X}_0^{\mathrm{T}}\boldsymbol{A}\boldsymbol{X}) - \frac{1}{2}(\boldsymbol{X}^{\mathrm{T}}\boldsymbol{A}\boldsymbol{X}_0 - \boldsymbol{X}_0^{\mathrm{T}}\boldsymbol{A}\boldsymbol{X}_0)\\ &= \frac{1}{2}(\boldsymbol{X}^{\mathrm{T}} - \boldsymbol{X}_0^{\mathrm{T}})\boldsymbol{A}\boldsymbol{X} \quad \frac{1}{2}(\boldsymbol{X}^{\mathrm{T}} - \boldsymbol{X}_0^{\mathrm{T}})\boldsymbol{A}\boldsymbol{X}_0\\ &= \frac{1}{2}(\boldsymbol{X} - \boldsymbol{X}_0)^{\mathrm{T}}\boldsymbol{A}(\boldsymbol{X} - \boldsymbol{X}_0)\end{aligned}$$

因此，由 $\boldsymbol{A}$ 的正定性，即得对于任意 $\boldsymbol{X}-\boldsymbol{X}_0 \neq \boldsymbol{0}$，也就是对于任意 $\boldsymbol{X} \neq \boldsymbol{X}_0$，恒有 $p(\boldsymbol{X}) - p(\boldsymbol{X}_0) > 0$，故 $p(\boldsymbol{X}_0)$ 是 $p(\boldsymbol{X})$ 的最小值，且

$$\begin{aligned}p_{\min} = p(\boldsymbol{X}_0) &= \frac{1}{2}\boldsymbol{X}_0^{\mathrm{T}}\boldsymbol{A}\boldsymbol{X}_0 - \boldsymbol{X}_0^{\mathrm{T}}\boldsymbol{b}\\ &= \frac{1}{2}\boldsymbol{X}_0^{\mathrm{T}}\boldsymbol{b} - \boldsymbol{X}_0^{\mathrm{T}}\boldsymbol{b}\\ &= -\frac{1}{2}\boldsymbol{b}^{\mathrm{T}}\boldsymbol{A}^{-1}\boldsymbol{b}\end{aligned}$$

证法二：从

$$f(x) = \frac{1}{2}ax^2 - bx = \frac{1}{2}a\left(x - \frac{b}{a}\right)^2 - \frac{b^2}{2a} = \frac{1}{2}a\,(x - a^{-1}b)^2 - \frac{1}{2}a^{-1}b^2$$

得到

$$p(\boldsymbol{X}) = \frac{\boldsymbol{X}^{\mathrm{T}}\boldsymbol{A}\boldsymbol{X}}{2} - \boldsymbol{X}^{\mathrm{T}}\boldsymbol{b} = \frac{1}{2}(\boldsymbol{X} - \boldsymbol{A}^{-1}\boldsymbol{b})^{\mathrm{T}}\boldsymbol{A}(\boldsymbol{X} - \boldsymbol{A}^{-1}\boldsymbol{b}) - \frac{1}{2}\boldsymbol{b}^{\mathrm{T}}\boldsymbol{A}^{-1}\boldsymbol{b}$$

因为 $\boldsymbol{A}$ 正定，所以

$$\frac{1}{2}(\boldsymbol{X} - \boldsymbol{A}^{-1}\boldsymbol{b})^{\mathrm{T}}\boldsymbol{A}(\boldsymbol{X} - \boldsymbol{A}^{-1}\boldsymbol{b}) \geqslant 0$$

因此当 $\boldsymbol{X} - \boldsymbol{A}^{-1}\boldsymbol{b} = \boldsymbol{0}$ 时，即 $\boldsymbol{X}_0 = \boldsymbol{A}^{-1}\boldsymbol{b}$ 时 $p(\boldsymbol{X})$ 取到最小值，最小值为

$$p_{\min} = -\frac{1}{2}\boldsymbol{b}^{\mathrm{T}}\boldsymbol{A}^{-1}\boldsymbol{b}$$

2）正定矩阵在多元函数极值中的应用（以二元函数的极值为例，n 元函数的极值结论类似）.

设函数 $z = f(x, y)$ 的定义域为 D，$P_0(x_0, y_0)$ 为 D 的内点. 若存在 P_0 的某邻域 $U(P_0) \subset D$，使得对于该邻域内异于 P_0 的任何点 (x, y)，都有

$$f(x, y) < f(x_0, y_0)$$

则称函数 $f(x, y)$ 在点 (x_0, y_0) 有极大值 $f(x_0, y_0)$，点 (x_0, y_0) 称为函数 $f(x, y)$ 的极大值点；若对于该邻域内异于 P_0 的任何点 (x, y)，都有 $f(x, y)>f(x_0, y_0)$，则称函数 $f(x, y)$ 在点 (x_0, y_0) 有极小值 $f(x_0, y_0)$，点 (x_0, y_0) 称为函数 $f(x, y)$ 的极小值点.

关于函数 $f(x, y)$ 的判定我们有如下定理.

定理 6-12 （充分条件）设函数 $z=f(x, y)$ 在点 (x_0, y_0) 的某邻域内连续且有一阶及二阶连续偏导数，又

$$f_x(x_0, y_0)=0,\ f_y(x_0, y_0)=0$$

令

$$f_{xx}(x_0, y_0)=A,\ f_{xy}(x_0, y_0)=B,\ f_{yy}(x_0, y_0)=C$$

则 $f(x, y)$ 在点 (x_0, y_0) 处是否取得极值的条件如下：

1）$\begin{pmatrix} A & B \\ B & C \end{pmatrix}$ 正定时具有极小值；

2）$\begin{pmatrix} A & B \\ B & C \end{pmatrix}$ 负定时具有极大值；

3）$\begin{pmatrix} A & B \\ B & C \end{pmatrix}$ 不定时不取极值.

证明：由二元泰勒公式有

$$f(x_0+h, y_0+k)-f(x_0, y_0)=\frac{1}{2}(h, k)\begin{pmatrix} A & B \\ B & C \end{pmatrix}\begin{pmatrix} h \\ k \end{pmatrix}+o(h^2+k^2)$$

当 h, k 的绝对值很小时，上式右边的符号由

$$\frac{1}{2}(h, k)\begin{pmatrix} A & B \\ B & C \end{pmatrix}\begin{pmatrix} h \\ k \end{pmatrix}$$

决定，由此即得上面的结论.

【例 6-13】 求函数 $f(x, y)=-x^4-y^4+4xy-1$ 的极值.

解：求驻点，令

$$\begin{cases} f_x(x, y)=-4x^3+4y=0 \\ f_y(x, y)=-4y^3+4x=0 \end{cases}$$

得三个驻点 $(0, 0)$，$(1, 1)$，$(-1, -1)$，又

$$f_{xx}(x, y)=-12x^2,\ f_{xy}(x, y)=4,\ f_{yy}(x, y)=-12y^2$$

于是

$$\begin{pmatrix} A & B \\ B & C \end{pmatrix}=\begin{pmatrix} -12x^2 & 4 \\ 4 & -12y^2 \end{pmatrix}$$

在点 $(0, 0)$ 处，$\begin{pmatrix} A & B \\ B & C \end{pmatrix}=\begin{pmatrix} 0 & 4 \\ 4 & 0 \end{pmatrix}$ 不定，所以 $f(0, 0)$ 不是极值. 在点 $(1, 1)$ 和 $(-1, -1)$ 处都有

$$\begin{pmatrix} A & B \\ B & C \end{pmatrix}=\begin{pmatrix} -12 & 4 \\ 4 & -12 \end{pmatrix}$$

负定，所以 $f(1, 1)$ 和 $f(-1, -1)$ 都是极大值. 极大值为

$$f(1, 1)=1,\ f(-1, -1)=1$$

如图 6-1 所示.

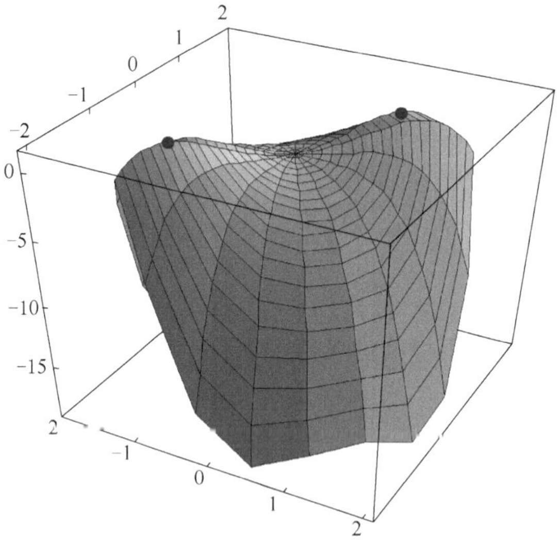

彩色原图

图 6-1　极大值图示

本章习题

1. 求下列二次型的秩：

 （1）$f=7x_1^2+5x_2^2+3x_3^2-8x_1x_2+8x_2x_3$；

 （2）$f=x^2+2y^2+z^2-2xy-2xz+2yz$.

2. 证明

$$\begin{pmatrix}\lambda_1 & & & \\ & \lambda_2 & & \\ & & \ddots & \\ & & & \lambda_n\end{pmatrix} \text{与} \begin{pmatrix}\lambda_{i_1} & & & \\ & \lambda_{i_2} & & \\ & & \ddots & \\ & & & \lambda_{i_n}\end{pmatrix}$$

合同，其中 $i_1i_2\cdots i_n$ 是 $1, 2, \cdots n$ 的一个排列.

3. 用配方法将下列二次型化为标准形，并写出所作的线性变换：

 （1）$f(x_1, x_2, x_3)=3x_1^2+2x_1x_2-6x_1x_3-2x_2x_3$；

 （2）$f(x_1, x_2, x_3)=2x_1^2-x_2^2+3x_3^2+2x_1x_2-4x_1x_3+5x_2x_3$；

 （3）$f(x_1, x_2, x_3)=2x_1x_2+6x_2x_3+2x_1x_3$.

4. 用初等变换法作第 3 题.

5. 用正交线性变换把二次型 $f(x_1, x_2, x_3)=3x_1^2-4x_1x_2-2x_1x_3+4x_2x_3$ 化为标准形，并写出所作的正交变换.

6. 将下列二次型化为规范形，并写出所作的线性变换，分别求出其秩和正惯性指数：

 （1）$f(x_1, x_2, x_3)=3x_1^2+2x_1x_2-6x_1x_3-2x_2x_3$；

 （2）$f(x_1, x_2, x_3)=2x_1^2-x_2^2+3x_3^2+2x_1x_2-4x_1x_3+5x_2x_3$.

7. 设

$$A=\begin{pmatrix}1&1&1&1\\1&1&1&1\\1&1&1&1\\1&1&1&1\end{pmatrix},\quad B=\begin{pmatrix}4&0&0&0\\0&0&0&0\\0&0&0&0\\0&0&0&0\end{pmatrix}$$

问 $\boldsymbol{A}$ 与 $\boldsymbol{B}$ 是否合同，是否相似？

8. 证明：如果 $\boldsymbol{A},\boldsymbol{B}$ 都是正定矩阵，则 $\boldsymbol{A}+\boldsymbol{B}$ 也是正定矩阵.

9. 判定下列二次型的正定性：

（1）$f(x_1,x_2,x_3)=5x_1^2+6x_2^2+4x_3^2-4x_1x_2-4x_2x_3$；

（2）$f(x_1,x_2,x_3)=10x_1^2+8x_1x_2+24x_1x_3+2x_2^2-28x_2x_3+x_3^2$；

（3）$f(x_1,x_2,x_3)=3x_1^2+4x_2^2+5x_3^2+4x_1x_2-4x_2x_3$.

10. t 满足什么条件时，下列实二次型是正定的？

（1）$f(x_1,x_2,x_3)=x_1^2+x_2^2+5x_3^2+2tx_1x_2-2x_1x_3+4x_2x_3$；

（2）$f(x_1,x_2,x_3)=x_1^2+4x_2^2+2x_3^2+2tx_1x_2+2x_1x_3$.

11. 判断二次型 $\sum\limits_{i=1}^{n}x_i^2+\sum\limits_{i=1}^{n-1}x_ix_{i+1}$ 的正定性.

12. 设 $\boldsymbol{A}$ 为可逆矩阵，证明：$f(x_1,x_2,\cdots,x_n)=x^{\mathrm T}\boldsymbol{A}^{\mathrm T}\boldsymbol{A}x$ 为正定二次型.

13. 已知

$$A=\begin{pmatrix}0&1&0&0\\1&0&0&0\\0&0&2&1\\0&0&1&2\end{pmatrix}$$

（1）写出以 $\boldsymbol{A}$ 和 $\boldsymbol{A}^{-1}$ 为矩阵的二次型；

（2）求 $\boldsymbol{A},\boldsymbol{A}^{-1}$ 的特征值；

（3）求相应于 $\boldsymbol{A},\boldsymbol{A}^{-1}$ 的二次型的标准形.

14. 证明：若 $\boldsymbol{A}$ 为正定矩阵，则存在正定矩阵 $\boldsymbol{B}$，使 $\boldsymbol{A}=\boldsymbol{B}^2$.

15. 已知二次曲面方程 $x^2+ay^2+z^2+2bxy+2xz+2yz=4$ 可以经过正交变换 $\begin{pmatrix}x\\y\\z\end{pmatrix}=\boldsymbol{P}\begin{pmatrix}\xi\\\eta\\\delta\end{pmatrix}$ 化为椭圆柱面方程 $\eta^2+4\delta^2=4$，求 a,b 的值和正交矩阵 $\boldsymbol{P}$.

16. 已知齐次线性方程组

$$\begin{cases}(a+3)x_1+x_2+x_3=0\\2ax_1+(a-1)x_2+x_3=0\\(a-3)x_1-3x_2+ax_3=0\end{cases}$$

有非零解，且矩阵 $\boldsymbol{A}=\begin{pmatrix}3&1&2\\1&a&-2\\2&-2&9\end{pmatrix}$ 是正定的.

（1）求 a 的值；

（2）当 $\boldsymbol{x}^{\mathrm T}\boldsymbol{x}=2$ 时，求 $\boldsymbol{x}^{\mathrm T}\boldsymbol{A}\boldsymbol{x}$ 的最大值，其中 $\boldsymbol{x}=(x_1,x_2,x_3)^{\mathrm T}\in\mathbf{R}^3$.

17. 已知三元二次型 $f(x_1,x_2,x_3)=\boldsymbol{x}^{\mathrm T}\boldsymbol{A}\boldsymbol{x}$ 通过正交变换化成 $2y_1^2+2y_2^2$，方程组 $\boldsymbol{A}\boldsymbol{x}=\boldsymbol{0}$ 有解 $\boldsymbol{\zeta}=(1,0,1)^{\mathrm T}$，求所作正交变换及二次型 f 的矩阵 $\boldsymbol{A}$.

18. 已知二次型：

$$f(x_1, x_2, x_3) = (1-a)x_1^2+(1-a)x_2^2+2x_3^2+2(1+a)x_1x_2$$

的秩为 2.

（1）求 a 的值；

（2）求正交变换 $\boldsymbol{x}=\boldsymbol{Q}\boldsymbol{y}$，把 $f(x_1, x_2, x_3)$ 化为标准形；

（3）求方程 $f(x_1, x_2, x_3)=0$ 的解.

7 线性空间与线性变换

1. 理解线性空间、线性子空间的概念和性质.

2. 理解基、维数和坐标的定义和基本性质，熟悉基变换与坐标变换运算，理解基变换与坐标变换的关系.

3. 理解线性变换的定义与性质，掌握线性变换的矩阵表示，掌握线性变换的运算以及在不同基下的关系.

4. 了解线性变换的值域、核的概念.

7.1 线性空间的定义与简单性质

7.1.1 线性空间的定义与简单性质

线性空间是一个抽象概念，为了说明它的来源，在引入定义之前，先看几个熟知的例子.

【例 7-1】 为了求解线性方程组，我们讨论过以 n 元有序数组$(a_1, a_2, \cdots, a_n)$作为元素的 n 维向量空间. 对于它们，也有加法和数量乘法，那就是

$$(a_1, a_2, \cdots, a_n)+(b_1, b_2, \cdots, b_n)=(a_1+b_1, a_2+b_2, \cdots, a_n+b_n)$$

$$k(a_1, a_2, \cdots, a_n)=(ka_1, ka_2, \cdots, ka_n)$$

【例 7-2】 对于函数，可以定义加法和函数与实数的数量乘法. 比如，考虑全体定义在区间$[a, b]$上的连续函数. 我们知道，连续函数的和是连续函数，连续函数与实数的数量乘积还是连续函数.

从这些例子中我们看到，所考虑的对象虽然完全不同，但是它们有一个共同点，那就是它们都有加法和数量乘法这两种运算. 当然，对象不同，这两种运算的定义也是不同的. 为了抓住它们的共同点，把它们统一起来加以研究，接下来引入线性空间的概念.

定义 7-1 设 V 是一个非空集合，$\mathbf{R}$ 是实数集. 在集合 V 的元素之间定义了一种代数运算，叫作加法：这就是说，给出了一个法则，对于 V 中任意两个元素 $\boldsymbol{\alpha}$ 与 $\boldsymbol{\beta}$，在 V 中都有唯一的一个元素 $\boldsymbol{\gamma}$ 与它们对应，称为 $\boldsymbol{\alpha}$ 与 $\boldsymbol{\beta}$ 的和，记为 $\boldsymbol{\gamma}=\boldsymbol{\alpha}+\boldsymbol{\beta}$. 在 $\mathbf{R}$ 与集合 V 的元素之间还定义了一种运算叫作数量乘法：这就是说，对于 $\mathbf{R}$ 中任一数 k 与 V 中任一元素 $\boldsymbol{\alpha}$，在 V 中都有唯一的一个元素 $\boldsymbol{\delta}$ 与它们对应，称为 k 与 $\boldsymbol{\alpha}$ 的数量乘积，记为 $\boldsymbol{\delta}=k\boldsymbol{\alpha}$. 如果加法与数量乘法满足下述规则，那么称为 $\mathbf{R}$ 上的线性空间.

加法满足下面四条规则：

(1) $\boldsymbol{\alpha}+\boldsymbol{\beta}=\boldsymbol{\beta}+\boldsymbol{\alpha}$;

(2) $(\boldsymbol{\alpha}+\boldsymbol{\beta})+\boldsymbol{\gamma}=\boldsymbol{\alpha}+(\boldsymbol{\beta}+\boldsymbol{\gamma})$;

（3）在 V 中有一个元素 $\mathbf{0}$，对于 V 中任一元素 $\boldsymbol{\alpha}$，都有 $\boldsymbol{\alpha}+\mathbf{0}=\boldsymbol{\alpha}$（具有这个性质的元素 $\mathbf{0}$ 称为 V 的零元素）；

（4）对于 V 中每一个元素 $\boldsymbol{\alpha}$，都有 V 中的元素 $\boldsymbol{\beta}$，使得 $\boldsymbol{\alpha}+\boldsymbol{\beta}=\mathbf{0}$（$\boldsymbol{\beta}$ 称为 $\boldsymbol{\alpha}$ 的负元素）.

数量乘法满足下面两条规则：

（1）$1\boldsymbol{\alpha}=\boldsymbol{\alpha}$;

（2）$k(l\boldsymbol{\alpha})=(kl)\boldsymbol{\alpha}$;

数量乘法与加法满足下面两条规则：

（1）$(k+l)\boldsymbol{\alpha}=k\boldsymbol{\alpha}+l\boldsymbol{\alpha}$;

（2）$k(\boldsymbol{\alpha}+\boldsymbol{\beta})=k\boldsymbol{\alpha}+k\boldsymbol{\beta}$.

在以上规则中，k, l 等表示任意实数；$\boldsymbol{\alpha}, \boldsymbol{\beta}, \boldsymbol{\gamma}$ 等表示集合 V 中任意元素.

由定义 7-1，几何空间中全部向量组成的集合是一个线性空间. 分量属于 $\mathbf{R}$ 的全体 n 元数组构成的一个线性空间，这个线性空间我们用 $\mathbf{R}^n$ 来表示.

下面再来看几个例子.

【例 7-3】 一元多项式集 $\mathbf{R}[x]$，按通常的多项式加法和数与多项式的乘法，构成一个线性空间. 如果只考虑其中次数不超过 n 的多项式，再添上零多项式也构成一个线性空间，用 $\mathbf{R}[x]_n$ 表示. 但是，多项式集合

$$\{p(x)\mid p(x)=a_0+a_1x+\cdots+a_nx^n,\ a_n\neq 0\}$$

对同样的运算不构成线性空间，因为两个 n 次多项式的和可能不是 n 次多项式.

【例 7-4】 所有 $m\times n$ 矩阵，按矩阵的加法和矩阵与数的数量乘法，构成一个线性空间，用 $\mathbf{R}^{m\times n}$ 表示.

【例 7-5】 全体实函数，按函数的加法和数与函数的数量乘法，构成一个线性空间.

【例 7-6】 定义在闭区间 $[a, b]$ 上的连续实函数的全体，对于连续实函数的加法和实数与连续实函数的乘法，构成一个线性空间，常用 $C[a, b]$ 来表示. 即对于

$$\forall f, g\in C[a, b],\ k\in\mathbf{R}$$

规定

$$(f+g)(x)=f(x)+g(x)$$
$$(kf)(x)=kf(x)$$

注意：一个集合，如果定义的加法和乘数运算不是通常的实数间的加乘运算，则必须检验是否满足八条线性运算律. 例如：

【例 7-7】 正实数的全体，记作 $\mathbf{R}^+$，在其中定义加法及数乘运算为

$$a\oplus b=ab,\ \lambda\circ a=a^\lambda\quad(\lambda\in R,\ a, b\in\mathbf{R}^+)$$

验证 $\mathbf{R}^+$ 对上述加法与乘数运算构成线性空间.

证明

$$\forall a, b\in\mathbf{R}^+\Rightarrow a\oplus b=ab\in\mathbf{R}^+$$
$$\forall \lambda\in\mathbf{R}, a\in\mathbf{R}^+\Rightarrow\lambda\circ a=a^\lambda\in\mathbf{R}^+$$

所以对定义的加法与乘数运算封闭.

下面一一验证八条线性运算律：

（1）$a\oplus b=ab=ba=b\oplus a$；

（2）$(a\oplus b)\oplus c=(ab)\oplus c=(ab)c=a\oplus(b\oplus c)$；

（3） $\mathbf{R}^+$中存在零元素 1，对任何 $a \in \mathbf{R}^+$，有 $a \oplus 1 = a \cdot 1 = a$；

（4） $\forall a \in \mathbf{R}^+$，有负元素 $a^{-1} \in \mathbf{R}^+$，使 $a \oplus a^{-1} = a \cdot a^{-1} = 1$；

（5） $1 \circ a = a^1 = a$；

（6） $\lambda \circ (\mu \circ a) = \lambda \circ a^{\mu} = (a^{\mu})^{\lambda} = a^{\lambda\mu} = (\lambda\mu) \circ a$；

（7） $(\lambda + \mu) \circ a = a^{\lambda+\mu} = a^{\lambda} a^{\mu} = a^{\lambda} \oplus a^{\mu} = \lambda \circ a \oplus \mu \circ a$；

（8） $\lambda \circ (a \oplus b) = \lambda \circ (ab) = (ab)^{\lambda} = a^{\lambda} b^{\lambda} = a^{\lambda} \oplus b^{\lambda} = \lambda \circ a \oplus \lambda \circ b$.

所以 $\mathbf{R}^+$对所定义的运算构成线性空间.

线性空间的元素也称为向量. 当然，这里所谓的向量比几何中所谓的向量含义要广泛得多. 线性空间有时也称为向量空间. 一般用小写的希腊字母 $\boldsymbol{\alpha}, \boldsymbol{\beta}, \boldsymbol{\gamma} \cdots$ 表示线性空间 V 中的元素，用小写的拉丁字母 $a, b, c \cdots$ 表示 $\mathbf{R}$ 中的数.

在这里要注意以下几点：

（1） 凡满足定义中八条规律的加法及乘数运算，称为线性运算.

（2） 向量空间中的向量不一定是有序数组.

（3） 判别线性空间时，若一个集合对于定义的加法和数乘运算不封闭，或者运算不满足八条性质的任一条，则此集合就不能构成线性空间.

下面我们直接从定义来证明线性空间的一些简单性质.

（1） 零元素是唯一的.

证明：假设 $\mathbf{0}_1, \mathbf{0}_2$ 是线性空间中的两个零元素，只要证明 $\mathbf{0}_1 = \mathbf{0}_2$ 即可. 考虑和 $\mathbf{0}_1 + \mathbf{0}_2$，由于$\mathbf{0}_1$ 是零元素，所以 $\mathbf{0}_1 + \mathbf{0}_2 = \mathbf{0}_2$. 又由于$\mathbf{0}_2$ 也是零元素，所以 $\mathbf{0}_1 + \mathbf{0}_2 = \mathbf{0}_2 + \mathbf{0}_1 = \mathbf{0}_1$. 于是 $\mathbf{0}_1 = \mathbf{0}_1 + \mathbf{0}_2 = \mathbf{0}_2$. 证毕.

（2） 负元素是唯一的.

这就是说，适合条件 $\boldsymbol{\alpha} + \boldsymbol{\beta} = \mathbf{0}$ 的元素 $\boldsymbol{\beta}$ 是被元素 $\boldsymbol{\alpha}$ 唯一决定的. 假设 $\boldsymbol{\alpha}$ 有两个负元素 $\boldsymbol{\beta}$ 与 $\boldsymbol{\gamma}$，$\boldsymbol{\alpha} + \boldsymbol{\beta} = \mathbf{0}$，$\boldsymbol{\alpha} + \boldsymbol{\gamma} = \mathbf{0}$. 那么

$$\boldsymbol{\beta} = \boldsymbol{\beta} + \mathbf{0} = \boldsymbol{\beta} + (\boldsymbol{\alpha} + \boldsymbol{\gamma}) = (\boldsymbol{\beta} + \boldsymbol{\alpha}) + \boldsymbol{\gamma} = \mathbf{0} + \boldsymbol{\gamma} = \boldsymbol{\gamma}$$

向量 $\boldsymbol{\alpha}$ 的负元素记为$-\boldsymbol{\alpha}$. 利用负元素，我们定义减法如下

$$\boldsymbol{\alpha} - \boldsymbol{\beta} = \boldsymbol{\alpha} + (-\boldsymbol{\beta})$$

（3） $0\boldsymbol{\alpha} = \mathbf{0}$，$k\mathbf{0} = \mathbf{0}$，$(-1)\boldsymbol{\alpha} = \boldsymbol{\alpha}$.

证明

$$\boldsymbol{\alpha} + 0\boldsymbol{\alpha} = 1\boldsymbol{\alpha} + 0\boldsymbol{\alpha} = (1+0)\boldsymbol{\alpha} = 1\boldsymbol{\alpha} = \boldsymbol{\alpha}$$

所以

$$0\boldsymbol{\alpha} = \mathbf{0}$$

$$\boldsymbol{\alpha} + (-1)\boldsymbol{\alpha} = 1\boldsymbol{\alpha} + (-1)\boldsymbol{\alpha} = [1 + (-1)]\boldsymbol{\alpha} = 0\boldsymbol{\alpha} = \mathbf{0}$$

所以

$$(-1)\boldsymbol{\alpha} = -\boldsymbol{\alpha}$$

$$k\mathbf{0} = k[\boldsymbol{\alpha} + (-1)\boldsymbol{\alpha}] = k\boldsymbol{\alpha} + (-k)\boldsymbol{\alpha} = [k + (-k)]\boldsymbol{\alpha} = 0\boldsymbol{\alpha} = \mathbf{0}$$

所以

$$k\mathbf{0} = \mathbf{0}$$

（4） 如果 $k\boldsymbol{\alpha} = \mathbf{0}$，那么 $k = 0$ 或者 $\boldsymbol{\alpha} = \mathbf{0}$.

证明：假设 $k \neq 0$，于是一方面

$$k^{-1}(k\boldsymbol{\alpha})=k^{-1}\mathbf{0}=\mathbf{0}$$

而另一方面

$$k^{-1}(k\boldsymbol{\alpha})=(k^{-1}k)\boldsymbol{\alpha}=1\boldsymbol{\alpha}=\boldsymbol{\alpha}$$

于是

$$\boldsymbol{\alpha}=\mathbf{0}$$

下面看几个非线性空间的例子.

【例 7-8】 n 个有序实数组成的数组的全体

$$S^n=\{\boldsymbol{x}=(x_1,x_2,\cdots,x_n)^{\mathrm{T}}\mid x_1,x_2,\cdots,x_n\in\mathbf{R}\}$$

对于通常的有序数组的加法及如下定义的乘法

$$k\circ(x_1,x_2,\cdots,x_n)^{\mathrm{T}}=(0,\cdots,0)^{\mathrm{T}}$$

不构成线性空间. 这是因为尽管 S^n 对加法和数乘运算封闭，但不满足

$$1\circ\boldsymbol{x}=\boldsymbol{x}(1\circ\boldsymbol{x}=\mathbf{0})$$

【例 7-9】 全体实 n 维向量集合 V，对于通常的向量加法和如下定义的数乘运算

$$k\boldsymbol{\alpha}=\boldsymbol{\alpha},\quad \forall\boldsymbol{\alpha}\in V,k\in\mathbf{R}$$

是否构成 $\mathbf{R}$ 上的线性空间，为什么?

解：不构成. 因为$(k+l)\boldsymbol{\alpha}=\boldsymbol{\alpha}$，而 $k\boldsymbol{\alpha}+l\boldsymbol{\alpha}=\boldsymbol{\alpha}+\boldsymbol{\alpha}=2\boldsymbol{\alpha}$，所以$(k+l)\boldsymbol{\alpha}\neq k\boldsymbol{\alpha}+l\boldsymbol{\alpha}$.

【例 7-10】 全体二维实向量集合 V，加法与数乘运算定义为

$$(a,b)\oplus(c,d)=(a+c,b+d+ac)$$

$$k\circ(a,b)=\left(ka,kb+\frac{k(k-1)}{2}a^2\right)$$

问 V 是否构成 $\mathbf{R}$ 上的线性空间，为什么?

解：显然 V 非空，且对所规定的两种运算封闭. 因为 $(0,0)\in V$，且对任意$(a,b)\in V$，有

$$(a,b)\oplus(0,0)=(a+0,b+0+a\cdot 0)=(a,b)$$

所以$(0,0)$是 V 的零元；又因为对任意$(a,b)\in V$，有

$$(a,b)\oplus(-a,a^2-b)=(a-a,b+(a^2-b)+a(-a))=(0,0)$$

$$(a,b)\oplus(0,0)=(a+0,b+0+a\cdot 0)=(a,b)$$

所以(a,b)的负元为$(-a,a^2-b)$

$$1\circ(a,b)=\left(1\cdot a,1\cdot b+\frac{1\cdot(1-1)}{2}a^2\right)=(a,b)$$

可以验证其余运算律均成立.

7.1.2 线性子空间

在通常的二维平面中，考虑一条过原点的直线. 容易看出，这条直线上的所有向量对于加法和数与向量的乘法构成 $\mathbf{R}$ 上的一个线性空间. 也就是说，这条直线既是二维平面的一个部分，同时它对于原来的运算也构成一个线性空间，它称为二维平面的一个子空间. 为确切地描述这一现象，我们来研究线性子空间.

定义 7-2 $\mathbf{R}$ 上线性空间 V 的一个非空子集合 W 称为 V 的一个线性子空间（或简称子空间），如果 W 对于 V 中所定义的加法和数量乘法两种运算也构成 $\mathbf{R}$ 上的线性空间.

在本小节的内容中，我们将会分析一个非空子集合要满足什么条件才能成为子空间.

设 W 是 V 的子集，因为 V 是线性空间，所以对于原有的运算，W 中的向量满足线性空间定义中的八条规则是显然的. 为了使 W 自身构成线性空间，主要的条件是要求 W 对于 V 中原来运算的封闭性，以及规则（3）与（4）成立. 即：

（1）W 对数量乘法运算封闭，即若 $\boldsymbol{\alpha}\in W, k\in\mathbf{R}$，则 $k\boldsymbol{\alpha}\in W$.

（2）W 对加法运算封闭，即若 $\boldsymbol{\alpha}\in W,\boldsymbol{\beta}\in W$，则 $\boldsymbol{\alpha}+\boldsymbol{\beta}\in W$.

（3）$\mathbf{0}\in W$.

（4）若 $\boldsymbol{\alpha}\in W$，则 $-\boldsymbol{\alpha}\in W$.

不难看出（3）（4）两个条件是多余的，它们已经包含在条件（1）中，作为 $k=0$ 与 $k=-1$ 这两个特殊情形.

因此，我们得到如下定理.

定理 7-1 如果线性空间 V 的非空子集 W 对于 V 的数量乘法和加法两种运算是封闭的，那么 W 就是一个子空间.

下面来看几个例子.

【例 7-11】 在线性空间中，由单个的零向量所组成的子集合是一个线性子空间，它叫作零子空间或叫作零空间.

【例 7-12】 线性空间 V 本身也是 V 的一个子空间.

在线性空间中，零子空间和线性空间本身这两个子空间有时候叫作平凡子空间，而其他的线性子空间叫作非平凡子空间或叫作真子空间.

【例 7-13】 在全体实函数组成的空间中，所有的实系数多项式组成一个子空间.

【例 7-14】 在线性空间 $\mathbf{R}^n$ 中，齐次线性方程组

$$\begin{cases}a_{11}x_1+a_{12}x_2+\cdots+a_{1n}x_n=0\\a_{21}x_1+a_{22}x_2+\cdots+a_{2n}x_n=0\\\qquad\cdots\\a_{n1}x_1+a_{n2}x_2+\cdots+a_{nn}x_n=0\end{cases}$$

的全部解向量组成一个子空间，这个子空间叫作齐次线性方程组的解空间.

【例 7-15】 判断下列子集是否为给定线性空间的子空间，并说明其几何意义.

$$W_1=\left\{(x,y,z)\in\mathbf{R}^3\,\middle|\,\frac{x}{2}=\frac{y-4}{1}=\frac{z-1}{-3}\right\}$$

$$W_2=\{(x,y,z)\in\mathbf{R}^3\,|\,x-y=0\text{ 且 }x+y+z=0\}$$

解： 在 $\mathbf{R}^3$ 中，凡是过原点的直线或平面上的全体向量构成的子集都是 $\mathbf{R}^3$ 的子空间，而不过原点的直线或平面上的全体向量构成的子集都不是 $\mathbf{R}^3$ 的子空间. 所以 W_1 不是 $\mathbf{R}^3$ 的子空间，W_2 是 $\mathbf{R}^3$ 的子空间.

定义 7-3 设 $\boldsymbol{\alpha}_1,\boldsymbol{\alpha}_2,\cdots,\boldsymbol{\alpha}_r$ 是线性空间 V 中一组向量，这组向量所有可能的线性组合

$$k_1\boldsymbol{\alpha}_1+k_2\boldsymbol{\alpha}_2+\cdots+k_r\boldsymbol{\alpha}_r$$

所成的集合是非空的，而且对两种运算封闭，因而是 V 的一个子空间，这个子空间叫作由 $\boldsymbol{\alpha}_1,\boldsymbol{\alpha}_2,\cdots,\boldsymbol{\alpha}_r$ 生成的子空间，记为 $L(\boldsymbol{\alpha}_1,\boldsymbol{\alpha}_2,\cdots,\boldsymbol{\alpha}_r)$.

$$L(\boldsymbol{\alpha}_1,\boldsymbol{\alpha}_2,\cdots,\boldsymbol{\alpha}_r)=\{k_1\boldsymbol{\alpha}_1+k_2\boldsymbol{\alpha}_2+\cdots+k_r\boldsymbol{\alpha}_r\,|\,\boldsymbol{\alpha}_i\in V,k_i\in\mathbf{R},i=1,2,\cdots,r\}$$

7.2 维数·基与坐标

7.2.1 线性相关与线性无关

定义 7-4 设 V 是一个线性空间，$\boldsymbol{\alpha}_1, \boldsymbol{\alpha}_2, \cdots, \boldsymbol{\alpha}_r (r \geqslant 1)$ 是 V 中一组向量，$k_1, k_2, \cdots, k_r$ 是一组实数，那么向量 $\boldsymbol{\alpha}=k_1\boldsymbol{\alpha}_1+k_2\boldsymbol{\alpha}_2+\cdots+k_r\boldsymbol{\alpha}_r$ 称为向量组 $\boldsymbol{\alpha}_1, \boldsymbol{\alpha}_2, \cdots, \boldsymbol{\alpha}_r$ 的一个线性组合. 此时也称向量 $\boldsymbol{\alpha}$ 可以用向量组 $\boldsymbol{\alpha}_1, \boldsymbol{\alpha}_2, \cdots, \boldsymbol{\alpha}_r$ 线性表示.

定义 7-5 设 $\boldsymbol{\alpha}_1, \boldsymbol{\alpha}_2, \cdots, \boldsymbol{\alpha}_r$ 与 $\boldsymbol{\beta}_1, \boldsymbol{\beta}_2, \cdots, \boldsymbol{\beta}_s$ 是 V 中两个向量组. 如果 $\boldsymbol{\alpha}_1, \boldsymbol{\alpha}_2, \cdots, \boldsymbol{\alpha}_r$ 中每个向量都可以用向量组 $\boldsymbol{\beta}_1, \boldsymbol{\beta}_2, \cdots, \boldsymbol{\beta}_s$ 线性表示，那么称向量组 $\boldsymbol{\alpha}_1, \boldsymbol{\alpha}_2, \cdots, \boldsymbol{\alpha}_r$ 可以用向量组 $\boldsymbol{\beta}_1, \boldsymbol{\beta}_2, \cdots, \boldsymbol{\beta}_s$ 线性表示. 如果 $\boldsymbol{\alpha}_1, \boldsymbol{\alpha}_2, \cdots, \boldsymbol{\alpha}_r$ 与 $\boldsymbol{\beta}_1, \boldsymbol{\beta}_2, \cdots, \boldsymbol{\beta}_s$ 可以互相线性表示，那么向量组 $\boldsymbol{\alpha}_1, \boldsymbol{\alpha}_2, \cdots, \boldsymbol{\alpha}_r$ 与 $\boldsymbol{\beta}_1, \boldsymbol{\beta}_2, \cdots, \boldsymbol{\beta}_s$ 称为等价.

定义 7-6 线性空间 V 中向量组 $\boldsymbol{\alpha}_1, \boldsymbol{\alpha}_2, \cdots, \boldsymbol{\alpha}_r (r \geqslant 1)$ 称为线性相关，如果存在 r 个不全为零的数 $k_1, k_2, \cdots, k_r$，使

$$k_1\boldsymbol{\alpha}_1+k_2\boldsymbol{\alpha}_2+\cdots+k_r\boldsymbol{\alpha}_r=\boldsymbol{0} \tag{7-1}$$

如果向量组 $\boldsymbol{\alpha}_1, \boldsymbol{\alpha}_2, \cdots, \boldsymbol{\alpha}_r$ 不线性相关，就称为线性无关. 换句话说，向量组 $\boldsymbol{\alpha}_1, \boldsymbol{\alpha}_2, \cdots, \boldsymbol{\alpha}_r$ 称为线性无关，如果式（7-1）只有在 $k_1=k_2=\cdots=k_r=0$ 时才成立.

以上定义与 n 元数组相应概念的定义完全相同. 因为以 n 元数组为元素的向量空间，就是我们这里所定义的线性空间的一个实例. 不仅如此，在第 3 章中，从这些定义出发对 n 元数组所作的那些论证也完全可以拓展到抽象的线性空间中并得出相同的结论. 此外，我们还在 n 维向量空间中讨论了向量之间的关系，如向量组的线性相关与线性无关、线性组合、线性表示等. 由于这些概念和性质只涉及向量的线性运算，所以在一般线性空间中也都成立. 这里不再赘述.

【例 7-16】 证明 $p_1(x)=1+x, p_2(x)=1-x, p_3(x)=x+x^2$ 线性无关.

证明：设有三个数 k_1, k_2, k_3 使

$$k_1p_1(x)+k_2p_2(x)+k_3p_3(x)=0$$

即

$$k_1(1+x)+k_2(1-x)+k_3(x+x^2)=0$$

也即

$$(k_1+k_2)+(k_1-k_2+k_3)x+k_3x^2=0$$

于是

$$k_1+k_2=0,\quad k_1-k_2+k_3=0,\quad k_3=0$$

从而得

$$k_1=k_2=k_3=0$$

因此它们线性无关.

7.2.2 维数·基与坐标

定义 7-7 如果在线性空间 V 中有 n 个线性无关的向量，但是没有更多数目的线性无关的向量，那么 V 就称为 n 维的；如果在 V 中可以找到任意多个线性无关的向量，那么 V

就称为无限维的.

【例 7-17】（1）几何空间中向量构成的线性空间是三维的；

（2）n 元数组构成的空间是 n 维的；

（3）由所有实系数多项式构成的实线性空间是无限维的，因为对于任意的 n，都有 n 个线性无关的向量 $1, \boldsymbol{x}, \cdots, \boldsymbol{x}^{n-1}$.

定义 7-8 设 V 是一个有限维线性空间. 称 V 中满足下述两个条件的向量组 $\boldsymbol{\alpha}_1, \boldsymbol{\alpha}_2, \cdots, \boldsymbol{\alpha}_n$ 为 V 的一个基，如果：

（1）$\boldsymbol{\alpha}_1, \boldsymbol{\alpha}_2, \cdots, \boldsymbol{\alpha}_n$ 线性无关；

（2）V 中每一个向量都可以由 $\boldsymbol{\alpha}_1, \boldsymbol{\alpha}_2, \cdots, \boldsymbol{\alpha}_n$ 线性表示.

并称 n 为线性空间 V 的维数. 维数为 n 的线性空间称为 n 维线性空间，记作 V_n.

定义 7-9 设 $\boldsymbol{\alpha}_1, \boldsymbol{\alpha}_2, \cdots, \boldsymbol{\alpha}_n$ 是 n 维线性空间 V_n 的一个基. V_n 中的任意一个向量 $\boldsymbol{\alpha}$ 可以由基 $\boldsymbol{\alpha}_1, \boldsymbol{\alpha}_2, \cdots, \boldsymbol{\alpha}_n$ 线性表示

$$\boldsymbol{\alpha}=x_1\boldsymbol{\alpha}_1+x_2\boldsymbol{\alpha}_2+\cdots+x_n\boldsymbol{\alpha}_n$$

其中系数 $x_1, x_2, \cdots, x_n$ 是被向量 $\boldsymbol{\alpha}$ 和基 $\boldsymbol{\alpha}_1, \boldsymbol{\alpha}_2, \cdots, \boldsymbol{\alpha}_n$ 唯一确定的，这组数称为 $\boldsymbol{\alpha}$ 在基 $\boldsymbol{\alpha}_1, \boldsymbol{\alpha}_2, \cdots, \boldsymbol{\alpha}_n$ 下（或者 $\boldsymbol{\alpha}$ 关于基 $\boldsymbol{\alpha}_1, \boldsymbol{\alpha}_2, \cdots, \boldsymbol{\alpha}_n$）的坐标，记为$(x_1, x_2, \cdots, x_n)$. 其中 $x_i(i=1, 2, \cdots, n)$ 称为 $\boldsymbol{\alpha}$ 在基 $\boldsymbol{\alpha}_1, \boldsymbol{\alpha}_2, \cdots, \boldsymbol{\alpha}_n$ 下的第 i 个坐标或第 i 个坐标分量.

【例 7-18】 设 $\boldsymbol{\alpha}_1=(2, 1, 1), \boldsymbol{\alpha}_2=(-4, -5, -1), \boldsymbol{\alpha}_3=(1, 3, 1)$，由知 $\boldsymbol{\alpha}_1, \boldsymbol{\alpha}_2, \boldsymbol{\alpha}_3$ 线性无关知它是 $\mathbf{R}^3$ 的一个基.

对于向量 $\boldsymbol{\alpha}=(0, 5, 1)$，由于 $\boldsymbol{\alpha}=-\boldsymbol{\alpha}_1+2\boldsymbol{\alpha}_3$，故 $\boldsymbol{\alpha}$ 在基 $\boldsymbol{\alpha}_1, \boldsymbol{\alpha}_2, \boldsymbol{\alpha}_3$ 下的坐标是$(-1, 0, 2)$.

【例 7-19】 在线性空间 $\mathbf{R}[x]_n$ 中，$1, x, \cdots, x^n$ 是 $n+1$ 个线性无关的向量，而且每一个次数不大于 n 的多项式都可被它们线性表示，所以 $\mathbf{R}[x]_n$ 是 $n+1$ 维的，而 $1, x, \cdots, x^n$ 就是它的基. 在这组基下，多项式 $f(x)=a_0 1+a_1x+\cdots+a_{n-1}x^{n-1}+a_nx^n$ 的坐标就是它的系数$(a_0, a_1, \cdots, a_n)$. 如果在 $\mathbf{R}[x]_n$ 中取另外一组基 $\varepsilon_1'=1, \varepsilon_2'=(x-a), \cdots, \varepsilon_{n+1}'=(x-a)^n$. 那么按泰勒展开公式 $f(x)=f(a)+f'(a)(x-a)+\cdots+\dfrac{f^{(n)}(a)}{n!}(x-a)^n$. 因此，$f(x)$ 在基 $\varepsilon_1', \varepsilon_2', \cdots, \varepsilon_n'$ 下的坐标是 $\left(f(a), f'(a), \cdots, \dfrac{f^{(n)}(a)}{n!}\right)$.

【例 7-20】 全体 $s\times n$ 矩阵构成的集合 $\mathbf{R}^{s\times n}$，按矩阵的加法和数量乘法构成线性空间. 若用 $\boldsymbol{E}_{ij}$ 表示(i, j) 元素为 1 而其余元素为 0 的矩阵，即

$$\boldsymbol{E}_{ij}=\begin{pmatrix} & & & 0 & & & \\ & & & \vdots & & & \\ & & & 0 & & & \\ 0 & \cdots & 0 & 1 & 0 & \cdots & 0 \\ & & & 0 & & & \\ & & & \vdots & & & \\ & & & 0 & & & \end{pmatrix} i$$

$$j$$

称为基本矩阵，则 $\boldsymbol{E}_{11}, \boldsymbol{E}_{12}, \cdots, \boldsymbol{E}_{1n}, \cdots, \boldsymbol{E}_{s1}, \boldsymbol{E}_{s2}, \cdots, \boldsymbol{E}_{sn}$ 是 $\mathbf{R}^{s\times n}$ 的一组基. $\boldsymbol{M}=(a_{ij})_{s\times n}$ 的坐标为 $(a_{11}, a_{12}, \cdots, a_{1n}, \cdots, a_{s1}, a_{s2}, \cdots, a_{sn})$. 因为 $\mathbf{R}$ 上每一个 $s\times n$ 矩阵都可以表成

$$\boldsymbol{A}=(a_{ij})=\sum_{i=1}^{s}\sum_{j=1}^{n}a_{ij}E_{ij}$$

设 $\boldsymbol{\alpha}_1, \boldsymbol{\alpha}_2, \cdots, \boldsymbol{\alpha}_n$ 是 n 维线性空间 V_n 的一组基，在这组基下 V_n 中每个向量都有确定的坐标，而向量的坐标可以看成 $\mathbf{R}^n$ 元素，因此向量与它的坐标之间的对应实质上就是 V_n 与 $\mathbf{R}^n$ 之间的一个对应关系. 显然它们是一一对应的，这个对应的重要性表现在它与运算的关系上.

设 $\boldsymbol{\alpha}, \boldsymbol{\beta}\in V_n$

$$\boldsymbol{\alpha}=a_1\boldsymbol{\alpha}_1+a_2\boldsymbol{\alpha}_2+\cdots+a_n\boldsymbol{\alpha}_n$$
$$\boldsymbol{\beta}=b_1\boldsymbol{\alpha}_1+b_2\boldsymbol{\alpha}_2+\cdots+b_n\boldsymbol{\alpha}_n$$

而向量 $\boldsymbol{\alpha}, \boldsymbol{\beta}$ 的坐标分别是 $(a_1, a_2, \cdots, a_n)$, $(b_1, b_2, \cdots, b_n)$，那么

$$\boldsymbol{\alpha}+\boldsymbol{\beta}=(a_1+b_1)\boldsymbol{\alpha}_1+(a_2+b_2)\boldsymbol{\alpha}_2+\cdots+(a_n+b_n)\boldsymbol{\alpha}_n$$
$$k\boldsymbol{\alpha}=ka_1\boldsymbol{\alpha}_1+ka_2\boldsymbol{\alpha}_2+\cdots+ka_n\boldsymbol{\alpha}_n$$

于是向量 $\boldsymbol{\alpha}+\boldsymbol{\beta}, k\boldsymbol{\alpha}$ 的坐标分别是

$$(a_1+b_1, a_2+b_2, \cdots, a_n+b_n)=(a_1, a_2, \cdots, a_n)+(b_1, b_2, \cdots, b_n)$$
$$(ka_1, ka_2, \cdots, ka_n)=k(a_1, a_2, \cdots, a_n)$$

以上的式子说明在向量用坐标表示之后，它们的运算就可以归结为它们坐标的运算. 因而线性空间 V_n 的讨论也就可以归结为 $\mathbf{R}^n$ 的讨论.

我们说，V_n 与 $\mathbf{R}^n$ 是同构的. 事实上，任意一个 n 维线性空间都与 $\mathbf{R}^n$ 同构. 通过这种同构关系，对线性空间 V_n 的讨论就归结为对 $\mathbf{R}^n$ 的讨论.

在前文对线性空间的抽象讨论中，我们并没有考虑线性空间的元素是什么，也没有考虑其中运算是怎样定义的，而只涉及线性空间在所定义的运算下的代数性质. 从这个观点看来，同构的线性空间是可以不加区别的. 因此，维数是有限维线性空间的唯一的本质特征.

【例 7-21】 证明 $\mathbf{R}[x]_2$ 中的向量组 $p_1(x)=1+x, p_2(x)=1-x, p_3(x)=x+x^2$ 线性无关.

证明：取定 $\mathbf{R}[x]_2$ 的一组基 $1, x, x^2$，则 $p_1(x), p_2(x), p_3(x)$ 的坐标向量分别为

$$\boldsymbol{\alpha}_1=(1, 1, 0),\ \boldsymbol{\alpha}_2=(1, -1, 0),\ \boldsymbol{\alpha}_3=(0, 1, 1)$$

因为

$$\det(\boldsymbol{\alpha}_1, \boldsymbol{\alpha}_2, \boldsymbol{\alpha}_3)=\begin{vmatrix}1 & 1 & 0\\ 1 & -1 & 0\\ 0 & 1 & 1\end{vmatrix}=-2\neq 0$$

所以 $\boldsymbol{\alpha}_1, \boldsymbol{\alpha}_2, \boldsymbol{\alpha}_3$ 线性无关，因此 $p_1(x), p_2(x), p_3(x)$ 线性无关.

【例 7-22】 用 $\mathbf{R}^{2\times 2}$ 表示 2×2 矩阵全体按照矩阵的加法和数乘构成的线性空间. 给定元素

$$\boldsymbol{\alpha}_1=\begin{bmatrix}1 & 2\\ 1 & -2\end{bmatrix},\ \boldsymbol{\alpha}_2=\begin{bmatrix}2 & 3\\ 1 & 0\end{bmatrix},\ \boldsymbol{\alpha}_3=\begin{bmatrix}1 & 2\\ 2 & -3\end{bmatrix},$$

$$\boldsymbol{\alpha}_4=\begin{bmatrix}1&1\\1&1\end{bmatrix},\ \boldsymbol{\alpha}_5=\begin{bmatrix}1&0\\1&-1\end{bmatrix},\ \boldsymbol{\alpha}_6=\begin{bmatrix}2&1\\2&0\end{bmatrix}$$

给出其极大线性无关组，并把其余元素用极大线性无关组线性表示.

解：取定 $\mathbf{R}^{2\times2}$ 的基

$$\boldsymbol{\varepsilon}_1=\begin{bmatrix}1&0\\0&0\end{bmatrix},\ \boldsymbol{\varepsilon}_2=\begin{bmatrix}0&1\\0&0\end{bmatrix},\ \boldsymbol{\varepsilon}_3=\begin{bmatrix}0&0\\1&0\end{bmatrix},\ \boldsymbol{\varepsilon}_4=\begin{bmatrix}0&0\\0&1\end{bmatrix}$$

则 $\boldsymbol{\alpha}_1,\boldsymbol{\alpha}_2,\boldsymbol{\alpha}_3,\boldsymbol{\alpha}_4,\boldsymbol{\alpha}_5,\boldsymbol{\alpha}_6$ 的坐标向量分别为

$$\boldsymbol{p}_1=(1,2,1,-2),\ \boldsymbol{p}_2=(2,3,1,0),\ \boldsymbol{p}_3=(1,2,2,-3)$$
$$\boldsymbol{p}_4=(1,1,1,1),\ \boldsymbol{p}_5=(1,0,1,-1),\ \boldsymbol{p}_6=(2,1,2,0)$$

对

$$\boldsymbol{A}=(\boldsymbol{p}_1^{\mathrm{T}},\boldsymbol{p}_2^{\mathrm{T}},\boldsymbol{p}_3^{\mathrm{T}},\boldsymbol{p}_4^{\mathrm{T}},\boldsymbol{p}_5^{\mathrm{T}},\boldsymbol{p}_6^{\mathrm{T}})=\begin{pmatrix}1&2&1&1&1&2\\2&3&2&1&0&1\\1&1&2&1&1&2\\-2&0&-3&1&-1&0\end{pmatrix}$$

作初等行变换

$$\boldsymbol{A}\to\begin{pmatrix}1&2&1&1&1&2\\0&-1&0&-1&-2&-3\\0&-1&1&0&0&0\\0&4&-1&3&1&4\end{pmatrix}\to\begin{pmatrix}1&0&3&1&1&2\\0&1&0&1&2&3\\0&0&1&1&2&3\\0&0&-1&-1&-7&-8\end{pmatrix}$$

$$\to\begin{pmatrix}1&0&0&-2&-5&-7\\0&1&0&1&2&3\\0&0&1&1&2&3\\0&0&0&0&-5&-5\end{pmatrix}\to\begin{pmatrix}1&0&0&-2&0&2\\0&1&0&1&0&1\\0&0&1&1&0&1\\0&0&0&0&1&1\end{pmatrix}$$

由此可以看出：

（1）$\boldsymbol{p}_1,\boldsymbol{p}_2,\boldsymbol{p}_3,\boldsymbol{p}_5$ 线性无关，从而 $\boldsymbol{\alpha}_1,\boldsymbol{\alpha}_2,\boldsymbol{\alpha}_3,\boldsymbol{\alpha}_5$ 线性无关，$\boldsymbol{\alpha}_1,\boldsymbol{\alpha}_2,\boldsymbol{\alpha}_3,\boldsymbol{\alpha}_5$ 是一个极大线性无关组.

（2）$\boldsymbol{p}_4=-2\boldsymbol{p}_1+\boldsymbol{p}_2+\boldsymbol{p}_3,\ \boldsymbol{p}_6=-2\boldsymbol{p}_1+\boldsymbol{p}_2+\boldsymbol{p}_3+\boldsymbol{p}_5$，从而 $\boldsymbol{\alpha}_4=-2\boldsymbol{\alpha}_1+\boldsymbol{\alpha}_2+\boldsymbol{\alpha}_3,\ \boldsymbol{\alpha}_6=-2\boldsymbol{\alpha}_1+\boldsymbol{\alpha}_2+\boldsymbol{\alpha}_3+\boldsymbol{\alpha}_5$.

7.3 基变换与坐标变换

7.3.1 基变换

在 n 维线性空间中，任意 n 个线性无关的向量都可以作为线性空间的基，即空间的基不唯一. 对不同的基，同一个向量的坐标一般是不同的. 在解析几何中已经知道了这一点. 在这一节中，我们要研究的问题是随着基的改变，向量的坐标是怎样变化的.

定义 7-10 设 $\boldsymbol{\alpha}_1,\boldsymbol{\alpha}_2,\cdots,\boldsymbol{\alpha}_n$ 与 $\boldsymbol{\beta}_1,\boldsymbol{\beta}_2,\cdots,\boldsymbol{\beta}_n$ 是 n 维线性空间 V_n 中两组基，它们的关系是

$$\begin{cases}\boldsymbol{\beta}_1=p_{11}\boldsymbol{\alpha}_1+p_{21}\boldsymbol{\alpha}_2+\cdots+p_{n1}\boldsymbol{\alpha}_n\\ \boldsymbol{\beta}_2=p_{12}\boldsymbol{\alpha}_1+p_{22}\boldsymbol{\alpha}_2+\cdots+p_{n2}\boldsymbol{\alpha}_n\\ \qquad\cdots\\ \boldsymbol{\beta}_n=p_{1n}\boldsymbol{\alpha}_1+p_{2n}\boldsymbol{\alpha}_2+\cdots+p_{nn}\boldsymbol{\alpha}_n\end{cases} \tag{7-2}$$

称式（7-2）为基变换公式.

式（7-2）可以写为

$$\begin{pmatrix}\boldsymbol{\beta}_1\\ \boldsymbol{\beta}_2\\ \vdots\\ \boldsymbol{\beta}_n\end{pmatrix}=\begin{pmatrix}p_{11} & p_{21} & \cdots & p_{n1}\\ p_{12} & p_{22} & \cdots & p_{n2}\\ \vdots & \vdots & & \vdots\\ p_{1n} & p_{2n} & \cdots & p_{nn}\end{pmatrix}\begin{pmatrix}\boldsymbol{\alpha}_1\\ \boldsymbol{\alpha}_2\\ \vdots\\ \boldsymbol{\alpha}_n\end{pmatrix}=\boldsymbol{P}^{\mathrm{T}}\begin{pmatrix}\boldsymbol{\alpha}_1\\ \boldsymbol{\alpha}_2\\ \vdots\\ \boldsymbol{\alpha}_n\end{pmatrix}$$

或

$$(\boldsymbol{\beta}_1,\boldsymbol{\beta}_2,\cdots,\boldsymbol{\beta}_n)=(\boldsymbol{\alpha}_1,\boldsymbol{\alpha}_2,\cdots,\boldsymbol{\alpha}_n)\boldsymbol{P} \tag{7-3}$$

称式（7-2）或式（7-3）为基变换公式. 称矩阵 $\boldsymbol{P}$ 为由基 $\boldsymbol{\alpha}_1,\boldsymbol{\alpha}_2,\cdots,\boldsymbol{\alpha}_n$ 到 $\boldsymbol{\beta}_1,\boldsymbol{\beta}_2,\cdots,\boldsymbol{\beta}_n$ 的过渡矩阵，它是可逆的.

注意：

（1）基变换公式的矩阵形式是"形式的". 因为在这里把向量作为矩阵的元素一般来说没有意义. 不过在这个特殊的情况下，这种约定的用法是不会出现问题的.

（2）过渡矩阵 $\boldsymbol{P}$ 的第 j 列 $(p_{j1},p_{j2},\cdots,p_{jn})^{\mathrm{T}}$，就是第二组基向量 $\boldsymbol{\beta}_j$ 在第一组基向量 $\boldsymbol{\alpha}_1,\boldsymbol{\alpha}_2,\cdots,\boldsymbol{\alpha}_n$ 下的坐标.

设向量 $\boldsymbol{\alpha}$ 在这两组基下的坐标分别是 $(x_1,x_2,\cdots,x_n)$ 与 $(x_1',x_2',\cdots,x_n')$，即

$$\boldsymbol{\alpha}=x_1\boldsymbol{\alpha}_1+x_2\boldsymbol{\alpha}_2+\cdots+x_n\boldsymbol{\alpha}_n=x_1'\boldsymbol{\beta}_1+x_2'\boldsymbol{\beta}_2+\cdots+x_n'\boldsymbol{\beta}_n$$

现在的问题就是找出 $(x_1,x_2,\cdots,x_n)^{\mathrm{T}}$ 与 $(x_1',x_2',\cdots,x_n')^{\mathrm{T}}$ 的关系.

7.3.2 坐标变换

定理 7-2 设 V_n 中的元素 $\boldsymbol{\alpha}$，在基 $\boldsymbol{\alpha}_1,\boldsymbol{\alpha}_2,\cdots,\boldsymbol{\alpha}_n$ 下的坐标为 $(x_1,x_2,\cdots,x_n)$，在基 $\boldsymbol{\beta}_1,\boldsymbol{\beta}_2,\cdots,\boldsymbol{\beta}_n$ 下的坐标为 $(x_1',x_2',\cdots,x_n')$. 若两组基满足关系式

$$(\boldsymbol{\beta}_1,\boldsymbol{\beta}_2,\cdots,\boldsymbol{\beta}_n)=(\boldsymbol{\alpha}_1,\boldsymbol{\alpha}_2,\cdots,\boldsymbol{\alpha}_n)\boldsymbol{P} \tag{7-4}$$

则有

$$\begin{pmatrix}x_1\\ x_2\\ \vdots\\ x_n\end{pmatrix}=\boldsymbol{P}\begin{pmatrix}x_1'\\ x_2'\\ \vdots\\ x_n'\end{pmatrix}\quad 或 \quad\begin{pmatrix}x_1'\\ x_2'\\ \vdots\\ x_n'\end{pmatrix}=\boldsymbol{P}^{-1}\begin{pmatrix}x_1\\ x_2\\ \vdots\\ x_n\end{pmatrix} \tag{7-5}$$

证明：因为

$$(\boldsymbol{\alpha}_1,\boldsymbol{\alpha}_2,\cdots,\boldsymbol{\alpha}_n)\begin{pmatrix}x_1\\ x_2\\ \vdots\\ x_n\end{pmatrix}=\boldsymbol{\alpha}=(\boldsymbol{\alpha}_1,\boldsymbol{\alpha}_2,\cdots,\boldsymbol{\alpha}_n)\boldsymbol{P}\begin{pmatrix}x_1'\\ x_2'\\ \vdots\\ x_n'\end{pmatrix}$$

由于基向量线性无关，故即有关系式（7-5）．证毕．

这个定理的逆命题也成立．即若任一元素的两种坐标满足坐标变换式（7-5），则两个基满足变换式（7-4）．

强调一下，式（7-5）就是

$$\begin{pmatrix} x_1 \\ x_2 \\ \vdots \\ x_n \end{pmatrix} = \begin{pmatrix} p_{11} & p_{12} & \cdots & p_{1n} \\ p_{21} & p_{22} & \cdots & p_{2n} \\ \vdots & \vdots & & \vdots \\ p_{n1} & p_{n2} & \cdots & p_{nn} \end{pmatrix} \begin{pmatrix} x_1' \\ x_2' \\ \vdots \\ x_n' \end{pmatrix}$$

或

$$\begin{pmatrix} x_1' \\ x_2' \\ \vdots \\ x_n' \end{pmatrix} = \begin{pmatrix} p_{11} & p_{12} & \cdots & p_{1n} \\ p_{21} & p_{22} & \cdots & p_{2n} \\ \vdots & \vdots & & \vdots \\ p_{n1} & p_{n2} & \cdots & p_{nn} \end{pmatrix}^{-1} \begin{pmatrix} x_1 \\ x_2 \\ \vdots \\ x_n \end{pmatrix}$$

平面解析几何中 $\boldsymbol{\varepsilon}_1 = \begin{pmatrix} 1 \\ 0 \end{pmatrix}$，$\boldsymbol{\varepsilon}_2 = \begin{pmatrix} 0 \\ 1 \end{pmatrix}$，直角坐标系逆时针旋转角度 θ，新的基向量为 $\boldsymbol{\varepsilon}_1', \boldsymbol{\varepsilon}_2'$，从单位圆看出

$$\boldsymbol{\varepsilon}_1' = \boldsymbol{\varepsilon}_1 \cos\theta + \boldsymbol{\varepsilon}_2 \sin\theta,\quad \boldsymbol{\varepsilon}_2' = \boldsymbol{\varepsilon}_1(-\sin\theta) + \boldsymbol{\varepsilon}_2 \cos\theta$$

从而有基变换公式

$$(\boldsymbol{\varepsilon}_1', \boldsymbol{\varepsilon}_2') = (\boldsymbol{\varepsilon}_1, \boldsymbol{\varepsilon}_2) \begin{pmatrix} \cos\theta & -\sin\theta \\ \sin\theta & \cos\theta \end{pmatrix}$$

坐标变换公式为

$$\begin{pmatrix} x_1 \\ x_2 \end{pmatrix} = \begin{pmatrix} \cos\theta & -\sin\theta \\ \sin\theta & \cos\theta \end{pmatrix} \begin{pmatrix} x_1' \\ x_2' \end{pmatrix},\quad \begin{pmatrix} x_1' \\ x_2' \end{pmatrix} = \begin{pmatrix} \cos\theta & \sin\theta \\ -\sin\theta & \cos\theta \end{pmatrix} \begin{pmatrix} x_1 \\ x_2 \end{pmatrix}$$

在中学学过：把平面围绕坐标原点按逆时针方向旋转 θ 角．平面上的一个点在原直角坐标系下的坐标是(x, y)，在新直角坐标系下的坐标是(x', y')，则有

$$\begin{pmatrix} x' \\ y' \end{pmatrix} = \begin{pmatrix} \cos\theta & \sin\theta \\ -\sin\theta & \cos\theta \end{pmatrix} \begin{pmatrix} x \\ y \end{pmatrix}$$

$$\begin{cases} x = OM = OS - TQ = x'\cos\theta - y'\sin\theta \\ y = ON = SQ + TP = x'\sin\theta + y'\cos\theta \end{cases}$$

【例 7-23】　在 $\mathbf{R}[x]_3$ 中取两个基

$$\boldsymbol{\alpha}_1 = x^3 + 2x^2 - x,\quad \boldsymbol{\alpha}_2 = x^3 - x^2 + x + 1$$

$$\boldsymbol{\alpha}_3 = -x^3 + 2x^2 + x + 1,\quad \boldsymbol{\alpha}_4 = -x^3 - x^2 + 1$$

及

$$\boldsymbol{\beta}_1 = 2x^3 + x^2 + 1,\quad \boldsymbol{\beta}_2 = x^2 + 2x + 2$$

$$\boldsymbol{\beta}_3 = -2x^3 + x^2 + x + 2,\quad \boldsymbol{\beta}_4 = x^3 + 3x^2 + x + 2$$

求由 $\boldsymbol{\alpha}_1, \boldsymbol{\alpha}_2, \boldsymbol{\alpha}_3, \boldsymbol{\alpha}_4$ 到 $\boldsymbol{\beta}_1, \boldsymbol{\beta}_2, \boldsymbol{\beta}_3, \boldsymbol{\beta}_4$ 的过渡矩阵和坐标变换公式．

解： 将 $\boldsymbol{\beta}_1, \boldsymbol{\beta}_2, \boldsymbol{\beta}_3, \boldsymbol{\beta}_4$ 用 $\boldsymbol{\alpha}_1, \boldsymbol{\alpha}_2, \boldsymbol{\alpha}_3, \boldsymbol{\alpha}_4$ 表示．由

$$(\boldsymbol{\alpha}_1, \boldsymbol{\alpha}_2, \boldsymbol{\alpha}_3, \boldsymbol{\alpha}_4) = (x^3, x^2, x, 1)\boldsymbol{A}, (\boldsymbol{\beta}_1, \boldsymbol{\beta}_2, \boldsymbol{\beta}_3, \boldsymbol{\beta}_4) = (x^3, x^2, x, 1)\boldsymbol{B}$$

其中

$$\boldsymbol{A} = \begin{pmatrix} 1 & 1 & -1 & -1 \\ 2 & -1 & 2 & -1 \\ -1 & 1 & 1 & 0 \\ 0 & 1 & 1 & 1 \end{pmatrix}, \quad \boldsymbol{B} = \begin{pmatrix} 2 & 0 & -2 & 1 \\ 1 & 1 & 1 & 3 \\ 0 & 2 & 1 & 1 \\ 1 & 2 & 2 & 2 \end{pmatrix}$$

得

$$(\boldsymbol{\beta}_1, \boldsymbol{\beta}_2, \boldsymbol{\beta}_3, \boldsymbol{\beta}_4) = (\boldsymbol{\alpha}_1, \boldsymbol{\alpha}_2, \boldsymbol{\alpha}_3, \boldsymbol{\alpha}_4)\boldsymbol{A}^{-1}\boldsymbol{B}$$

故过渡矩阵为 $\boldsymbol{A}^{-1}\boldsymbol{B}$，坐标变换公式为

$$\begin{pmatrix} x_1' \\ x_2' \\ x_3' \\ x_4' \end{pmatrix} = \boldsymbol{B}^{-1}\boldsymbol{A}\begin{pmatrix} x_1 \\ x_2 \\ x_3 \\ x_4 \end{pmatrix}$$

用矩阵的初等变换求 $\boldsymbol{B}^{-1}\boldsymbol{A}$：把矩阵 $(\boldsymbol{B} \mid \boldsymbol{A})$ 中的 $\boldsymbol{B}$ 变成 $\boldsymbol{E}$，则 $\boldsymbol{A}$ 即变成 $\boldsymbol{B}^{-1}\boldsymbol{A}$. 计算如下

$$(\boldsymbol{B} \mid \boldsymbol{A}) = \begin{pmatrix} 2 & 0 & -2 & 1 & 1 & 1 & -1 & -1 \\ 1 & 1 & 1 & 3 & 2 & -1 & 2 & -1 \\ 0 & 2 & 1 & 1 & -1 & 1 & 1 & 0 \\ 1 & 2 & 2 & 2 & 0 & 1 & 1 & 1 \end{pmatrix} \to \begin{pmatrix} 1 & 0 & 0 & 0 & 0 & 1 & -1 & 1 \\ 0 & 1 & 0 & 0 & -1 & 1 & 0 & 0 \\ 0 & 0 & 1 & 0 & 0 & 0 & 0 & 1 \\ 0 & 0 & 0 & 1 & 1 & -1 & 1 & -1 \end{pmatrix}$$

即得

$$\boldsymbol{B}^{-1}\boldsymbol{A} = \begin{pmatrix} 0 & 1 & -1 & 1 \\ -1 & 1 & 0 & 0 \\ 0 & 0 & 0 & 1 \\ 1 & -1 & 1 & -1 \end{pmatrix}$$

$$\begin{pmatrix} x_1' \\ x_2' \\ x_3' \\ x_4' \end{pmatrix} = \boldsymbol{B}^{-1}\boldsymbol{A}\begin{pmatrix} x_1 \\ x_2 \\ x_3 \\ x_4 \end{pmatrix} = \begin{pmatrix} 0 & 1 & -1 & 1 \\ -1 & 1 & 0 & 0 \\ 0 & 0 & 0 & 1 \\ 1 & -1 & 1 & -1 \end{pmatrix}\begin{pmatrix} x_1 \\ x_2 \\ x_3 \\ x_4 \end{pmatrix}$$

又

$$\boldsymbol{A}^{-1}\boldsymbol{B} = (\boldsymbol{B}^{-1}\boldsymbol{A})^{-1} = \begin{pmatrix} 1 & 0 & 0 & 1 \\ 1 & 1 & 0 & 1 \\ 0 & 1 & 1 & 1 \\ 0 & 0 & 1 & 0 \end{pmatrix}$$

这就是过渡矩阵，所以

$$(\boldsymbol{\beta}_1,\boldsymbol{\beta}_2,\boldsymbol{\beta}_3,\boldsymbol{\beta}_4)=(\boldsymbol{\alpha}_1,\boldsymbol{\alpha}_2,\boldsymbol{\alpha}_3,\boldsymbol{\alpha}_4)\boldsymbol{A}^{-1}\boldsymbol{B}=(\boldsymbol{\alpha}_1,\boldsymbol{\alpha}_2,\boldsymbol{\alpha}_3,\boldsymbol{\alpha}_4)\begin{pmatrix}1&0&0&1\\1&1&0&1\\0&1&1&1\\0&0&1&0\end{pmatrix}$$

【例 7-24】 证明 $x^3, x^3+x, x^2+1, x+1$ 是 $\mathbf{R}[x]_3$ 的一个基，并求多项式 x^2+2x+3 在这个基下的坐标.

证明：令

$$k_1x^3+k_2(x^3+x)+k_3(x^2+1)+k_4(x+1)=0$$

即

$$(k_1+k_2)x^3+k_3x^2+(k_2+k_4)x+(k_3+k_4)=0$$

于是有

$$\begin{cases}k_1+k_2=0\\k_3=0\\k_2+k_4=0\\k_3+k_4=0\end{cases}$$

求解可得

$$k_1=k_2=k_3=k_4=0$$

故 $x^3, x^3+x, x^2+1, x+1$ 线性无关，是 $\mathbf{R}[x]_3$ 的一个基.

又令

$$a_1x^3+a_2(x^3+x)+a_3(x^2+1)+a_4(x+1)=x^2+2x+3$$

则

$$\begin{cases}a_1+a_2=0\\a_3=1\\a_2+a_4=2\\a_3+a_4=3\end{cases}$$

解之可得

$$\begin{cases}a_1=0\\a_2=1\\a_3=1\\a_4=2\end{cases}$$

故 x^2+2x+3 在这个基下的坐标为$(0, 0, 1, 2)^{\mathrm{T}}$.

【例 7-25】 在 $\mathbf{R}^3$ 中求向量 $\boldsymbol{\alpha}=\begin{pmatrix}3\\7\\1\end{pmatrix}$，在基 $\boldsymbol{\alpha}_1=\begin{pmatrix}1\\3\\5\end{pmatrix}, \boldsymbol{\alpha}_2=\begin{pmatrix}6\\3\\2\end{pmatrix}, \boldsymbol{\alpha}_3=\begin{pmatrix}3\\1\\0\end{pmatrix}$下的坐标.

解：求向量 $\boldsymbol{\alpha}$ 在基 $\boldsymbol{\alpha}_1, \boldsymbol{\alpha}_2, \boldsymbol{\alpha}_3$ 下的坐标，即用基 $\boldsymbol{\alpha}_1, \boldsymbol{\alpha}_2, \boldsymbol{\alpha}_3$ 表示向量 $\boldsymbol{\alpha}$.

用矩阵的初等行变换来求解：先构造矩阵 $\boldsymbol{A}=(\boldsymbol{\alpha}_1, \boldsymbol{\alpha}_2, \boldsymbol{\alpha}_3, \boldsymbol{\alpha})$，再对矩阵 $\boldsymbol{A}$ 实施初等行变换，使之成为行最简形矩阵即得. 注意到

$$A=(\boldsymbol{\alpha}_1,\boldsymbol{\alpha}_2,\boldsymbol{\alpha}_3,\boldsymbol{\alpha})=\begin{pmatrix}1&6&3&3\\3&3&1&7\\5&2&0&1\end{pmatrix}\to\begin{pmatrix}1&0&0&33\\0&1&0&-82\\0&0&1&154\end{pmatrix}$$

所以

$$\boldsymbol{\alpha}=33\boldsymbol{\alpha}_1-82\boldsymbol{\alpha}_2+154\boldsymbol{\alpha}_3$$

则所求坐标为

$$\boldsymbol{\alpha}=(33,-82,154)^{\mathrm{T}}$$

7.4 线性变换

7.4.1 映射的定义

定义 7-11 设 X, Y 是非空集合，所谓集合 X 到集合 Y 的一个映射就是指一个法则 σ，它使 X 中每一个元素 $\boldsymbol{\alpha}$ 都有 Y 中一个确定的元素 $\boldsymbol{\beta}$ 与之对应. 记为 $\sigma(\boldsymbol{\alpha})=\boldsymbol{\beta}$，或 $\sigma: \boldsymbol{\alpha}\to\boldsymbol{\beta}$. $\boldsymbol{\beta}$ 称为 $\boldsymbol{\alpha}$ 在映射 σ 下的像，而 $\boldsymbol{\alpha}$ 称为 $\boldsymbol{\beta}$ 在映射 σ 下的一个原像. M 到 M 自身的映射，有时也称为 M 到自身的变换.

注意：$\boldsymbol{\alpha}$ 的像是唯一的，但 $\boldsymbol{\beta}$ 的原像不一定是唯一的.

【例 7-26】 M 是全体整数的集合，N 是全体偶数的集合，定义 $\sigma(n)=2n(n\in M)$. 这是 M 到 N 的一个映射.

【例 7-27】 设 $A=B=\{0,1\}$，则 $f: 0\mapsto 1, 1\mapsto 0$ 是 A 到 B 的一个映射. 而 $g: 0\mapsto 0, 1\mapsto 0$ 也是 A 到 B 的一个映射.

为清楚地表示映射中元素的对应关系，我们采用记号：$f: A\to B; x\mapsto y$.

【例 7-28】 M 是全体 n 阶矩阵的集合，定义 $\sigma_1(\boldsymbol{A})=|\boldsymbol{A}|(\boldsymbol{A}\in M)$. 这是 M 到 $\mathbf{R}$ 的一个映射.

【例 7-29】 M 是全体 n 阶矩阵的集合，定义 $\sigma_2(a)=a\boldsymbol{E}(a\in\mathbf{R})$. $\boldsymbol{E}$ 是 n 阶单位矩阵，这是 $\mathbf{R}$ 到 M 的一个映射.

【例 7-30】 对于 $f(x)\in\mathbf{R}[x]$，定义 $\sigma(f(x))=f'(x)$. 这是 $\boldsymbol{P}[x]$ 到自身的一个映射.

【例 7-31】 设 A, B 是两个非空的集合，b_0 是 B 中一个固定的元素，定义 $\sigma(a)=b_0$，$a\in A$. 即 σ 把 A 中的每个元素都映射到 b_0，这是 A 到 B 的一个映射.

【例 7-32】 设 M 是一集合，定义 $\sigma(a)=a(a\in M)$. 即 σ 把每个元素映到它自身，称为集合 M 的恒等映射或单位映射，记为 $\mathbf{1}_M$.

【例 7-33】 任意一个定义在全体实数上的函数 $y=f(x)$ 都是实数集合到自身的映射. 因此，函数可以认为是映射的一个特殊情形.

定义 7-12 设 σ 是集合 X 到 Y 的一个映射，如果：

(1) 对任意的 $\boldsymbol{\alpha}_1, \boldsymbol{\alpha}_2\in X$，当 $\boldsymbol{\alpha}_1\neq\boldsymbol{\alpha}_2$ 时，$\sigma(\boldsymbol{\alpha}_1)\neq\sigma(\boldsymbol{\alpha}_2)$，则称 σ 为单射.

(2) 对于任意的 $\boldsymbol{\beta}\in Y$，存在 $\boldsymbol{\alpha}\in X$，使 $\sigma(\boldsymbol{\alpha})=\boldsymbol{\beta}$，则称 σ 为满射.

(3) 若映射 σ 既是单射，又是满射，则称 σ 为双射.

考虑空间直角坐标系中向量 $\boldsymbol{a}=(x,y,z)$ 在 xOy 平面上的投影，对应关系

$$\sigma: (x,y,z)\mapsto(x,y)$$

建立了几何空间 V_3 到 V_2 的一个映射，且：

（1）对任意 $\boldsymbol{a},\boldsymbol{b}\in V_3$，设 $\boldsymbol{a}=(x_1,y_1,z_1)$，$\boldsymbol{b}=(x_2,y_2,z_2)$，有

$$\begin{aligned}\sigma(\boldsymbol{a}+\boldsymbol{b})&=\sigma((x_1+x_2,y_1+y_2,z_1+z_2))\\&=(x_1+x_2,y_1+y_2)=(x_1,y_1)+(x_2,y_2)\\&=\sigma(\boldsymbol{a})+\sigma(\boldsymbol{b})\end{aligned}$$

（2）对任意 $k\in\mathbf{R},\boldsymbol{a}\in V_3$，有

$$\begin{aligned}\sigma(k\boldsymbol{a})&=\sigma(k(x,y,z))=\sigma((kx,ky,kz))\\&=(kx,ky)=k(x,y)=k\sigma(\boldsymbol{a})\end{aligned}$$

为了深入研究这类映射，我们给出如下定义.

定义 7-13 设 V,W 是 $\mathbf{R}$ 上的两个线性空间，V 到 W 的一个映射 σ 称为 V 到 W 的一个线性映射，如果：

（1）对于任意 $\boldsymbol{\xi},\boldsymbol{\eta}\in V$，有 $\sigma(\boldsymbol{\xi}+\boldsymbol{\eta})=\sigma(\boldsymbol{\xi})+\sigma(\boldsymbol{\eta})$；

（2）对于任意 $k\in K,\boldsymbol{\xi}\in V$，有 $\sigma(k\boldsymbol{\xi})=k\sigma(\boldsymbol{\xi})$.

就是说，如果一个映射保持加法与数乘，它就是线性映射. 特别地，V 到 V 本身的一个线性映射称为 V 的一个线性变换.

7.4.2 线性变换的定义与性质

定义 7-14 设 V 是 $\mathbf{R}$ 上的线性空间，V 的一个变换 σ 称为线性变换，如果：

（1）对于任意 $\boldsymbol{\xi},\boldsymbol{\eta}\in V$，有 $\sigma(\boldsymbol{\xi}+\boldsymbol{\eta})=\sigma(\boldsymbol{\xi})+\sigma(\boldsymbol{\eta})$；

（2）对于任意 $k\in\mathbf{R},\boldsymbol{\xi}\in V$，有 $\sigma(k\boldsymbol{\xi})=k\sigma(\boldsymbol{\xi})$.

【例 7-34】 令 V 是 $\mathbf{R}$ 上的一个线性空间. 取定一个数 k，对于任意 $\boldsymbol{\xi}\in V$，定义

$$\sigma(\boldsymbol{\xi})=k\boldsymbol{\xi}$$

容易验证，σ 是 V 的一个线性变换，这时，σ 称为 V 的一个位似（数乘变换）.

【例 7-35】 在线性空间 $\mathbf{R}[x]$ 或者 $\mathbf{R}[x]_n$ 中，求导数是一个线性变换. 这个变换通常用 D 代表，即 $D(f(x))=f'(x)$.

【例 7-36】 定义在闭区间 $[a,b]$ 上的全体连续函数组成一个线性空间，这个空间中，变换

$$I(f(x))=\int_a^x f(t)\,\mathrm{d}t$$

是一个线性变换.

设 V 是 $\mathbf{R}$ 上的线性空间，σ 是 V 的一个线性变换. 那么有：

性质 7-1 $\sigma(\mathbf{0})=\mathbf{0}$，$\sigma(-\boldsymbol{\alpha})=-\sigma(\boldsymbol{\alpha})$，$\forall\boldsymbol{\alpha}\in V$.

证明：性质 7-1 在定义 7-14 的（1）中取 $\boldsymbol{\alpha}=\boldsymbol{\beta}=\mathbf{0}$，得 $\sigma(\mathbf{0}+\mathbf{0})=\sigma(\mathbf{0})+\sigma(\mathbf{0})$，即 $\sigma(\mathbf{0})=\mathbf{0}$；在定义 7-14 的（2）中取 $k=-1$ 得 $\sigma(-\boldsymbol{\alpha})=-\sigma(\boldsymbol{\alpha})$.

结合定义 7-14 中的（1）和（2），利用数学归纳法即得性质 7-2.

性质 7-2 $\sigma(k_1\boldsymbol{\alpha}_1+k_2\boldsymbol{\alpha}_2+\cdots+k_m\boldsymbol{\alpha}_m)=k_1\sigma(\boldsymbol{\alpha}_1)+k_2\sigma(\boldsymbol{\alpha}_2)+\cdots+k_m\sigma(\boldsymbol{\alpha}_m)$，$\forall k_i\in\mathbf{R}$，$\boldsymbol{\alpha}_i\in V$，$i=1,2,\cdots,m$.

性质 7-2 表明线性映射保持线性组合与线性关系式不变. 由此即得：

性质 7-3 V 是 $\mathbf{R}$ 上的线性空间，σ 是 V 的线性变换. 那么，当向量 $\boldsymbol{\alpha}_1,\boldsymbol{\alpha}_2,\cdots,\boldsymbol{\alpha}_m$ 线

性相关时，向量 $\sigma(\boldsymbol{\alpha}_1),\sigma(\boldsymbol{\alpha}_2),\cdots,\sigma(\boldsymbol{\alpha}_m)$ 也线性相关.

证明：设 $k_1\boldsymbol{\alpha}_1+k_2\boldsymbol{\alpha}_2+\cdots+k_m\boldsymbol{\alpha}_m=\mathbf{0}$，我们有

$$\sigma(k_1\boldsymbol{\alpha}_1+k_2\boldsymbol{\alpha}_2+\cdots+k_m\boldsymbol{\alpha}_m)=\sigma(\mathbf{0})=\mathbf{0}$$

即

$$k_1\sigma(\boldsymbol{\alpha}_1)+k_2\sigma(\boldsymbol{\alpha}_2)+\cdots+k_m\sigma(\boldsymbol{\alpha}_m)=\mathbf{0}$$

故当 $\boldsymbol{\alpha}_1,\boldsymbol{\alpha}_2,\cdots,\boldsymbol{\alpha}_m$ 线性相关时，$\sigma(\boldsymbol{\alpha}_1),\sigma(\boldsymbol{\alpha}_2),\cdots,\sigma(\boldsymbol{\alpha}_m)$ 也线性相关.

这说明线性变换把线性相关的向量组变成线性相关的向量组. 但应该注意，此性质的逆是不对的，线性变换可能把线性无关的向量组也变成线性相关的向量组. 例如零映射.

定义 7-15 设 σ 是线性空间 V 的一个线性变换，σ 的全体像组成的集合称为 σ 的像（也叫 σ 的值域，图 7-1），用 $\mathrm{Im}(\sigma)$ 或 $\sigma(V)$ 表示，即

$$\mathrm{Im}(\sigma)=\{\sigma(\boldsymbol{\xi})\mid\boldsymbol{\xi}\in V\}$$

所有被 σ 变成零向量的向量组成的集合称为 σ 的核（图 7-2），用 $\mathrm{Ker}(\sigma)$ 或 $\sigma^{-1}(\mathbf{0})$ 表示，即

$$\mathrm{Ker}(\sigma)=\{\boldsymbol{\xi}\mid\boldsymbol{\xi}\in V,\sigma(\boldsymbol{\xi})=\mathbf{0}\}$$

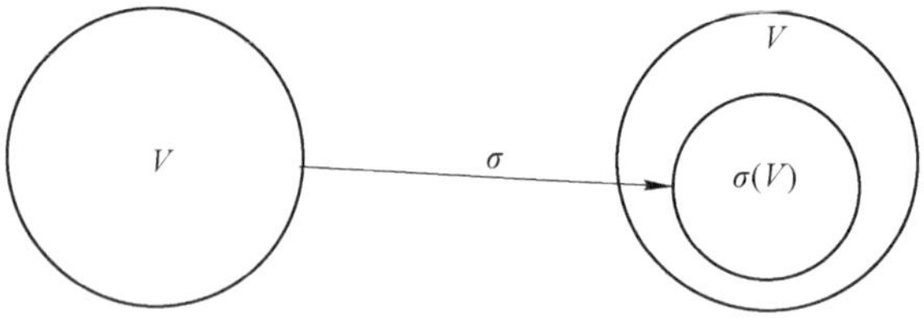

图 7-1 像空间

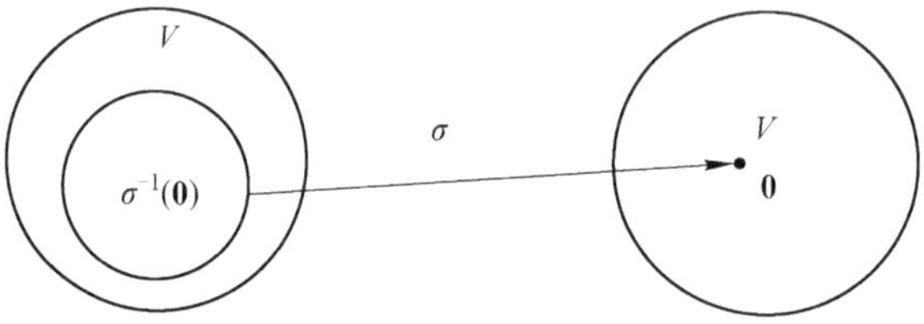

图 7-2 核空间

性质 7-4 $\mathrm{Im}(\sigma)=\{\sigma(\boldsymbol{\xi})\mid\boldsymbol{\xi}\in V\}$ 是 V 的子空间.

证明：$\mathrm{Im}(\sigma)$ 非空是明显的. 在 $\mathrm{Im}(\sigma)$ 中任取两向量 $\boldsymbol{\xi},\boldsymbol{\eta}$，则存在 $\boldsymbol{\alpha},\boldsymbol{\beta}\in V$ 使得 $\sigma(\boldsymbol{\alpha})=\boldsymbol{\xi}$，$\sigma(\boldsymbol{\beta})=\boldsymbol{\eta}$，由此知

$$\boldsymbol{\xi}+\boldsymbol{\eta}=\sigma(\boldsymbol{\alpha})+\sigma(\boldsymbol{\beta})=\sigma(\boldsymbol{\alpha}+\boldsymbol{\beta})\in\mathrm{Im}(\sigma)$$

$$k\boldsymbol{\xi}=k\sigma(\boldsymbol{\alpha})=\sigma(k\boldsymbol{\alpha})\in\mathrm{Im}(\sigma),\quad\forall k\in\mathbf{R}$$

因此，$\mathrm{Im}(\sigma)$ 是 V 的子空间.

性质 7-5 $\mathrm{Ker}(\sigma)=\{\boldsymbol{\xi}\mid\boldsymbol{\xi}\in V,\sigma(\boldsymbol{\xi})=\mathbf{0}\}$ 是 V 的子空间.

证明：由于 $\sigma(\mathbf{0})=\mathbf{0}$，从而 $\mathbf{0}\in\mathrm{Ker}(\sigma)$，即 $\mathrm{Ker}(\sigma)$ 是非空集合.

$\forall\boldsymbol{\alpha},\boldsymbol{\beta}\in\mathrm{Ker}(\sigma)$，有 $\sigma(\boldsymbol{\alpha})=\mathbf{0}$，$\sigma(\boldsymbol{\beta})=\mathbf{0}$，从而

$$\sigma(\boldsymbol{\alpha}+\boldsymbol{\beta})=\sigma(\boldsymbol{\alpha})+\sigma(\boldsymbol{\beta})=\mathbf{0},\quad\sigma(k\boldsymbol{\alpha})=k\sigma(\boldsymbol{\alpha})=\mathbf{0}$$

所以 $\boldsymbol{\alpha}+\boldsymbol{\beta}\in\mathrm{Ker}(\sigma)$ 且 $k\boldsymbol{\alpha}\in\mathrm{Ker}(\sigma)$，故 $\mathrm{Ker}(\sigma)$ 是 V 的一个子空间.

最后，我们指出，对线性变换 $\sigma: V\to V$，本章结果全都正确. 这时，$\mathrm{Im}(\sigma)\subseteq V$，$\mathrm{Ker}(\sigma)\subseteq V$，即 $\mathrm{Im}(\sigma)$ 和 $\mathrm{Ker}(\sigma)$ 都是 V 的子空间.

7.4.3 线性变换的矩阵表示

（1）线性变换的矩阵表示.

设 n 阶矩阵

$$A=\begin{pmatrix}\alpha_{11} & \alpha_{12} & \cdots & \alpha_{1n}\\ \alpha_{21} & \alpha_{22} & \cdots & \alpha_{2n}\\ \vdots & \vdots & & \vdots\\ \alpha_{n1} & \alpha_{n2} & \cdots & \alpha_{nn}\end{pmatrix}=(\boldsymbol{\alpha}_1,\boldsymbol{\alpha}_2,\cdots,\boldsymbol{\alpha}_n)$$

其中

$$\boldsymbol{\alpha}_i=\begin{pmatrix}\alpha_{1i}\\ \alpha_{2i}\\ \vdots\\ \alpha_{ni}\end{pmatrix}$$

定义 $\mathbf{R}^n$ 中的变换 $\boldsymbol{y}=T(\boldsymbol{x})$ 为

$$T(\boldsymbol{x})=\boldsymbol{A}\boldsymbol{x}\quad(\boldsymbol{x}\in\mathbf{R}^n)$$

则 T 为线性变换，设 $\boldsymbol{e}_1,\boldsymbol{e}_2,\cdots,\boldsymbol{e}_n$ 为单位坐标向量，那么

$$\boldsymbol{A}\boldsymbol{e}_1=\begin{pmatrix}a_{11} & a_{12} & \cdots & a_{1n}\\ a_{21} & a_{22} & \cdots & a_{2n}\\ \vdots & \vdots & & \vdots\\ a_{n1} & a_{n2} & \cdots & a_{nn}\end{pmatrix}\begin{pmatrix}1\\0\\ \vdots\\0\end{pmatrix}=\boldsymbol{\alpha}_1,\cdots,\boldsymbol{A}\boldsymbol{e}_n=\begin{pmatrix}a_{11} & a_{12} & \cdots & a_{1n}\\ a_{21} & a_{22} & \cdots & a_{2n}\\ \vdots & \vdots & & \vdots\\ a_{n1} & a_{n2} & \cdots & a_{nn}\end{pmatrix}\begin{pmatrix}0\\0\\ \vdots\\1\end{pmatrix}=\boldsymbol{\alpha}_n$$

即

$$\boldsymbol{\alpha}_i=\boldsymbol{A}\boldsymbol{e}_i=T(\boldsymbol{e}_i)\quad(i=1,2,\cdots,n)$$

因此，如果一个线性变换 T 有关系式 $T(\boldsymbol{x})=\boldsymbol{A}\boldsymbol{x}$，那么矩阵 $\boldsymbol{A}$ 应以 $T(\boldsymbol{e}_i)$ 为列向量. 反之，如果一个线性变换 T 使 $T(\boldsymbol{e}_i)=\boldsymbol{\alpha}_i(i=1,2,\cdots,n)$，那么

$$\begin{aligned}T(\boldsymbol{x})&=T[(\boldsymbol{e}_1,\boldsymbol{e}_2,\cdots,\boldsymbol{e}_n)\boldsymbol{x}]\\&=T(x_1\boldsymbol{e}_1+x_2\boldsymbol{e}_2+\cdots+x_n\boldsymbol{e}_n)\\&=x_1T(\boldsymbol{e}_1)+x_2T(\boldsymbol{e}_2)+\cdots+x_nT(\boldsymbol{e}_n)\\&=(T(\boldsymbol{e}_1),T(\boldsymbol{e}_2),\cdots,T(\boldsymbol{e}_n))\boldsymbol{x}\\&=(\boldsymbol{\alpha}_1,\boldsymbol{\alpha}_2,\cdots,\boldsymbol{\alpha}_n)\boldsymbol{x}\\&=\boldsymbol{A}\boldsymbol{x}\end{aligned}$$

综上所述，可知 $\mathbf{R}^n$ 中任何线性变换 T，都可用关系式 $T(\boldsymbol{x})=\boldsymbol{A}\boldsymbol{x}(\boldsymbol{x}\in\mathbf{R}^n)$ 表示，其中

$$\boldsymbol{A}=(T(\boldsymbol{e}_1),T(\boldsymbol{e}_2),\cdots,T(\boldsymbol{e}_n))=\begin{pmatrix}a_{11} & a_{12} & \cdots & a_{1n}\\ a_{21} & a_{22} & \cdots & a_{2n}\\ \vdots & \vdots & & \vdots\\ a_{n1} & a_{n2} & \cdots & a_{nn}\end{pmatrix}$$

$\boldsymbol{e}_1, \boldsymbol{e}_2, \cdots, \boldsymbol{e}_n$ 为单位坐标向量.

（2）线性变换在给定基下的矩阵.

定义 7-16 设 T 是线性空间 V_n 中的线性变换，在 V_n 中取定一个基 $\boldsymbol{\alpha}_1, \boldsymbol{\alpha}_2, \cdots, \boldsymbol{\alpha}_n$，如果这个基在变换 T 下的像为

$$\begin{cases} T(\boldsymbol{\alpha}_1) = a_{11}\boldsymbol{\alpha}_1 + a_{21}\boldsymbol{\alpha}_2 + \cdots + a_{n1}\boldsymbol{\alpha}_n \\ T(\boldsymbol{\alpha}_2) = a_{12}\boldsymbol{\alpha}_1 + a_{22}\boldsymbol{\alpha}_2 + \cdots + a_{n2}\boldsymbol{\alpha}_n \\ \cdots \\ T(\boldsymbol{\alpha}_n) = a_{1n}\boldsymbol{\alpha}_1 + a_{2n}\boldsymbol{\alpha}_2 + \cdots + a_{nn}\boldsymbol{\alpha}_n \end{cases}$$

记

$$T(\boldsymbol{\alpha}_1, \boldsymbol{\alpha}_2, \cdots, \boldsymbol{\alpha}_n) = (T(\boldsymbol{\alpha}_1), T(\boldsymbol{\alpha}_2), \cdots, T(\boldsymbol{\alpha}_n))$$

上式可表示为

$$T(\boldsymbol{\alpha}_1, \boldsymbol{\alpha}_2, \cdots, \boldsymbol{\alpha}_n) = (\boldsymbol{\alpha}_1, \boldsymbol{\alpha}_2, \cdots, \boldsymbol{\alpha}_n)\boldsymbol{A}$$

其中

$$\boldsymbol{A} = \begin{pmatrix} a_{11} & a_{12} & \cdots & a_{1n} \\ a_{21} & a_{22} & \cdots & a_{2n} \\ \vdots & \vdots & & \vdots \\ a_{n1} & a_{n2} & \cdots & a_{nn} \end{pmatrix}$$

那么 $\boldsymbol{A}$ 就称为线性变换 T 在基 $\boldsymbol{\alpha}_1, \boldsymbol{\alpha}_2, \cdots, \boldsymbol{\alpha}_n$ 下的矩阵.

显然，矩阵 $\boldsymbol{A}$ 由基的像 $T(\boldsymbol{\alpha}_1), T(\boldsymbol{\alpha}_2), \cdots, T(\boldsymbol{\alpha}_n)$ 唯一确定.

现在，假设 $\boldsymbol{A}$ 是线性变换 T 在基 $\boldsymbol{\alpha}_1, \boldsymbol{\alpha}_2, \cdots, \boldsymbol{\alpha}_n$ 下的矩阵，也就是说基 $\boldsymbol{\alpha}_1, \boldsymbol{\alpha}_2, \cdots, \boldsymbol{\alpha}_n$ 在变换 T 下的像为

$$T(\boldsymbol{\alpha}_1, \boldsymbol{\alpha}_2, \cdots, \boldsymbol{\alpha}_n) = (\boldsymbol{\alpha}_1, \boldsymbol{\alpha}_2, \cdots, \boldsymbol{\alpha}_n)\boldsymbol{A}$$

那么，我们还能得到什么关系呢？

对于任意 $\boldsymbol{\alpha} \in V_n$，设 $\boldsymbol{\alpha} = \sum_{i=1}^{n} x_i\boldsymbol{\alpha}_i$，有

$$T(\boldsymbol{\alpha}) = T\left(\sum_{i=1}^{n} x_i\boldsymbol{\alpha}_i\right) = \sum_{i=1}^{n} x_i T(\boldsymbol{\alpha}_i) = (T(\boldsymbol{\alpha}_1), T(\boldsymbol{\alpha}_2), \cdots, T(\boldsymbol{\alpha}_n))\begin{pmatrix} x_1 \\ x_2 \\ \vdots \\ x_n \end{pmatrix}$$

$$= (\boldsymbol{\alpha}_1, \boldsymbol{\alpha}_2, \cdots, \boldsymbol{\alpha}_n)\boldsymbol{A}\begin{pmatrix} x_1 \\ x_2 \\ \vdots \\ x_n \end{pmatrix}$$

即

$$T\left((\boldsymbol{\alpha}_1, \boldsymbol{\alpha}_2, \cdots, \boldsymbol{\alpha}_n)\begin{pmatrix} x_1 \\ x_2 \\ \vdots \\ x_n \end{pmatrix}\right) = (\boldsymbol{\alpha}_1, \boldsymbol{\alpha}_2, \cdots, \boldsymbol{\alpha}_n)\boldsymbol{A}\begin{pmatrix} x_1 \\ x_2 \\ \vdots \\ x_n \end{pmatrix} \tag{7-6}$$

式（7-6）唯一地确定了一个变换 T，并且所确定的变换 T 是以 $\boldsymbol{A}$ 为矩阵的线性变换.

所以，在 V_n 中取定一个基后，由线性变换 T 可唯一地确定一个矩阵 $\boldsymbol{A}$，由一个矩阵 $\boldsymbol{A}$ 也可唯一地确定一个线性变换 T. 在给定一个基的条件下，线性变换与矩阵是一一对应的.

从关系式（7-6）可知，在基 $\boldsymbol{\alpha}_1, \boldsymbol{\alpha}_2, \cdots, \boldsymbol{\alpha}_n$ 下，$\boldsymbol{\alpha}$ 的坐标为 $\boldsymbol{x} = \begin{pmatrix} x_1 \\ x_2 \\ \vdots \\ x_n \end{pmatrix}$；$T(\boldsymbol{\alpha})$ 的坐标为 $\boldsymbol{x}' = \boldsymbol{A}\begin{pmatrix} x_1 \\ x_2 \\ \vdots \\ x_n \end{pmatrix}$，因此按坐标表示，有 $\boldsymbol{x}' = \boldsymbol{A}\boldsymbol{x}$.

【例 7-37】 在 $\mathbf{R}[x]_3$ 中取基 $p_1 = x^3, p_2 = x^2, p_3 = x, p_4 = 1$，求微分运算 D 的矩阵.

解：

$$\begin{cases} Dp_1 = 3x^2 = 0p_1 + 3p_2 + 0p_3 + 0p_4 \\ Dp_2 = 2x = 0p_1 + 0p_2 + 2p_3 + 0p_4 \\ Dp_3 = 1 = 0p_1 + 0p_2 + 0p_3 + 1p_4 \\ Dp_4 = 0 = 0p_1 + 0p_2 + 0p_3 + 0p_4 \end{cases}$$

所以 D 在这组基下的矩阵为

$$\boldsymbol{A} = \begin{pmatrix} 0 & 0 & 0 & 0 \\ 3 & 0 & 0 & 0 \\ 0 & 2 & 0 & 0 \\ 0 & 0 & 1 & 0 \end{pmatrix}$$

在线性空间 $\mathbf{R}[x]_n$ 中，定义变换 $\sigma(f(x)) = \dfrac{\mathrm{d}}{\mathrm{d}x}f(x)$，$f(x) \in \mathbf{R}[x]_n$. 则由导数性质可以证明：$\sigma$ 是 $\mathbf{R}[x]_n$ 上的一个线性变换，这个变换也称为微分变换. 现取 $\mathbf{R}[x]_n$ 基为 $1, x, x^2, \cdots, x^n$，则有 $\sigma(1) = 0, \sigma(x) = 1, \sigma(x^2) = 2x, \cdots, \sigma(x^n) = nx^{n-1}$，因此，$\sigma$ 在基 $1, x, x^2, \cdots, x^n$ 下的矩阵为

$$\boldsymbol{A} = \begin{pmatrix} 0 & 1 & 0 & \cdots & 0 \\ 0 & 0 & 2 & \cdots & 0 \\ \vdots & \vdots & \vdots & & \vdots \\ 0 & 0 & 0 & \cdots & n \\ 0 & 0 & 0 & \cdots & 0 \end{pmatrix}$$

【例 7-38】 在 $\mathbf{R}^3$ 中，T 表示将向量投影到 xOy 平面的线性变换，即

$$T(x\boldsymbol{i}+y\boldsymbol{j}+z\boldsymbol{k})=x\boldsymbol{i}+y\boldsymbol{j}$$

1）取基为 $\boldsymbol{i},\boldsymbol{j},\boldsymbol{k}$，求 T 的矩阵；

2）取基为 $\boldsymbol{\alpha}=\boldsymbol{i},\boldsymbol{\beta}=\boldsymbol{j},\boldsymbol{\gamma}=\boldsymbol{i}+\boldsymbol{j}$，求 T 的矩阵.

解：

1）由于 $\begin{cases}T\boldsymbol{i}=\boldsymbol{i}\\ T\boldsymbol{j}=\boldsymbol{j}\\ T\boldsymbol{k}=\boldsymbol{0}\end{cases}$，所以

$$T(\boldsymbol{i},\boldsymbol{j},\boldsymbol{k})=(\boldsymbol{i},\boldsymbol{j},\boldsymbol{k})\begin{pmatrix}1&0&0\\0&1&0\\0&0&0\end{pmatrix}$$

2）由于 $\begin{cases}T\boldsymbol{\alpha}=\boldsymbol{i}=\boldsymbol{\alpha}\\ T\boldsymbol{\beta}=\boldsymbol{j}=\boldsymbol{\beta}\\ T\boldsymbol{\gamma}=\boldsymbol{i}+\boldsymbol{j}=\boldsymbol{\alpha}+\boldsymbol{\beta}\end{cases}$，所以

$$T(\boldsymbol{\alpha},\boldsymbol{\beta},\boldsymbol{\gamma})=(\boldsymbol{\alpha},\boldsymbol{\beta},\boldsymbol{\gamma})\begin{pmatrix}1&0&1\\0&1&1\\0&0&0\end{pmatrix}$$

此例表明：同一个线性变换在不同的基下一般有不同的矩阵.

（3）线性变换在不同基下的矩阵.

上面的例子表明同一个线性变换在不同的基下有不同的矩阵，那么这些矩阵之间有什么关系呢？

定理 7-3 设线性空间 V_n 中取定两个基 $\boldsymbol{\alpha}_1,\boldsymbol{\alpha}_2,\cdots,\boldsymbol{\alpha}_n$ 和 $\boldsymbol{\beta}_1,\boldsymbol{\beta}_2,\cdots,\boldsymbol{\beta}_n$，由基 $\boldsymbol{\alpha}_1,\boldsymbol{\alpha}_2,\cdots,\boldsymbol{\alpha}_n$ 到基 $\boldsymbol{\beta}_1,\boldsymbol{\beta}_2,\cdots,\boldsymbol{\beta}_n$ 的过渡矩阵为 $\boldsymbol{P}$，V_n 中的线性变换 T 在这两个基下的矩阵依次为 $\boldsymbol{A}$ 和 $\boldsymbol{B}$，那么 $\boldsymbol{B}=\boldsymbol{P}^{-1}\boldsymbol{A}\boldsymbol{P}$.

证明：因为

$$(\boldsymbol{\beta}_1,\boldsymbol{\beta}_2,\cdots,\boldsymbol{\beta}_n)=(\boldsymbol{\alpha}_1,\boldsymbol{\alpha}_2,\cdots,\boldsymbol{\alpha}_n)\boldsymbol{P}$$

以及

$$T(\boldsymbol{\alpha}_1,\boldsymbol{\alpha}_2,\cdots,\boldsymbol{\alpha}_n)=(\boldsymbol{\alpha}_1,\boldsymbol{\alpha}_2,\cdots,\boldsymbol{\alpha}_n)\boldsymbol{A}$$
$$T(\boldsymbol{\beta}_1,\boldsymbol{\beta}_2,\cdots,\boldsymbol{\beta}_n)=(\boldsymbol{\beta}_1,\boldsymbol{\beta}_2,\cdots,\boldsymbol{\beta}_n)\boldsymbol{B}$$

于是

$$\begin{aligned}(\boldsymbol{\beta}_1,\boldsymbol{\beta}_2,\cdots,\boldsymbol{\beta}_n)\boldsymbol{B}&=T(\boldsymbol{\beta}_1,\boldsymbol{\beta}_2,\cdots,\boldsymbol{\beta}_n)\\&=T[(\boldsymbol{\alpha}_1,\boldsymbol{\alpha}_2,\cdots,\boldsymbol{\alpha}_n)\boldsymbol{P}]=T[(\boldsymbol{\alpha}_1,\boldsymbol{\alpha}_2,\cdots,\boldsymbol{\alpha}_n)]\boldsymbol{P}\\&=(\boldsymbol{\alpha}_1,\boldsymbol{\alpha}_2,\cdots,\boldsymbol{\alpha}_n)\boldsymbol{A}\boldsymbol{P}=(\boldsymbol{\beta}_1,\boldsymbol{\beta}_2,\cdots,\boldsymbol{\beta}_n)\boldsymbol{P}^{-1}\boldsymbol{A}\boldsymbol{P}\end{aligned}$$

因为 $\boldsymbol{\beta}_1,\boldsymbol{\beta}_2,\cdots,\boldsymbol{\beta}_n$ 线性无关. 所以 $\boldsymbol{B}=\boldsymbol{P}^{-1}\boldsymbol{A}\boldsymbol{P}$.

定理表明：$\boldsymbol{B}$ 与 $\boldsymbol{A}$ 相似，且两个基之间的过渡矩阵 $\boldsymbol{P}$ 就是相似变换矩阵.

【例 7-39】 设 V_2 中的线性变换 T 在基 $\boldsymbol{\alpha}_1,\boldsymbol{\alpha}_2$ 下的矩阵为 $\boldsymbol{A}=\begin{pmatrix}a_{11}&a_{12}\\a_{21}&a_{22}\end{pmatrix}$，求 T 在基

$\boldsymbol{\alpha}_2, \boldsymbol{\alpha}_1$ 下的矩阵.

解:

$$(\boldsymbol{\alpha}_2, \boldsymbol{\alpha}_1)=(\boldsymbol{\alpha}_1, \boldsymbol{\alpha}_2)\begin{pmatrix}0 & 1\\1 & 0\end{pmatrix}$$

即

$$\boldsymbol{P}=\begin{pmatrix}0 & 1\\1 & 0\end{pmatrix}$$

求得

$$\boldsymbol{P}^{-1}=\begin{pmatrix}0 & 1\\1 & 0\end{pmatrix}$$

于是 T 在基$(\boldsymbol{\alpha}_2, \boldsymbol{\alpha}_1)$下的矩阵为

$$\boldsymbol{B}=\begin{pmatrix}0 & 1\\1 & 0\end{pmatrix}\begin{pmatrix}a_{11} & a_{12}\\a_{21} & a_{22}\end{pmatrix}\begin{pmatrix}0 & 1\\1 & 0\end{pmatrix}=\begin{pmatrix}a_{21} & a_{22}\\a_{11} & a_{12}\end{pmatrix}\begin{pmatrix}0 & 1\\1 & 0\end{pmatrix}=\begin{pmatrix}a_{22} & a_{21}\\a_{12} & a_{11}\end{pmatrix}$$

定义 7-17 线性变换 T 的像空间 $T(V_n)$ 的维数，称为线性变换 T 的秩. 若 $\boldsymbol{A}$ 是 T 的矩阵，则 T 的秩就是 $\mathrm{rank}(\boldsymbol{A})$.

【例 7-40】 已知三维线性空间 V 的线性变换 σ 在基 $\boldsymbol{\alpha}_1, \boldsymbol{\alpha}_2, \boldsymbol{\alpha}_3$ 下的矩阵为 $\boldsymbol{A}=\begin{pmatrix}1 & 2 & 3\\4 & 5 & 6\\7 & 8 & 9\end{pmatrix}$，求 σ 在基 $\boldsymbol{\alpha}_2, \boldsymbol{\alpha}_3, \boldsymbol{\alpha}_1$ 下的矩阵.

解: 由条件知

$$\sigma(\boldsymbol{\alpha}_1, \boldsymbol{\alpha}_2, \boldsymbol{\alpha}_3)=(\boldsymbol{\alpha}_1, \boldsymbol{\alpha}_2, \boldsymbol{\alpha}_3)\begin{pmatrix}1 & 2 & 3\\4 & 5 & 6\\7 & 8 & 9\end{pmatrix}$$

即

$$\begin{cases}\sigma(\boldsymbol{\alpha}_1)=\boldsymbol{\alpha}_1+4\boldsymbol{\alpha}_2+7\boldsymbol{\alpha}_3\\\sigma(\boldsymbol{\alpha}_2)=2\boldsymbol{\alpha}_1+5\boldsymbol{\alpha}_2+8\boldsymbol{\alpha}_3\\\sigma(\boldsymbol{\alpha}_3)=3\boldsymbol{\alpha}_1+6\boldsymbol{\alpha}_2+9\boldsymbol{\alpha}_3\end{cases}$$

从而有

$$\begin{cases}\sigma(\boldsymbol{\alpha}_2)=5\boldsymbol{\alpha}_2+8\boldsymbol{\alpha}_3+2\boldsymbol{\alpha}_1\\\sigma(\boldsymbol{\alpha}_3)=6\boldsymbol{\alpha}_2+9\boldsymbol{\alpha}_3+3\boldsymbol{\alpha}_1\\\sigma(\boldsymbol{\alpha}_1)=4\boldsymbol{\alpha}_2+7\boldsymbol{\alpha}_3+\boldsymbol{\alpha}_1\end{cases}$$

因此 σ 在基 $\boldsymbol{\alpha}_2, \boldsymbol{\alpha}_3, \boldsymbol{\alpha}_1$ 下的矩阵为

$$\boldsymbol{B}=\begin{pmatrix}5 & 6 & 4\\8 & 9 & 7\\2 & 3 & 1\end{pmatrix}$$

给定了线性空间 $\mathbf{R}^n$ 的一组基以后，$\mathbf{R}^n$ 中的线性变换与 $\mathbf{R}^{n\times n}$ 中的矩阵形成双射. 因此，在线性代数中，可以用矩阵来研究变换，也可以用变换来研究矩阵. 同一变换在不同基下的矩阵是相似的.

【例 7-41】 已知 $\mathbf{R}^{2\times2}$ 的两个线性变换 $T(\boldsymbol{X})=\boldsymbol{X}\boldsymbol{N}$, $S(\boldsymbol{X})=\boldsymbol{M}\boldsymbol{X}$, $\forall \boldsymbol{X}\in\mathbf{R}^{2\times2}$, $\boldsymbol{M}=\begin{pmatrix}1&0\\-2&0\end{pmatrix}$, $\boldsymbol{N}=\begin{pmatrix}1&1\\1&-1\end{pmatrix}$. 试求 $T+S$ 在基 $\boldsymbol{E}_{11},\boldsymbol{E}_{12},\boldsymbol{E}_{21},\boldsymbol{E}_{22}$ 下的矩阵.

解:

$$\begin{aligned}(T+S)(\boldsymbol{E}_{11})&=T(\boldsymbol{E}_{11})+S(\boldsymbol{E}_{11})=\boldsymbol{E}_{11}\boldsymbol{N}+\boldsymbol{M}\boldsymbol{E}_{11}\\&=\begin{pmatrix}1&0\\0&0\end{pmatrix}\begin{pmatrix}1&1\\1&-1\end{pmatrix}+\begin{pmatrix}1&0\\-2&0\end{pmatrix}\begin{pmatrix}1&0\\0&0\end{pmatrix}\\&=\begin{pmatrix}2&1\\-2&0\end{pmatrix}=2\boldsymbol{E}_{11}+\boldsymbol{E}_{12}-2\boldsymbol{E}_{21}\end{aligned}$$

同理可得

$$(T+S)(\boldsymbol{E}_{12})=\boldsymbol{E}_{12}\boldsymbol{N}+\boldsymbol{M}\boldsymbol{E}_{12}=\begin{pmatrix}1&0\\0&-2\end{pmatrix}=\boldsymbol{E}_{11}-2\boldsymbol{E}_{22}$$

$$(T+S)(\boldsymbol{E}_{21})=\boldsymbol{E}_{21}\boldsymbol{N}+\boldsymbol{M}\boldsymbol{E}_{21}=\begin{pmatrix}0&0\\1&1\end{pmatrix}=\boldsymbol{E}_{21}+\boldsymbol{E}_{22}$$

$$(T+S)(\boldsymbol{E}_{22})=\boldsymbol{E}_{22}\boldsymbol{N}+\boldsymbol{M}\boldsymbol{E}_{12}=\begin{pmatrix}0&0\\1&-1\end{pmatrix}=\boldsymbol{E}_{21}-\boldsymbol{E}_{12}$$

所以 $T+S$ 在这组基下的矩阵为 $\begin{pmatrix}2&1&0&0\\1&0&0&0\\-2&0&1&1\\0&-2&1&-1\end{pmatrix}$.

【例 7-42】 设线性变换 σ 在三维线性空间 V 的一组基 $\boldsymbol{\varepsilon}_1,\boldsymbol{\varepsilon}_2,\boldsymbol{\varepsilon}_3$ 下的矩阵是

$$\boldsymbol{A}=\begin{pmatrix}1&2&-1\\2&1&0\\3&0&1\end{pmatrix}$$

1) 求 σ 在基 $\boldsymbol{\eta}_1,\boldsymbol{\eta}_2,\boldsymbol{\eta}_3$ 下的矩阵, 其中 $\begin{cases}\boldsymbol{\eta}_1=2\boldsymbol{\varepsilon}_1+\boldsymbol{\varepsilon}_2+3\boldsymbol{\varepsilon}_3\\\boldsymbol{\eta}_2=\boldsymbol{\varepsilon}_1+\boldsymbol{\varepsilon}_2+2\boldsymbol{\varepsilon}_3\\\boldsymbol{\eta}_3=-\boldsymbol{\varepsilon}_1+\boldsymbol{\varepsilon}_2+\boldsymbol{\varepsilon}_3\end{cases}$;

2) 求 σ 的值域 $\mathrm{Im}(\sigma)$ 和核 $\mathrm{Ker}(\sigma)$;

3) 把 $\mathrm{Im}(\sigma)$ 的基扩充为 V 的基, 并求 σ 在这组基下的矩阵;

4) 把 $\mathrm{Ker}(\sigma)$ 的基扩充为 V 的基, 并求 σ 在这组基下的矩阵.

解: 1) 因为

$$\begin{cases}\boldsymbol{\eta}_1=2\boldsymbol{\varepsilon}_1+\boldsymbol{\varepsilon}_2+3\boldsymbol{\varepsilon}_3\\\boldsymbol{\eta}_2=\boldsymbol{\varepsilon}_1+\boldsymbol{\varepsilon}_2+2\boldsymbol{\varepsilon}_3\\\boldsymbol{\eta}_3=-\boldsymbol{\varepsilon}_1+\boldsymbol{\varepsilon}_2+\boldsymbol{\varepsilon}_3\end{cases}$$

所以从基 $\boldsymbol{\varepsilon}_1,\boldsymbol{\varepsilon}_2,\boldsymbol{\varepsilon}_3$ 到基 $\boldsymbol{\eta}_1,\boldsymbol{\eta}_2,\boldsymbol{\eta}_3$ 的过渡矩阵为

$$\boldsymbol{X}=\begin{pmatrix}2&1&-1\\1&1&1\\3&2&1\end{pmatrix}$$

于是 σ 在基 $\boldsymbol{\eta}_1,\boldsymbol{\eta}_2,\boldsymbol{\eta}_3$ 下的矩阵 $\boldsymbol{B}$ 为 $\boldsymbol{B}=\boldsymbol{X}^{-1}\boldsymbol{AX}$，于是求得

$$\boldsymbol{X}^{-1}=\begin{pmatrix}-1&-3&2\\2&5&-3\\-1&-1&1\end{pmatrix}$$

所以

$$\boldsymbol{B}=\boldsymbol{X}^{-1}\boldsymbol{AX}=\begin{pmatrix}-1&-3&2\\2&5&-3\\-1&-1&1\end{pmatrix}\begin{pmatrix}1&2&-1\\2&1&0\\3&0&1\end{pmatrix}\begin{pmatrix}2&1&-1\\1&1&1\\3&2&1\end{pmatrix}$$
$$=\begin{pmatrix}-1&-5&3\\3&9&-5\\0&-3&2\end{pmatrix}\begin{pmatrix}2&1&-1\\1&1&1\\3&2&1\end{pmatrix}=\begin{pmatrix}2&0&-1\\0&2&1\\3&1&-1\end{pmatrix}$$

2）由于 $\mathrm{Im}(\sigma)=L(\sigma(\boldsymbol{\varepsilon}_1),\sigma(\boldsymbol{\varepsilon}_2),\sigma(\boldsymbol{\varepsilon}_3))$ 且像空间的维数满足 $\dim(\mathrm{Im}(\sigma)=\mathrm{rank}(\boldsymbol{A})$，所以 $\mathrm{Im}(\sigma)$ 的基的坐标即为矩阵 $\boldsymbol{A}$ 的列向量组的最大线性无关向量组. 由 $\boldsymbol{A}=\begin{pmatrix}1&2&-1\\2&1&0\\3&0&1\end{pmatrix}$，知 $\boldsymbol{A}$ 的列向量组的极大无关组为

$$\begin{pmatrix}2\\1\\0\end{pmatrix},\quad\begin{pmatrix}-1\\0\\1\end{pmatrix}$$

令

$$\boldsymbol{\xi}_1=2\boldsymbol{\varepsilon}_1+\boldsymbol{\varepsilon}_2$$
$$\boldsymbol{\xi}_2=-\boldsymbol{\varepsilon}_1+\boldsymbol{\varepsilon}_3$$

则

$$\mathrm{Im}(\sigma)=L(\sigma(\boldsymbol{\varepsilon}_1),\sigma(\boldsymbol{\varepsilon}_2),\sigma(\boldsymbol{\varepsilon}_3))=L(\boldsymbol{\xi}_1,\boldsymbol{\xi}_2)$$

由核的定义 $\mathrm{Ker}(\sigma)=\{\boldsymbol{\xi}\mid\sigma(\boldsymbol{\xi})=\boldsymbol{0},\ \boldsymbol{\xi}\in V\}$ 知，$\mathrm{Ker}(\sigma)$ 的基由线性方程组 $\boldsymbol{AX}=\boldsymbol{0}$ 的基础解系构成. 下面来求该方程组的基础解系.

$$\begin{pmatrix}1&2&-1\\2&1&0\\3&0&1\end{pmatrix}\begin{pmatrix}x_1\\x_2\\x_3\end{pmatrix}=\boldsymbol{0}$$

解得基础解系为

$$\begin{pmatrix}1\\-2\\-3\end{pmatrix}$$

令 $\boldsymbol{\xi}=\boldsymbol{\varepsilon}_1-2\boldsymbol{\varepsilon}_2-3\boldsymbol{\varepsilon}_3$，则

$$\mathrm{Ker}(\sigma)=L(\boldsymbol{\xi})$$

3）在 2) 中已求得 $\mathrm{Im}(\sigma)$ 的基为

$$\boldsymbol{\xi}_1=2\boldsymbol{\varepsilon}_1+\boldsymbol{\varepsilon}_2$$
$$\boldsymbol{\xi}_2=-\boldsymbol{\varepsilon}_1+\boldsymbol{\varepsilon}_3$$

若令

$$\boldsymbol{\zeta}_1=\boldsymbol{\varepsilon}_1$$

$$\boldsymbol{\zeta}_2=\boldsymbol{\xi}_1=2\boldsymbol{\varepsilon}_1+\boldsymbol{\varepsilon}_2$$

$$\boldsymbol{\zeta}_3=\boldsymbol{\xi}_2=-\boldsymbol{\varepsilon}_1+\boldsymbol{\varepsilon}_3$$

则可验证 $\boldsymbol{\zeta}_1,\boldsymbol{\zeta}_2,\boldsymbol{\zeta}_3$ 线性无关，所以它是 V 的一组基. 下面再来求 σ 在基 $\boldsymbol{\zeta}_1,\boldsymbol{\zeta}_2,\boldsymbol{\zeta}_3$ 下的矩阵.

因为从基 $\boldsymbol{\varepsilon}_1,\boldsymbol{\varepsilon}_2,\boldsymbol{\varepsilon}_3$ 到基 $\boldsymbol{\zeta}_1,\boldsymbol{\zeta}_2,\boldsymbol{\zeta}_3$ 的过渡矩阵为

$$\boldsymbol{X}=\begin{pmatrix}1&2&-1\\0&1&0\\0&0&1\end{pmatrix}$$

于是 σ 在基 $\boldsymbol{\zeta}_1,\boldsymbol{\zeta}_2,\boldsymbol{\zeta}_3$ 下的矩阵 $\boldsymbol{B}$ 为

$$\boldsymbol{B}=\boldsymbol{X}^{-1}\boldsymbol{AX}=\begin{pmatrix}1&-2&1\\0&1&0\\0&0&1\end{pmatrix}\begin{pmatrix}1&2&-1\\2&1&0\\3&0&1\end{pmatrix}\begin{pmatrix}1&2&-1\\0&1&0\\0&0&1\end{pmatrix}$$

$$=\begin{pmatrix}0&0&0\\2&1&0\\3&0&1\end{pmatrix}\begin{pmatrix}1&2&-1\\0&1&0\\0&0&1\end{pmatrix}=\begin{pmatrix}0&0&0\\2&5&-2\\3&6&-2\end{pmatrix}$$

4）在 2) 中已求得 $\mathrm{Ker}(\sigma)$ 的基为

$$\boldsymbol{\xi}=\boldsymbol{\varepsilon}_1-2\boldsymbol{\varepsilon}_2-3\boldsymbol{\varepsilon}_3$$

若令

$$\boldsymbol{\gamma}_1=\boldsymbol{\varepsilon}_1$$

$$\boldsymbol{\gamma}_2=\boldsymbol{\varepsilon}_2$$

$$\boldsymbol{\gamma}_3=\boldsymbol{\xi}=\boldsymbol{\varepsilon}_1-2\boldsymbol{\varepsilon}_2-3\boldsymbol{\varepsilon}_3$$

则可验 $\boldsymbol{\gamma}_1,\boldsymbol{\gamma}_2,\boldsymbol{\gamma}_3$ 线性无关，故它即为 V 的一组基.

下面再来求 σ 在基 $\boldsymbol{\gamma}_1,\boldsymbol{\gamma}_2,\boldsymbol{\gamma}_3$ 下的矩阵. 注意从基 $\boldsymbol{\varepsilon}_1,\boldsymbol{\varepsilon}_2,\boldsymbol{\varepsilon}_3$ 到基 $\boldsymbol{\gamma}_1,\boldsymbol{\gamma}_2,\boldsymbol{\gamma}_3$ 的过渡矩阵为

$$\boldsymbol{X}=\begin{pmatrix}1&0&1\\0&1&-2\\0&0&-3\end{pmatrix}$$

于是 σ 在基 $\boldsymbol{\gamma}_1,\boldsymbol{\gamma}_2,\boldsymbol{\gamma}_3$ 下的矩阵 $\boldsymbol{B}$ 为

$$\boldsymbol{B}=\boldsymbol{X}^{-1}\boldsymbol{AX}=\begin{pmatrix}1&0&\frac{1}{3}\\0&1&-\frac{2}{3}\\0&0&-\frac{1}{3}\end{pmatrix}\begin{pmatrix}1&2&-1\\2&1&0\\3&0&1\end{pmatrix}\begin{pmatrix}1&0&1\\0&1&-2\\0&0&-3\end{pmatrix}$$

$$=\begin{pmatrix}2 & 2 & -\frac{2}{3}\\ 0 & 1 & -\frac{2}{3}\\ -1 & 0 & -\frac{1}{3}\end{pmatrix}\begin{pmatrix}1 & 0 & 1\\ 0 & 1 & -2\\ 0 & 0 & -3\end{pmatrix}=\begin{pmatrix}2 & 2 & 0\\ 0 & 1 & 0\\ -1 & 0 & 0\end{pmatrix}$$

本章习题

1. 检验下列集合对于所指的线性运算构成线性空间：

（1）$M=\{\boldsymbol{\alpha}\in\mathbf{R}^n \mid \boldsymbol{\alpha}=(a_1, a_2, \cdots, a_m, 0, 0, \cdots, 0)\}$；

（2）V 是 $\mathbf{R}^{n\times n}$ 中全体对称（或反对称、上三角形）矩阵的集合.

2. 证明：$1, (x-x_0), (x-x_0)^2, \cdots, (x-x_0)^n$ 是 $\mathbf{R}[x]_n$ 的一组基，并求 $f(x)=a_0+a_1x+a_2x^2+a_3x^3+\cdots+a_nx^n$ 在这组基下的坐标.

3. 在线性空间 $\mathbf{R}^4$ 中，分别求下列向量 $\boldsymbol{\alpha}$ 在基

$$\boldsymbol{\varepsilon}_1=(1, 1, 1, 1)\quad \boldsymbol{\varepsilon}_2=(1, 1, -1, -1)\quad \boldsymbol{\varepsilon}_3=(1, -1, 1, -1)\quad \boldsymbol{\varepsilon}_4=(1, -1, -1, 1)$$

下的坐标

（1）$\boldsymbol{\alpha}=(1, 2, 1, 1)$；

（2）$\boldsymbol{\alpha}=(0, 0, 0, 1)$.

4. 在 $\mathbf{R}^4$ 中，求由齐次方程组 $\begin{cases}3x_1+2x_2-5x_3+4x_4=0\\ 3x_1-x_2+3x_3-3x_4=0\\ 3x_1+5x_2-13x_3+11x_4=0\end{cases}$ 确定的解空间的基和维数.

5. 设 $\boldsymbol{A}=\begin{pmatrix}1 & 0 & 0\\ 0 & 1 & 0\\ 3 & 1 & 2\end{pmatrix}$，$W=\{\boldsymbol{B}_{3\times3} \mid \boldsymbol{AB}=\boldsymbol{BA},\ \boldsymbol{B}=(b_{ij})_{3\times3},\ b_{ij}\in\mathbf{R}\}$，求 W 的维数与一组基.

6. 设线性空间 V 中的向量组 $\boldsymbol{\alpha}_1, \boldsymbol{\alpha}_2, \boldsymbol{\alpha}_3, \boldsymbol{\alpha}_4$ 线性无关，求向量组 $\boldsymbol{\alpha}_1+\boldsymbol{\alpha}_2, \boldsymbol{\alpha}_2+\boldsymbol{\alpha}_3, \boldsymbol{\alpha}_3+\boldsymbol{\alpha}_4, \boldsymbol{\alpha}_4+\boldsymbol{\alpha}_1$ 生成的向量空间 W 的一个基以及 W 的维数.

7. 证明下列向量组是空间 $\mathbf{R}^3$ 的两组基：

$$\boldsymbol{\alpha}_1=(1, 2, 1),\ \boldsymbol{\alpha}_2=(2, 3, 3),\ \boldsymbol{\alpha}_3=(3, 7, 1)$$

$$\boldsymbol{\beta}_1=(3, 1, 4),\ \boldsymbol{\beta}_2=(5, 2, 1),\ \boldsymbol{\beta}_3=(1, 1, -6)$$

并求出向量 $\boldsymbol{\alpha}$ 在这两组基下的坐标关系.

8. 在 $\mathbf{R}[x]_n$ 中，求由基 $1, x, x^2, \cdots, x^n$ 到基 $1, x+1, x^2+2x+1, \cdots, x^n+x^{n-1}+\cdots+x+1$ 的过渡矩阵，并写出 $f(x)=a_0+a_1x+a_2x^2+a_3x^3+\cdots+a_nx^n$ 在后一组基下的坐标.

9. 在 $\mathbf{R}^4$ 中取两组基

$$\begin{cases}\boldsymbol{\varepsilon}_1=(1, 0, 0, 0)\\ \boldsymbol{\varepsilon}_2=(0, 1, 0, 0)\\ \boldsymbol{\varepsilon}_3=(0, 0, 1, 0)\\ \boldsymbol{\varepsilon}_4=(0, 0, 0, 1)\end{cases},\quad \begin{cases}\boldsymbol{\beta}_1=(2, 1, -1, 1)\\ \boldsymbol{\beta}_2=(0, 3, 1, 0)\\ \boldsymbol{\beta}_3=(5, 2, 3, 1)\\ \boldsymbol{\beta}_4=(6, 6, 1, 3)\end{cases}$$

（1）求由前一组基到后一组基的过渡矩阵；

（2）求向量(x_1, x_2, x_3, x_4)在后一组基下的坐标.

10. 判别下列所定义的各变换 T 是否是线性变换：

（1）在线性空间 V 中，$T\boldsymbol{\alpha}=\boldsymbol{\alpha}+\boldsymbol{\alpha}_0$，其中 $\boldsymbol{\alpha}_0$ 是 V 中的某固定向量；

（2）在实函数空间 $\mathbf{R}[x]_n$ 中，$T(f(x))=f(x+x_0)$，其中 x_0 为某固定点.

11. 设 V 是 n 阶实对称矩阵的全体所构成的线性空间，给定 n 阶方阵 $\boldsymbol{P}$，令合同变换 $T(\boldsymbol{A})=\boldsymbol{P}^{\mathrm{T}}\boldsymbol{A}\boldsymbol{P}(\boldsymbol{A}\in V)$，证明：合同变换 T 是 V 中的线性变换.

12. 在线性空间 $\mathbf{R}^{2\times2}$ 中定义线性变换

$$T_1(\boldsymbol{X})=\begin{pmatrix}a & b\\ c & d\end{pmatrix}\boldsymbol{X},\ T_2(\boldsymbol{X})=\boldsymbol{X}\begin{pmatrix}a & b\\ c & d\end{pmatrix},\ T_3(\boldsymbol{X})=\begin{pmatrix}a & b\\ c & d\end{pmatrix}\boldsymbol{X}\begin{pmatrix}a & b\\ c & d\end{pmatrix}$$

求 T_1, T_2, T_3 在基 $\boldsymbol{E}_{11}, \boldsymbol{E}_{12}, \boldsymbol{E}_{21}, \boldsymbol{E}_{22}$ 下的矩阵.

13. 给定线性空间 $\mathbf{R}^3$ 的两组基：

（a）$\boldsymbol{\alpha}_1=(1,0,1)$，$\boldsymbol{\alpha}_2=(2,1,0)$，$\boldsymbol{\alpha}_3=(1,1,1)$；

（b）$\boldsymbol{\beta}_1=(1,2,-1)$，$\boldsymbol{\beta}_2=(2,2,-1)$，$\boldsymbol{\beta}_3=(2,-1,-1)$.

设 T 是 $\mathbf{R}^3$ 的线性变换，且

$$T(\boldsymbol{\alpha}_j)=\boldsymbol{\beta}_j\quad(j=1,2,3)$$

（1）写出由基(a)到基(b)的过渡矩阵；

（2）写出 T 在基(a)下的坐标；

（3）写出 T 在基(b)下的坐标.

14. 二阶对称矩阵的全体

$$V_3=\left\{\boldsymbol{A}=\begin{pmatrix}x_1 & x_2\\ x_2 & x_3\end{pmatrix}\mid x_1,x_2,x_3\in\mathbf{R}\right\}$$

对于矩阵的线性运算构成三维线性空间，在 V_3 中取一组基

$$\boldsymbol{A}_1=\begin{pmatrix}1 & 0\\ 0 & 0\end{pmatrix},\ \boldsymbol{A}_2=\begin{pmatrix}0 & 1\\ 1 & 0\end{pmatrix},\ \boldsymbol{A}_3=\begin{pmatrix}0 & 0\\ 0 & 1\end{pmatrix}$$

在 V_3 中定义线性变换

$$T(\boldsymbol{A})=\begin{pmatrix}1 & 0\\ 0 & 0\end{pmatrix}\boldsymbol{A}\begin{pmatrix}1 & 1\\ 0 & 1\end{pmatrix}$$

求 T 在基 $\boldsymbol{A}_1,\boldsymbol{A}_2,\boldsymbol{A}_3$ 下的矩阵.

15. 函数集合 $V_3=\{\boldsymbol{\alpha}=(a_2x^2+a_1x+a_0)\mathrm{e}^x\mid a_0,a_1,a_2\in\mathbf{R}\}$ 对于函数的线性运算构成三维线性空间，在 V_3 中取一组基

$$\boldsymbol{\alpha}_1=x^2\mathrm{e}^x,\ \boldsymbol{\alpha}_2=x\mathrm{e}^x,\ \boldsymbol{\alpha}_3=\mathrm{e}^x$$

求微分运算 D 在这组基下的矩阵.

16. 设

$$V=\left\{\begin{pmatrix}a & 0 & b\\ 0 & c & 0\\ d & 0 & e\end{pmatrix}\mid a,b,c,d,e\in\mathbf{R}\right\}$$

（1）证明：V 对于矩阵加法和数乘构成一个线性空间.

（2）令 $\boldsymbol{A}=\begin{pmatrix}0 & 0 & 1\\ 0 & 1 & 0\\ 1 & 0 & 0\end{pmatrix}$，$\varphi: V\to V$ 用下式定义：$\varphi(\boldsymbol{X})=\boldsymbol{A}\boldsymbol{X}(\forall\boldsymbol{X}\in V)$，证明：$\varphi$ 是 V 的线性变换.

(3) 写出 V 的一组基，求 φ 在这组基下的矩阵.

17. 设 $\boldsymbol{\varepsilon}_1, \boldsymbol{\varepsilon}_2, \boldsymbol{\varepsilon}_3, \boldsymbol{\varepsilon}_4$ 是四维线性空间 V 的一组基，线性变换 σ 在这组基下的矩阵为：

$$\boldsymbol{A}=\begin{pmatrix} 5 & -2 & 4 & 3 \\ 3 & -1 & -3 & 2 \\ -3 & \dfrac{1}{2} & \dfrac{9}{2} & -\dfrac{5}{2} \\ 10 & 3 & 11 & -7 \end{pmatrix}$$

求 $\boldsymbol{A}$ 在基 $\boldsymbol{\eta}_1=\boldsymbol{\varepsilon}_1+2\boldsymbol{\varepsilon}_2+\boldsymbol{\varepsilon}_3+\boldsymbol{\varepsilon}_4$, $\boldsymbol{\eta}_2=2\boldsymbol{\varepsilon}_1+3\boldsymbol{\varepsilon}_2+\boldsymbol{\varepsilon}_3$, $\boldsymbol{\eta}_3=\boldsymbol{\varepsilon}_3$, $\boldsymbol{\eta}_4=\boldsymbol{\varepsilon}_4$ 下的矩阵.

参考文献

[1] 邱维声．高等代数（上、下册）[M]. 2版．北京：高等教育出版社，2003.
[2] 北京大学数学系前代数小组；王萼芳，石生明修订．高等代数 [M]. 5版．北京：高等教育出版社，2019.
[3] 易忠．高等代数与解析几何（上、下册）[M]. 北京：清华大学出版社，2007.
[4] 王希云．线性代数 [M]. 2版．北京：高等教育出版社，2015.
[5] 鲍勇．线性代数学习指导 [M]. 北京：机械工业出版社，2020.
[6] 张禾瑞，郝炳新．高等代数 [M]. 5版．北京：高等教育出版社，2007.
[7] 许以超．线性代数与矩阵论 [M]. 2版．北京：高等教育出版社，2008.
[8] 姚孟臣，胡金德．高等代数习题集 [M]. 北京：中国人民大学出版社，2020.
[9] 刘丁酉．高等代数习题精解 [M] 合肥：中国科学技术大学出版社，2004.
[10] 毛磊，寇冰煜，滕兴虎．高等代数全程学习指导与习题精解 [M]. 4版．南京：东南大学出版社，2014.
[11] 于增海．高等代数考研选讲 [M]. 北京：国防工业出版社，2012.
[12] 王晴．高等代数习题全解（上、下册）[M]. 2版．北京：科学技术文献出版社，2007.
[13] 庄瓦金．高等代数教程 [M]. 北京：科学出版社，2013.